21世纪高等学校物联网专业系列教材

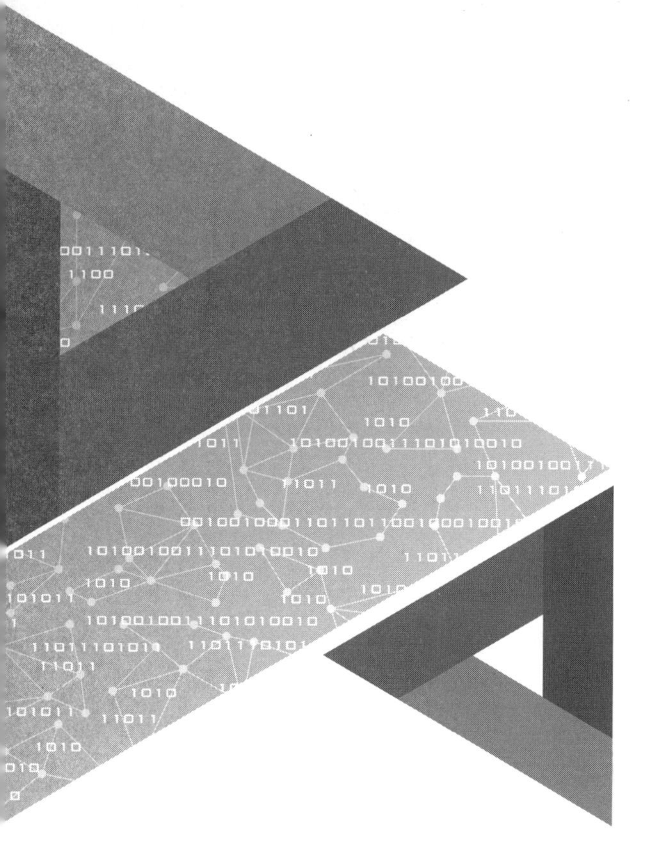

物联网通信技术及应用

第2版 微课视频版

◎ 范立南 兰丽辉 尹 浩 编著

清華大学出版社
北京

内 容 简 介

本书全面、系统地介绍了物联网通信技术涉及的基本概念、原理、体系结构、实现技术和典型应用。全书共9章，第1章和第2章介绍物联网通信技术的基础知识和数据通信的基本原理；第3～8章讲解目前构建物联网系统采用的主流无线通信技术和电信领域应用的主要移动通信技术；第9章介绍物联网通信技术的综合应用。

本书在编写中注重实用性，从物联网领域的实际需求出发，解析物联网通信技术的知识框架，包括当前物联网通信系统开发和设计过程中得到广泛应用和市场承认的主流通信技术，内容全面，案例丰富，图文并茂，并配套丰富的习题、慕课视频等资源。

本书既可作为高等学校物联网工程、通信工程及相关专业的教材，也可作为物联网相关领域工作人员的参考书。

图书在版编目(CIP)数据

物联网通信技术及应用：微课视频版/范立南，兰丽辉，尹浩编著. —2版. —北京：清华大学出版社，2023.4(2025.1重印)
21世纪高等学校物联网专业系列教材
ISBN 978-7-302-62745-6

Ⅰ. ①物… Ⅱ. ①范… ②兰… ③尹… Ⅲ. ①物联网－通信技术－高等学校－教材 Ⅳ. ①TP393.4 ②TP18

中国国家版本馆CIP数据核字(2023)第027210号

责任编辑：付弘宇　李　燕
封面设计：刘　键
责任校对：申晓焕
责任印制：杨　艳

出版发行：清华大学出版社
网　　址：https://www.tup.com.cn，https://www.wqxuetang.com
地　　址：北京清华大学学研大厦A座　　**邮　　编：**100084
社 总 机：010-83470000　　**邮　　购：**010-62786544
投稿与读者服务：010-62776969，c-service@tup.tsinghua.edu.cn
质量反馈：010-62772015，zhiliang@tup.tsinghua.edu.cn
课件下载：https://www.tup.com.cn，010-83470236
印 装 者：北京同文印刷有限责任公司
经　　销：全国新华书店
开　　本：185mm×260mm　　**印　　张：**16.5　　**字　　数：**405千字
版　　次：2017年7月第1版　2023年6月第2版　　**印　　次：**2025年1月第7次印刷
印　　数：37001～40000
定　　价：59.00元

产品编号：091502-02

前言
FOREWORD

当前，物联网正在推动人类社会从“信息化”向“智能化”转变，促使信息科技与产业发生巨大变化。物联网的发展为人类社会描绘了智能化世界的美好蓝图。随着5G开启商用，加上人工智能、边缘计算、区块链的助力，物联网将开启下一个“黄金十年”，使万物互联成为现实。在万物互联的实现过程中，作为沟通桥梁的通信技术的作用愈发凸显，通信技术贯穿物联网系统中信息采集、信息传输和信息处理的整个过程，是实现物联网应用的基础。物联网通信技术不断发展，从近距离通信技术到远距离通信技术，再到5G技术，助推万物互联、万物融合时代的到来。

本书在编写上突出“物-物互联”这条主线，内容包括当前物联网通信系统开发和设计过程中广泛应用和得到市场承认的主流通信技术。本书注重实用性，通过案例的讲解加深读者对基本理论的理解，使读者掌握物联网通信技术的基本概念、原理和关键技术，为物联网、通信工程等专业学生今后从事相关工作打下基础。本书在第1版的基础上修订了RFID通信技术的内容，增加了第7章“NB-IoT与LoRa通信技术”，并对其他章节进行了错误校正、补充和完善。

本书共9章，分为三部分：第一部分讲述物联网通信技术的基础知识，包括第1章“物联网通信技术概述”和第2章“通信原理”，本部分内容是学习物联网通信技术的基础；第二部分讲述目前主流的物联网无线通信技术和电信领域的主要移动通信技术，包括第3章“ZigBee通信技术”、第4章“蓝牙通信技术”、第5章“RFID通信技术”、第6章“Wi-Fi通信技术”、第7章“NB-IoT与LoRa通信技术”、第8章“移动通信技术”，本部分内容是物联网通信技术的重点；第三部分讲述物联网通信技术的综合应用，包括第9章“物联网通信技术的综合应用”，本部分是对应用物联网通信技术解决实际问题的案例进行讲解。为便于读者及时复习、巩固所学内容，书中各章都配有丰富的习题。此外，与本书配套的慕课教学资源已在智慧树平台上线，读者可将网络教学平台和传统学习方式整合，形成优势互补。

本书第1章由章翔编写，第2章和第8章由崔立民编写，第3章由兰丽辉编写，第4章由刘闯编写，第5章由尹浩编写，第6章由张博编写，第7章由尹浩和兰丽辉编写，第9章由范立南和刘闯编写。全书由范立南统稿。此外，本书还参考了所列参考文献中的内容，在此表示感谢。

本书配套PPT课件、教学大纲、习题答案等资源，读者关注封底的“书圈”公众号即可下载资源。此外，读者扫描封底的“文泉课堂”二维码，绑定微信账号，即可随时观看配套视频。

由于编者水平有限，书中难免存在疏漏和不足之处，敬请广大读者批评指正。

作　者

2023年3月

目录

CONTENTS

第1章 CHAPTER 1 物联网通信技术概述

教学提示

物联网通信技术的核心是无线通信技术，可分为短距离无线通信技术和长距离电信传输网络，本章从物联网的概念入手，阐述物联网通信的历史溯源及发展现状。重点介绍物联网通信系统的类别的技术特征，并指出物联网通信技术的发展所面临的问题和方向。

学习目标

- 了解物联网通信的现状及发展趋势。
- 掌握物联网通信的有关概念和特点。
- 掌握物联网通信系统的组成。
- 了解物联网通信技术的发展瓶颈。
- 了解物联网通信技术的发展方向。

知识结构

本章的知识结构如图1.1所示。

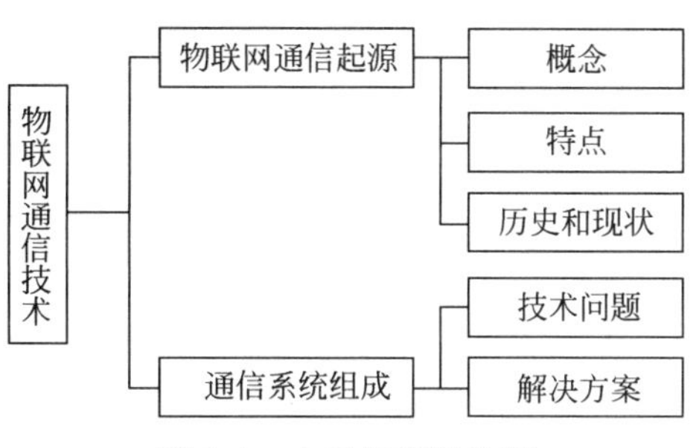

图1.1　本章知识结构图

1.1 物联网通信的起源及发展

自从比尔·盖茨在《未来之路》一书中把Smart House引入人们的视野中,“物联网”技术的实现便成就了未来的生活。“药片会‘提醒’人们及时吃药;衣服会‘告诉’洗衣机对颜色和水温的要求;农业生产中大棚会根据光照、水分的情况制订灌溉计划”,这就是“物联网”时代的生产生活愿景。

科学家打了一个通俗的比方来描述“物联网”:人的眼睛、耳朵、鼻子好比单个的“传感器”。一杯牛奶摆在面前,眼睛看到的是杯子,杯子里有白色的液体,鼻子闻到一股奶香味,嘴巴尝一下有一丝淡淡的甜味,再用手摸一下,感觉有温度……这些感官的感知综合在一起,便可以得出关于这一杯牛奶的判断。假如把牛奶的感知信息传上互联网,坐在办公室的人通过网络随时能了解家中牛奶的情况,这就是“传感网”,假如获得授权,每个人都可以看到这杯牛奶的情况。如果家中设置的传感器节点与互联网连接,经过授权的人通过网络了解家人是否平安、老人是否健康等信息,并利用传感器技术及时处理解决,这就是“物联网”。

2005年11月17日,在突尼斯举行的信息社会世界峰会(WSIS)上,国际电信联盟(International Telecommunication Union,ITU)发布《ITU互联网报告2005:物联网》,其中引用了“物联网”的概念。其第一作者劳拉·斯里瓦斯塔瓦说:“我们现在站在一个新的通信时代的入口处,在这个时代中,我们所知道的因特网将会发生根本性的变化。因特网是人们通信的一种前所未有的手段,现在因特网又能把人与所有的物体连接起来,还能把物体与物体连接起来。”通过把短距离的移动收发器嵌入各种器件和日常用品之中,物联网将创建出全新形式的通信。随着一些关键技术,如射频标签和无线传感网络的应用,用户与周边物体之间的实时通信和自由交流已不再是科学幻想。一些新技术[如RFID(射频识别)标签]带来了新技术革命的曙光,网络的“用户”数量将达到几十亿,由人类产生和接收的信息流量可能会成为少数。大多数的信息将在无生命的物体之间流动,从而创造出一个更大、更复杂的“物联网”。国际电信联盟报告提出,物联网通信的关键性应用技术包括RFID、传感器、智能技术(如智能家庭和智能汽车)等,物联网的相关技术还包括嵌入式系统、无线传感器网络、遥感、人工智能、3G/4G通信等。

1.1.1 物联网通信的产生

物联网络的构想最早由美国军方提出,起源于1978年美国国防部高级研究计划局资助卡内基-梅隆大学进行分布式传感器网络研究项目。

物联网通信的实践起始于1995年,当时在卡内基-梅隆大学(Carnegie Mellon University)的校园里有一个自动可乐售货机,人们为了能够实时监控售货机的可乐销售情况,以免因售空让消费者白跑一趟,人们把售货机安装了计数器并把数据通过传感器实时发送到互联网上,这就是人类实现物联网通信的第一次尝试。

而物联网的概念最早于1999年提出,原文为Internet of Things,其定义很简单,即把所有物品通过射频识别和条码等信息传感设备与网络连接起来,实现智能化识别和管理。

1.1.2　物联网通信的现状和未来

物联网通信是继计算机、互联网与移动通信网之后的世界信息产业的第三次浪潮。目前世界上有多个国家花巨资深入研究探索物联网通信，中国与德国、美国、英国等国家一起，成为国际标准制定的主导国之一。

奥巴马就任美国总统时，与美国工商业领袖举行了一次“圆桌会议”，作为仅有的两名代表之一，IBM 首席执行官彭明盛首次提出“智慧地球”这一概念，建议新政府投资新一代的智慧型基础设施。美国将新能源和物联网列为振兴经济的两大重点。

“智慧地球”就是利用 IT 技术，把铁路、公路、建筑、电网、供水系统、油气管道乃至汽车、冰箱、电视等各种物体连接起来形成一个物联网，再通过计算机和其他方法将物联网整合起来，人类便可以通过互联网精确而又实时地管控这些接入网络的设备，从而方便地从事生产、生活的管理，并最终实现“智慧的地球”这一理想状态。

在中国，物联网开始向“感知中国”发展，物联网的概念已经成为“中国制造”的概念，它的涵盖范围与时俱进，已经超越了 1999 年 Ashton 教授和 2005 年 ITU 报告所谈到的范围，物联网已被贴上“中国式”标签。截至 2010 年，发改委、工信部等部委正在会同有关部门，在新一代信息技术方面开展研究，以形成支持新一代信息技术的一些新政策措施，从而推动我国经济的发展。物联网作为一个新经济增长点的战略新兴产业，具有良好的市场效益。

1.1.3　物联网的内涵

物联网是新一代信息技术的重要组成部分，也是信息化时代的重要发展阶段。顾名思义，物联网就是物物相连的互联网。这包含两层意思：其一，物联网的核心和基础仍然是互联网，是在互联网的基础上进行延伸和扩展的网络；其二，其用户端延伸和扩展到了任何物品与物品之间进行信息交换和通信，也就是物物相息。物联网通过智能感知、识别技术与普适计算等通信感知技术，广泛应用于网络的融合中，也因此被称为继计算机、互联网之后世界信息产业发展的第三次浪潮。物联网是互联网的应用拓展，与其说物联网是网络，不如说物联网是业务和应用。因此，应用创新是物联网发展的核心，以用户体验为核心的创新 2.0 是物联网发展的灵魂。

1.1.4　物联网的体系结构

物联网是一个庞大、复杂和综合的信息集成系统，它由三个层次构成，即感知控制层、网络传输层和应用层，如图 1.2 所示。贯穿这三个层次的是公共支撑层，其作用是为整个物联网安全、有效地运行提供保障。

感知控制层解决的是人类世界和物理世界的数据获取问题，由各种传感器以及传感器网关构成。该层被认为是物联网的核心层，主要是物品标识和信息的智能采集，它由基本的感应器件（如 RFID、标签和读写器、各类传感器、摄像头、GPS、二维码标签和识读器等基本标识和传感器件）和感应器组成的网络（如 RFID、网络、传感器网络等）两大部分组成。该层的核心技术包括射频技术、新兴传感技术、无线网络组网技术、现场总线控制技术（FCS）等，涉及的核心产品包括传感器、电子标签、传感器节点、无线路由器、无线网关等。感知控制层包含三个子层次，即数据采集子层、短距离通信传输子层和协同信息处理子层。

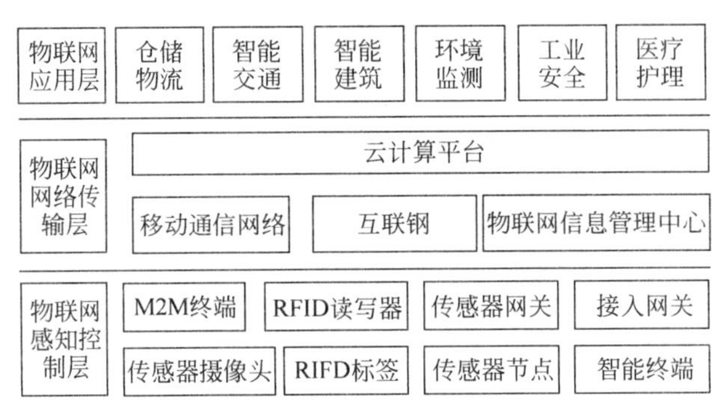

图1.2 物联网体系架构

网络传输层将来自感知控制层的信息通过各种承载网络传送到应用层。各种承载网络包括了现有的各种公用通信网络、专业通信网络,目前这些通信网主要有移动通信网、固定通信网、互联网、广播电视网、卫星网等。

应用层也可称为处理层,解决的是信息处理和人机界面的问题。从网络传输层而来的数据在这一层进入各类信息系统进行处理,并通过各种设备与人进行交互。处理层由业务支撑平台(中间件平台)、网络管理平台[如M2M(机器对机器)管理平台]、信息处理平台、信息安全平台、服务支撑平台等组成,完成协同、管理、计算、存储、分析、挖掘,以及提供面向行业和大众用户的服务等功能,典型技术包括中间件技术、虚拟技术、高可信技术,云计算服务模式、SOA(面向服务的体系架构)系统架构方法等先进技术和服务模式可被广泛采用。

在各层之间,信息不是单向传递的,可进行交互、控制等,所传递的信息多种多样,包括在特定应用系统范围内能唯一标识物品的识别码和物品的静态与动态信息。尽管物联网在智能工业、智能交通、环境保护、公共管理、智能家庭、医疗保健等经济和社会各领域中的应用特点千差万别,但是每种应用的基本架构都包括感知、传输和应用三个层次,各种行业和各种领域的专业应用子网都是基于三层基本架构构建的。

1.2 物联网通信系统

物联网通信系统主要包括感知层通信和核心承载网通信两方面,其中传感器网采用的通信技术主要是短距离通信技术,主要包括近距离网络传输类型为RFID、NFC(近场通信)、蓝牙技术、ZigBee、UWB(超宽带)、IrDA红外线等通信技术,核心承载网又称电信传输网络,主要包括传感器网络与传输网络之间的互联通信技术[如Wi-Fi、WiMax(全球微波接入互操作性)技术等]和电信传输网络自身的通信技术。电信网络通信技术包括SDH(同步数字系列)、全光网等有线通信技术,以及2G、3G、4G和正在发展的5G移动通信技术。

1.2.1 物联网感知控制层通信技术

感知层通信的目的是将各种传感设备(或数据采集设备以及相关的控制设备)所感应的信息在较短的通信距离内传送到信息汇聚系统,并由该系统传送(或互联)到网络传输层,其通信的特点是传输距离近，传输方式灵活、多样。为了适应物联网中那些能力较低的节点低速率、低通信半径、低计算能力和低耗能的要求，需要对物联网中各种各样的物体进行操作的前提就是先将它们连接起来，低速网络协议是实现全面互联互通的前提。

常见的感知控制层传输通信技术有以下几种。

1. RFID 技术

RFID 技术是一种非接触式的自动识别技术，它通过射频信号自动识别目标对象并获取相关数据，识别工作无须人工干预，可工作于各种恶劣环境。RFID 技术可识别高速运动物体并可同时识别多个标签，操作快捷方便。

2. 蓝牙技术

蓝牙技术是一种支持设备短距离通信(一般 10m 内)的无线电技术。能在包括移动电话、PDA、无线耳机、笔记本电脑、相关外设等众多设备之间进行无线信息交换。利用"蓝牙"技术，能够有效地简化移动通信终端设备之间的通信，也能够成功地简化设备与 Internet 之间的通信，从而使数据传输变得更加迅速、高效，为无线通信拓宽道路。

3. ZigBee 技术

ZigBee 技术采用 DSSS(直接序列)技术调制发射，是基于 IEEE 802.15.4 标准的低功耗局域网协议，是一种近距离、低复杂度、低功耗、低速率、低成本的双向无线通信技术。ZigBee 技术主要用于距离短、功耗低且传输速率不高的各种电子设备之间进行数据传输以及典型的周期性数据、间歇性数据和低反应时间数据的传输应用。

4. IrDA 红外连接技术

在红外通信技术发展早期，存在好几个红外通信标准，不同标准之间的红外设备不能进行红外通信。为了使各种红外设备能够互联互通，1993 年，由 20 多个大厂商发起成立了红外数据协会(IrDA)，统一了红外通信的标准，这就是目前被广泛使用的 IrDA 红外数据通信协议及规范。

5. NFC

由飞利浦公司和索尼公司共同开发的近场通信(Near Field Communication，NFC)是一种非接触式识别和互联技术，可以支持移动设备、消费类电子产品、PC 和智能控件工具之间的近距离无线通信。NFC 提供了一种简单、触控式的解决方案，可以让消费者简单直观地交换信息、访问内容与服务。

6. Wi-Fi

Wi-Fi 是 Wi-Fi 组织发布的一个业界术语，中文译为"无线相容认证"。Wi-Fi 是一种短程无线传输技术，最高带宽为 11Mb/s，在信号较弱或有干扰的情况下，带宽可调整为 5Mb/s、2Mb/s 和 1Mb/s。其主要特性是速度快，可靠性高。在开放性区域，通信距离可达 305m；在封闭性区域，通信距离为 76m 到 122m。方便与现有的有线以太网络整合，组网的成本更低。

7. UWB

UWB 是一种无线载波通信技术，即不采用正弦载波，而是利用纳秒级的非正弦波窄脉冲传输数据，因此其所占的频谱范围很宽。UWB 是利用纳秒级窄脉冲发射无线信号的技术，适用于高速、近距离的无线个人通信。按照 FCC(美国联邦通信委员会)的规定，在 3.1～10.6GHz 范围内的 7.5GHz 的带宽频率为 UWB 所使用的频率范围。

1.2.2 物联网网络传输层通信技术

网络传输层是由数据通信主机(或服务器)、网络交换机、路由器等构成的,在数据传送网络支撑下的计算机通信系统。网络传输层通信系统中支持计算机通信系统的数据传送网可由公众固定网、公众移动通信网、公众数据网及其他专用传送网构成。其主要的通信技术有以下几种。

1. M2M 技术

M2M 是 Machine-to-Machine 的简称,即“机器对机器”的缩写,也有人理解为人对机器、机器对人等,旨在通过通信技术来实现人、机器和系统三者之间的智能化、交互式无缝连接。M2M 设备是能够回答包含在一些设备中的数据的请求或能够自动传送包含在这些设备中的数据的设备。M2M 则聚焦在无线通信网络应用上,是物联网应用的一种主要方式。现在,M2M 应用遍及电力、交通、工业控制、零售、公共事业管理、医疗、水利、石油等多个行业,涉及车辆防盗、安全监测、自动售货、机械维修、公共交通管理等领域。

2. Wireless HART 技术

可寻址远程传感器高速通道的开放通信协议(Highway Addressable Remote Transducer,HART),是一种用于现场智能仪表和控制室设备之间的通信协议。

HART 装置提供具有相对低的带宽,适度响应时间的通信,经过 30 多年的发展,HART 技术在国外已经十分成熟,并已成为全球智能仪表的工业标准。

Wireless HART 是第一个开放式的可互操作无线通信标准,用于满足流程工业对实时工厂应用中可靠、稳定和安全的无线通信的关键需求。

3. 无线个域网

无线个域网(WPAN)是在个人周围空间形成的无线网络,现通常指覆盖范围在 10m 半径以内的短距离无线网络,尤其是指能在便携式消费者电器和通信设备之间进行短距离特别连接的自组织网。WPAN 被定位于短距离无线通信技术,但根据不同的应用场合又分为高速 WPAN(HR-WPAN)和低速 WPAN(LR-WPAN)两种。

4. 移动通信

移动通信(Mobile Communication)是指通信双方或至少有一方处于运动中进行信息传输和交换的通信方式。移动通信系统包括无绳电话、无线寻呼、陆地蜂窝移动通信、卫星移动通信等。移动体之间通信联系的传输手段只能依靠无线电通信,因此,无线通信是移动通信的基础。移动通信经历了模拟语音的第一代移动通信 1G、数字语音的第二代移动通信技术(2G)、数字语音和数据的第三代移动通信技术(3G),以及第四代移动通信技术(4G),4G 是集 3G 与 WLAN 于一体并能够快速传输数据,如高质量音频、视频和图像等。4G 能够以 100Mb/s 以上的速度下载,比家用宽带 ADSL(4M)快 25 倍。而第五代移动通信技术(5G),其峰值理论传输速度可达 10Gb/s,比 4G 网络的传输速度快数百倍。2015 年 10 月,在瑞士日内瓦召开的 2015 年世界无线电通信大会上,国际电联无线电通信部门(ITU-R)正式确定了 5G 的法定名称是 IMT-2020。并定义了 5G 的三大类应用场景,分别是增强型移动宽带(enhanced Mobile BroadBand,eMBB)、增强型机器类型通信(enhanced Machine Type Communication,eMTC)和高可靠低时延通信(ultra Reliable & Low Latency Communication,uRLLC)。2019 年 6 月 6 日,工信部正式向中国电信、中国移动、中国联通、中国广电发放了 5G 商用牌照。中国正式进入 5G 商用时代。5G 正在向千兆移动网络和人工智能方向发展。

1.3　物联网通信技术的发展前景

物联网通信作为一种新兴的信息技术，是在现有的信息技术、通信技术、自动化控制技术等基础上的融合与创新。

支撑物联网发展的通信技术的不断更新，使物联网真正能够继计算机、互联网而成为新的信息技术革命，打破了之前的传统思维。过去的思路一直是将物理基础设施和 IT 基础设施分开：一方面是机场、公路、建筑物，另一方面是数据中心、个人计算机、宽带等。而在物联网时代，钢筋混凝土、电缆将与芯片、宽带整合为统一的基础设施，在此意义上，基础设施更像是一块新的地球"工地"，世界就在它上面运转，包括经济管理、生产运行、社会管理乃至个人生活、互联网与移动通信网之后的又一次信息产业浪潮。无论是近距离通信手段，还是广域网的通信技术，都正在取得日新月异的成就。

1.3.1　物联网通信的发展所面临的问题

快速发展的信息和网络技术使物联网得以广泛使用，但也对物联网通信技术提出了更高的要求，在物联网的发展和应用中，有以下一系列问题需要被解决和突破。

1. 物联网通信频谱扩展和分配问题

从理论上讲，在区域内，无线传输电波的频段是不能重叠的，如重叠则会形成电磁波干扰，从而影响通信质量。扩频技术则可以通过重叠的频段来传输信息，这就需要研究扩频通信的技术及规则，使大量部署的以扩频通信为无线传输方式的无线传感器之间的通信不因受到干扰而影响通信质量。

2. 基于智能无线电的物联网通信体系

无线通信方式是物联网控制层内的终端接入网络的首选。但物联网终端数量非常多，从而需要大量的频段资源以满足接入网络的需求。软件无线电提供了一种建立多模式、多频段、多功能无线设备的有效而且相当经济的解决方案，可以通过软件升级实现功能提高。软件无线电可以使整个系统（包括用户终端和网络）采用动态的软件编程对设备特性进行重配置，也就是说，相同的硬件可以通过软件定义来完成不同的功能，而认知无线电是一种具有频谱感知能力的智能化软件无线电，它可以自动感知周围的电磁环境，通过无线电知识描述语言（RKRL）与通信网络进行智能交流，寻找"频谱空穴"，并通过通信协议和算法将通信双方的信号参数（包括通信频率、发射功率、调制方式、带宽等）实时地调整到最佳状态，使通信系统的无线电参数不仅与规则相适应，而且能与环境相匹配，并且无论何时何地都能达到通信系统的高可靠性以及频谱利用的高效性。利用软件无线电及智能无线电可很好地解决无线频段资源的紧张问题。

3. 物联网中的异构网络融合

物联网终端具有多样性，其通信协议多样，数据传送的方式多样，并且它们分别接入不同的通信网络，这就造成了需要大量的汇聚中间件系统来进行转换，即形成接入的异构性，尤其在以无线通信方式为首选的物联网终端接入中，该问题尤为突出。

4. 基于多通信协议的高能效传感器网络

无线传感器网络是物联网的核心，但由于无线传感器节点是能量受限的，因此在应用上其寿命受到较大的限制。其中一个重要的原因是通信过程传输单位比特能量消耗比过大，而这是由于通信协议中增加了过多的比特开销，以及收发节点之间的相互认证、等待等能量的开销，因此需要研究高效传输通信协议，以减少传输单位比特能量的开销。

另外，不同类型的无线传感器网络使用不同的通信协议，这就使各类不同无线传感器网络的接入及配合部署需要协议转换环节，增加了接入和配合部署的难度，同时也增加了节点的能量消耗，因此研究多种相互融合的多通信协议栈(包)是无线传感网络发展的趋势。

5. 整合IP协议

物联网的网络传输层及感知控制层的部分物联网终端采用的是IP通信机制，但目前IPv4及IPv6两种IP通信方式共存应用。随着IPv6技术的不断发展，其技术应用已得到长足的进步，并已初步形成自己的技术体系，具有IPv6技术特征的网络产品、终端设备、相关应用平台的不断推出与更新，也加快了IPv6的发展，并且随着移动设备功能的不断加强，商业应用不断普及，虽然IPv4协议解决了节点漫游的问题，但大量的物联网传感设备的布置就需要更多的IP地址资源，研究两个IP共同应用的自动识别与转换技术，以及克服IP通信带来的QoS(服务质量)不稳定及安全隐患是IP网络技术需要进一步解决的问题。

1.3.2 物联网通信技术的发展方向

通信技术为物联网提供了关键的支撑，从物联网通信技术发展所面临的问题及信息和网络技术发展的趋势上看，物联网通信技术将重点开发以下几方面。

1. 适应泛在网络的通信技术

泛在网络(Ubiquitous)是指“无所不在”的网络。日本和韩国在1991年提出“泛在计算”概念后，首次提出建设“泛在网络”构想。“泛在网络”是由智能网络、先进计算技术和信息基础设施构成。其基本特征是无所不在、无所不包、无所不能，目标是实现在任何时间、任何地点、任何人、任何物都能顺畅地通信，是人类信息社会和物联网的发展方向。因此，物联网通信技术的发展必须适应“泛在网络”的未来要求，营造高速、宽带、品质优良的通信环境，解决影响通信传输的问题，真正实现“无处不在”的目标。

2. 支撑异构网络的通信技术

由于异构网络相对独立自治，相互之间缺乏有效的协同机制，可能造成系统间干扰、重叠覆盖、单一网络业务提供能力有限、频谱资源浪费、业务的无缝切换等问题。面对日益复杂的异构无线环境，为了使用户能够便捷地接入网络，轻松地享用网络服务，“融合”已成为信息通信业的发展潮流。应在以下几方面进行网络融合。

(1) 业务融合。

以统一的IP网络技术为基础，向用户提供独立于接入方式的服务。

(2) 终端融合。

现在的多模终端是终端融合的雏形，但是随着新的无线接入技术的不断出现，为了同时支持多种接入技术，终端会变得越来越复杂，价格也越来越高，更好的方案是采用基于软件无线电的终端重配置技术，它可以使原本功能单一的移动终端设备具备接入不同无线网络的能力。

(3) 网络融合。

网络融合包括固定网与移动网融合、核心网与接入网融合、不同无线接入系统之间的融合等。

3. 支持大数据与云计算的通信技术

未来是大数据的时代，物联网的规模将越来越大，必将产生大量的数据。这些由不同接入网络产生的数据呈现出规模大、类型多、速度快、结构复杂等特点，具有大数据的显著特征，给数据的存储、处理、传输带来了影响。大数据获取、预处理、存储、检索、分析、可视化等关键技术，以及云计算的集中数据处理和分布式计算技术为物联网中的大规模数据处理提供了支撑。因此，必须发展广泛的支持云计算和大数据技术的物联网通信技术，解决因物联网规模扩大对通信速度、带宽等需求增加问题。

无线通信技术是物联网技术的核心技术，无论是多种支撑传感器网络的近距离无线通信系统还是承载中远程距离的无线通信系统，随着物联网规模的扩大和对通信容量及时效性的需求增大，通信技术必将要适应物联网的发展需求，进行不断创新，为物联网自身的拓展和更加广泛的推广提供有效支撑。

4. 具备低成本、低功耗、广覆盖、低速率特点的长距离通信技术

NB-IoT 是基于蜂窝的窄带物联网(Narrow Band Internet of Things)，是物联网领域的一项新兴技术，支持低功耗设备在广域网的蜂窝数据连接，也被叫作低功耗广域网。其构建于蜂窝网络，只消耗大约 180kHz 的频段，可直接部署于 GSM(全球移动通信系统)网络、UMTS(通用移动通信系统)网络或 LTE(长期演进)网络，以降低部署成本，实现平滑升级。

NB-IoT 有三大优势。其一，覆盖更广，在相同频段，NB-IoT 比现有移动网络的覆盖面扩大了 100 倍，明显优于 Wi-Fi 等短距离传输技术；其二，支持海量连接，NB-IoT 的一个扇区能够支持多达十万个连接，比 2G、3G 网络高 50 倍；其三，低功耗，电池寿命长达十年。

数据显示，预计到 2025 年全球物联网设备将达到数百亿个。而整个物联网三分之二以上的连接属于低速率、低成本、低功耗领域，NB-IoT 技术拥有广覆盖、广连接、低功耗和低成本的特点，NB-IoT 标准的发布正好开启了物联网巨大市场的口子，为发展物联网提供了更好的方式。

同时，商业巨头正纷纷推动 NB-IoT 技术商用。在 2016 年世界移动通信大会上，端到端 NB-IoT 解决方案得以发布，致力于协助运营商利用 NB-IoT 技术开拓新的市场空间，为即将启动的 IoT 规模化商用提供全面的技术和商业支撑。NB-IoT 技术应用场景按对象可分为四大类：家居、个人、公共事业和工业。家居场景主要对应安防管理、家电控制、环境控制等场景；个人场景主要对应可穿戴设备、儿童照料、智能自行车等场景；公共事业场景主要对应智能抄表、报警探测器、智能垃圾桶等场景；而工业场景则主要对应物流追踪、物品追踪与智慧农业等场景。

1.4 物联网通信技术发展的新特征

1.4.1 LPWAN 通信技术的崛起

物联网的快速发展对无线通信技术提出了更高的要求，专为低带宽、低功耗、远距离、大量连接的物联网应用而设计的LPWAN(Low-Power Wide-Area Network,低功耗广域网)正在快速兴起。其中,逐渐形成了NB-IoT、eMTC、LoRa三大通信技术的三足鼎立,每种技术各有千秋,在各自的应用场景上有独特的优势。物联网是碎片化的,这就要求协议间的兼容与互通,虽然三种技术相互存在竞争,但是未来NB-IoT、eMTC、LoRa也是需要相互融合的。如图1.3所示,LPWAN主要服务于网络层的远距离通信技术。

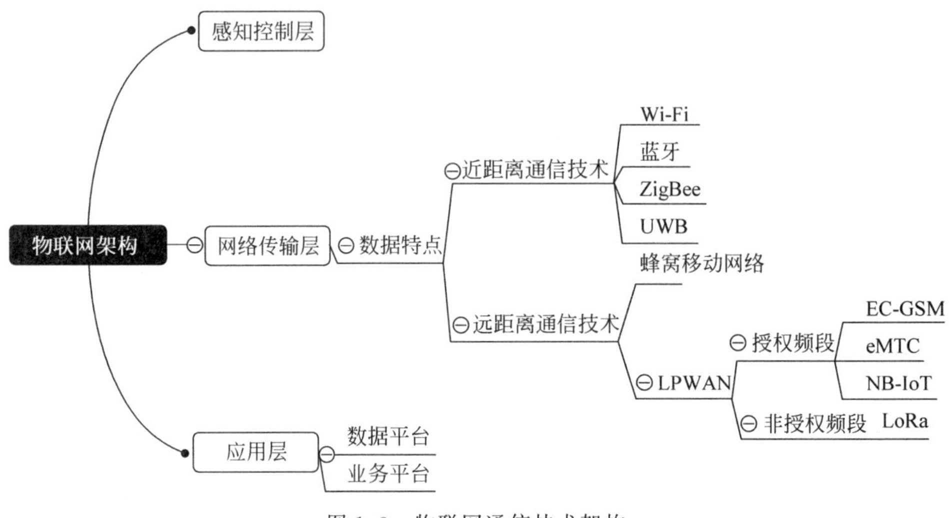

图1.3 物联网通信技术架构

1. NB-IoT

NB-IoT(Narrow Band-Internet of Things,窄带物联网)是由3GPP(第三代合作伙伴计划)标准化组织定义的一种技术标准,是一种专为物联网设计的可在全球范围内广泛使用的窄带射频技术,其使用License频段,可采取带内、保护带或独立载波三种部署方式,与现有网络共存。

NB-IoT构建于蜂窝网络,只消耗大约180kHz的带宽,有三种部署方式:独立部署、保护带部署以及带内部署。全球主流的频段是800MHz和900MHz。中国电信会把NB-IoT部署在800MHz频段上,而中国联通会选择900MHz来部署NB-IoT,中国移动则可能会重耕现有900MHz频段。很容易实现网络的升级。同时,相对于4G网络,它支持的待机时间长,连接高效,而且联网设备的电池寿命很高,NB-IoT作为低功耗广域技术,承载着5G重要的广连接特性,低功耗的NB-IoT模组加速了5G mMTC场景落地。NB-IoT室内环境的信号覆盖相对要好。一般来说,NB-IoT的通信距离是15km。

NB-IoT的优势应用场景如下。

(1) 共享单车:分布广,单位密度小,适合借助运营商网络。

(2) 智能抄表:功耗低、覆盖广、信号穿透力强。

(3) 积水/管网监测:分布广,单位密度小。

(4) 通用型可穿戴系列:终端分布在整个城区,适合借助运营商网络。

(5) 智能停车:锐捷网络为“小和轻停”研制的地磁车检器,通过地磁来感应磁场变化从而进行车辆出入车位的判断,上下行的无线链路采用NB-IoT标准,并与OneNET完成对接,支持5G联创实验室的停车平台应用。

NB-IoT虽然有很多优点,但在国内仍缺乏一个统一的开放产业平台,而且标准、芯片、网络和相关的应用层厂商以中小企业为主，还需要加强自身联盟的实力，打造强大的生态。

2. eMTC

虽然NB-IoT能满足物联网很多的应用场景，但是在可靠低时延等场景里面，eMTC才是最优解。eMTC是由LTE协议演进而来的，也就是中国移动的通信协议。移动为了降低成本，对LTE协议进行优化，让用户设备支持1.4MHz的射频和基带带宽，直接接入LTE网络，因为从持久发展上，物联网成本是必须考虑的事情。

正是由于频率低且协议简单，eMTC芯片可以比NB-IoT芯片的成本更低、移动性更好，这就让它在动态物联网场景中的优势大于NB-IoT。eMTC在智能物流的应用很广泛，京东公司的无人送货车上就装有eMTC芯片。现在很多智能可穿戴产品上都有检测和定位功能，也有eMTC技术的"身影"。eMTC应用于智能电梯，通过eMTC网络实时传输电梯的数据，可实时监控电梯的运行情况。

eMTC与NB-IoT技术实现物联网是完全不同的两种思路，eMTC终端的工作带宽高于NB-IoT终端5倍以上，eMTC技术能够提供性价比很高的终端通信解决方案，这比NB-IoT技术在成本上的优势还要好。

3. LoRa

LoRa(远距离无线电)的一大特点是在同样功耗下比其他无线方式传播的距离更远，实现了低功耗和远距离的统一，是一种前景广阔的通信技术。LoRa网络主要由四部分组成，它们是基站(也可以是网关)、服务器、LoRa终端和物联网云。LoRa的特点是可在应用端和服务器端之间实现数据的双向传递。一般来说，LoRa在城区中的无线传播距离是1～2km，在郊区的无线传播距离最高可达20km。

LoRa的优势是功耗低，并可实现多信道数据传输，系统数据容量增加了，网关和终端系统能支持测距和定位，对于位置敏感的应用简直就是量身定做。

LoRa在物流、健康医疗、智能环境、运输等领域的优势很明显，以下是几种应用方向。

(1) 智能抄表：业主对采集频率有高要求，需要做数据分析，对网络可用性有高要求。

(2) 道路泊车检测器：采集频率较高，对终端寿命又有一定要求。

(3) 野外郊区应用，如矿业、采掘业、郊区重工业等。

(4) 区域集中型：如高校、普教、园区的用户，想建设私网对自己的设施及应用进行管理。

物联网已经不只是一种想象的场景，它已经成为我们生活的一部分，人们通过定位技术监控，通过通信技术联网，通过物联网减少交通事故等，这些都离不开物联网通信技术的支持，NB-IoT、eMTC、LoRa技术各有千秋，随着物联网产业的发展，三者必将发挥更大的作用。

1.4.2 物联网通信技术的5G之路

5G将是连接新行业、支持新服务并营造新用户体验的更强大统一的连接平台。物联网将是5G不可或缺的一部分，提供4G LTE无法支持的新型物联网服务和效率。目前5G愿景定义明确，2020年开始商用，它进一步增强了移动宽带。根据华为公司发布的Vision 2025报告，在智能家庭领域，全球14%的家庭将拥有家用智能机器人；在AR/VR领域，全球的VR/AR用户将达3.37亿，采用VR/AR技术的企业将增长10%；在智能制造领域，每万名制造业员工将与103个机器人共同工作。这些变化的背后依赖于5G的快速部署，

2025年,全球将部署650万个5G基站,服务28亿用户。

5G有三大关键革新:新架构、新空口、全频谱。根据不同业务对网络功能的需求特点定义了三大典型场景:eMBB、mMTC、uRLLC。mMTC场景下的5G通信技术提供了海量连接的物联网业务,并通过在四个主要领域的改进来更好地支持物联网的应用:降低复杂性,改进电池续航,增强覆盖,支持更高节点密度部署。

1. 降低复杂性,支持更低成本设备

物联网技术将为多种多样的产业和应用带来巨大驱动力。许多物联网使用场景有潜力促成媲美当今移动宽带服务(如智能手机、平板电脑)的更高的平均每连接收入(ARPC),但大多数使用场景将需要成本更低的设备和订阅来证明大规模部署是合理的。例如,智能手机的硬件和服务成本与每天提供几次温度测量值的简单远程传感器截然不同。为此,eMTC和NB-IoT设备将在技术复杂度上进行缩减以支持更低成本,同时仍满足物联网应用的需求。

2. 提高功率效率,实现超长电池续航

许多物联网设备都是电池供电,单次充电支持尽可能长的续航时间非常必要。现场维护相关成本是很大的问题,尤其在大规模部署情况下更是如此。不仅定期维护计划是营业费用,而且实际上定位这些移动设备(如资产跟踪器分布在全世界)也可能变成噩梦。因此,最大化电池续航已变成LTE物联网最重要的改进维度之一。除通过降低设备复杂性实现节电之外,已引入两项全新低功耗增强特性:节电模式(PSM)和增强型非连续接收(eDRX),两项都适用于eMTC和NB-IoT设备。

3. 增强覆盖,更好地支持挑战性的位置部署

有许多物联网使用场景能够受益于更深的网络覆盖,尤其对于在具挑战性的位置部署的设备(如公用事业计量表)更是如此。在许多使用场景中,权衡上行频谱效率和延迟,能够在无须提高输出功率的情况下有效增强覆盖,提高功率会消极影响设备电池的续航。借助5G的冗余传输、功率谱密度(PSD)提升、单音上行、更低阶调制覆盖增强特性,eMTC设备的链路预算提高到155.7dB,比常规LTE提高15dB。对于NB-IoT设备,进一步提高到164dB。

4. 支持更高节点密度部署

通过交付全新上行链路多址接入设计,称为资源扩展多址接入(RSMA),5G改进了LPWN物联网支持更高节点密度的能力。资源扩展多址接入是异步、非正交和竞争式接入,进一步降低了设备复杂性并减少了信令开销,因为它支持"物体",因此无须事先网络调度即可传输。

为了将网络覆盖面扩大到最极端的位置(如超远距离、地下深处),5G支持多跳网状网,让覆盖范围之外的设备直接连接可向接入网回传数据的设备。这从根本上创建无边缘网络,在典型蜂窝接入(如普通基站和小型基站)之外扩大覆盖面。更重要的是,5G核心网还对接入覆盖范围内的设备和那些对等连接网状网网络支持的设备进行广域网(WAN)管理。

全新灵活的5G网络提供了卓越性能和效率,面向相同物理网络中托管的广泛服务(如增强型移动宽带、关键任务服务和大规模物联网)利用虚拟化网络功能创建优化的网络切片。每个网络切片能够独立配置,提供按照应用需求优化的端到端安全性。这对物联网特别有利,因其多样性需求可能决定相同网络部署支持的不同使用场景要求大相径庭的服务等级协议(SLA)。除支持更高效的资源配置和利用率之外,增强型 5G 网络还支持灵活的订阅模式和动态创建/控制服务。

5G 带来了更多物联网机会。窄带 5G 将借助新功能增强大规模物联网,如资源扩展多址接入支持免许可传输和多跳网状网进一步扩展覆盖面。5G 也通过交付超低延迟通信支持关键任务服务,提供显著改善的系统可靠性、服务可用性和端到端安全性。全新灵活网络架构也支持在下一代 5G 网络上托管的全部服务具有卓越的性能和效率。总之,连接物联网将是 5G 下一个十年和未来更强大统一连接平台不可或缺的一部分。

本章小结

本章主要介绍了物联网的概念与体系结构;物联网通信的起源、物联网的现状和未来;物联网通信系统的组成、感知控制层通信技术和网络传输层通信技术;物联网通信系统面临的问题及解决方案;新发展的物联网通信技术——LPWAN 通信技术与 5G 通信技术。通过本章的学习,读者应掌握物联网的有关概念、基本组成和特点,了解物联网通信技术的概况,为后面的学习打下基础。

习题

一、填空题

1. 物联网由三个层次构成,即信息的感知控制层、________和应用层。

2. 物联网通信系统主要包括感知控制层通信和核心承载网通信两方面,其中传感器网采用的通信技术主要是________。

3. RFID 技术是一种非接触式的自动识别技术,它通过________自动识别目标对象并获取相关数据。

4. ZigBee 技术采用 DSSS 技术调制发射,用于多个________组成网状网络,是一种短距离、低速率、低功耗的无线网络传输技术。

5. 可寻址远程传感器高速通道的开放通信协议(HART),是一种用于现场智能仪表和________之间的通信协议。

6. 在区域内,无线传输电波的频段是不能重叠的,如重叠则会形成电磁波干扰,从而影响通信质量。________则可以通过重叠的频段来传输信息。

7. 支撑异构网络的通信技术,应在以下几方面进行网络融合:________、终端融合、网络融合。

8. 发展广泛地支持________和大数据技术的物联网通信技术,解决了因物联网规模扩大而对通信速度、带宽等需求增加的问题。

二、单项选择题

1. 三层结构类型的物联网不包括________。

A. 感知控制层　　B. 网络传输层　　C. 应用层　　D. 会话层

2. 物联网的核心是________。

A. 应用　　B. 产业　　C. 技术　　D. 标准

3. 属于感知控制层通信技术的是________。

A. ZigBee 技术　B. 3G 网络　C. 4G 网络　D. 局域网

4. 属于网络传输层通信技术的是________。

A. ZigBee 技术　B. 4G 网络

C. 蓝牙技术　D. IrDA 红外连接技术

5. 属于应用层通信技术的是________。

A. ZigBee 技术　B. 虚拟现实　C. 蓝牙技术　D. RFID

6. UWB 技术的带宽频率是________。

A. 7.5GHz　B. 2.5GHz　C. 11GHz　D. 20GHz

7. 物联网中的异构网络融合中,不包括的融合方式为________。

A. 业务融合　B. 网络融合　C. 传输介质融合　D. 终端融合

8. 物联网控制层内的终端接入网络的首选为 ________。

A. 有线通信方式　B. 无线通信方式　C. 光纤通信　D. 计算机通信

9. Wi-Fi 通信的最高带宽为 ________。

A. 5MB　B. 2MB　C. 20MB　D. 11MB

10. 下列应用中不属于物联网应用的是 ________。

A. 智能交通　B. 智能电网　C. 视频会议　D. 物流追踪

三、简答题

1. 简述什么是物联网,以及物联网的体系结构。

2. 简述物联网感知控制层的通信网络类型。

3. 简述物联网网络传输层的网络类型。

四、设计题

随着时代的发展,一般养老院里的基础建设日趋完善,配套了各种娱乐设施,如健身场、运动场。这些设施确实丰富了老人们的生活,但同时也给老人们带来了潜在的活动风险。因为场所涉及的范围大,监管人员不可能顾及每个角落的每位老人,所以必须采取一种有效的方式来照顾这些老人。基于物联网的养老院管理系统,引入物联网高科技信息技术,通过射频识别(RFID)、传感器、无线传输(ZigBee)等信息传感设备,实现对养老院老人的日常生活进行远程监控、实时定位和实时服务管理,符合未来养老服务需求,以应对老龄化带来的诸多问题。

(1) 试述物联网养老院系统的定位原理。

(2) 养老院系统分为两个主要部分:监控服务器端和老人移动腕带终端。监控服务器端是本系统的核心部分,实现了养老院的人员综合管理。试述监控服务器端的主要功能。

第2章 CHAPTER 2 通信原理

教学提示

通信就是信息的传输与交换。信息包含在各种消息中,消息可以是文字、符号、语音、图像等。在传递这些消息时,人们更关心的是消息所包含的有意义的内容,也就是信息。通信过程就是对信息进行时空转移。

本章要介绍的内容包括通信的基本概念、通信系统的组成、通信系统的分类等。

学习目标

- 了解通信的基本概念和分类。
- 掌握通信方式和通信系统的主要性能指标。
- 熟悉通信系统的组成。

知识结构

本章的知识结构如图2.1所示。

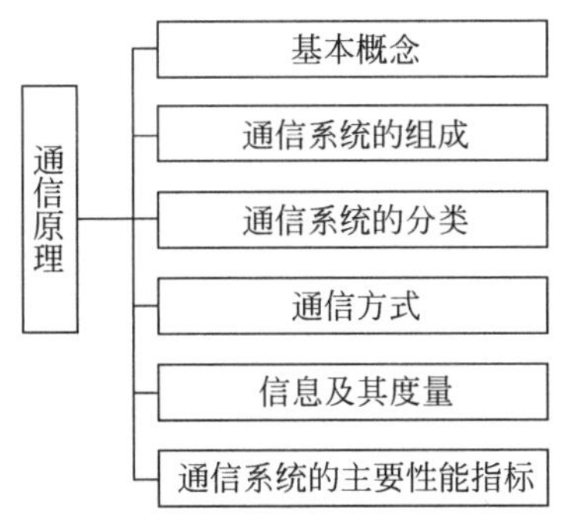

图2.1 本章知识结构图

2.1 通信的基本概念

通信是指人与人之间或人与自然之间通过某种行为或媒介进行的信息交流与传递,广义上是指需要信息的双方或多方在不违背各自意愿的情况下采用任意方法、任意媒介,将信息从某方准确安全地传送到另一方。所以,通信就是在人与人之间、机器与机器之间互通音信、通报消息的过程。

2.1.1 通信的目的

通信的目的是传递消息中包含的信息。

(1) 消息。

消息是物质或精神状态的一种反映,如语音、文字、音乐、数据、图片或活动图像等。消息可以分成离散消息和连续消息。

离散消息:消息中各个元素之间的差异明显,并且有界、可数。其主要特点是状态离散。如文字、符号和数字。

连续消息:消息中各个元素数目为无穷多,相邻元素的差异很小。如语音、连续图像。

(2) 信息。

简单地说,信息是消息中包含的有效内容。

美国信息管理专家霍顿(F. W. Horton)给信息下的定义是:“信息是为了满足用户决策的需要而经过加工处理的数据。”简单地说,信息是经过加工的数据,或者说,信息是数据处理的结果。

根据对信息的研究成果。科学的信息概念可以概括如下:信息是对客观世界中各种事物的运动状态和变化的反映,是客观事物之间相互联系和相互作用的表征,表现的是客观事物运动状态和变化的实质内容。

2.1.2 实现通信的方式和手段

通信的手段有非电信号通讯和电信号通信两种。

(1) 非电信号通讯。

非电信号通讯自古就有,如烽火台、驿马快递、飞鸽传书等。相应地,烽火狼烟、骑马使者所携带的信件、鸽子所携带的信件等都是消息。

而烽火狼烟的含义、信件的内容就是具体的信息了。

(2) 电信号通信。

在电子技术发展起来以后,通信就可以借助各种电磁信号来进行传播,从而形成了电信号的通信。

电信号的通信是基于电磁技术、无线电技术、计算机技术发展起来的,包括电报、电话、广播、计算机通信等多种不同的实现形式。并且,随着网络通信技术的发展,通信形式愈发全面。

所以,无线电、网络信号等都是消息。而封装在消息中的各种信号,就是具体的信息。

2.2 通信系统的组成

2.2.1 通信系统的一般模型

图2.2所示为通信系统的一般模型,在这个模型中包含了信息源、发送设备、信道、接收

设备、受信者、噪声源几个组成部分。

其中，信息源和发送设备可以合称为“发送端”；接收设备和受信者可以合称为“接收端”。

(1) 信息源。

信息源(简称信源)是一个数据源，提供准备发送的包含信息的数据，信源的任务就是把各种消息转换成原始电信号。

语音通信时，人的发声系统就是语音信源；读书、看报时，书和报纸本身就是文字信源；在电信号通信系统中常见的信源还有图像信源、数字信源等。

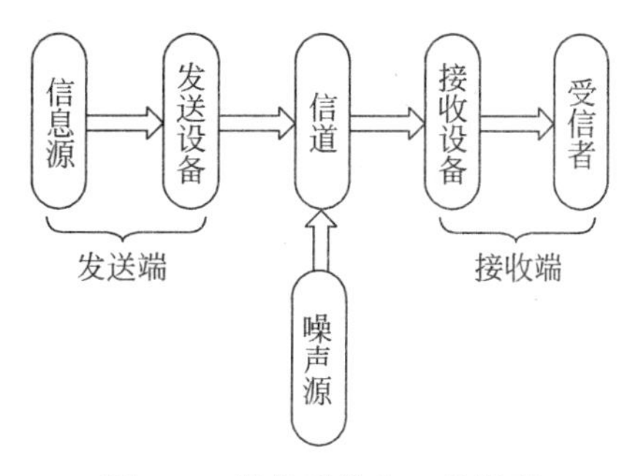

图 2.2　通信系统的一般模型

信源可分为模拟信源和数字信源。

(2) 发送设备。

在接收到信源信号以后，发送设备对信源信号进行处理，产生适合在信道中传输的信号。

(3) 信道。

发送端发出的消息需要经过一个数据通道才能将数据传送到对方，这个数据通道被称为信道。它是一个物理传输媒介。

根据物理媒介的不同，信道可以分为有线信道和无线信道两大类。例如，电话线、网线是典型的有线传输媒介，对应的信道就是有线信道；无线电是典型的无线传输媒介，对应的信道就是无线信道。

消息经过信道传输后，会传输到接收端。所有的电通信消息在信道中进行传输时都会有一定衰减和损耗。

消息在信道中进行传输时，信号类型可以分成模拟信号和数字信号两种。

(4) 接收设备。

接收设备是指从受到减损的接收信号中正确恢复出原始电信号的设备。它不仅要具有消息接收的功能，还需要对消息内容进行一定的处理。

(5) 受信者。

接收设备收到的信号，最终会传送给受信者，或者称为信宿，它的作用就是把原始电信号还原成相应的消息。例如，可以将还原的消息用扬声器播放出去。

(6) 噪声源。

消息在信道中进行传输时，除了有一定衰减和损耗之外，还有可能受到各种噪声的干扰。这是电信号传输无法避免的问题。

从电磁学的角度讲，干扰信号传输的能量场称为噪声。这种能量场的产生源可以来自内部系统，也可以产生于外部环境。

在通信系统中，分布于系统各处的各种噪声来源统称为噪声源。

2.2.2　模拟信号

模拟信号代表消息的信号参量取值连续。如麦克风输出电压就是典型的模拟信号。

图 2.3 所示为典型的模拟信号。

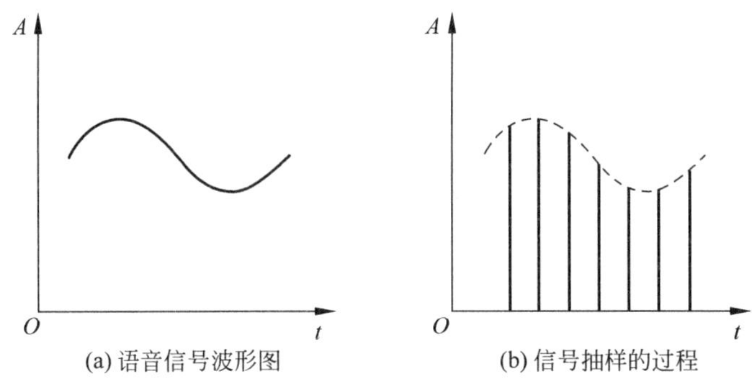

(a) 语音信号波形图 (b) 信号抽样的过程

图 2.3 典型的模拟信号

图 2.3(a)是一个语音信号波形图,纵坐标表示振幅,横坐标表示时间,体现了语音的传输过程。

在通信系统中,对于连续的模拟信号必须先以适当的频度从中抽取其在各时刻的数值,形成相应的离散时间信号,然后进行处理。这个过程被称为抽样。图 2.3(b)所示就是一个信号抽样的过程。

2.2.3 数字信号

数字信号代表消息的信号参量取值为有限个,如电报信号、计算机输入输出信号。

数字信号在传输过程中不仅具有较高的抗干扰性,还可以通过压缩占用较少的带宽,实现在相同的带宽内传输更多、更高的音频、视频等数字信号的效果。

图 2.4(a)所示为典型的二进制数字信号传输的波形图,可以将正向电压定义为 1,负向电压定义为 0。

图 2.4(b)所示是二进制相移键控的波形图。

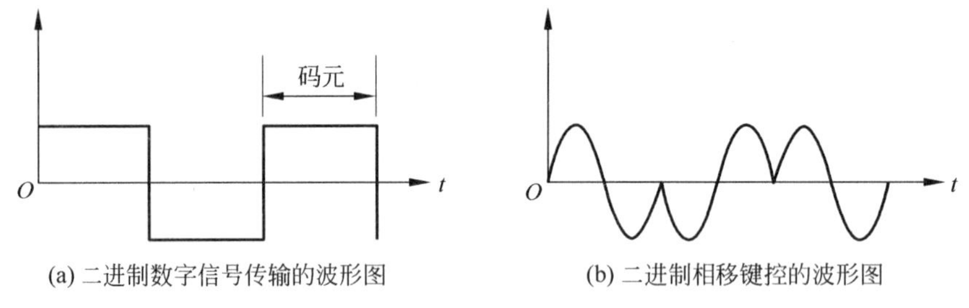

(a) 二进制数字信号传输的波形图 (b) 二进制相移键控的波形图

图 2.4 典型的数字信号

2PSK 是一种典型的数字信息传输,它采用相干解调,传输 0 或 1 时,采用相位变化携带信息。

2.2.4 模拟通信系统

信道中传递模拟信号的通信系统被称为模拟通信系统。

图 2.5 所示是一个典型的模拟通信系统,与前面所描述的通信系统的一般模型类似。图 2.5 中,信源是一个模拟信号源,发送设备是调制器,它们构成了发送端。调制器的作用是把信号源所提供的模拟信号调制成稳定的高频射频振荡信号,以便于在信道中传输。相

应地，接收端由解调器和受信者组成。受信者所接收的是模拟信号。所以，解调器的作用就是将信道中传输的高频射频振荡信号还原成所需的模拟信号。

在模拟通信过程中，其本质是利用模拟信号来传递信息，在这个传递过程中有以下两个变换。

一个变换是模拟消息和原始电信号之间的变换：

模拟消息⟷原始电信号(基带信号)

另一个变换是基带信号与带通信号之间的变换：

基带信号⟷带通信号(已调信号)

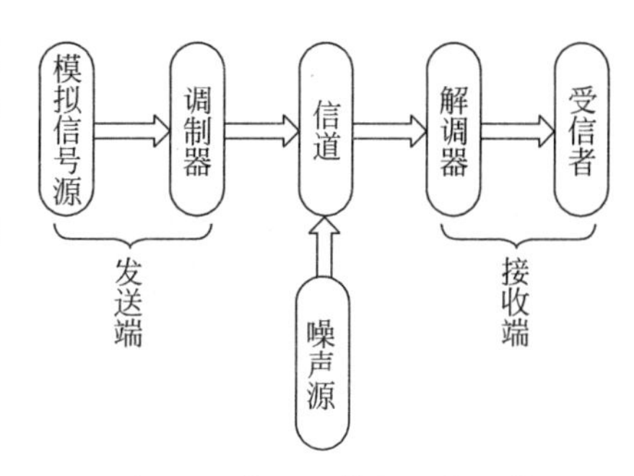

图 2.5 典型的模拟通信系统

2.2.5 数字通信系统

信道中传输数字信号的通信系统被称为数字通信系统。在数字通信系统中，信息源和受信者所处理的都是数字信号，所以数字通信系统的发送端与接收端，与模拟通信系统相比增加了一些设备，如图 2.6 所示。发送端增加了信源编码、加密、信道编码部分；接收端增加了信道译码、解密、信源译码部分。

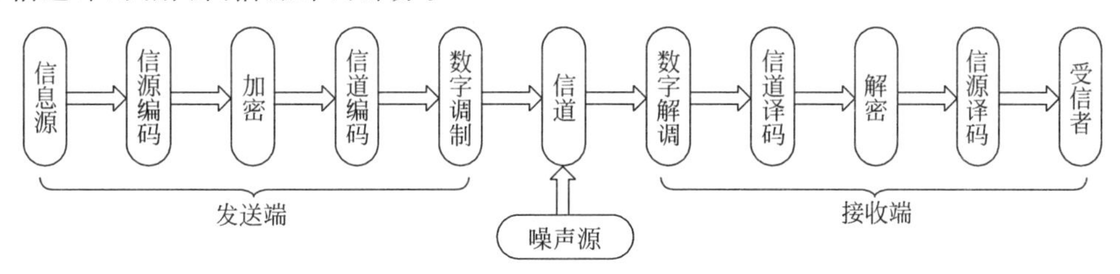

图 2.6 数字通信系统

在增加的这些部件中，每个部件都有自己的功能和目的。

信源编码与译码的目的是提高信息传输的有效性、完成模/数转换；加密与解密目的是保证所传信息的安全；信道编码与译码目的是增强抗干扰能力；数字调制与解调的目的是形成适合在信道中传输的带通信号。

数字通信有很多的优点：抗干扰能力强，且噪声不积累；传输差错可控；便于处理、变换和存储；易于加密处理，且保密性好；易于集成，使通信设备微型化，重量轻；便于将来自不同信源的信号综合到一起传输。

同样，数字通信也有缺点：需要较高的传输带宽；对同步要求高。

2.3 通信系统的分类

由于分类的角度不同，通信系统的分类也有多种不同的方式。了解各种不同的分类方式，对理解通信系统也是有帮助的。下面将按照各种不同的分类角度介绍通信系统的分类。

2.3.1 按通信业务分类

通信业务是指服务提供商能够给用户提供的服务类型，从这个角度看，通信系统可以分为电报通信系统、电话通信系统、数据通信系统和图像通信系统。

这种分类方式下，每种类型的通信系统都对应不同的业务，各种业务所对应的用户也有区别，硬件设备也相应地有所不同。

2.3.2 按调制方式分类

调制是指把信号转换成适合在信道中传输的形式的一种过程。广义调制分为基带调制和带通调制(也称载波调制)，根据调制方式的不同，可以分成基带传输系统和带通传输系统。

前面讲到过，原始电信号被称为基带信号，所以基带传输系统就是一种不搬移基带信号频谱的传输方式。

带通调制则是用调制信号去调制一个载波，使载波的某些参数随基带信号的变化规律而变化的过程。带通调制的目的是实现信号的频谱搬移，使信号适合信道的传输特性。

2.3.3 按信号特征分类

按信号特征，可以将通信系统中的信号分为模拟信号和数字信号。

模拟通信系统与数字通信系统的区别在于数据通信设备(Data Communications Equipment，DCE)的不同。相应地，就可以把传输模拟信号的通信系统称为模拟通信系统，把传输数字信号的系统称为数字通信系统。

2.3.4 按传输媒介分类

所有的通信系统最终都需要在物理媒介中进行传输。所以，根据传输媒介的不同，就可以分为有线通信系统和无线通信系统。

例如，传输时采用线缆(如铜线、光纤等)的就是有线通信系统；采用无线信号的就是无线通信系统，如移动电话、Wi-Fi 等。

2.3.5 按工作波段分类

在无线通信系统中，不同类型的通信条件也有不同的、适合的电磁波波长。

根据电磁波波长的不同，也可以将通信系统分成长波通信、中波通信、短波通信和微波通信。

长波通信的波长大于 1km，又称低频通信，可通电话和电报，被广泛用于海上通信，有的国家也用于广播。长波具有穿透岩石和土壤的能力，也用于地下通信。在频段低端，电磁波能穿透一定深度的海水，可以用于对水下舰艇的通信。

中波通信的波长为 100～1000m，又称中频通信，传输距离不是很远，一般为几百千米。中波通信主要用作近距离本地无线电广播、海上通信、无线电导航及飞机上的通信等。

短波通信的波长为 10～100m，短波通信发射电波要经电离层的反射才能到达接收设备，通信距离较远，是远程通信的主要手段。

微波通信的波长为 1mm～1m，是直接使用微波作为介质进行的通信，不需要固体介质，当两点间直线距离内无障碍时就可以使用微波通信。利用微波进行通信具有容量大、质量高并可传至很远距离的优点，因此是国家通信网的一种重要通信手段，也普遍适用于各种专用通信网。

2.3.6 按信号复用方式分类

复用是指多路信号利用同一个信道进行独立传输。根据复用方式的不同,可以将通信方式分为以下几类。

频分复用:采用频谱搬移的办法使不同信号分别占据不同的频带进行传输。

时分复用:使不同信号分别占据不同的时间片进行传输。

码分复用:采用一组正交的脉冲序列分别携带不同的信号。

波分复用:在光纤通信中使用,可以在一条光纤内同时传输多个波长的光信号,成倍提高光纤的传输容量。

2.4 通信方式

在进行数据通信时,数据发送端发送的数据经过信道的传输会传送给接收端。在这个传输过程中,受信道工作特性的影响,传输方式有所区别,可以分成单工通信、半双工通信、全双工通信。

从传输数据的数据位数上讲,还可以分成并行传输和串行传输。

2.4.1 单工通信

单工通信是指消息只能单方向传输的工作方式,属于点到点的通信。

如图 2.7 所示,单工通信信道是单向信道,发送端和接收端的身份是固定的,发送端只能发送信息,不能接收信息;接收端只能接收信息,不能发送信息,数据信号仅从一端传送到另一端,即信息流是单方向的。

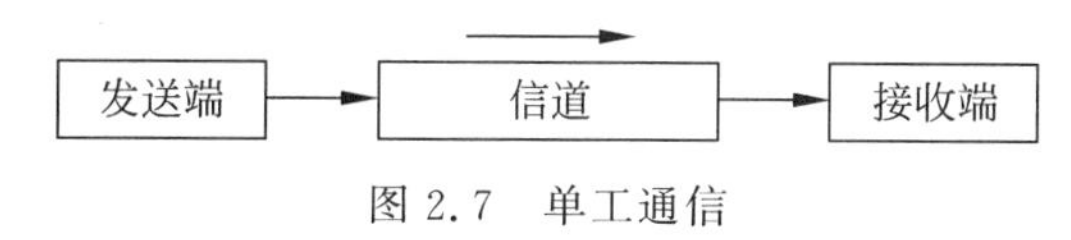

图 2.7 单工通信

2.4.2 半双工通信

半双工通信是指通信双方都能收发消息,但不能同时收发的工作方式。

如图 2.8 所示,半双工通信方式所实现的双向数据通信必须轮流交替进行,不能在两个方向上同时进行数据发送。

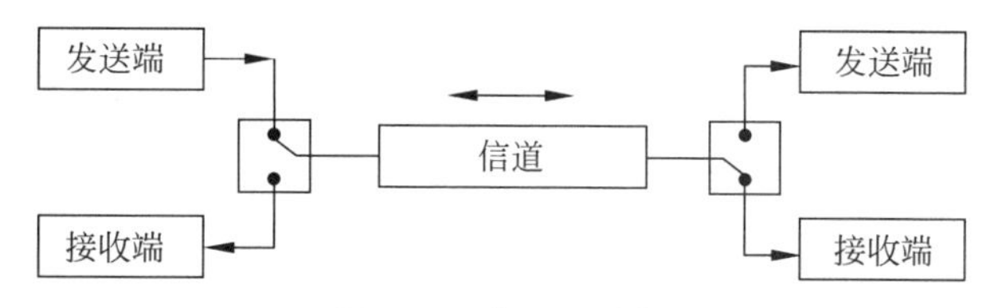

图 2.8 半双工通信

在半双工通信时,通信信道的每一端都可以是发送端,也可以是接收端。但同一时刻里,信息只能有一个传输方向。日常生活中有很多半双工通信的实例,如步话机、对讲机。

2.4.3 全双工通信

全双工通信是指通信双方可同时收发消息的工作方式。

如图2.9所示,在全双工通信方式下,收发设备之间的发送信道和接收信道各自独立,可以使数据在两个方向上同时进行传输。通信的一方在发送数据的同时也能够接收数据,两者同步进行。这也意味着,在全双工的传输方式下可以得到更高的数据传输速度。这就像平时打电话一样,说话的同时也能够听到对方的声音。

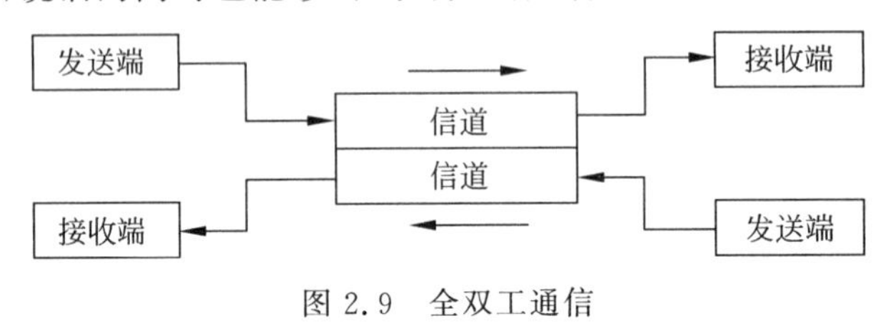

图2.9 全双工通信

2.4.4 并行传输

将代表信息的数字信号码元序列以成组的方式在两条或两条以上的并行信道上同时传输的方式称为并行传输。

一个字符的编码通常是由二进制数表示,如用ASCII编码的符号是由8位二进制数表示的,则并行传输ASCII编码符号就需要8个传输信道,使表示同一个符号的所有数据位能同时沿着各自的信道并排传输。

并行传输时,一次可以传一个字符,收发双方不存在同步的问题,而且速度快、控制方式简单。但是,并行传输需要多个物理通道。所以并行传输只适合于短距离、要求传输速度快的场合使用。

图2.10所示就是发送方采用并行传输方式一次性发送8位二进制数的过程。

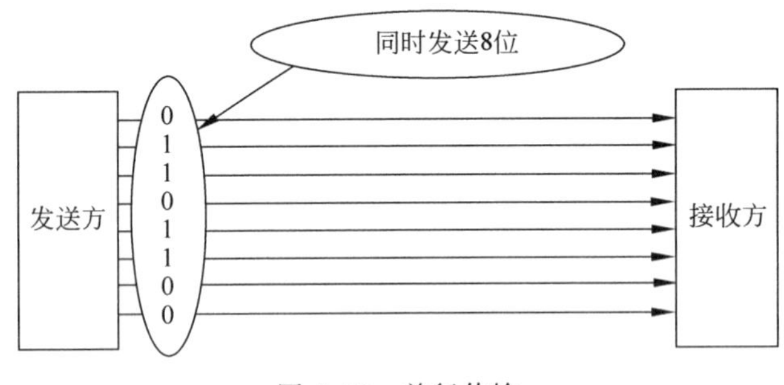

图2.10 并行传输

2.4.5 串行传输

将数字信号码元序列以串行方式一个码元接一个码元地在一条信道上传输的方式称为串行传输。如图2.11所示就是发送方采用串行传输方式将8位二进制数发送到接收方的过程。

串行传输方式中的每位数据占据一个固定的时间长度,只需要少数几条信道就可以在系统间交换信息,特别适用于计算机与计算机之间、计算机与外设之间的远距离通信。

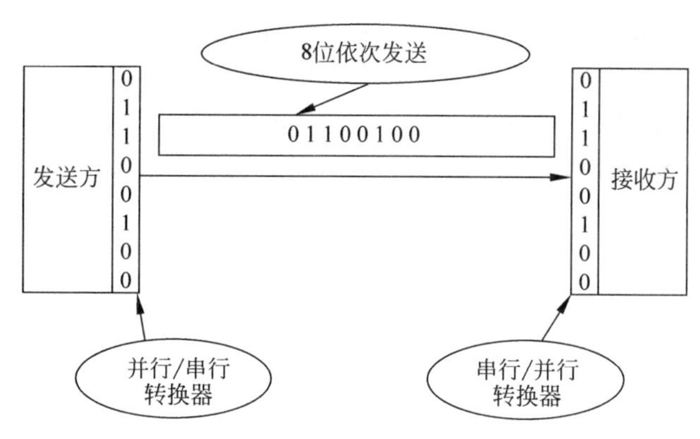

图 2.11　串行传输

串行传输的优点在于只需要一条通信信道，节省线路铺设费用；缺点是速度慢，需要外加码组或字符同步措施。

随着电子技术的发展，数据传输速率获得了极大的提升，串行通信的缺点就不那么明显了。现代通信系统中，串行通信占了很大的比重。

2.5　信息及其度量

信息是消息中包含的有效内容。信息量的度量有如下原则：能度量任何消息，并与消息的种类无关；度量方法应该与消息的重要程度无关；消息中所含信息量和消息内容的不确定性有关。消息所表达的事件越不可能发生，信息量就越大。

【例 2.1】

消息 1：华东地区下雨。

消息 2：大量航班被取消。

在这个例子中，“大量航班被取消”这条消息比“华东地区下雨”这条消息包含更多的信息。事件的不确定程度可以用其出现的概率来描述，消息出现的概率越小，则消息中包含的信息量就越大。

设 $P(x)$为消息 x 发生的概率，I 为消息中所含的信息量，则 $P(x)$和 I 之间的函数关系可以表示为

$$I=I[P(x)] \tag{2.1}$$

其中，$P(x)$增大时，I 减小；$P(x)$减小时，I 增大。当 $P(x)=1$ 时，$I=0$；当 $P(x)=0$ 时，$I=\infty$。

当一条消息由 n 个互不相关的独立事件构成时，这条消息所包含的信息量等于各个独立事件信息量的和，可以表示为

$$I[P(x_1)P(x_2)\cdots P(x_n)]=\sum_{i=1}^{n}I[P(x_i)] \tag{2.2}$$

满足上述条件的关系式即为信息量的定义，可以表示为

$$I=\log_a\frac{1}{P(x)}=-\log_a P(x) \tag{2.3}$$

式(2.3)中对数的底数 a 可以有以下几种情况。

(1) 若 $a=2$,信息量的单位称为比特(bit),可简记为 b。

(2) 若 $a=\mathrm{e}$,信息量的单位称为奈特(nat)。

(3) 若 $a=10$,信息量的单位称为哈特莱(hartley)。

通常广泛使用的单位为比特,这时有

$$I=\log_2\frac{1}{P(x)}=-\log_2 P(x) \tag{2.4}$$

【例 2.2】 一离散信源由“0”“1”“2”“3”四个符号组成,它们出现的概率分别为 3/8、1/4、1/4、1/8,且每个符号的出现都是独立的。试求消息 01300220133002100102033100122001002313020100210201030121010 1 的信息量。

此消息中,“0”出现 26 次,“1”出现 15 次,“2”出现 11 次,“3”出现 8 次,共有 63 个符号,所以该消息的信息量为

$$I=26\log_2\frac{8}{3}+15\log_2 4+14\log_2 4+8\log_2 8=118.79(\mathrm{b})$$

每个符号的算术平均信息量为

$$\bar{I}=\frac{I}{\text{符号数}}=\frac{118.79}{63}=1.89(\text{比特 / 符号})$$

【例 2.3】 一离散信源由“0”“1”两个符号组成,它们出现的概率分别为 3/8、5/8,且每个符号的出现都是独立的。试求消息 01100100100100111011111100111001101011110110111 的信息量。

此消息中,“0”出现 18 次,“1”出现 29 次,共有 47 个符号,所以该消息的信息量为

$$I=18\log_2\frac{8}{3}+29\log_2\frac{8}{5}=45.13(\mathrm{b})$$

每个符号的算术平均信息量为

$$\bar{I}=\frac{I}{\text{符号数}}=\frac{45.13}{47}=0.96(\text{比特 / 符号})$$

2.6 通信系统的主要性能指标

1. 性能指标概述

1) 可靠性

可靠性指接收信息的准确程度,是传输的“质量”问题。

2) 有效性

有效性指传输一定信息量时所占用的信道资源(频带宽度和时间间隔),是传输的“速度”问题。

由于模拟通信系统和数字通信系统的通信方式不同,需要分别描述性能指标。

2. 模拟通信系统的性能指标

有效性:可用有效传输频带来度量。

可靠性:可用接收端最终输出信噪比来度量。

3. 数字通信系统的性能指标

(1) 有效性：用传输速率和频带利用率来衡量。

码元传输速率 R_B：定义为单位时间(每秒)传送码元的数目，单位为波特(Baud)，简记为 B。

$$R_B = \frac{1}{T}(\mathrm{B}) \tag{2.5}$$

式中，T 为码元的持续时间(s)。

信息传输速率 R_b：定义为单位时间内传递的平均信息量或比特数，单位为比特/秒，简记为 b/s。

R_B 和 R_b 的关系可以表示为

$$R_b = R_B \log_2 M(\mathrm{b/s}) \tag{2.6}$$

或

$$R_B = \frac{R_b}{\log_2 M}(\mathrm{B}) \tag{2.7}$$

对于二进制数字信号：$M=2$，码元速率和信息速率在数量上相等。

对于多进制，如八进制($M=8$)中，若码元速率为 1200B，则信息速率为 3600b/s。

频带利用率：定义为单位带宽(1Hz)内的传输速率。

频带利用率可以表示为

$$\eta = \frac{R_B}{B}(\mathrm{B/Hz}) \tag{2.8}$$

或

$$\eta_b = \frac{R_b}{B}\mathrm{b/(s \cdot Hz)} \tag{2.9}$$

(2) 可靠性：常用误码率和误信率表示。

误码率：

$$P_e = \frac{\text{错误码元数}}{\text{传输总码元数}} \tag{2.10}$$

误信率(又称误比特率)：

$$P_b = \frac{\text{错误比特数}}{\text{传输总比特数}} \tag{2.11}$$

在二进制中

$$P_b = P_e \tag{2.12}$$

本章小结

本章主要介绍了通信的基本概念、通信系统的组成、通信系统的分类、通信方式、信息及其度量、通信系统的主要性能指标。要求读者了解通信的基本概念、分类；掌握通信系统的模型、各种通信方式的工作特点，掌握信息度量的方法。

习题

一、填空题

1. ________是为了满足用户决策的需要而经过加工处理的数据。

2. 从电磁学的角度讲,干扰信号传输的能量场称为________。

3. ________信号代表消息的信号参量取值连续。

4. 调制是指把信号转换成适合在信道中传输的形式的一种过程。广义调制分为________调制和________调制。

5. 将代表信息的数字信号码元序列以成组的方式在两条或两条以上的信道上同时传输的方式称为________传输。

二、选择题

1. ________代表消息的信号参量取值连续。

A. 数字信号　　B. 调制信号　　C. 模拟信号　　D. 解调信号

2. ________是采用频谱搬移的办法使不同信号分别占据不同的频带进行传输的。

A. 频分复用　　B. 时分复用　　C. 码分复用　　D. 波分复用

3. 将代表信息的数字信号码元序列以成组的方式在两条或两条以上的并行信道上同时传输的方式称为________。

A. 串行传输　　B. 同步传输　　C. 并行传输　　D. 异步传输

4. 将数字信号码元序列一个码元接一个码元地在一条信道上传输的方式称为________。

A. 串行传输　　B. 同步传输　　C. 并行传输　　D. 异步传输

5. ________通信是指通信双方都能收发消息,但不能同时收发的工作方式。

A. 随机　　B. 单工　　C. 全双工　　D. 半双工

三、简答题

1. 通信的目的是什么?

2. 什么是信道?

3. 通信系统的一般模型是什么?

4. 模拟通信系统中,要进行信号传递,需要经过哪两种变换?

5. 与模拟通信系统相比,数字通信系统的模型增加了哪些部件?这些部件的作用是什么?

6. 通信方式有哪些种类?

7. 数字通信系统的性能指标有哪些?

四、计算题

一离散信源由“0”“1”“2”“3”四个符号组成,它们出现的概率分别为3/8、1/4、1/4、1/8,且每个符号的出现都是独立的。

试求消息201020130213001203210100321010023102002010312032100120210的信息量。

第 3 章 CHAPTER 3 ZigBee 通信技术

教学提示

ZigBee 是一种短距离、低功耗、低速率、低成本、低复杂度的无线通信技术，是一种介于无线标记技术和蓝牙技术之间的解决方案。ZigBee 技术以 IEEE 802.15.4 协议为基础，在 IEEE 的物理层和数据链路层协议基础上，对其网络层和应用层协议重新进行了定义，形成了自己的无线电标准。应用 ZigBee 技术能够在数千个微小的传感器之间相互协调实现通信，主要适用于自动控制和远程控制等领域。

学习目标

- 了解 ZigBee 技术的形成及发展。
- 了解 ZigBee 网络的应用领域。
- 掌握 ZigBee 通信技术的相关概念和原理。
- 掌握 ZigBee 网络的组建流程。
- 能够应用 ZigBee 技术实现简单物联网的组建。

知识结构

本章的知识结构如图 3.1 所示。

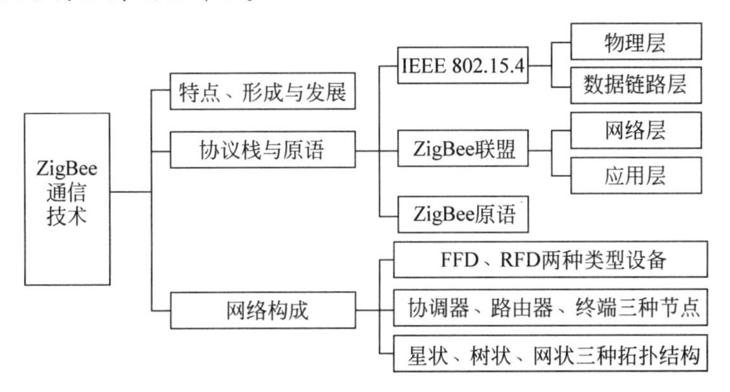

图 3.1　本章知识结构图

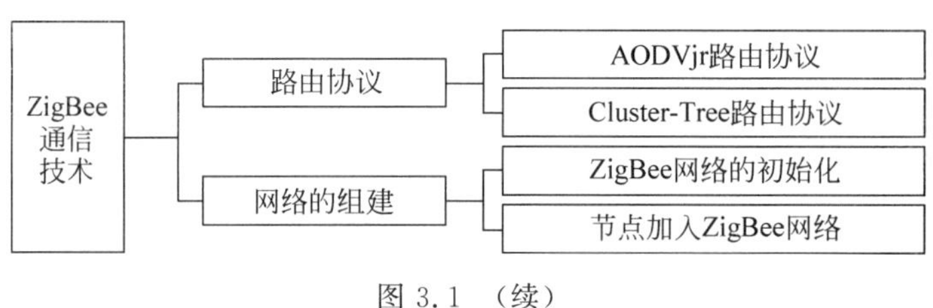

图 3.1 (续)

3.1 ZigBee 技术概述

ZigBee 是基于 IEEE 802.15.4 标准的低功耗局域网协议,是一种近距离、低复杂度、低功耗、低速率、低成本的双向无线通信技术。ZigBee 技术主要用于距离短、功耗低且传输速率不高的各种电子设备之间进行数据传输以及典型的周期性数据、间歇性数据和低反应时间数据的传输应用。

3.1.1 ZigBee 技术的形成、发展

1. ZigBee 技术的形成

ZigBee 名称的由来与蜜蜂相关,蜜蜂在发现花丛后会通过一种特殊的肢体语言来告知同伴新发现的食物源的位置等信息,这种肢体语言就是之字形舞蹈,英文名称为 Zig-Zag,是蜜蜂之间一种简单的传达信息方式。在通信技术领域,借此寓意用 ZigBee 来命名新一代无线通信技术,ZigBee 技术的标志性图标如图 3.2 所示。

图 3.2 ZigBee 图标

那么到底什么是 ZigBee 技术? ZigBee 是一种开放式的基于 IEEE 802.15.4 协议的无线个人局域网标准。IEEE 802.15.4 标准定义了 ZigBee 协议栈的物理层和数据链路层,而 ZigBee 联盟则定义了网络层及应用层。简单而言,ZigBee 是一种无线自组网技术标准,ZigBee 技术有自己的无线电标准,在数千个微小的传感器之间相互协调实现网络通信。这些传感器只需要很低的功耗,以接力的方式通过无线电波将数据从一个传感器传到另一个传感器,因此它们的通信效率非常高。

ZigBee 联盟是一个非营利物联网产业标准化国际组织,联盟的目的在于制定一个基于 IEEE 802.15.4、可靠的、高性价比的、低功耗的 ZigBee 网络应用技术。生产商可以利用 ZigBee 标准化无线网络平台设计简单、可靠、便宜又省电的各种无线产品。ZigBee 联盟的成员包括:国际著名半导体生产商、技术提供者、代工生产商以及最终使用者。ZigBee 联盟成立于 2002 年,是一个非营利物联网产业标准化国际组织,ZigBee 联盟的目的在于制定一个基于 IEEE 802.15.4、可靠的、高性价比的、低功耗的 ZigBee 网络应用技术。生产商可以利用 ZigBee 标准化无线网络平台设计简单、可靠、便宜又省电的各种无线产品。ZigBee 联盟的成员包括:国际著名半导体生产商、技术提供者、代工生产商以及最终使用者。2021 年,ZigBee 联盟更名为 CSA 连接标准联盟,作为处于物联网行业发展中心的领先组织,CSA 连接标准联盟的全球影响力不断增长,其成员遍布 37 个国家/地区,联盟成员数量超过 350 家,图 3.3 所示为 ZigBee 联盟的部分成员。

图 3.3　ZigBee 联盟的部分成员

2. ZigBee 技术的发展

ZigBee 是以 IEEE 802.15.4 标准为基础发展起来的无线通信技术。在 ZigBee 技术的发展过程中经历了几个重要的发展阶段，如表 3.1 所示。

表 3.1　ZigBee 技术的发展历程

时　　间	事　　件
2000 年 12 月	成立工作小组起草 IEEE 802.15.4 标准
2001 年 8 月	ZigBee 联盟成立
2004 年 12 月	ZigBee 1.0 标准敲定（又称 ZigBee 2004）
2005 年 9 月	公布 ZigBee 1.0 标准并提供下载
2006 年 12 月	进行标准修订，推出 ZigBee 1.1 版（又称 ZigBee 2006）
2007 年 10 月	ZigBee 标准完成再次修订（又称 ZigBee 2007/Pro）
2009 年 3 月	ZigBee RF4CE 推出，具备更强的灵活性和远程控制能力

ZigBee 的前身是 1998 年由 Intel 公司、IBM 公司等产业巨头发起的 HomeRF 技术，在 2000 年 12 月成立了工作小组起草 IEEE 802.15.4 标准。2001 年 8 月，ZigBee 联盟成立，在 2002 年下半年，英国英维思公司、日本三菱电气公司、美国摩托罗拉公司以及荷兰飞利浦半导体公司四大巨头共同宣布加盟“ZigBee 联盟”，研发名称为 ZigBee 的下一代无线通信标准，这一事件成为该项技术发展过程中的里程碑。

2004 年 12 月，ZigBee 1.0 标准敲定，这使 ZigBee 有了自己的发展基本标准。2005 年 9 月，ZigBee 1.0 标准公布并提供下载，在这一年里，华为技术有限公司和 IBM 公司加入了 ZigBee 联盟。虽然基于 ZigBee 1.0 标准的应用很少，而且该版本与后续的其他版本也不兼容，但其仍是 ZigBee 技术发展中的标志事件。2006 年 12 月推出了 ZigBee 1.1 版本，对原有 ZigBee 1.0 版本进行了若干修改，例如，新增 ZCL（ZigBee 簇群库）、群化式装置、多播功效、直接透过无线方式进行组态配置等。

2007 年 10 月，ZigBee 标准完成再次修订，推出 ZigBee Pro Feature Set（简称 ZigBee Pro）新标准，新标准能够兼容之前的 ZigBee 2006 版本。此时 ZigBee 联盟更加专注于家庭自动化、建筑/商业大楼自动化、先进抄表基础建设三方面。2009 年 3 月，ZigBee 又推出 RF4CE 标准，采用了 IETF 的 IPv6 6Lowpan 作为新一代智能电网的标准，致力于形成全球统一的易于与互联网集成的网络，实现端到端的网络通信。

3.1.2 ZigBee技术的特点

与同类通信技术相比,ZigBee技术具备如下特点。

1. 数据传输率低

ZigBee网络的数据传输率在20～250kb/s。比如,在频率为2.4GHz的波段,其数据传输率为250kb/s,在频率为915MHz的波段,其数据传输率为40kb/s,而在频率为868MHz的波段,其数据传输率则为20kb/s。

2. 网络容量大

ZigBee网络中一个主节点最多可管理254个子节点,同时主节点还可由上一层网络节点管理,最多可组成65 000个节点的大网。例如,一个星状结构的ZigBee网络最多可以容纳254个从设备和一个主设备,一个区域内可以同时存在最多100个ZigBee网络,而且网络组成灵活。

3. 成本低、功耗低

早期的ZigBee模块初始成本在6美元左右,目前已经降到1.5～2.5美元,并且ZigBee协议免专利费。由于ZigBee的传输速率低,其发射功率仅为1mW,而且又采用了休眠模式使其具有较低功耗,因此ZigBee设备非常省电。据估算,ZigBee设备仅靠两节5号电池就可以维持长达6个月到2年左右的使用时间,这是其他无线设备望尘莫及的。

4. 安全、可靠

ZigBee网络提供了基于循环冗余校验的数据包完整性检查功能,支持鉴权和认证,并采用了AES-128的加密算法。ZigBee网络采取了碰撞避免策略,同时为需要固定带宽的通信业务预留了专用时隙,避免了发送数据的竞争和冲突。此外,ZigBee技术还采用了完全确认的数据传输模式,每个发送的数据包都必须等待接收方的确认信息,如果传输过程中出现问题,可以进行重发。

5. 网络速度快、时延短

ZigBee网络的通信时延以及从休眠状态激活的时延都非常短,典型的搜索设备时延30ms,休眠激活的时延是15ms,活动设备信道接入的时延为15ms。因此ZigBee技术适用于对时延要求苛刻的无线控制应用。

3.1.3 ZigBee技术的应用

ZigBee作为一种新兴的近距离无线网络技术,有效弥补了低成本、低功耗和低速率无线通信市场的空缺,其成功的关键在于丰富而便捷的应用,而不是技术本身。

1. ZigBee技术的适用条件

ZigBee技术适合于承载数据流量较小的业务,能为低能耗的简单设备提供有效覆盖范围在10m左右的低速连接。通常符合下述条件之一的应用就可以考虑采用ZigBee技术。

(1) 若需组建的网络中设备成本很低,而且要传输的数据量很小,则使用ZigBee技术可以实现。

(2) 若需组建的网络中设备体积很小,不方便放置较大的充电电池或者电源模块,则使用ZigBee技术可以实现。

(3) 若需组建的网络中没有充足的电源支持，只能使用一次性电池，则可以考虑使用ZigBee技术。

(4) 若组建的网络主要用于监测或控制，且通信覆盖范围较大，则可以使用ZigBee技术实现。

(5) 若网络中的设备需要频繁地更换电池或者反复充电，无法做到或者很困难，则可以考虑使用ZigBee技术。

2. ZigBee技术的应用领域

ZigBee技术具有强大的组网能力，使用ZigBee技术可以组建低速率传输的无线短距离网络，具有非常广泛的应用领域，如图3.4所示。

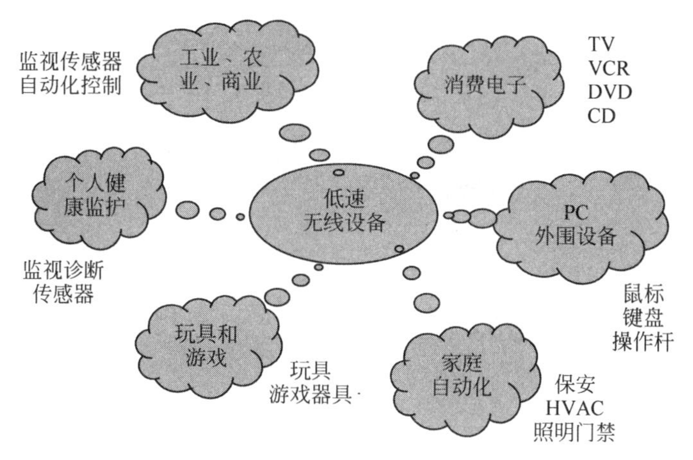

图3.4 ZigBee技术的应用领域

(1) 数字家庭领域。

在数字家庭领域，ZigBee技术拥有广阔的市场，可应用于家庭的照明、温度、安全、控制等各个方面。ZigBee模块可安装在电视、遥控器、儿童玩具、游戏机、门禁系统、空调系统等产品中。例如，利用ZigBee网络可以实现电表、气表、水表的自动抄表与自动监控等功能，如图3.5所示。在实际应用中，要求抄表采集器具有超低功耗、低成本，但数据传输速率要求不高，可将ZigBee技术与GPRS/CDMA结合起来，根据抄表用户的不同分布灵活构建无线抄表网络，采集器采集到的数据可通过GPRS/CDMA网络送到抄表监控中心。使用

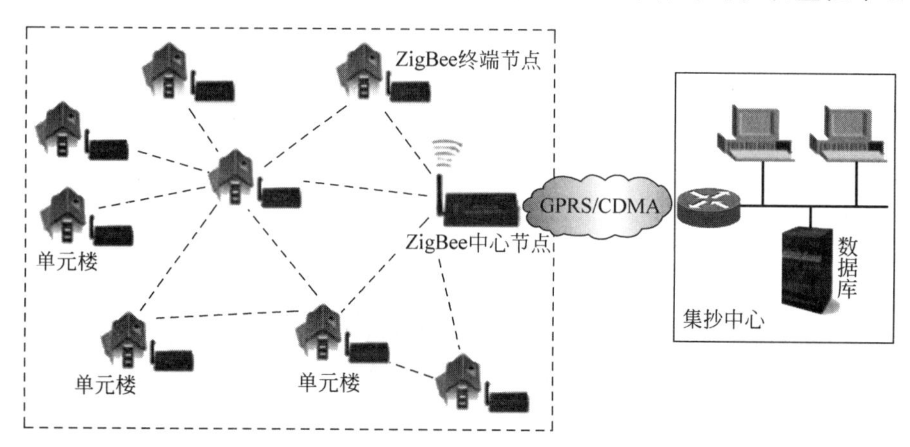

图3.5 应用ZigBee技术的智能抄表系统

ZigBee技术实现远程抄表的公司有湖南威盛仪表、华蓝佳声、蓝斯通信、南京正泰龙等。

(2) 工业领域。

在工业领域,利用传感器和ZigBee网络可以实现数据的自动采集、分析和处理,也可以作为决策辅助系统的重要组成部分。例如,在油田无线测控数据通信系统中利用ZigBee技术的组网能力可以组成复杂多跳的路由网络,从而保证数据无线采集系统的可靠和稳定,如图3.6所示。系统主要由采油场监控中心、油井无线遥测遥控主机、传感器、电机控保装置等组成,通信部分采用ZigBee无线网络传输。

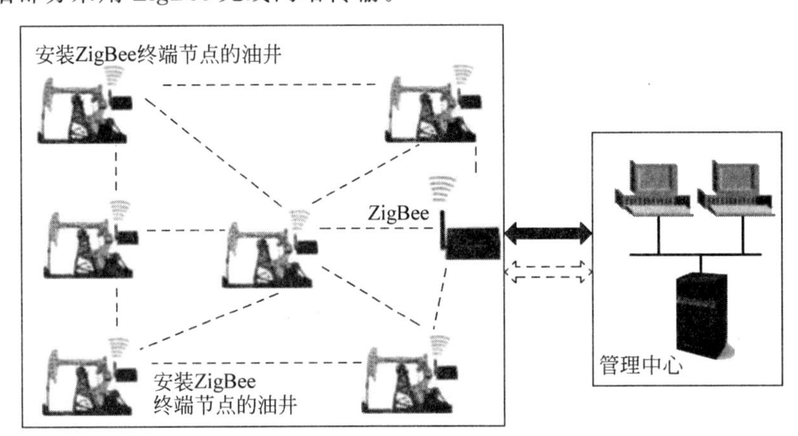

图3.6 基于ZigBee技术的油田无线测控数据通信系统

(3) 现代农业领域。

将ZigBee技术运用于传统农业中,可以使传统农业改变为以现代信息技术为中心的精准农业模式,让农业种植全面实现智能化、网络化、自动化,从而进一步提高农业生产的效率。例如,温室大棚的智能控制系统就可采用ZigBee技术实现,如图3.7所示。智能控制系统采用ZigBee技术进行组网,利用传感器可将土壤湿度、氮浓度、pH值、降水量、气温、气压、光照强度等环境因子信息经由ZigBee网络传送到中央控制设备,并能对环境因子进行控制,以基于作物和环境信息知识的专家决策系统为依托,使农民能够及早而且准确地发现

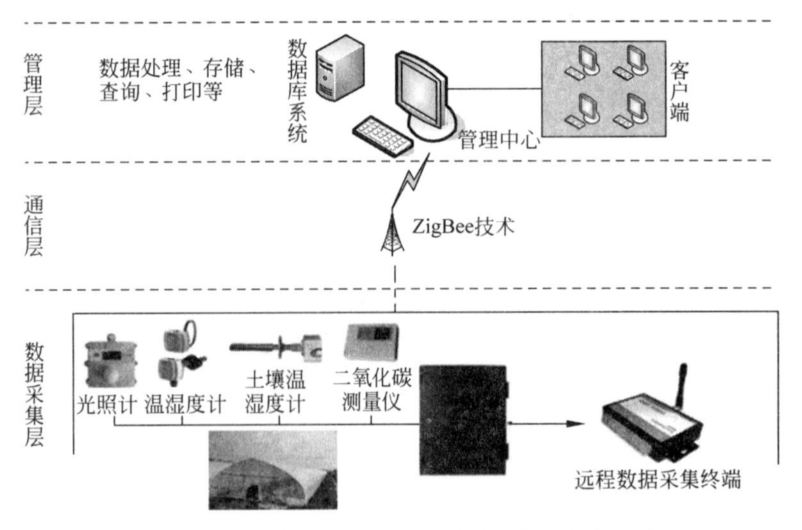

图3.7 基于ZigBee技术的温室大棚智能控制系统

问题，从而有助于保持并提高农作物的产量。

(4) 医学领域。

在医学领域，借助于传感器和 ZigBee 网络可以准确而且实时地检测病人的血压、体温和心跳速度等信息，从而减少医生查房的工作负担，有助于医生做出快速的反应，特别是对重病和危重病患者的监护和治疗。例如，应用 ZigBee 技术可以设计无线医疗监护系统，如图 3.8 所示。监护系统由监护中心和 ZigBee 传感器节点构成，具有 ZigBee 通信功能的传感器节点采集到监护对象的生理参数信息后，以多跳中继的无线网络传输方式经路由器节点传递到 ZigBee 网络的中心节点，监护终端设备通过 Internet 将数据传输至远程医疗监护中心或者通过终端外接的 3G/4G 模块传送到指定医疗人员的手机中，由专业医疗人员对数据进行统计观察，提供必要的咨询服务，实现远程医疗监护和诊治。

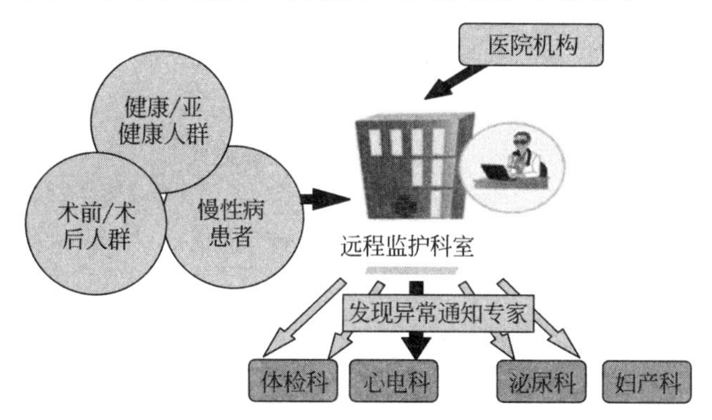

图 3.8　基于 ZigBee 技术的无线医疗监护系统

(5) 智能交通领域。

在智能交通领域，交通运输具有高度的流动性，可以通过 ZigBee 网络对高速移动的车辆进行定位、监测、信息采集等。例如，通过 ZigBee 网络可对交通路口车辆信息进行检测，如图 3.9 所示。系统运用红外传感器采集交通路口的路况信息，并通过 ZigBee 无线通信网络将信息传送回控制中心，通过对数据进行分析，可以直接控制交通信号。此外，利用 ZigBee 技术实现区域路口信号灯的联动管理，可以使路口车辆在最短的时间内通过，缩短不必要的等待时间，不但可以改善城市的交通拥挤状况，而且还可以减少车辆等待所带来的燃油浪费造成的环境污染。

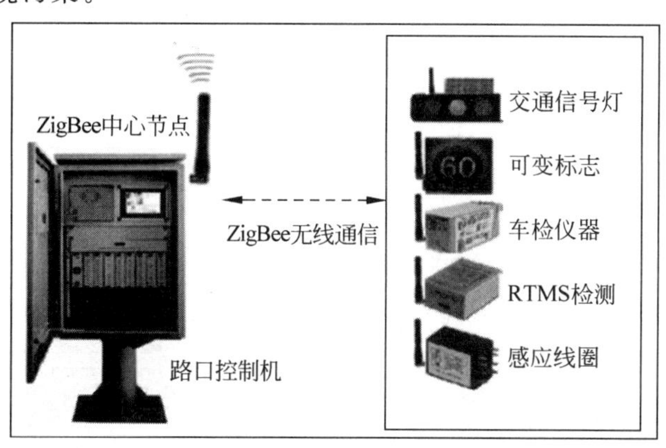

图 3.9　基于 ZigBee 技术的交通路口车辆信息检测系统

3.2 ZigBee协议栈

ZigBee协议栈是基于标准的开放式系统互联参考模型设计的，共包括四个层次，分别为物理层、数据链路层、网络层和应用层。其中，较低的两个层次，即物理层和数据链路层由IEEE 802.15.4标准定义，网络层和应用层标准由ZigBee联盟制定。图3.10所示为ZigBee协议栈的体系结构模型。

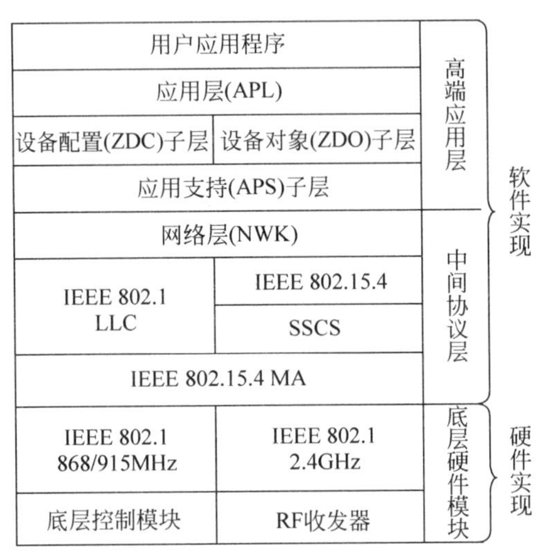

图3.10 ZigBee协议栈的体系结构模型

3.2.1 物理层

IEEE 802.15.4标准定义物理层的任务是通过无线信道进行安全、有效的数据通信，为数据链路层提供服务。IEEE 802.15.4标准定义了两个物理层，分别为运行在868/915MHz的物理层和2.4GHz的物理层，如图3.11所示。

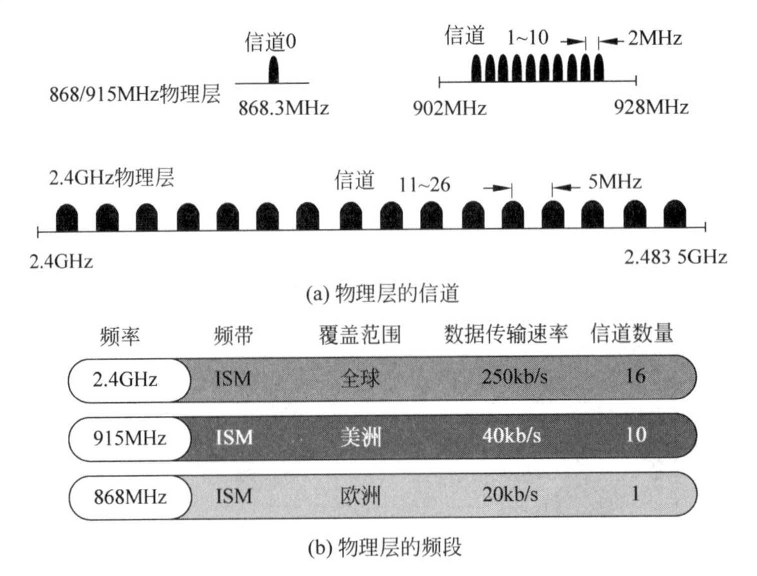

图3.11 物理层的频段及信道

物理层通过射频固件和射频硬件提供了一个从MAC(媒体访问控制)层到物理层无线信道的接口,物理层的参考模型如图3.12所示。在物理层中有数据服务接入点(PD-SAP)和物理层管理实体服务接入点(PLME-SAP),通过PD-SAP为物理层数据提供服务,通过PLME-SAP为物理层管理提供服务。

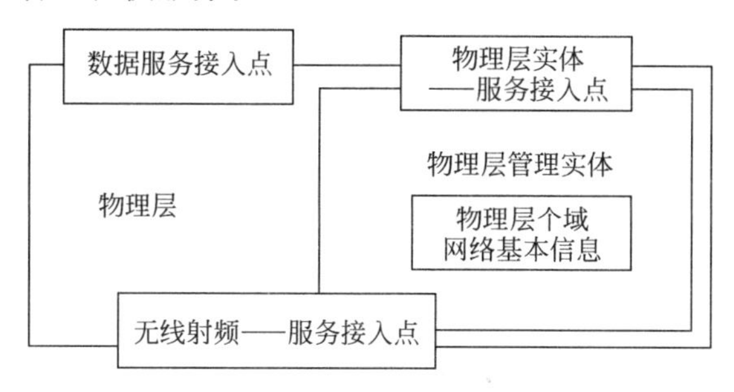

图3.12 物理层的参考模型

3.2.2 数据链路层

IEEE 802系列标准把数据链路层分成逻辑链路控制(LLC)层和媒体访问控制(MAC)层。LLC层在IEEE 802.6标准中定义,为802标准系列所共用,而MAC层协议则依赖于各自的物理层。LLC层进行数据包的分段与重组以及确保数据包按顺序传输,MAC层为两个ZigBee设备的MAC层实体之间提供可靠的数据链路。MAC层的参考模型如图3.13所示。

MAC层在服务协议汇聚层(SSCS)和物理层之间提供了一个接口。MAC层包括一个管理实体,该实体通过一个服务接口可调用MAC层管理功能,该实体还负责维护MAC层固有的管理对象的数据库。MAC层的主要功能是通过CSMA-CA机制解决信道访问时的冲突,并且可实现发送信标或检测、跟踪信标,能够处理和维护保护时隙(GTS),实现设备间链路连接的建立和断开,为设备提供安全机制。

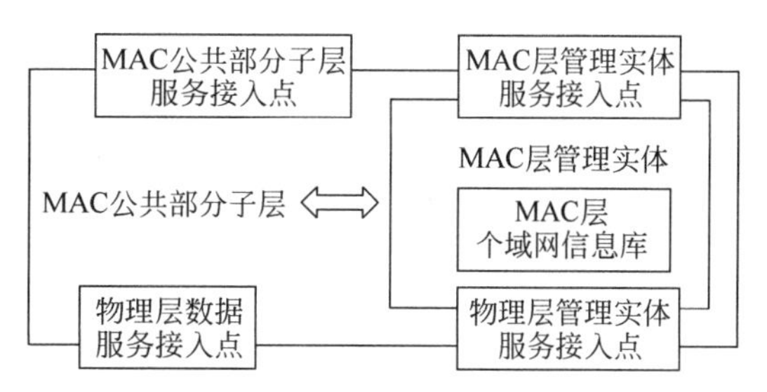

图3.13 MAC层的参考模型

3.2.3 网络层

网络层是ZigBee协议栈的核心部分,其主要功能是确保MAC层的正确工作,同时为应用层提供服务,具体包括网络维护、网络层数据的发送与接收、路由的选择、广播通信和多播通信等。网络层的参考模型如图3.14所示。

为实现与应用层的通信,网络层定义了两个服务实体,分别为网络层数据实体(NLDE)和网络层管理实体(NLME)。NLDE通过服务接入点NLDE-SAP提供数据传输服务,NLME则通过服务接入点NLME-SAP提供网络管理服务,并完成对网络信息库(NIB)的维护和管理。NLDE提供数据服务是通过允许一个应用程序在两个或多个设备之间传输应用协议数据单元(APDU)实现的,但是设备本身必须位于同一个网络中。NLME提供管理服务则是通过允许一个应用程序与协议栈相互作用来实现的。

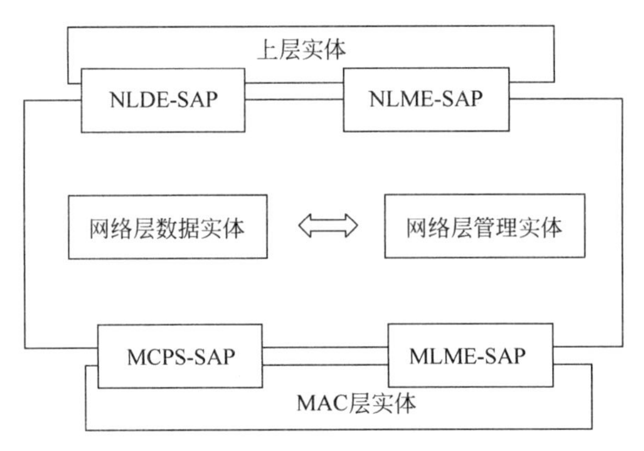

图 3.14 网络层的参考模型

3.2.4 应用层

ZigBee 应用层由应用支持子层(APS)、厂商定义的应用对象(AF)和 ZigBee 设备对象(ZDO)三部分组成,应用层的参考模型如图 3.15 所示。ZigBee 应用层除了为网络层提供必要的服务接口和函数,还允许应用者自定义应用对象。ZigBee 网络中的应用框架是为驻扎在 ZigBee 设备中的应用对象提供活动的环境。

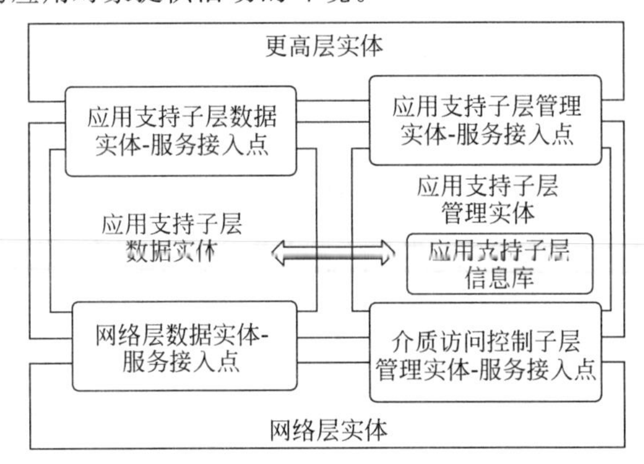

图 3.15 应用层的参考模型

APS 主要用于绑定 ZigBee 设备之间的传送信息并维护绑定信息。在网络层和应用层之间,APS 提供了从 ZDO 到供应商应用对象的通用服务集接口,由 APS 数据实体(APSDE)和 APS 管理实体(APSME)实现。APSDE 通过服务接入点 APSDE-SAP 实现在同一个网络中的两个或者更多的应用实体之间的数据通信。APSME 通过服务接入点 APSME-SAP 提供多种服务给应用对象,并维护管理对象的数据库 AIB。

ZDO 是一个应用程序,位于应用框架和 APS 之间,通过使用网络层和应用支持子层的服务原语来执行 ZigBee 终端设备、ZigBee 路由器和 ZigBee 协调器功能。ZDO 的主要功能是发现网络中的设备、定义设备在网络中的角色、确定向设备提供某种服务、发起和响应绑定请求以及在设备间建立安全机制等。

3.2.5 Z-Stack 协议栈

ZigBee 协议栈由各层定义的协议组成,以函数库的形式实现,为编程人员提供应用层接口(API)。ZigBee协议栈的具体实现有很多版本,但不同厂商提供的ZigBee协议栈存在差别。目前,常见的ZigBee协议栈有美国德州仪器(TI)公司研发的Z-Stack协议栈,美国飞思卡尔(Freescale)公司研发的BeeStack协议栈,此外还有EmberNet、freakz和msstatePAN等ZigBee协议栈。TI公司的Z-Stack协议栈已经成为ZigBee联盟认可并推广的指定软件规范,全球众多ZigBee开发商都广泛采用该协议栈。Z-Stack协议栈属于半开源,程序代码以库的形式体现,在实际应用中底层驱动的程序基本不需要修改,只需要调用API函数既可。Z-Stack协议栈的软件架构如图3.16所示。

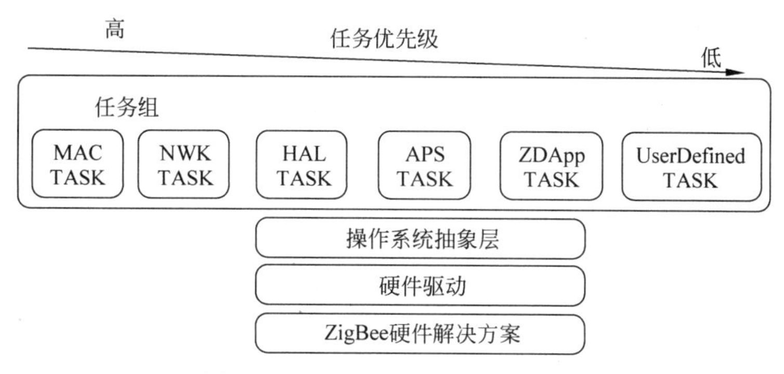

图3.16 Z-Stack协议栈的软件架构

Z-Stack协议栈采用分层的软件结构,硬件抽象层(HAL)提供各种硬件模块的驱动,操作系统抽象层(OSAL)实现类似操作系统的某些功能,可以通过时间片轮转算法实现多任务调度,用户也可以调用OSAL提供的相关API进行多任务编程,将自己的应用程序作为一个独立的任务来实现。Z-Stack协议栈源码结构如图3.17所示。

App为应用层目录,是用户创建各种不同工程的区域,在该目录中包含了应用层和项目的主要内容;HAL为硬件层目录,包含与硬件相关的配置和驱动及操作函数;MAC目录包含了MAC层的参数配置文件及MAC的LIB库的函数接口文件;MT为监控调试层目录,通过串口可控各层,并与各层进行直接交互;NWK目录包含网络层配置参数文件、网络层库的函数接口文件及APS子层库的函数接口;ZDO目录包含ZigBee设备对象,是一种公共的功能集,方便用户用自定义的对象调用APS子层的服务和NWK层的服务。

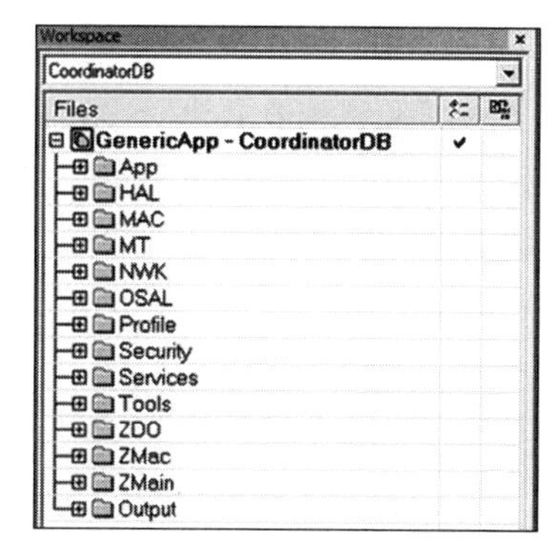

图3.17 Z-Stack协议栈源码结构

3.2.6 ZigBee原语

ZigBee协议栈的各层之间通过相应的服务访问点来提供服务。一方面,层结构使处于协议中的不同层能够根据各自的功能进行独立的运作,从而使整个协议栈的结构变得清晰明朗;另一方面,由于ZigBee协议栈是一个有机整体,任何ZigBee设备要能够正确无误地工作,就要求协议栈各层之间共同协作。ZigBee设备在工作时,各种不同的任务在不同的层次上执行,每层的服务主要完成两种功能:一是根据它的下层服务要求,为上层提供相应的服务;二是根据上层的服务要求,对它的下层提供相应的服务。

ZigBee协议为了实现层与层之间的关联,采用了称为“服务原语”的操作。服务原语是一个抽象的概念,仅仅指出提供的服务内容,而没有指出由谁来提供服务,它的定义与其他任何接口的实现无关,由代表其特点的服务原语和参数的描述来指定一种服务。一种服务可能有一个或多个相关的原语,这些原语构成了与具体服务相关的执行命令。每种服务原语提供服务时,根据具体的服务类型,可能不带有传输信息,也可能带有多个传输必需的信息参数。ZigBee原语有四种类型,分别是请求(Request)原语、指示(Indication)原语、响应(Response)原语及确认(Confirm)原语。

【例3.1】 假设原语环境设置为一个具有 m 个用户的网络,阐述两个对等用户及其与第 k 层或子层对等协议实体建立连接的服务原语。

具体如下:

① 请求原语是从第 m_1 个用户发送到它的第 k 层,请求服务开始。

② 指示原语是从第 m_1 个用户的第 k 层向第 m_2 个用户发送,指出对于第 m_2 个用户有重要意义的内部 k 层的事件,该事件可能与一个服务请求有关,或者可能是由一个 k 层的内部事件引起。

③ 响应原语是从第 m_2 个用户向它的第 k 层发送,用来表示用户执行上一条原语调用过程的响应。

④ 确认原语是由第 k 层向第 m_1 个用户发送,用来传递一个或多个前面服务请求原语的执行结果。

3.3 ZigBee网络的拓扑结构

ZigBee技术具有强大的组网能力,基于ZigBee技术的无线传感器网络适用于网点多、体积小、数据量小,传输可靠、功耗低等场合,在环境监测、无线抄表、智能小区、工业控制等领域已取得一席之地。网络拓扑是网络形状,或者是它在物理上的连通性,ZigBee技术可以形成星状、树状和网状网络,具体由ZigBee协议栈的网络层来管理。

3.3.1 设备类型

ZigBee网络中包括两种无线设备:全功能设备(Full-Function Device,FFD)和精简功能设备(Reduced-Function Device,RFD)。

FFD具备控制器的功能,可设置网络。FFD可以和FFD、RFD通信,而RFD只能和FFD通信,RFD之间需要通信时只能通过FFD转发。FFD不仅可以发送和接收数据,还具备路由器的功能。

RFD的应用相对简单,例如,在无线传感器网络中只负责将采集的数据信息发送给协调器,并不具备数据转发、路由发现和路由维护等功能,采用极少的存储容量就可实现。因此,RFD相对于FFD具有较低的成本。

3.3.2 节点类型

从网络配置上来讲,ZigBee网络中有三种类型的节点,分别是ZigBee协调器节点,

ZigBee 路由器节点和 ZigBee 终端节点。

ZigBee 协调器节点在 IEEE 802.15.4 标准中也称作 PAN(个域网)协调器节点，在无线传感器网络中可以作为汇聚节点。ZigBee 协调器节点必须是全功能设备，而且在一个 ZigBee 网络中只能有一个 ZigBee 协调器节点，它往往比网络中其他节点的功能更强大，是整个网络的主控节点，主要负责发起建立新的网络，设定网络参数、管理网络中的节点以及存储网络中节点信息等，网络形成后也可以执行路由器的功能。ZigBee 协调器节点是三种类型 ZigBee 节点中最为复杂的一种，一般由交流电源持续供电。图 3.18 所示为部分厂家生产的 ZigBee 协调器产品。

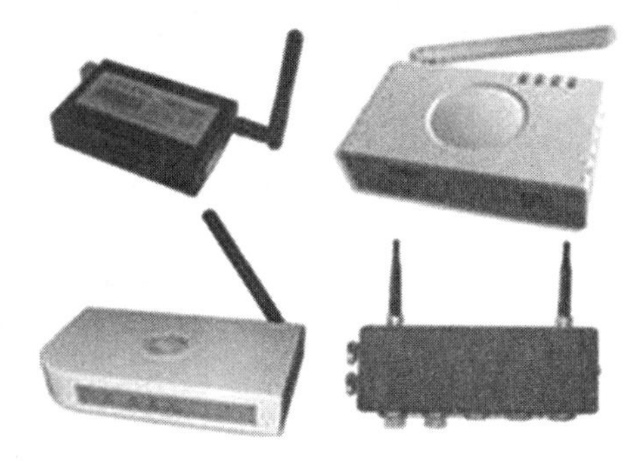

图 3.18　ZigBee 协调器产品示例

ZigBee 路由器节点也必须是全功能设备，路由器节点可以参与路由发现、消息转发、通过连接其他节点来扩展网络的覆盖范围等。此外，ZigBee 路由器节点还可以在它的操作空间中充当普通协调器节点，但普通协调器节点与 ZigBee 协调器节点不同，它仍然受 ZigBee 协调器节点的控制。图 3.19 所示为部分厂家生产的 ZigBee 路由器产品。

ZigBee 终端节点可以是全功能设备或者精简功能设备，通过 ZigBee 协调器节点或者 ZigBee 路由器节点连接到网络，不允许其他任何节点通过终端节点加入网络，ZigBee 终端节点能够以非常低的功率运行。图 3.20 所示为部分厂家生产的 ZigBee 终端产品。

图 3.19　ZigBee 路由器产品示例

图 3.20　ZigBee 终端产品示例

协调器在 ZigBee 系统中的作用是建立并管理网络，自动允许其他节点加入网络的请求，收集终端节点传来的数据，并通过串口同上位机进行通信，协调器建立网络并处理节点请求的程序流程如图 3.21 所示。在 ZigBee 系统中，路由器节点的主要作用是路由选择和数据转发，路由器节点建立网络的流程如图 3.22 所示。终端节点在 ZigBee 系统中的作用是采集数据，并通过与协调器建立“绑定”将数据发送给协调器，同时接收协调器发来的控制命令。在终端节点以终端的身份启动并加入网络后，即开始与协调器建立绑定。一旦一个绑定被创建，终端节点就可以在不需要知道明确的目的地址的情况下发送数据，其与协调器建立绑定的流程如图 3.23 所示。

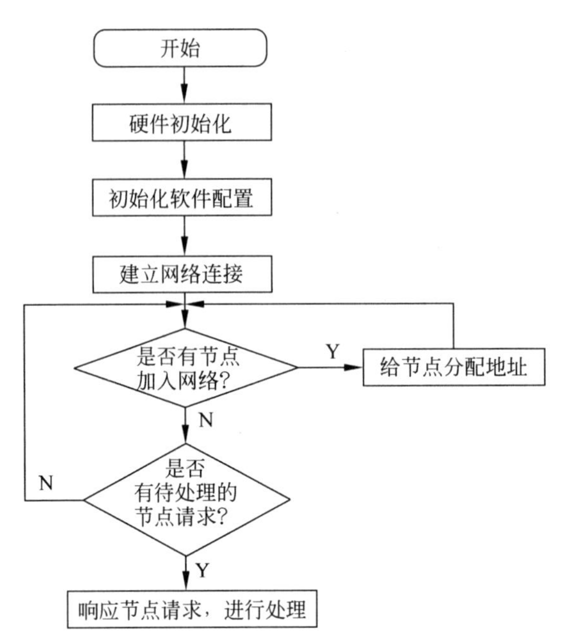

图 3.21　协调器节点的工作流程

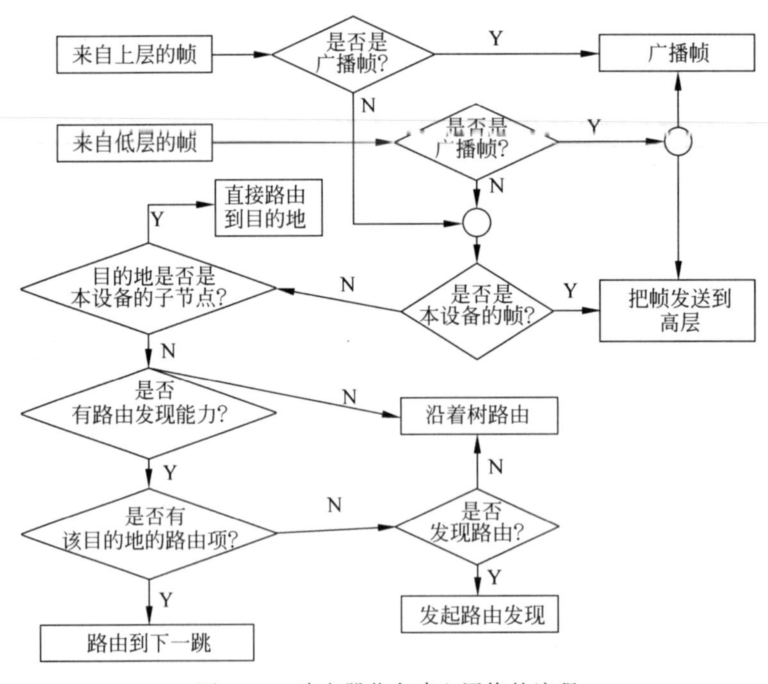

图 3.22　路由器节点建立网络的流程

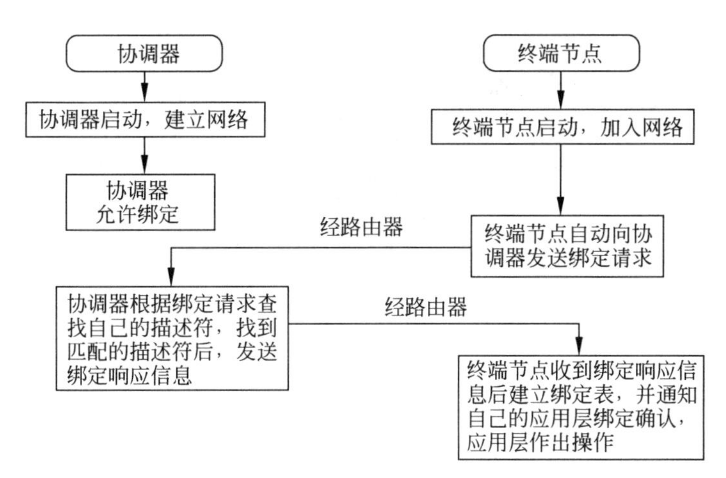

图3.23　终端节点建立绑定的流程

3.3.3 拓扑结构类型

ZigBee网络层主要支持三种拓扑结构，分别是星状拓扑结构、树状拓扑结构和网状拓扑结构，如图3.24所示。

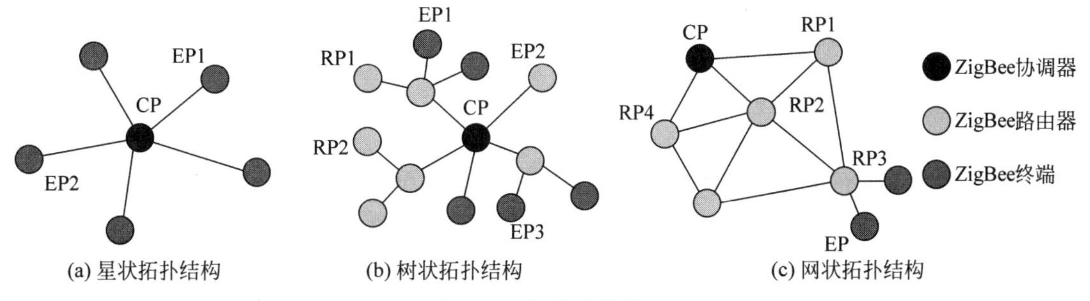

图3.24　拓扑结构类型

1. 星状拓扑结构

星状拓扑结构网络由一个ZigBee协调器节点和一个或多个ZigBee终端节点组成。ZigBee协调器节点位于网络的中心，负责发起建立和维护整个网络。其他的节点一般为RFD，也可以为FFD，它们分布在ZigBee协调器节点的覆盖范围内，直接与ZigBee协调器节点进行通信。如果需要在两个终端节点之间进行通信则必须通过协调器节点转发。例如，若图3.24(a)中的EP1节点要和EP2节点进行通信，则必须经过协调器节点CP的转发方可实现。星状拓扑结构具有结构简单、成本低、不需要路由功能，网络管理和维护方便等优点，但是由于网络中的终端节点必须要布置在协调器的通信范围之内，因而限制了星状网络的覆盖距离，而且由于网络中的终端节点均向协调器发送数据，容易形成网络拥塞，影响网络性能。

【例3.2】 基于ZigBee技术采用星状拓扑结构组建智能电源监控系统的无线传感器网络，解决传统电源监控系统中安装困难、布线烦琐及维护不便等问题。

图3.25所示为星状拓扑结构的智能电源监控系统结构图，系统由若干终端节点、一个协调器节点和一个上位机(PC)组成。协调器设备用于实现组建网络和串口通信等功能，一方面通过串口与上位机通信把终端设备的数据发送给上位机进行处理；另一方面接收上位

机下达的采样、标定、关闭电源等命令信息,然后发送给对应的终端节点。终端节点负责采集电源设备的电压数据,发送给协调器节点,同时还要接收协调器的控制命令并作相应处理。

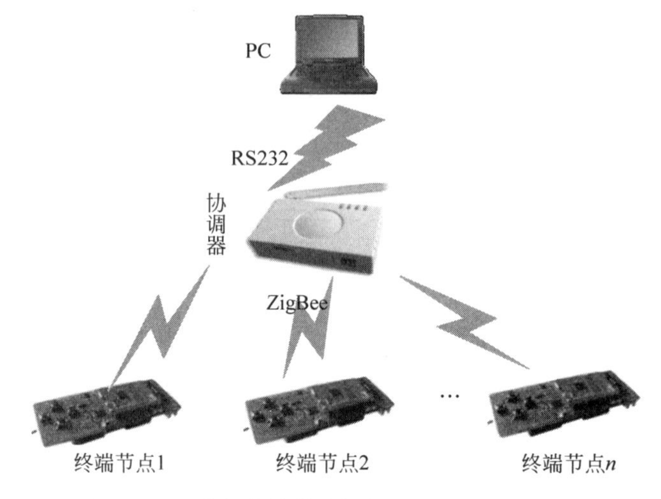

图 3.25　星状拓扑结构的智能电源监控系统结构图

2. 树状拓扑结构

树状网络由星状网络连接形成,通过多个星状网络的连接使网络覆盖范围更大。树状网络中枝干末端的叶节点一般为 RFD,协调器节点和路由器节点可包含子节点,而终端节点不能有子节点。树状拓扑的通信规则是每个节点都只能与其父节点或子节点进行通信,如果需要从一个节点向另一个节点发送数据,那么信息将沿着树的路径向上传递到最近的祖先节点,然后再向下传递到目标节点。树状网络具有结构比较固定、网络覆盖范围大、可实现网络范围内多跳信息服务、路由算法比较简单等优点,但当网络中的某个节点发生故障脱离网络时,与该节点相连的子节点都将脱离网络,而且信息的传输时延会增大,同步也会变得比较复杂。

【例 3.3】基于 ZigBee 技术采用树状拓扑结构组建智能家居内部无线网络,通过 ZigBee 无线传感器网络节点的设计,实现对各种传感器信息的采集、传输和控制功能。

图 3.26 所示为树状拓扑结构的智能家居系统结构框图。系统中的无线传感器网络有一个协调器,负责整个网络中数据的处理、转发以及网络的管理,终端节点(传感器节点)上电复位后,会搜索协调器节点,当能够搜索到协调器时,直接申请加入网络,当终端节点搜索不到协调器时,则通过路由器节点找到协调器来加入网络,加入网络后保持待机状态,当有数据需要发送时,按照网络组建时的路径进行数据收发。协调器通过串口与 PC 相连,利用超级终端实现发送命令或者显示数据。

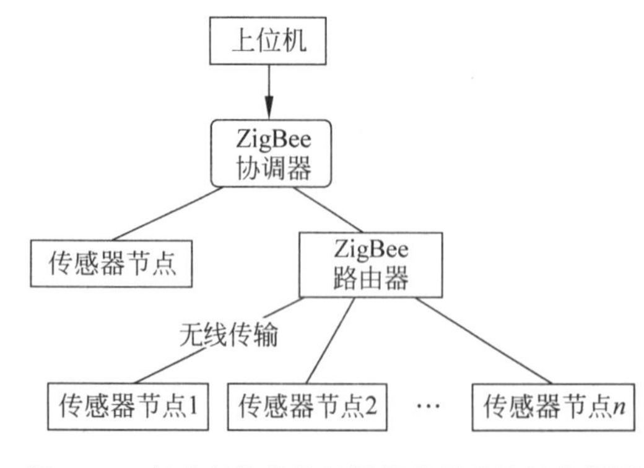

图 3.26　树状拓扑结构的智能家居系统结构框图

3. 网状拓扑结构

网状网络是三种拓扑结构中最复杂的一种,网络一般由若干 FFD 连接在一起组成骨干网,网络中的节点均具有路由功能,且采用点对点的连接方式。网络中的节点不仅可以和其通信覆盖范围内的邻居节点直接通信，而且可以通过中间节点的转发，经由多条路径将数据发送给其覆盖范围之外的节点。网状网络具有高可靠性、“自恢复”能力、灵活的信息路由规则，可为传输的数据包提供多条路径，一旦一条路径出现故障则存在另一条或多条路径可供选择，但也正是由于两个节点之间存在多条路径，同时它也是一种“高冗余”的网络。网状网络的不足之处在于，需要复杂的路由算法来实现多跳通信和路径重选等功能，对网络中节点的计算处理能力要求也较高。

【例 3.4】基于 ZigBee 技术采用网状拓扑结构设计智能电源监控系统。

图 3.27 所示为网状拓扑结构的智能电源监控系统结构框图。系统由一个协调器节点、多个路由器节点、多个终端节点和上位机组成。协调器节点一方面接收终端节点采集到的电源电压数据，并把该数据通过串口发送给上位机，另一方面接收上位机的命令信息，然后发送给对应的终端节点。路由器节点在系统中的主要任务是数据中转，确保协调器节点与终端节点间的数据交换正确，增加了 ZigBee 网络的覆盖范围。终端节点通过采集/保护模块采集电源设备的电压数据，通过路由器节点发送给协调器节点，同时还要接收协调器的控制命令并作相应处理。上位机实现对监控设备状态信息的管理，包括系统配置、实时状态显示、节点控制、数据处理及数据查询等功能。

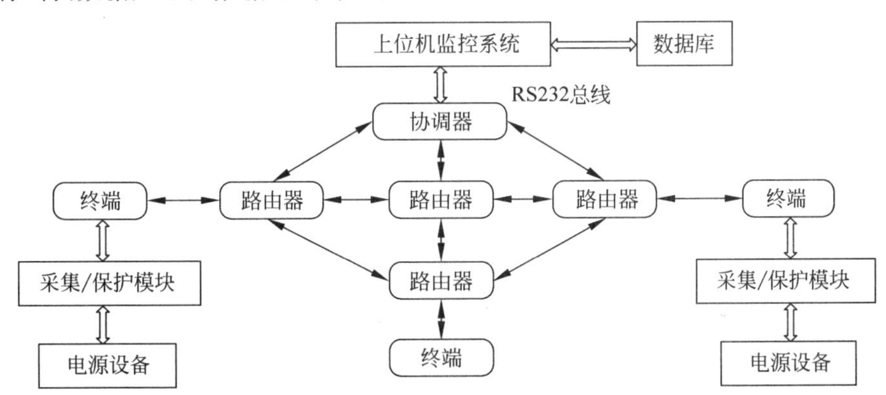

图 3.27 网状拓扑结构的智能电源监控系统结构框图

3.4 ZigBee 网络的路由协议

路由协议是自组网体系结构中不可或缺的重要组成部分，其主要作用是发现和维护路由。ZigBee 路由协议不同于传统的无线传感器网络，传统的传感器网络中除了汇聚节点是一个增强功能的传感器节点外，其他传感器节点功能基本相同，都兼具终端和路由器双重功能，即除了能够进行本地信息收集和数据处理外，还要处理其他节点转发来的数据。在 ZigBee 传感器网络中，除了 ZigBee 协调器节点在网络中具有与汇聚节点相似的功能和地位外，其余节点功能并不相同。为了达到节约成本、节省能量消耗的设计目的，ZigBee 网络中一部分节点的功能被简化，这些节点只能进行简单的收发，而不能充当路由器。因而，传统无线传感器网络中的路由协议并不适用于 ZigBee 网络。

ZigBee 路由协议是指 ZigBee 规范中规定的与路由相关的功能和算法部分，主要包括不同网络拓扑结构下 ZigBee 协议数据单元的路由方式、路由发现和路由维护等内容。

3.4.1 网络层地址分配机制

ZigBee 网络中的每个节点都有一个 16 位网络短地址和一个 64 位 IEEE 扩展地址。其中，16 位网络地址是在节点加入网络时由其父节点动态分配，这种地址仅仅用于路由机制和网络中的数据传输，类似于 Interact 中使用的 IP 地址；64 位地址类似于 MAC 地址，是每个节点的唯一标识。

加入 ZigBee 网络的节点通过 IEEE 802.15.4 MAC 层提供的关联过程组成一棵逻辑树，当网络中的节点允许一个新节点通过它加入网络时，它们之间就形成了父子关系，每个进入网络的节点都会得到父节点为其分配的一个在此网络中唯一的 16 位网络地址，如图 3.28 所示。

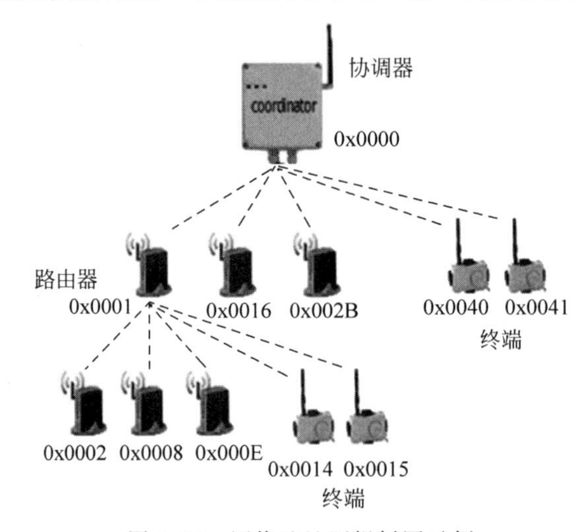

图 3.28 网络地址逻辑树图示例

节点的网络深度是指从节点到根节点协调器的最短跳数，标识节点在网络拓扑图中的层次位置。当协调器建立一个新的网络后，首先将自己的 16 位网络地址初始化为 0，网络深度初始化为 0。在 ZigBee 网络中，16 位短地址的分配机制如下。

规定每个父节点最多可以连接 C 个子节点，这些子节点中最多可以有 R 个路由器节点，网络的最大深度为 L，$C_{\text{skip}}(d)$是网络深度为 d 的父节点为其子节点分配的地址之间的偏移量，其值按照式(3.1)计算。

$$C_{\text{skip}}(d)=\begin{cases}1+C\cdot(L-d-1), & R=1\\ \dfrac{1+C-R-C\cdot R^{L-d-1}}{1-R}, & \text{其他}\end{cases} \tag{3.1}$$

说明：

① 当一个路由器节点的 $C_{\text{skip}}(d)$为 0 时，它就不再具备为子节点分配地址的能力，也即表明不能够再使其他节点通过它加入网络。

② 当 $C_{\text{skip}}(d)$大于 0 时，表明父节点可以接受其他节点为其子节点，并为子节点分配网络地址。父节点会为第一个与它关联的路由器节点分配比自己大 1 的地址，之后与之关联的路由器节点的地址之间都相隔偏移量 $C_{\text{skip}}(d)$。

③ 每个父节点最多可以分配 R 个这样的地址。为终端节点分配地址与为路由器节点分配地址不同，假设父节点的地址为 A_p，则第 n 个与之关联的终端子节点地址 A_n 按

式(3.2)计算。

$$A_n = A_p + C_{skip}(d) \cdot R + n, \quad 1 \leqslant n \leqslant (C - R) \qquad (3.2)$$

【例 3.5】在图 3.29 所示的网络中，共有 11 个节点。其中，中间的深色节点为 ZigBee 协调器节点，其他节点是与协调器相连的路由器节点和终端节点。假设在当前的网络结构中，每个父节点最多可以连接 4 个子节点($C=4$)，且这些子节点中最多可以有 4 个路由器节点($R=4$)，当前网络的最大深度为 3($L=3$)。计算各个节点的网络地址。

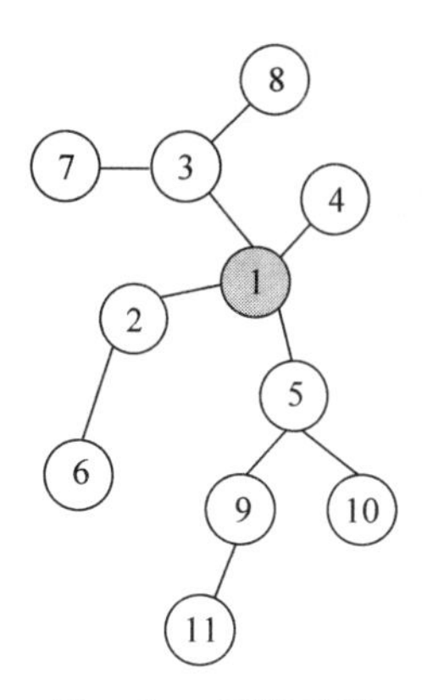

图 3.29　网络示例

首先，计算偏移量。根据偏移量 C_{skip} 的计算公式，计算出不同网络深度的父节点为其子节点分配的地址之间的偏移量，具体结果见表 3.2。

表 3.2　地址偏移量的计算结果

已知条件	网络深度(d)	偏移量(C_{skip})
$C=4$ $R=4$ $L=3$	0	21
	1	5
	2	1
	3	0

然后，计算各个节点的网络地址。作为网络中的协调器节点也即 1 号节点，是网络的初始化节点，其深度为 0，16 位地址也为 0，与其相连的 2 号节点其地址为 0+1，也即 1，之后与其相连的其他节点地址都相差偏移量 21。因此，3 号、4 号、5 号节点的地址分别为 1+21=22、22+21=43、43+21=64，6 号节点的偏移量为 1，地址为 2，7 号节点的偏移量为 1，地址为 23，8 号、9 号、10 号节点的地址分别为 28、65、70，深度为 3 的 11 号节点其地址为 66。注意到 11 号节点的偏移量为 0，因此该节点不具备地址分配能力。图 3.12 中各节点的网络地址计算结果见表 3.3。

表 3.3　各节点的网络地址

节点编号	网络深度(d)	偏移量(C_{skip})	地址(Addr)
1	0	21	0
2	1	5	1
3	1	5	22
4	1	5	43
5	1	5	64
6	2	1	2
7	2	1	23
8	2	1	28
9	2	1	65
10	2	1	70
11	3	0	66

3.4.2　ZigBee 网络路由的数据结构

1. 节点存储的数据结构

ZigBee 协调器节点和路由器节点都保存一张路由表和路由发现表，路由表用来转发数据分组,为网络中的其他节点保存一个路由表条目,路由发现表用来储存路由发现过程中的一些临时路由信息。此外,ZigBee网络中的每个节点都保存一张邻居节点列表,用来存储此节点传输范围内其他节点的信息。路由表的构成见表3.4,路由发现表的构成见表3.5,邻居节点列表的构成见表3.6。

表3.4 路由表的构成

比特数	16	3	16
含义	目的节点地址	状态信息	下一跳节点地址

表3.5 路由发现表的构成

比特数	8	16	16	8	8	16
含义	发起路由请求的节点产生的序列号	发起路由发现的节点地址	发送路由请求分组的节点地址	路由请求分组中携带的开销	路由应答分组中携带的开销	路由建立过程的有效时间

表3.6 邻居节点列表的构成

比特数	16	64	16	8	8
含义	邻节点PAN标识符	邻节点的64位IEEE扩展地址	邻节点16位网络地址	邻节点类型	邻节点与当前节点的关系

2. 节点交互的分组结构

ZigBee网络层的控制分组包括三种类型,分别是路由请求(RREQ)分组、路由应答(RREP)分组和路由出错(RERR)分组。ZigBee网络中具有路由功能的节点可以向周围邻节点广播一个RREQ分组,目的是找到一条通往目的节点的有效路径;RREQ分组希望到达的目的节点收到路由请求分组后向路由请求分组的发起节点回复一个RREP;当节点转发数据分组失败时将产生一个RERR分组,目的是通知此数据分组的源节点分组转发失败。RREQ分组格式见表3.7,RREP分组格式见表3.8,RERR分组格式见表3.9。

表3.7 RREQ分组格式

比特数	8	8	8	16	8
含义	控制分组类型(0x01:RREQ;0x02:RREP;0x03:RERR)	RREQ分组是否是在路由修复过程中产生	发起RREQ分组的节点产生的序列号	发起RREQ分组的节点希望建立的路径的目的地址	从RREQ分组的发起节点到接收节点的路径开销

表3.8 RREP分组格式

比特数	8	8	8	16	16	8
含义	控制分组类型(0x01:RREQ;0x02:RREP;0x03:RERR)	RREQ分组是否是在路由修复过程中产生	发起RREQ分组的节点产生的序列号	发起路由请求的节点的网络地址	响应RREQ分组的节点网络地址	发起RREP分组的节点到接收节点的路径开销

表 3.9　RERR 分组格式

比特数	8	8	16
含义	控制分组的类型（0x01：RREQ；0x02：RREP；0x03：RERR）	路由出错的原因	被转发失败的数据分组的目的地址

3.4.3　ZigBee 网络的路由算法

1. AODVjr 路由算法

AODV（Ad-hoc On-demand Distance Vector）是指按需距离矢量路由利用扩展环搜索的办法来限制搜索发现过的目的节点的范围，支持组播，可以实现在 ZigBee 节点间动态的、自发的路由，使节点很快获得通向所需目的地址的路由。ZigBee 网络中使用一种简化版本的 AODV 协议——AODVjr。

AODVjr 路由协议只有在路由器节点接收到网络数据包，并且网络数据包的目的地址不在节点的路由表中时才会进行路由发现过程，也即路由表的内容按照需要建立，而且它可能仅仅是整个网络拓扑结构的一部分。AODVjr 路由算法中一次路由建立由三个步骤组成：路由发现、反向路由建立、正向路由建立，经过这三个步骤，即可建立起一条路由器节点到目的节点的有效传输路径。在路由建立过程中，AODVjr 路由算法使用三种消息作为控制信息：路由请求分组、路由应答分组、路由出错分组。

1）路由发现

对于一个具有路由能力的节点，当接收到一个从网络层的更高层发出的发送数据帧的请求，且路由表中没有和目的节点对应的条目时，就会发起路由发现过程。源节点首先创建一个路由请求分组，并使用多播的方式向周围节点进行广播。

如果一个节点发起了路由发现过程，就应该建立相应的路由表条目和路由发现表条目，状态设置为路由发现中。任何一个节点都可能从不同的邻居节点处接收到广播的 RREQ，接收到 RREQ 后，节点将进行分析。如果是第一次接收到 RREQ 消息，且消息的目的地址不是自己，则节点会保留该 RREQ 的信息用于建立反向路径，然后将该 RREQ 消息广播出去；如果节点之前已经接收过该 RREQ 消息，则表明这是由于网络内多个节点频繁广播产生的多余消息，对路由建立过程没有任何作用，则节点将丢弃该消息。

2）反向路由建立

当 RREQ 消息从一个源节点转发到不同的目的地时，沿途所经过的节点都要自动建立到源节点的反向路由，用于记录当前接收到的 RREQ 消息由哪一个节点转发而来。通过记录收到的第一个 RREQ 消息的邻居地址来建立反向路由，这些反向路由将会维持一定时间，该段时间足够 RREQ 消息在网内转发以及产生的 RREP 消息返回源节点。

当 RREQ 消息最终到达了目的节点，节点验证 RREQ 中的目的地址为自己的地址之后，目的节点就会产生 RREP 消息，作为一个对 RREQ 消息的应答。由于之前已经建立了明确的反向路由，因此 RREP 无须进行广播，只需按照反向路由的指导，采取单播的方式即可把 RREP 消息传送给源节点。

3）正向路由建立

在 RREP 以单播方式转发回源节点的过程中，沿着这条路径上的每个节点都会根据

PREP的指导建立到目的节点的路由，也即确定到目的地址节点的下一跳。通过记录RREP从哪个节点传播而来，然后将该邻居节点写入路由表中的路由表项，一直到RREP传送到源节点，至此，一次路由建立过程完毕，源节点与目标节点之间可以开始数据传输。

【例3.6】 在图3.30中，当RFD设备J要发送数据给D，J先把数据发送给具有路由功能的父节点G，G查找自身路由表，没有发现一条到D的有效路径，于是发起一个路由发现过程，构建并广播RREQ消息。D选择最先到达的RREQ消息的传送路径G-C-D，并返回RREP消息，G收到D发来的RREP信号，路由路径建立，G就会按这条路径来发送缓存的数据。同时D定期发送KEEP-ALIVE包，以维护路由信息。

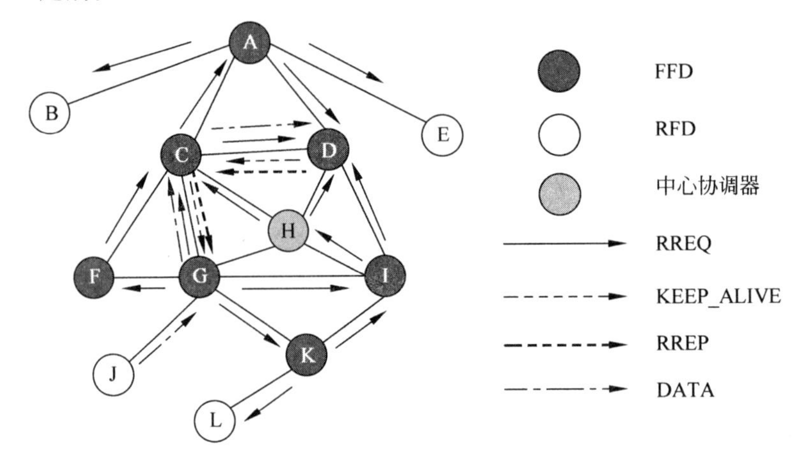

图3.30 AODVjr算法路由策略

可以看出，AODVjr路由算法按照需求驱动、使用RREQ和RREP控制实现、先广播、后单播的路由建立过程。AODVjr取消了AODV中HELLO信息的发送，由目的节点定期向源节点发送KEEP-ALIVE连接信息来维持路由。当源节点在一段时间内没有收到目的节点发来的KEEP-ALIVE信号时，它认为此条路径失效，必要时重新进行路由发现。

2. 树状网络结构路由算法

树状网络结构路由算法(Cluster-Tree路由算法)包括地址的分配与寻址路由两部分。其中，地址分配主要是指子节点的16位网络短地址，而寻址路由则根据目的节点的网络地址来计算下一跳(Next Hop)的路由。

ZigBee网络中，节点可以按照网络的树状结构中父子关系使用Cluster-Tree路由算法选择路径，即每个节点都会试图将收到的信息包转发给自己的后代节点，如果通过计算发现目的地址不是自己的一个后代节点，则将这个数据包转发给自身上一级的父节点，由父节点进行类似的判断处理，直到找到目的节点。

Cluster-Tree路由算法的基本思想：当一个网络地址为A，网络深度为d的路由器节点收到目的地址为D的转发数据包时，路由器节点首先要判断目的地址D是否为自身的一个子节点，然后根据判断的结果采取不同的方式来处理该数据包。

若地址D满足式(3.3)，则可以判断D地址节点是A地址节点的一个后代节点。如果D不在该范围之内，则D地址节点是A地址节点的父节点。

$$A < D < A + C_{\text{skip}}(d-1) \tag{3.3}$$

判断后采取的数据包转发措施如下。

（1）目的节点是自身的一个后代节点，则下一跳的节点地址有两种可能，计算标准见式(3.4)。若为终端节点，其地址为 D，否则由地址 A、D 和深度为 d 的偏移量三部分计算得到。

$$N=\begin{cases}D, & \text{终端节点} \\ A+1+\left[\dfrac{D-(A+1)}{C_{\text{skip}}(d)}\right]\times C_{\text{skip}}(d), & \text{其他}\end{cases} \tag{3.4}$$

（2）目的节点不是自身的一个后代节点，路由器节点将把该包送交自己的父节点处理。这与TCP/IP协议中路由器将路由表项中不存在的数据包发送给自己的网关处理相类似。

3. 路由算法比较

AODVjr算法的优点是相对于有线网络的路由协议而言，它不需要周期性的路由信息广播，节省了一定的网络资源，并降低了网络功耗。缺点是在需要时才发起路由寻找过程，会增加数据到达目的地址的时间。Cluster-Tree路由算法的优点在于使不具有路由功能的节点间通过与各自的父节点间的通信仍然可以发送数据分组和控制分组，但它的缺点是效率不高。

为实现低成本、低功耗、高可靠性等设计目标，ZigBee网络中采用了树状网络结构路由与按需距离向量路由相结合的路由算法。ZigBee网络中当节点允许一个新节点通过它加入网络时，它们之间就形成了父子关系。节点可以按照父子关系使用Cluster-Tree路由算法选择路径，即当一个节点接收到分组后发现该分组不是给自己的，则只能转发给它的父节点或者子节点。显而易见，这并不一定是最优的路径，为了提高路由效率，ZigBee中也让具有路由功能的节点使用AODvjr去发现路由，即具有路由功能的节点可以不按照父子关系而直接发送信息到其通信范围内的其他具有路由功能的节点，而不具有路由功能的节点仍然使用Cluster-Tree路由算法发送数据分组和控制分组。ZigBee网络中将节点分为两类：RN＋和RN－。其中RN＋是指具有足够的存储空间和能力执行AODVjr路由协议的节点，RN－是指其存储空间受限，不具有执行AODvjr路由协议能力的节点，RN－收到一个分组后只能用Cluster-Tree路由算法处理。

3.4.4 ZigBee网络的路由机制

1. 路由的建立过程

ZigBee路由协议中，RN－节点需要发送分组到网络中的某个节点时使用Cluster-Tree路由算法。RN＋节点需要发送分组到网络中的某个节点而又没有通往目的节点的路由表条目时，它会发起如下路由建立过程。

（1）节点创建并向周围节点广播一个RREQ分组，如果收到RREQ的节点是一个RN－节点，则按照Cluster-Tree路由算法转发此分组；如果收到RREQ的节点是一个RN＋，则根据RREQ中的信息建立相应的路由发现表条目和路由表条目(在路由表中建立一个指向RREQ源节点的反向路由)并继续广播此分组。

（2）节点在转发RREQ之前会计算将RREQ发送给它的邻节点与本节点之间的链路开销，并将其加到RREQ中存储的链路开销上，然后将更新后的链路开销存入路由发现表条目中。

（3）一旦RREQ到达目的节点或者目的节点的父节点，此节点就向RREQ的源节点回复一个RREP分组(RN－节点也可以回复RREP分组，但无法记录路由信息)，RREP应沿着已建立的反向路径向源节点传输,收到RREP的节点建立到目的节点的正向路径并更新相应的路由信息。

(4) 节点在转发RREP前会计算反向路径中下一跳节点与本节点之间的链路开销,并将其加到RREP中存储的链路开销上。当RREP到达相应RREQ的发起节点时,路由建立过程结束。

下面通过一个例子来说明ZigBee网络的路由建立过程。

【例3.7】 图3.31所示为一个包含10个节点的ZigBee网络,图中白色节点为RN+节点,灰色节点为RN−节点,节点0为ZigBee协调器节点。假设节点2要向节点9发送数据分组,但路由表中没有到达节点9的路由。因为节点2是一个RN+节点,所以它将发起路由建立过程。

首先节点2创建RREQ并向周围节点广播此分组,节点0、1、3收到RREQ后建立到节点2的反向路由(见图3.31(a)),并继续广播RREQ(见图3.31(b))。图3.31(c)中,节点3已经转发过RREQ,因此它不再转发此分组;由于节点5是RN−节点,不具有路由功能,因此它收到RREQ后发现自己不是目的节点,只有将其发送给它的父节点(节点3);节点6发现RREQ的目的节点是它的一个子节点,它便代替此目的节点沿着刚刚建立的反向路径向RREQ的源节点(节点2)回复一个RREP,收到RREP的节点建立到目的节点(节点9)的正向路由。RREP到达源节点2后,路由建立过程结束,数据分组沿着刚刚发现的路径2-3-6-9传输(见图3.31(d))。在这个例子中,如果是节点9要发送数据分组到节点2,由于节点9是RN−节点,它只有将分组发送给它的父节点(节点6),由其父节点发起路由建立过程。

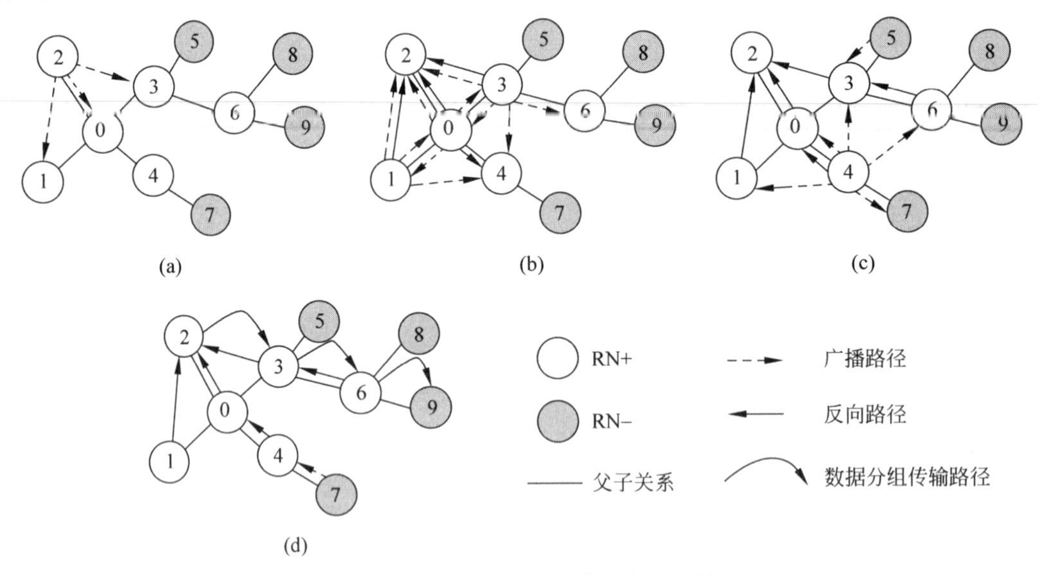

图3.31 ZigBee网络的路由建立示例

2. 路由维护过程

对于路由的维护分以下四种情况进行讨论。

(1) 如果在数据传输中发生链路中断,将由中断链路的上游节点激活路由维护过程。

(2) 如果检测到链路失效的是RN+节点,它将采用本地修复方式来维护路由,即缓存来自源节点的数据分组并广播RREQ。如果在一定时间内没有收到RREP,此节点将向源节点发送 RERR 报告路由失败的消息，由源节点重新发起路由建立过程。

(3) 如果检测到链路失效的是 RN－节点，它将直接向源节点发送 RERR，由源节点重建路由。

(4) 如果一个为 RFD 的 ZigBee 终端节点发现它与父节点之间的通信中断，此节点将发起 IEEE 802.15.4 MAC 层中的孤立通知过程，尝试重新加入网络并恢复与原来父节点之间的通信。如果孤立通知过程失败，节点将发起 IEEE 802.15.4 MAC 层中的关联过程，尝试通过新的父节点重新加入网络。如果节点找不到具有接受它能力的父节点，它则不能重新加入网络。在这种情况下，需要用户干涉才能使此节点重新加入网络。

3.5 ZigBee 网络的组建

任何一个 ZigBee 网络其实质都是由若干个终端节点，一定数量的路由器节点及协调器节点按照一定的拓扑结构组建而成。通常组建一个完整的 ZigBee 网络主要包括两个步骤，一是网络的初始化，二是节点入网。

3.5.1 ZigBee 网络的初始化

ZigBee 网络的建立由协调器发起，组建网络的 ZigBee 节点需满足两个条件：一是初始组建网络的节点必须是全功能设备，也即要求该节点具备 ZigBee 协调器的功能；二是要求该节点未与其他网络连接。具体网络初始化流程包括三个步骤，如图 3.32 所示。

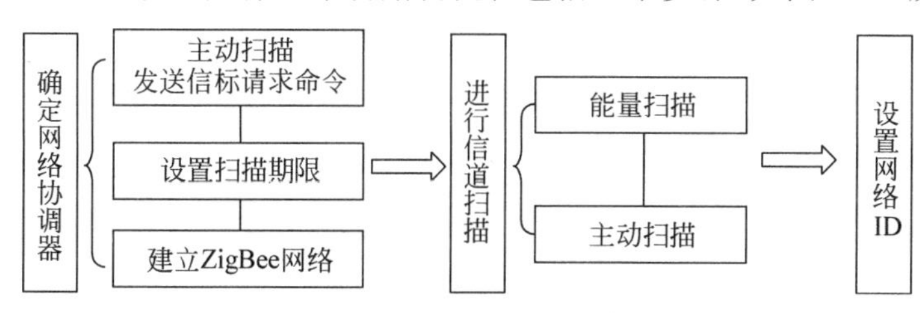

图 3.32 网络初始化流程

1. 确定网络协调器

在一个 ZigBee 网络中，哪个节点作为协调器一般由上层规定，不在 ZigBee 协议规定的范围内，比较简单的做法是让先启动的 FFD 节点作为网络协调器。因此，对于初始加入的节点需要先判断该节点是否为 FFD 节点，然后判断此 FFD 节点是否在其他网络里或者网络里是否已经存在协调器。节点可以通过主动扫描的形式发送一个信标请求命令，并且设置一个扫描期限，如果在扫描期限内没有检测到信标，则表明在其指定区域内没有协调器，该节点可作为网络的协调器组建 ZigBee 网络。

建立一个新的网络由节点通过网络层的“网络形成请求原语”(NLME_NETWORK_FORMATION.request)发起。当然，发起原语的节点必须具备两个条件：一是这个节点具有 ZigBee 协调器功能；二是这个节点没有加入其他网络中。任何不满足这两个条件的节点在发起建立一个新网络的进程时都会被网络层管理实体终止。

2. 进行信道扫描

协调器发起建立一个新网络的进程后，网络层管理实体将请求 MAC 子层对信道进行扫描。信道扫描包括能量扫描和主动扫描两个过程。

能量扫描的目的是避免可能的干扰,节点通过对指定的信道或物理层所有默认的信道进行能量扫描,以排除干扰。网络层管理实体将根据信道能量测量值对信道进行一个递增排序,并且抛弃能量值超过了可允许能量值的信道,保留可允许能量值内的信道等待进一步处理。

在主动扫描阶段,节点搜索通信半径内的网络信息,捕获网络中广播的信标帧,寻找一个最好的、相对安静的信道,该信道应存在最少的 ZigBee 网络,最好没有 ZigBee 设备。网络层管理实体通过审查返回的 PAN 描述符列表,确定一个用于建立新网络的信道,网络层管理实体将优先选择没有网络的信道。如果没有扫描到一个合适的信道,进程将被终止。

3. 设置网络 ID

如果扫描到一个合适的信道,网络层管理实体将为新网络选择一个网络标识符,也即网络 ID。网络 ID 可以由设备随机选择,也可以在网络形成的请求原语里指定,但必须保证这个 ID 在所使用的信道中必须唯一,不能和其他 ZigBee 网络冲突,也不能为广播地址 0xFFFF。如果没有符合条件的 ID 可选择,进程将被终止。

网络参数配置好后,网络层管理实体通过 MAC 层的"开启超帧请求原语"(MLME_START. request)通知 MAC 层启动并运行新网络。启动状态通过"开启超帧的确认原语"(MLME_START. confirm)通知网络层,网络层管理实体再通过"网络形成的确认原语"通知上层协调器初始化的状态。只有 ZigBee 协调器或路由器才能通过"允许设备连接请求原语"(NLME_PERMIT_JOINING. request)来设置节点处于允许设备加入网络的状态。图 3.33 所示为在通过协调器初始化网络的过程中,各个协议层间原语的执行情况。

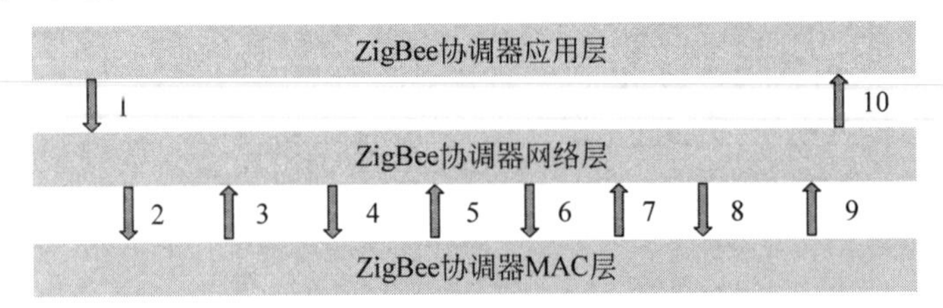

1. NLME_NETWORK_FORMATION. request(网络形成的请求原语)
2、4. MLME_SCAN . request(信道扫描的请求原语)
3、5. MLME_SCAN . confirm(信道扫描的确认原语)
6. MLME_SET . request (属性设置请求原语)
7. MLME_SET . confirm(属性设置确认原语)
8. MLME_START . request (开启超帧请求原语)
9. MLME_START . confirm (开启超帧确认原语)
10. NLME_NETWORK_FORMATION. confirm(网络形成的确认原语)

图 3.33 网络初始化过程原语的执行情况

3.5.2 设备节点加入 ZigBee 网络

1. 协调器允许设备加入网络

在协调器允许设备加入网络的过程中,首先也是由设备的应用层向网络层提出执行"允许设备加入网络的请求原语";然后设备的网络层和 MAC 层之间通过执行"属性设置请求原语和确认原语"来完成设备的属性设置;最后网络层向应用层回复一个"允许设备入网的确认原语",至此,网络允许设备加入。协调器允许设备入网的原语执行情况如图 3.34 所示。

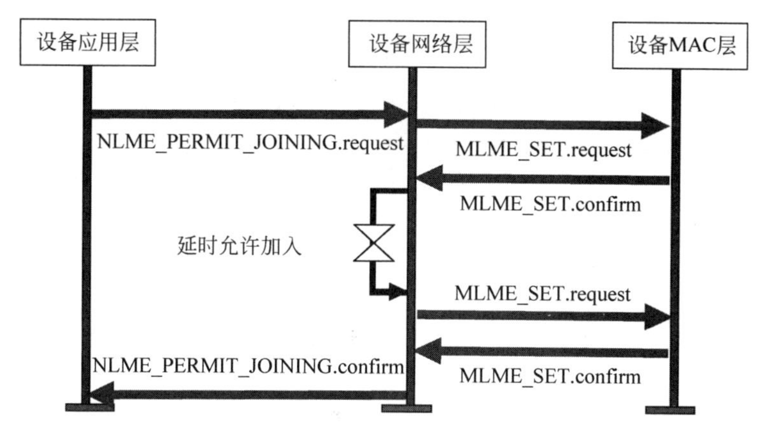

图3.34 协调器允许设备入网的原语执行情况

节点入网时将选择检测范围内信号最强的父节点加入网络，当然父节点也包括协调器节点，成功后将得到一个网络短地址并通过这个地址进行数据的发送和接收。

2. 节点通过协调器加入网络

节点通过协调器加入网络的具体流程如图3.35所示。节点首先会主动扫描，查找周围网络的协调器，如果在扫描期限内没有检测到信标，则间隔一段时间后，可重新发起扫描。若检测到信标即表明有协调器存在，节点可向协调器发送关联请求命令。协调器收到后立即回复一个确认帧，表示已经收到节点的连接请求。当节点收到协调器的确认帧后，节点将处于等待状态，在设置的等待响应时间内等待协调器对其加入请求命令的处理。

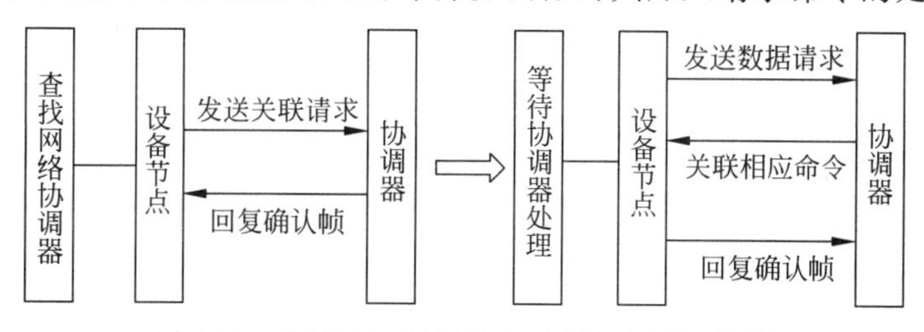

图3.35 节点通过协调器加入网络的具体流程

如果协调器在响应时间内同意节点加入，协调器会给节点分配一个16位的短地址，产生包含新地址和连接成功状态的连接响应命令，并存储这个命令。当响应时间过后，节点发送数据请求命令给协调器，协调器收到后立即回复一个确认帧，然后将存储的关联响应命令发给节点。节点收到关联响应命令后，再立即向协调器回复一个确认帧，以确认接收到连接响应命令，表明入网成功。节点入网过程中原语执行情况如图3.36所示。

3. 节点通过已有节点加入网络

当靠近协调器的全功能节点和协调器关联成功后，处于这个网络范围内的其他节点就能以该全功能节点作为父节点加入网络。具体加入网络的方式有两种：一种是通过关联方式，也即由待加入的节点发起加入网络；另一种是直接方式，也即指定将待加入的节点加入某个节点下，作为该节点的子节点。其中关联方式是ZigBee网络中新节点加入网络的主要途径。

节点通过已有节点加入网络的两种情形如图3.37所示。在申请入网的节点中，有些是曾经加入过网络，但却与其父节点失去联系，将这样的节点称为孤儿节点。虽然是孤儿节点，但在其相应的数据结构中仍存有原父节点的信息，因此孤儿节点可以直接给原父节点发

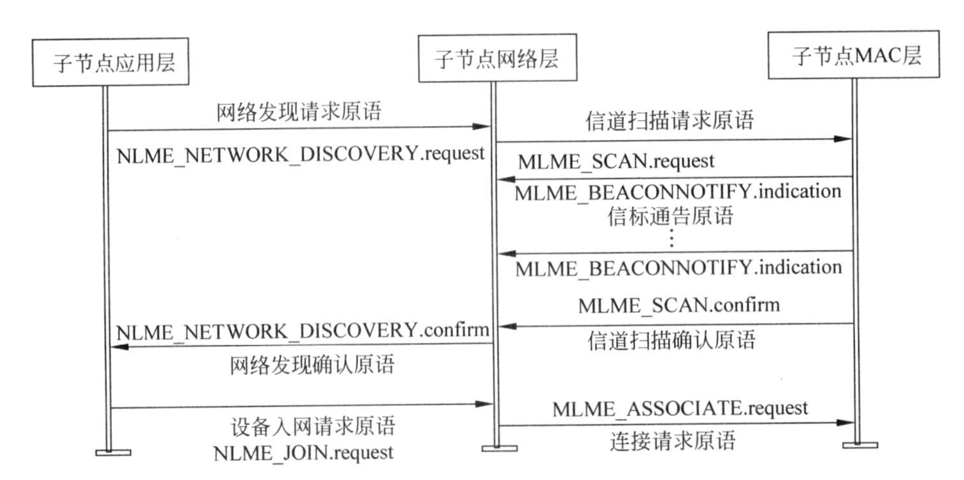

图 3.36 节点入网过程中原语执行情况

送入网请求。若父节点同意其加入,则直接获得以前分配的网络地址,入网成功;若此时原来父节点的网络中,子节点数已达到最大值,父节点便无法批准其加入,则该节点只能以新节点身份重新申请入网。

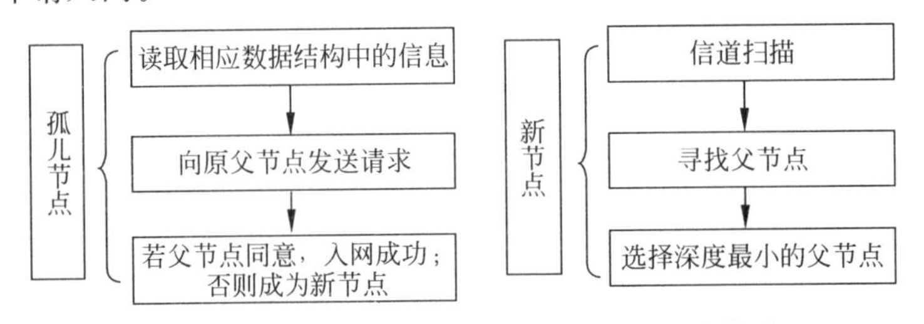

图 3.37 节点通过已有节点加入网络的两种情形

对于新节点来说,首先会在预先设定的一个或多个信道上通过主动或被动扫描查找其周围的网络,寻找有能力批准自己加入网络的父节点,并将找到的父节点的信息进行存储。然后在所有的父节点中选择一个深度最小的节点,对其发出入网请求,如果出现最小深度相同的多个父节点,则可随机选取。如果发出的请求被批准,那么父节点同时会分配一个16位的网络地址给该节点,此时入网成功,子节点可以开始通信。如果没有找到合适的父节点,则表示入网失败,则需继续发送请求信息,直到加入网络。

3.5.3 智能家居系统的组建

下面以智能家居系统为例介绍 ZigBee 网络的组建。智能家居作为家庭信息化的实现方式,已成为社会信息化发展的重要组成部分,其发展呈现多样化,技术实现方式也更加丰富。目前,ZigBee 技术广泛地应用在 PC 外设、消费类电子产品、智能家居控制、医疗技术以及工业自动化等领域。由于 ZigBee 无线网络属于自组织网络,且其具有较高的灵活性,因此可应用 ZigBee 技术组建智能家居系统的内部网络。

将基于 ZigBee 芯片的无线网络收发模块嵌入各种家居设备中,从而构建家居无线控制网络。智能家居控制网络采用自动模式的控制方式,由全功能协调器建立网络,路由器和终端设备加入网络后在协调器与终端节点之间建立绑定,绑定成功之后终端节点开始采集数据。网络中的各传感器节点将采集到的信息发送到全功能协调器上,然后协调器通过特定的接口将信息发送给智能家居网关，随后通过开发的人机交互界面进行显示，另外，通过 PC 或智能手机可以实现设备控制与状态查询，智能家居系统总体架构如图 3.38 所示。设计采用 ZigBee、GPRS、Internet 三层网络将家居终端信息接入互联网的分布式系统架构。

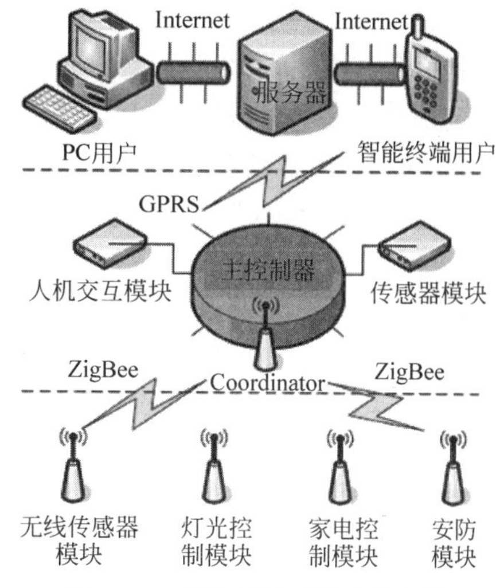

图 3.38 智能家居系统总体架构

由于智能家居系统覆盖的家庭室内区域相对较小(最远直线距离一般小于 20m)，网络中的节点数目较少(节点总数一般有数十个)，主要用于采集环境信息、安防信息、控制灯光及家电设备，而且传感器模块的数据量较小，控制输出模块操作不频繁，因此可以选用星状拓扑结构搭建一个简单高效的系统，在满足需求的前提下，具有最高的性价比。

目前，星状拓扑结构是最常见的网络配置结构，被大量应用在远程监测和控制中，星状拓扑结构的无线网络组建流程如图 3.39 所示。首先，节点发出入网请求，检测网络中是否存在协调器，若存在则请求分配地址，若在一定时间内收到分配地址，则节点进行地址设置并发送地址确认信息，表明成功加入网络。若在规定时间内没

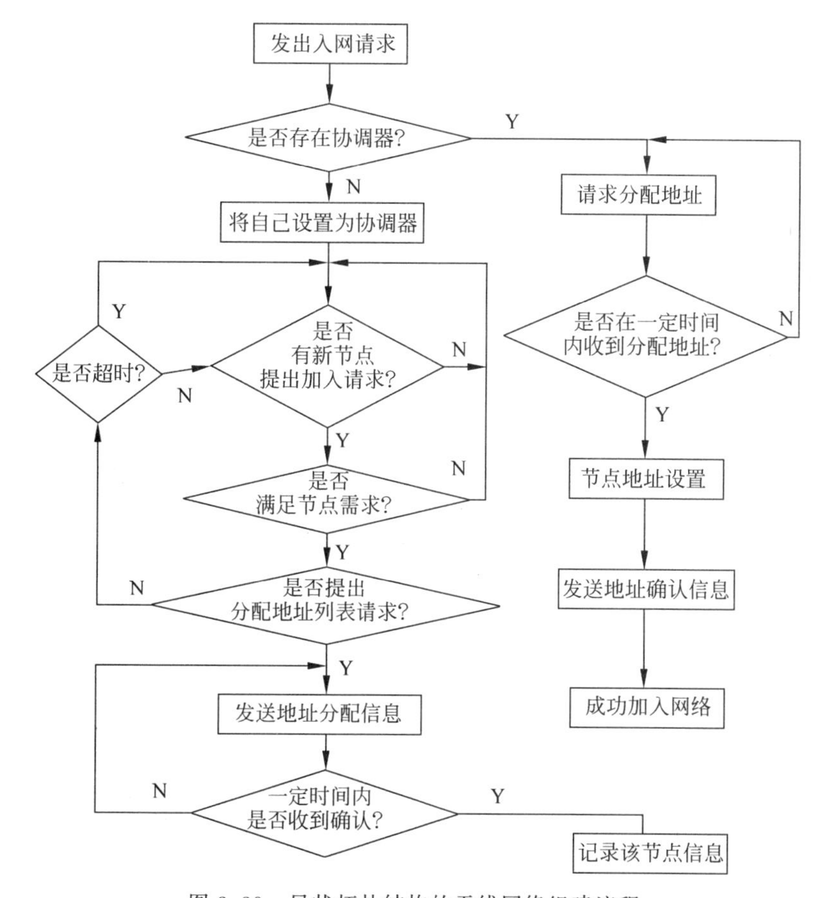

图 3.39 星状拓扑结构的无线网络组建流程

有收到分配地址,则重新向协调器提出请求。若没有检测到协调器存在,则可将发出入网请求的节点设置为协调器,组建 ZigBee 网络。然后可检测是否有新节点提出加入请求,若有新节点提出入网请求,需判断资源是否满足节点需求,若满足则同意其入网,再判断节点是否有提出分配地址列表请求,若有提出则给节点发送地址分配信息,若在规定时间内收到节点的确认信息,则记录该节点信息。若相应的条件判断不符合要求,则回溯到前面的步骤继续执行。

ZigBee 家庭无线网络是智能家居系统中最重要的部分,主要负责监控家庭中的各种信息,采集相关数据,并将内部处理过的数据存储到家庭网关中。终端节点由传感器和 ZigBee 模块构成,负责监控信息和采集数据;协调器节点创建和管理网络,收集数据和传输来自家庭网关的命令,由一个 ZigBee 模块充当。终端节点和协调器节点共同构成了内部网的 ZigBee 无线网络部分。其中,家庭网关是全功能设备,充当网络协调器,由它主导网络的建立,监督网络的正常运行。家庭网关配置较多的存储空间,完成网络初始化、数据采集、设备控制等功能。另外,它配置 16 位本地地址给设备以节省带宽。其他的无线通信 ZigBee 子节点模块则是精简功能设备,完成传感器状态采集、查询响应、控制设备等,它们只能与家庭网关之间进行通信,相互之间不能进行通信。

下面采用 TI 公司生产的 CC2530 芯片设计 ZigBee 网络节点,CC2530 是真正的片上系统(System on Chip,SoC)CMOS 解决方案,它在单个芯片上整合了 2.4GHz 的高性能 ZigBee 射频前端、内存和微控制器,使用 1 个 8 位 8051MCU,具有 256KB 可编程闪存以及 21 个可编程 I/O 引脚。CC2530 芯片内存容量足够大,允许芯片无线下载,可满足设计者开发先进的应用程序的要求。CC2530 芯片的应用电路如图 3.40 所示,其中用到的部分集成

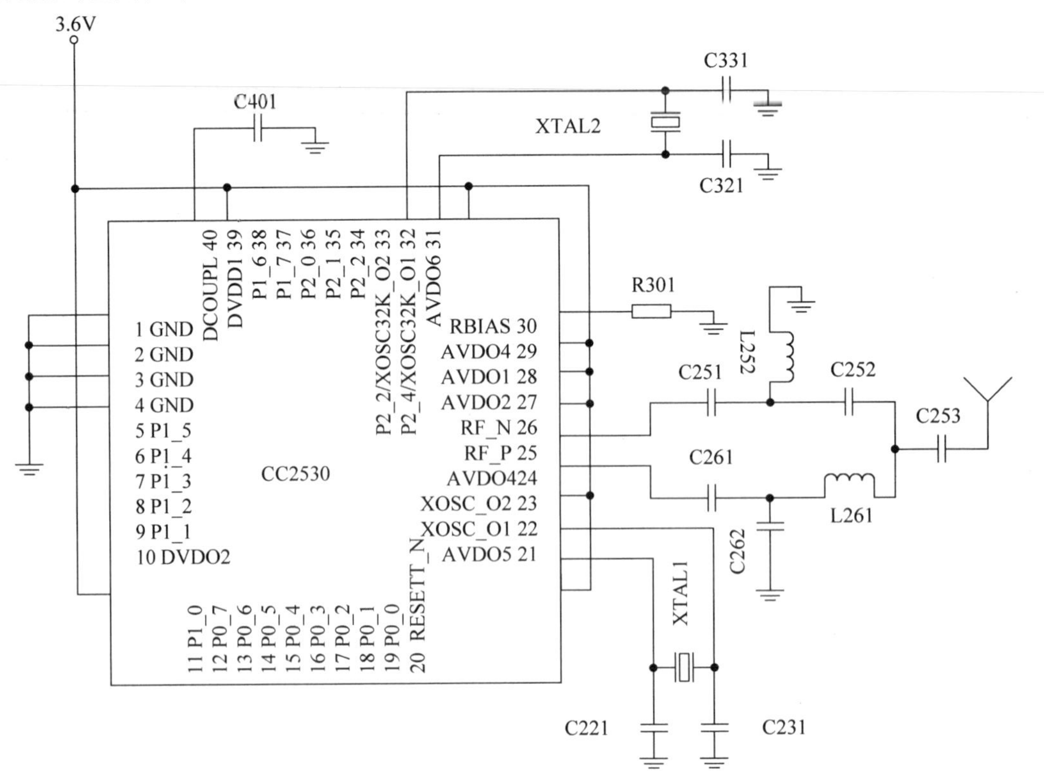

图 3.40 CC2530 芯片的应用电路图

CC2530 芯片的传感器如图 3.41 所示。

图 3.41　集成 CC2530 芯片的传感器示例

在星状网络结构中由于没有专用的路由器，因此当协调器创建网络完成以后，即被动地等待设备请求，终端设备即可直接加入网络并收发数据。终端节点上电初始化以后，应用层向网络层发送原语请求加入网络，网络层收到请求后主动扫描周围的网络，找到合适的 PAN 后即向 MAC 层请求关联，MAC 层关联以后响应网络层的关联请求，网络层再向应用层报告加入网络的结果。终端节点与协调器交互的流程如图 3.42 所示。通过上位机监控软件可以查看各个终端节点加入网络的情况，如图 3.43 所示。

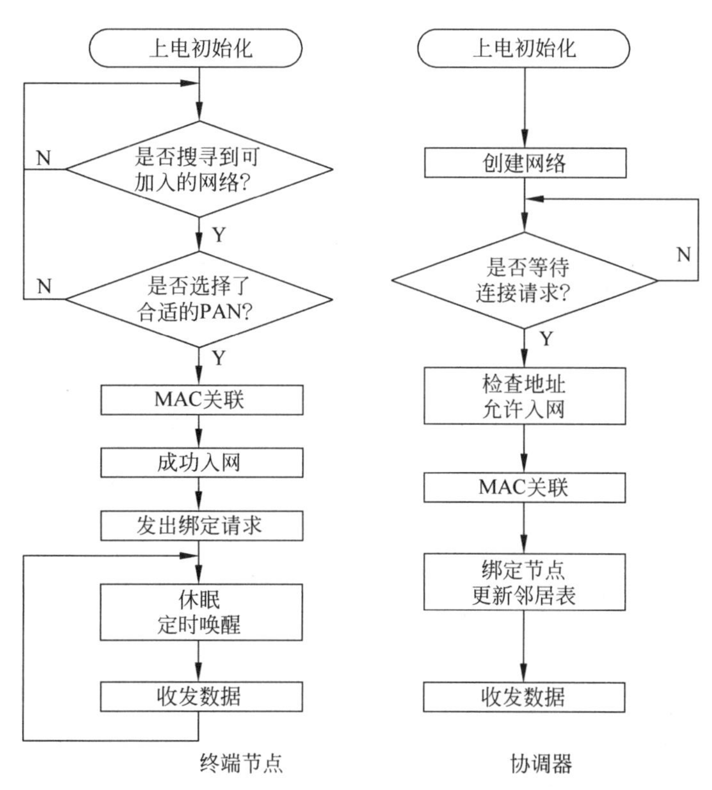

图 3.42　终端设备与协调器的交互流程

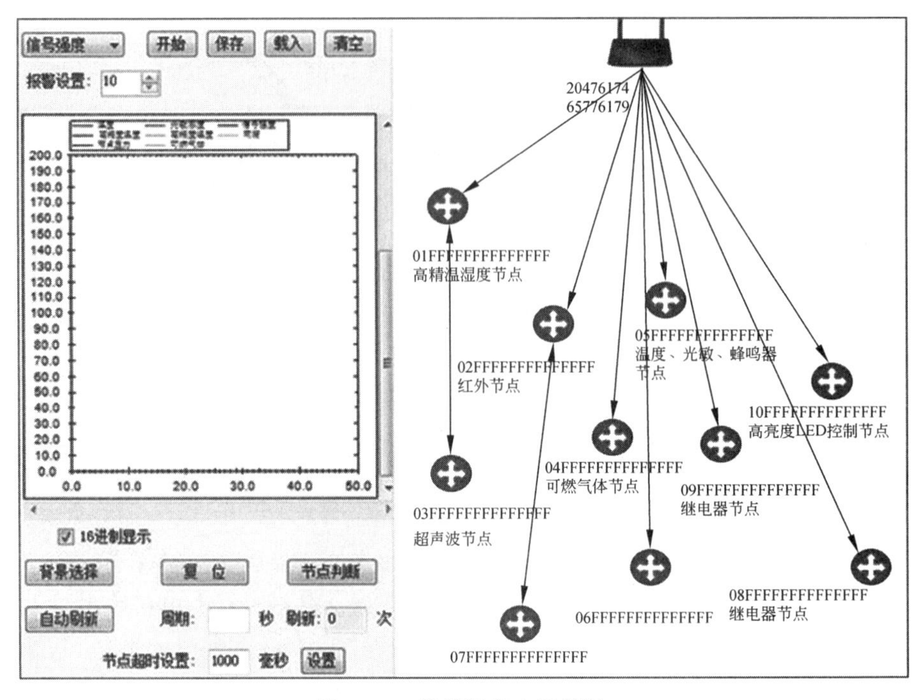

图 3.43 终端设备入网情况

图 3.44 所示为物联网工程实验实训平台。上位机监控软件采用 B/S 架构,建立在.net平台上。用户根据权限登录后,可以直观地看到各个节点的在线状态,节点图标形象地标记了节点的控制设备名称及所处位置,用户可以方便地单击节点并在弹出框中进行数据配置、查询或开关控制。当出现报警信息时,报警节点弹出红色警报图标提示用户及时处理。上位机客户端软件的部分界面如图 3.45 所示。

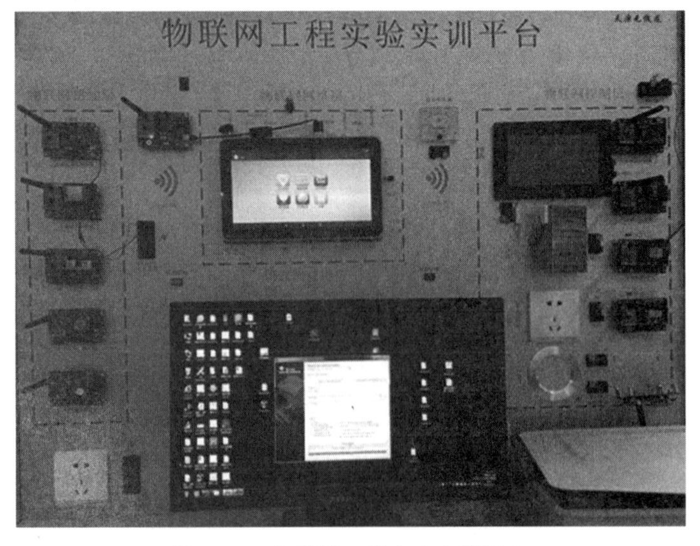

图 3.44 物联网工程实验实训平台

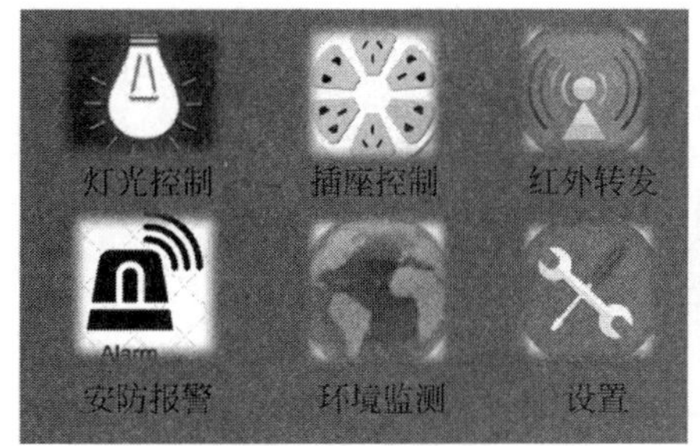

(a) 上位机监控软件主界面

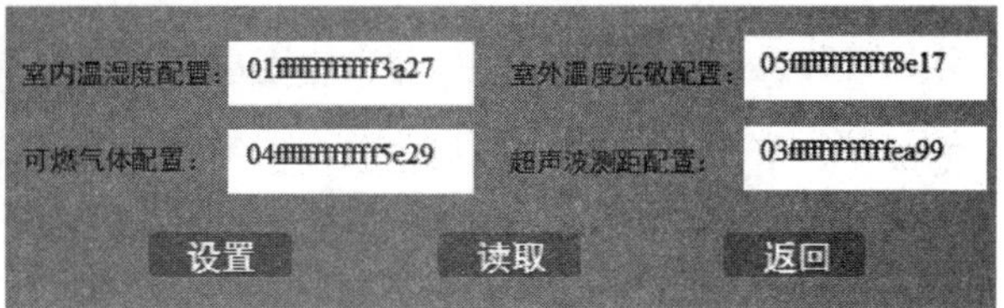

(b) 配置环境界面

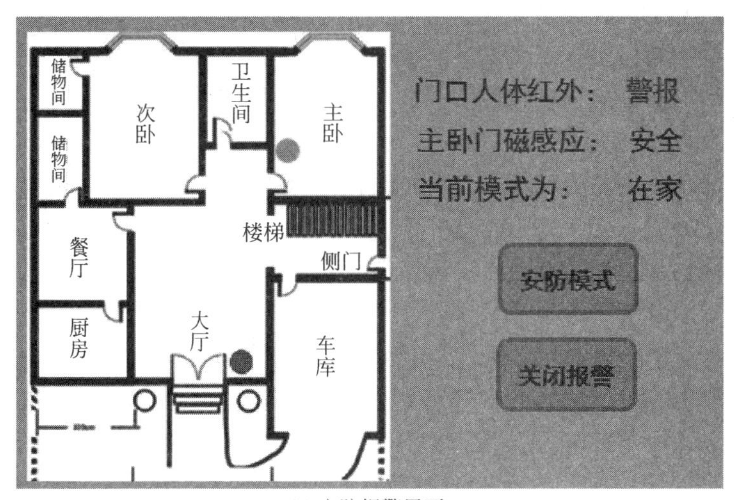

(c) 安防报警界面

图3.45 上位机客户端软件的部分界面

本章小结

本章主要介绍了ZigBee通信技术中所涉及的相关概念，ZigBee技术的形成、发展；ZigBee协议栈中各层的具体信息；ZigBee网络的拓扑结构；ZigBee网络的路由协议；ZigBee网络的组建步骤及ZigBee网络的具体实例。通过本章的学习，可使读者了解和掌握ZigBee通信技术的相关概念和原理，并能应用ZigBee技术进行简单的物联网组建。

习题

一、填空题

1. 节点的网络深度是指从节点到根节点协调器的________。
2. 网络层管理实体提供管理服务是允许一个应用程序与________相互作用。
3. ZigBee是一种开放式的基于________协议的无线个人局域网标准。
4. ZigBee采用了________的碰撞避免机制，以提高系统的兼容性。
5. 节点的________标识节点在网络拓扑图中的层次位置。
6. ZigBee技术的安全性高，其加密技术采用了________算法。

7. ZigBee 网络典型的搜索设备时延为________ ms。

8. ZigBee 协议栈共包括四个层次,分别为________、________、________和应用层。

9. ZigBee 协议栈的物理层和________由 IEEE 802.15.4 标准定义。

10. ZigBee 协议栈的网络层和应用层标准由________制定。

11. ZigBee 协议栈的每个协议层都有一个________和管理实体。

12. 物理层管理实体的英文缩写为________。

13. IEEE 802.15.4 有两个物理层,运行在两个不同的频率范围,分别为________ MHz 和 2.4GHz。

14. ZigBee 使用的三个频段共定义了________个物理信道。

15. 父节点会为第一个与它关联的路由器节点分配比自己大________的地址。

16. 节点存储的数据结构有路由表、________和邻居节点列表。

17. IEEE 802 系列标准把数据链路层分成________和媒体访问控制子层。

18. 当协调器建立一个新的网络后,首先将自己的 16 位网络地址初始化为 0,网络深度初始化为________。

19. 当一个路由器节点的 $C_{skip}(d)$ 为________时,它就不再具备为子节点分配地址的能力。

20. 应用层的主要功能包括________、在绑定的设备之间传送消息。

21. 应用层由三部分构成,分别是应用支持子层(APS)、厂商定义的应用对象(AF)和________。

22. ZigBee 网络中的应用框架是为驻扎在 ZigBee 设备中的应用对象提供活动的环境,最多可以定义________个相对独立的应用程序对象。

23. ZigBee 协议按照开放系统互联的 7 层模型将协议分成了一系列的层结构,各层之间通过相应的________来提供服务。

24. ZigBee 协议为了实现层与层之间的关联,采用了称为服务________的操作。

25. ZigBee 原语有四种类型,分别是________、指示原语、响应原语和确认原语。

26. RFD 通常只能用作 ZigBee 网络中的________设备。

27. ZigBee 网络中包括两种无线设备:________和精简功能设备。

28. ZigBee 网络中的每个节点都有一个________和一个 64 位 IEEE 扩展地址。

29. ZigBee 网络中有三种类型的节点,分别是________、________和 ZigBee 终端节点。

30. ZigBee 网络中 16 位网络地址是在节点加入网络时由________动态分配,仅用于路由机制和网络中的数据传输。

二、单项选择题

1. 下面________不是 ZigBee 技术的优点。

A. 近距离　　B. 高功耗　　C. 低复杂度　　D. 低数据速率

2. 作为 ZigBee 技术的物理层和媒体访问控制子层的标准协议是________。

A. IEEE 802.15.4　　B. IEEE 802.11b　　C. IEEE 802.11a　　D. IEEE 802.12

3. ZigBee 网络典型的休眠激活的时延是________ ms。

A. 30　　B. 20　　C. 10　　D. 15

4. ZigBee适应的应用场合为________。

A. 个人健康监护　B. 玩具和游戏　C. 家庭自动化　D. 上述全部

5. ZigBee无线网络技术用于________无线连接。

A. 近距离　B. 远距离　C. 任意距离　D. 中远距离

6. 根据IEEE 802.15.4标准协议,ZigBee的工作频段分为________。

A. 868MHz、918MHz、2.3GHz　B. 848MHz、915MHz、2.4GHz

C. 868MHz、915MHz、2.4GHz　D. 868MHz、960MHz、2.4GHz

7. ZigBee使用了3个频段,其中2450MHz定义了________个频道。

A. 1　B. 10　C. 16　D. 20

8. 中国使用的ZigBee工作的频段是________。

A. 848MHz　B. 915MHz　C. 2.4GHz　D. 868/915MHz

9. 在2.4GHz的物理层的数据传输速率为________。

A. 250kb/s　B. 40kb/s　C. 20kb/s　D. 140kb/s

10. 家居系统中负责监控信息和采集数据的是________节点。

A. 终端　B. 路由　C. 协调器　D. 家庭网关

11. 在ZigBee技术的体系结构中,具有信标管理、信道接入、时隙管理、发送确认帧、发送连接及断开连接请求的特征是________层。

A. 物理层　B. 网络/安全层　C. MAC层　D. 应用框架层

12. ZigBee物理层通过射频固件和射频硬件提供一个从________到物理层的无线信道接口。

A. 网络层　B. 数据链路层　C. MAC层　D. 传输层

13. 新节点加入网络后,其短地址由________分配。

A. 自己获取　B. 协调器节点　C. 路由器节点　D. 父节点

14. request原语是________。

A. 确认原语　B. 指示原语　C. 响应原语　D. 请求原语

15. indication原语是________。

A. 确认原语　B. 指示原语　C. 响应原语　D. 请求原语

16. 下列在ZigBee技术中,各英文缩写与汉语解释对应错误的是________。

A. FFD:完整功能的设备　B. RFD:简化功能的设备

C. MAC:应用框架层　D. CAP:竞争接入时期

17. PAN标识符值为0xffff,代表的是________。

A. 以广播传输方式　B. 短的广播地址

C. 长的广播地址　D. 以上都不对

18. ZigBee中每个协调器节点最多可连接________个节点。

A. 255　B. 258　C. 254　D. 126

19. 一个ZigBee网络最多可容纳________个节点。

A. 1024　B. 258　C. 65 535　D. 526

20. ZigBee不支持的网络拓扑结构是________。

A. 星状　　B. 树状　　C. 环型　　D. 网状

三、简答题

1. 与同类通信技术相比,ZigBee技术具备哪些优势?
2. MAC子层的主要功能有哪些?
3. ZigBee设备对象有哪些作用?
4. ZigBee协议中各层间如何实现通信和服务?
5. ZigBee原语有几种?工作机制是什么?
6. FFD和RFD的区别是什么?
7. PAN协调器节点的作用是什么?
8. 网络拓扑结构有几种?各有什么优缺点?
9. 简述ZigBee网络中16位短地址的分配机制。
10. 简述AODVjr路由建立的过程。
11. AODVjr算法和Cluster-Tree算法各有哪些优点?
12. 组建网络的ZigBee节点需满足哪两个要求?
13. 网络初始化具体步骤有哪些?
14. 简述节点通过协调器加入网络的具体流程。
15. 节点通过已有节点加入网络的具体方式有哪些?

四、综合题

1. 计算图3.46中各个节点的网络地址。其中,1号节点为ZigBee协调器,与协调器相连的其他节点为路由器和终端;假设在当前的网络结构中,每个父节点最多可以连接4个子节点,子节点中最多可以有4个路由器节点,当前网络的最大深度为3。

2. 请给出图3.47中节点2到节点7的路由建立过程。图中所示ZigBee网络包含7个节点,白色节点为RN+节点,黑色节点为RN−节点,节点0为ZigBee协调器节点。

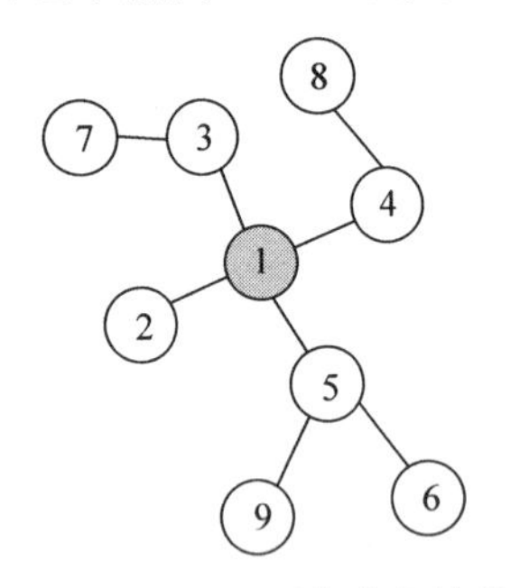

图3.46 ZigBee网络节点结构图

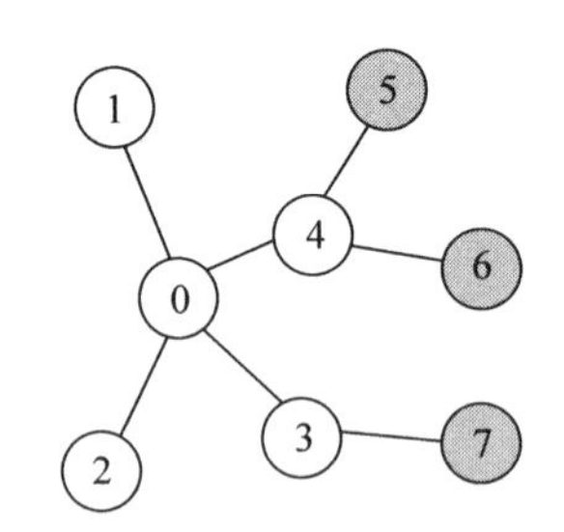

图3.47 ZigBee网络中RN+和RN−节点结构图

3. 设计一个基于ZigBee技术组建的应用于企业的设备监控系统,该系统能够监控设备的当前工作环境和运行状况。要求设备监控节点在现场检测车间设备情况,并经无线传感器网络将所有数据传输至远距离的带有协调器节点的中央监控中心。监控中心是基于PC机的监控平台,实现系统历史记录查询等功能。请画出该系统的总体框图,并给出具体的设计方案。

4. 设计一个基于ZigBee技术组建的应用于仓库的智能仓储系统,要求该系统能够对仓库中现有的货物进行管理，并可准确快速地找到目标货物，还可对进出的货物进行调配及对仓库的环境进行检测，如发现异常可以及时反映到上位机。请画出该系统的总体框图，并给出具体的设计方案。

5. 设计一个基于ZigBee技术组建的无线楼层呼叫系统，该系统能够快捷而准确地对施工起吊送料设备进行合理的调度、提高施工升降机效率。要求在此楼层呼叫系统中，楼高达数十层，每层分布一个ZigBee节点。请画出系统的总体框图，并给出具体的设计方案。

6. 设计一个基于ZigBee技术组建的体温监测系统，该系统能够对群体体温大规模、快速、准确地监测，及时发现患者体温异常现象。要求在病房区布置ZigBee无线体温监测网络，通过腕带终端实现对佩戴人员体温的测量，体温相关数据的通信通过ZigBee无线网络来完成。请画出该系统的总体框图，并给出具体的设计方案。

7. 图3.48所示为基于ZigBee技术的智能照明系统总体设计方案模型。该系统主要包括远端用户、数据中心、接入节点和底层无线传感器网络。底层的无线传感器网络主要用于监测室内的电池电压、光强和温度等环境信息，最终通过接入点转发到数据中心或者远端用户。请给出采用ZigBee技术实现的底层无线传感器网络的设计方案。

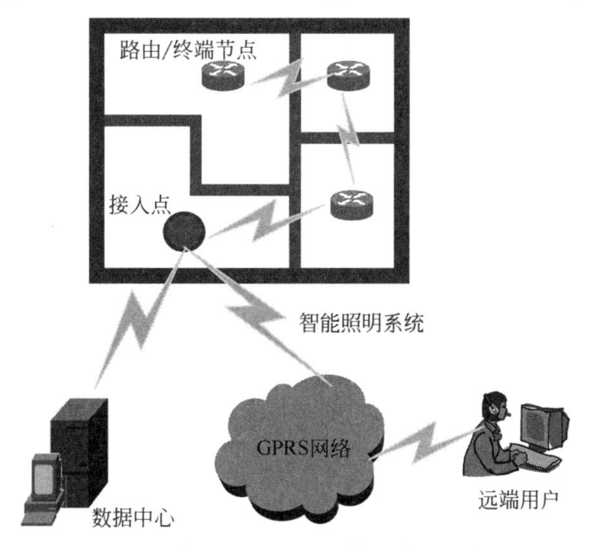

图3.48 智能照明系统总体设计方案模型

8. 请基于ZigBee技术模拟设计室内环境监控系统，通过组建无线传感器网络，用于监控室内环境中空气的温度、湿度、光照度、甲醛、二氧化碳浓度等。以CC2530芯片作为无线节点的核心，选用配套的传感器，构成无线传感器网络检测子节点。无线传感器节点定时检测该区域内的环境参数，将数据通过ZigBee网络上传给中央监控端，监控端对数据进行接收、处理后将其在软件界面上显示出并进行存储、分析和响应，同时将环境参数信息与用户设定值进行对比，若某一检测参数超过报警阈值，则驱动声光报警器进行报警，提醒室内人员进行相应处理。系统的总体设计结构如图3.49所示。

9. 请基于ZigBee技术模拟设计学校寝室火灾报警系统，整个报警系统可分为终端探测器、路由器、系统协调器、火灾控制器，其中探测器、路由器和协调器节点之间采用ZigBee协议通信，协调器节点和控制器之间采用串口通信。以CC2530芯片作为无线节点的核心，

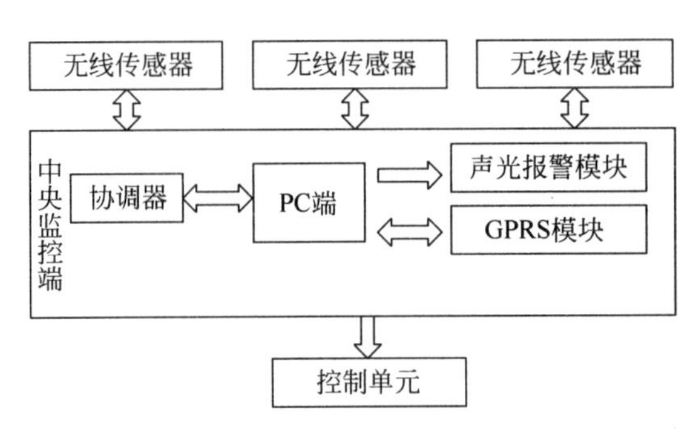

图 3.49 室内环境监控系统结构图

选用配套的传感器构成无线传感器网络终端探测子节点。通过温度传感器和烟雾传感器的变化来反映火灾的发生,然后将信息传递给路由探测器,同时触发报警器报警,再由系统协调器传递给火灾控制器,最终实现火灾报警联网。系统的总体设计结构如图 3.50 所示。

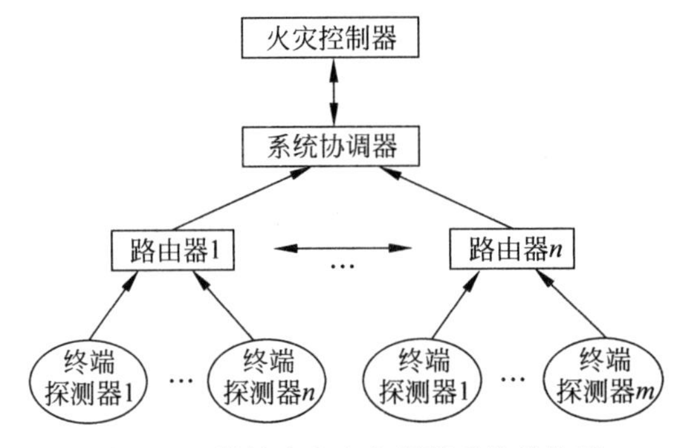

图 3.50 学校寝室火灾报警系统结构图

10. 请基于 ZigBee 技术模拟设计无线温湿度测控系统,该系统要求由协调器节点、终端节点和传感器模块组成,总体结构如图 3.51 所示。监测主机通过 RS232 接口有线连接协调器节点实时显示每个温、湿度传感器节点的信息。协调器节点负责网络的建立和管理,终端节点与温湿度传感器模块连接,进行数据的采集、处理和发送等工作。

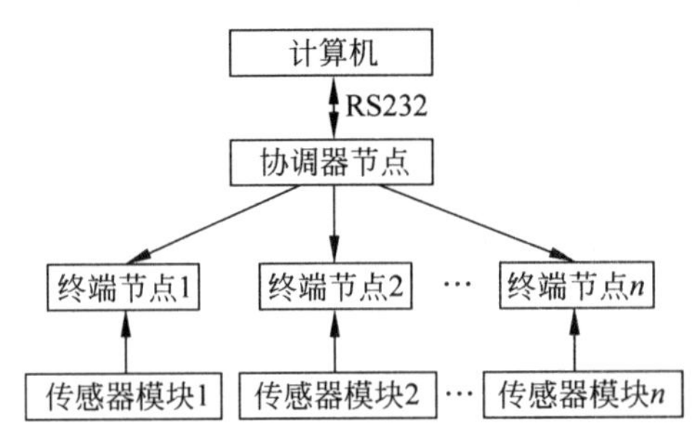

图 3.51 无线温湿度测控系统结构图

第 4 章 CHAPTER 4 蓝牙通信技术

教学提示

蓝牙技术是一种近年来迅速发展的短距离无线通信技术，最初设计的目标是取代设备之间通信的有线连接，以便实现移动终端与移动终端、移动终端与固定终端之间的通信设备以无线的方式连接起来，在手持设备和计算机外设等领域有着广阔的应用前景。本章围绕蓝牙技术的概念及发展特点，详细和系统地介绍蓝牙技术的协议规范、网络连接、通信以及实际应用。

学习目标

- 了解蓝牙技术的概念及发展特点。
- 掌握蓝牙技术协议的体系结构。
- 了解蓝牙技术的网络连接。
- 了解蓝牙技术的网络通信。
- 了解蓝牙技术的应用领域。

知识结构

本章的知识结构如图 4.1 所示。

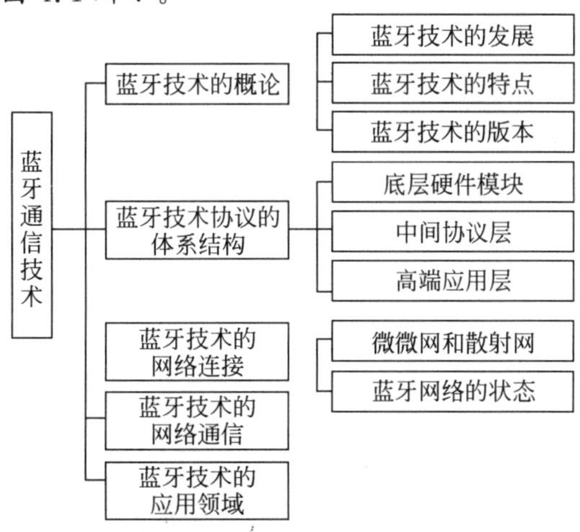

图 4.1　本章知识结构图

4.1 蓝牙技术的概论

蓝牙作为一种短距离无线通信技术，具有低成本、低功耗、组网简单和适于语音通信等优点，最初设计的主要目的是取代设备之间通信的有线连接，以便实现移动终端与移动终端、移动终端与固定终端通信设备之间的无线连接起来，如手机、耳机、手持设备以及笔记本电脑等，如图4.2所示。由于蓝牙的无线通信连接技术使人们从有线连接的束缚中解放出来，已经成为近年来发展最快的无线通信技术之一，得到的支持最多，具有广阔的应用前景。

蓝牙一词源于10世纪丹麦国王Harald Blatand，Blatand英译为Bluetooth(蓝牙)。有些人认为用Blatand国王的名字来命名这项技术是最为适合的，原因是Blatand国王将纷乱不断的丹麦部落统一为一个王国，且他的口齿伶俐，善于交际。用他的名字来命名这种新的技术标准，含有将四分五裂的局面统一起来的意思。蓝牙技术被允许在不同工业领域之间协调工作，保持着不同系统领域之间的良好交流，如计算机、手机和汽车行业之间的工作。蓝牙这个标志的设计取自Harald Blatand国王名字中的H和B两个字母，用古北欧字母来表示，并将这两者结合起来，就组成了蓝牙的Logo，如图4.3所示。

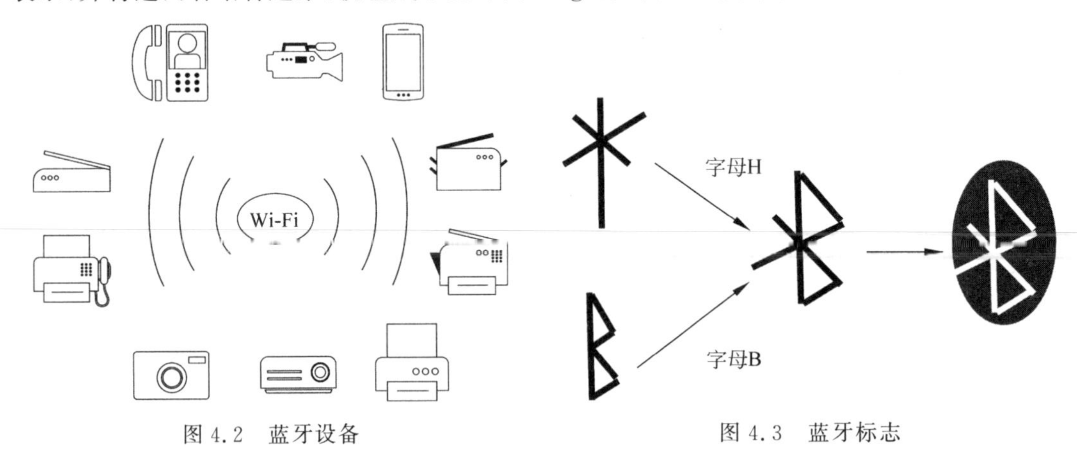

图4.2 蓝牙设备

图4.3 蓝牙标志

4.1.1 蓝牙技术的发展

1994年，爱立信公司开始研究具有低成本、低功耗、组网简单和适于语音通信等特点的无线接口的可行性。随着项目的不断推进，爱立信公司渐渐意识到近距离无线通信技术的应用是电子产品发展的关键，要使这项技术最终获得成功，必须得到业界其他公司的支持与应用。1998年5月，爱立信公司联合了诺基亚、Intel、IBM和东芝4家业界中顶尖的公司，并一起联合成立了蓝牙特殊利益集团(Special Interest Group，SIG)。SIG负责蓝牙技术标准的制定、产品测试，并协调各国电子产品生产商处理蓝牙的具体事宜。随着蓝牙技术的不断发展，摩托罗拉、3Com、微软等公司很快加盟SIG。SIG着眼于全球的无线短距离通信技术的发展与应用，将蓝牙技术标准完全公开，并于1999年7月发布了蓝牙规范的1.0版本。在20多年前，蓝牙1.0技术发布了，当时蓝牙1.0支持的最大传输速度为723.1kb/s，最远传输距离可达10m。早期的蓝牙1.0版本存在很多问题，比如多家厂商指出它们的产品互不兼容，同时具有隐私泄露的风险。经过 20 多年的发展之后，从蓝牙 1.0 版本升级到了蓝牙 5.3 版本。

自从 SIG 发布了蓝牙规范 1.0 之后，各国公司相继开发各种独特的蓝牙通信产品，使蓝牙技术迅速应用到各个领域，具有良好的应用前景。这些产品的应用范围可以深入很多行业，如软件供应商、网络设备供应商及通信厂商等。由于只有 SIG 的成员才有权使用蓝牙的最新技术，参与蓝牙规范标准的制定，无偿使用最新的蓝牙研究成果开发自己的产品，这也使一些消费性电子产品企业和照相机制造商等都纷纷加盟了 SIG。只有通过 SIG 测试、认证的蓝牙产品，才能冠以蓝牙的标志投放市场进行销售。带有蓝牙技术的电子产品赢得了大家的信赖，使得蓝牙技术发展得非常快，迅速成为无线通信标准的标志性技术之一。从 2000 年初蓝牙芯片开始发售以来，越来越多的公司开始制造和发售蓝牙芯片或模块，产品的体积变得越来越小，价格也越变越廉价。伴随着蓝牙芯片制造技术的不断进步，2022 年上半年，蓝牙芯片的量产价格已经不足 5 美元，并有上百种蓝牙产品获得了 SIG 的认证并被推向市场。蓝牙技术已经成为近年来应用最快的无线通信技术。

4.1.2　蓝牙技术的特点

蓝牙是一种近距离的保证可靠接收和信息安全的开放的无线通信技术规范，它可在世界上的任何地方实现短距离的无线语音和数据通信，主要原因是它具有如下特点。

1. 公开与共享

由 SIG 制定的蓝牙无线通信的规范完全是公开和共享的。为鼓励该项技术的应用推广，SIG 在其建立之初就奠定了真正完全公开的基本方针。蓝牙是一个由厂商们自己发起的技术协议，完全公开，而并非某一家独有和保密。只要成为 SIG 的成员，公司就有权使用蓝牙的最新技术，参与蓝牙规范标准的制定，无偿使用最新的蓝牙研究成果开发自己的产品，只要产品通过 SIG 的测试与认证，产品就可投入市场。

2. 短距离

蓝牙技术所要解决的问题是在 10m 范围内，消耗功率极低，通过一个简单的借助无线电波接收和发送数据的接口，非常适合应用于使用电池作为电源的小型便携式个人电子设备中。

3. 无线性

蓝牙技术最初是以实现各种电子产品信息的无线传输以及消除它们之间的有线连接为目标。蓝牙通过无线的方式将不同电子设备连接成一个围绕个人的网络，省去了有线连接的烦恼，并在各种便携式设备之间实现无缝的连接，从而实现了数据资源的有效共享。

4. 互操作性和兼容性

蓝牙产品在满足蓝牙规范的基础上，还需要做 SIG 认证，只有通过认证的蓝牙产品才被允许进入市场。这规范了蓝牙产品的生产标准，提高了不同公司产品的互操作性，也能方便地共享不同产品的数据，从而实现了不同产品之间相互兼容的目标。

5. 全球范围适用

由于蓝牙工作在全球通用的 2.45GHz 工业、科学、医学免申请及免费的无线电频段，无论身在何处，利用蓝牙无线通信的设备无须考虑频率受限制的问题。

6. 语音和数据

蓝牙采用的是分组和电路交换技术,并对异步数据信道进行支持,或者对一个同时传送异步数据和同步语音的信道进行支持。通常使用64kb/s作为每个语音信道的速率。借助脉冲编码调制或连续可变斜率增量调制方法对语音信号进行编码。若使用非对称信道传输数据时,721b/s是其单向最大传输速率,而57.6kb/s则为其反向最大传输速率;当采用对称信道传输数据时,342.6kb/s是其最高速率。蓝牙的链路类型分为两种,即异步无连接链路与同步面向连接链路。在异步无连接链路中,可以有效地传输数据,并对对称或非对称、分组交换和多点连接进行支持。在同步面向连接链路中,可以有效传输语音数据,对对称、电路交换和点到点连接进行支持。

目前在不同类型的电子设备之间借助电缆连接进行数据通信仍然存在。由于使用电缆连接的设备非常不便,作为短距离无线技术的蓝牙是一种非常理想的替代技术。蓝牙技术规范指出了该技术作为一种采用无线传输方式对串行电缆进行替代,如使调制解调器、数码相机和手机实现无线连接。此项技术也可用来替代其他电缆,例如,与计算机外设相连的连线,即扫描仪、键盘、鼠标、打印机等。更重要的是,在大量固定和移动设备之间的无线连接方式将产生许多新的、令人兴奋的应用模式,远远超出了仅仅作为电缆的替代物。

4.1.3 蓝牙技术的版本

蓝牙技术自诞生到发展至今,已经经历了从V1.0到V5.3的几代版本,如图4.4所示。最初,蓝牙标准V1.0是由SIG于1999年7月正式推出的,这个版本的产品易受到同频率其他产品的干扰,通信质量不高。时隔2年,SIG在V1.0版本的基础上发布了蓝牙技术标准V1.1,该版本主要解决了V1.0存在的同频通信问题,提高了蓝牙技术的兼容性。2003年,SIG公司推出了向下兼容的蓝牙标准V1.2,该版本蓝牙标准主要提高了语音信号的通信质量,进一步改进了同频通信易受到干扰的问题。2004年,SIG推出了多任务处理和多种蓝牙设备同时运行的蓝牙标准V2.0,该版本传输速率从V1.0不足1Mb/s的传输速率提高到3Mb/s,带宽的增大可以使蓝牙设备之间传输更大的文件。另外,蓝牙标准V2.0考虑到了芯片功耗的问题,使V2.0的蓝牙设备比低版本的运行时长增加2倍。同时,充分考虑了向下兼容V1.0版本的问题。V3.0版本于2009年由SIG提出,该版本是一种全新的交替射频技术,允许蓝牙协议针对特定的任务自适应地选择合适的射频,该版本的传输速率变得更高,功耗变得更低。2010年,SIG推出了蓝牙标准V4.0,该版本的有效传输距离大大

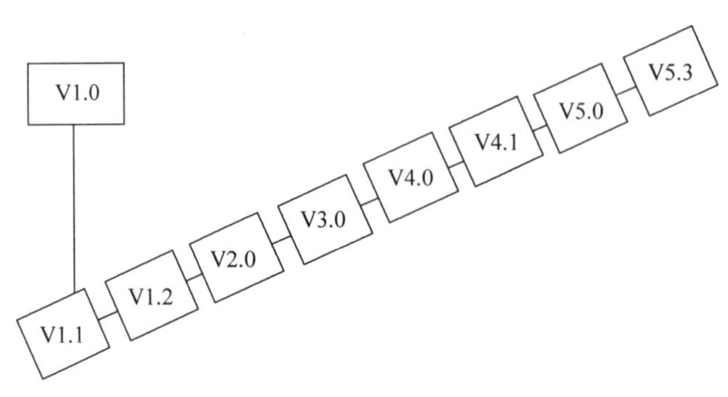

图4.4 蓝牙技术的版本

提高，并且大幅降低能耗，同时具有传统蓝牙、低功耗蓝牙和高速蓝牙等特点。2013 年，蓝牙标准 V4.1 问世，该版本提供了最新一代蜂窝技术进行彼此通信，以确保协同传输，降低干扰。此外，蓝牙标准 V4.1 增加了对路由、网关等协议支持，可以满足物联网的综合应用。2016 年，SIG 在原有的基础上进一步改善并推出了蓝牙标准 V5.0。该版本主要集中在以蓝牙低功耗为首的物联网布局，包括使蓝牙低功耗的传输距离是原距离的 4 倍、传统蓝牙传输提升到 2Mb/s，以及支援物联网产业期待已久的蓝牙 Mesh(网状网络)。

蓝牙 5.0 版本相比于上一版本来说，功耗更低且传输距离更远、传输速度更快，升级到了能够传输无损音源的 48Mb/s。2021 年，蓝牙联盟公布了最新的蓝牙 5.3 技术规范，相比之前版本，在传输效率、安全性、稳定性等方面都有了不小的提升。现在市面上绝大多数支持低时延的真无线产品的时延都会在 65ms 左右，而有了蓝牙 5.3 之后，时延还会继续降低，并且拥有更强的抗干扰性。

4.2　蓝牙技术协议的体系结构

蓝牙技术规范是由 SIG 制定的，属于一种在通用无线传输模块和数据通信协议基础上开发的交互服务和应用。蓝牙技术规范的目的是使符合该规范的各种设备应用之间能够互通，这就要求本地设备与远端设备使用相同的协议，不同的应用需要不同的协议，但所有的应用都要使用蓝牙技术规范中的软件层和硬件层。蓝牙技术规范是由核心协议和应用框架两个文件组成的，其中核心协议描述了各层通信协议以及它们之间的关系，并给出了利用这些协议实现的具体的应用产品。应用框架指出了如何采用这些协议实现具体的应用产品。伴随着蓝牙产品应用模型及市场需求的不断更新，蓝牙的应用框架也随之不断扩充。

蓝牙协议采用分层结构，遵循开放系统互连(OSI)参考模型。该模型从低到高分别是：物理层、数据链路层、网络层、传输层、会话层、表示层和应用层，如图 4.5 所示。

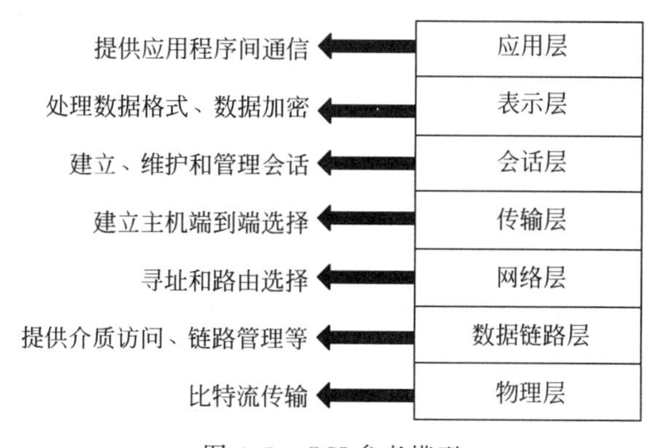

图 4.5　OSI 参考模型

蓝牙技术规范的核心内容就是协议栈。这个协议栈允许设备定位、互相连接并彼此交换数据，从而在蓝牙设备之间实现互操作性的交互式应用。蓝牙协议栈是一种在不同蓝牙设备之间产生数据信息交换的通信标准。蓝牙协议栈与 OSI 参考模型的协议体系相似，即采用了分层结构，从底层到高层形成了蓝牙的协议栈，各层协议定义了完整的功能和使用的数据分组格式；实现了数据位流的过滤和传输，蓝牙数据信息帧的传输、跳频、建立连接和关闭连接,以及安全的链路、数据的拆装、控制服务质量和协议复用等功能。所有的蓝牙设备制造厂商都必须严格遵守蓝牙协议中的要求和规定,以保证蓝牙产品间的互操作性。在设计协议栈时,基本原则要求最大限度地重复使用现存的协议,而且尽管不同的协议栈对应不同的应用,其高层应用协议都使用公共的网络层和数据链路层。完整的蓝牙协议栈如图4.6所示,该图显示了数据经过无线传输时,协议栈中各个协议之间的相互关系。

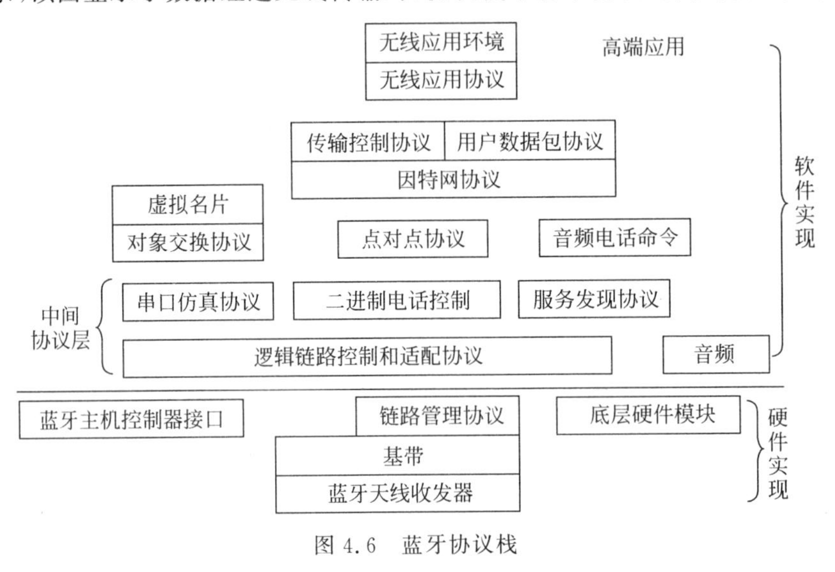

图4.6 蓝牙协议栈

蓝牙技术参数如下。

工作频段:2.402～2.480GHz的ISM(工业的、科学的、医学的)波段UHF(特高频)的无线电波。

双工方式:全双工、TDD(时分双工)。

业务类型:支持分组交换和电路交换业务。

数据速率:1Mb/s(基本)。

非同步信道速率:对称连接的速率为432.6kb/s,非对称连接的速率为721/57.6kb/s。

同步信道速率:64kb/s。

功率:FCC要求功率小于1mW(0dbm),其他国家的功率容量可达到100mW。

跳频频率数:79个频点/MHz。

跳频速率:1600次/s。

从图4.6的协议栈可知,蓝牙协议栈是将蓝牙规范分成两部分考虑的,即硬件实现和软件实现两部分,而软件实现又由中间协议层和高端应用层两大部分组成。在具体蓝牙技术的应用中,硬件实现和软件实现是分别设计的,两者的执行过程也是可以分离的,这使二者的生产厂商都可以得到最大程度的产品互补,从而降低软硬之间开发的影响。

从功能上划分,一个完整的蓝牙协议栈可以分为四层,具体有核心协议层、替代电缆协议层、电话控制协议层和选用协议层,每层还包含一些具体的协议。

核心协议:基带协议、链路管理协议、逻辑链路控制和适配协议、服务发现协议。

替代电缆协议:串行电缆模拟协议。

电话传送控制协议:二进制电话控制协议与AT命令。

选用协议：点对点协议、用户数据报/传输控制协议/互联网协议、对象交换协议、无线应用协议、无线应用环境。

按照蓝牙协议的逻辑功能可将协议堆栈分为底层硬件模块、中间协议和高端应用协议三部分。

4.2.1　底层硬件模块

传输协议的作用是使蓝牙设备间能够相互确认对方的位置，且建立和管理蓝牙设备间的物理链路和逻辑链路。这部分的传输协议可以再划分为两部分，即高层传输协议和底层传输协议。其中，高层传输协议由逻辑链路控制与适配协议和主机控制器接口组成。这部分高层应用程序能将跳频序列选择等底层传输操作屏蔽，也能为高层应用传输提供更加有效和更有利于实现的数据分组格式。底层传输协议主要包括射频部分、基带和链路控制器以及链路管理协议。底层传输协议主要围绕着蓝牙设备的物理链路和逻辑链路语音，以及数据无线传输的物理实现等方面。值得注意的是：主机控制器接口仅为蓝牙协议中软硬件的接口，并不是严格意义上的通信协议，故其位于逻辑链路控制和适配协议之上之下均可。

底层硬件模块是蓝牙技术的核心，从底层到上层主要由蓝牙主机控制器接口、链路管理协议、基带以及蓝牙天线收发器等组成。任何具有蓝牙功能的设备都必须包含底层硬件模块。底层传输协议运行在单芯片蓝牙硬件模块上，如图 4.7 所示。单芯片蓝牙硬件模块由 MCU、蓝牙无线收发器、基带、静态随机存储器、闪存、通用异步收发器、通用串行接口、语音编/解码器及蓝牙测试模块构成。下面分别叙述各部分的组成及功能。

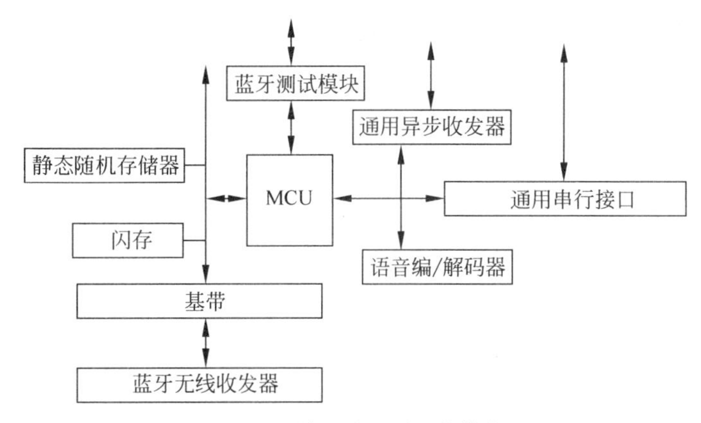

图 4.7　单芯片蓝牙硬件模块

蓝牙无线收发器是蓝牙设备的核心，由锁相环、发送模块和接收模块等组成。发送部分包括一个倍频器，是通过自适应跳频并且工作在无须授权的 2.4GHz 的 ISM 波段来实现数据信息的过滤和传输，同时约束了工作在此频段的蓝牙设备应满足的要求，任何蓝牙设备都要有无线收发器。2.4GHz 的 ISM 波段是一种短距离无线传输技术，供开源使用，如图 4.8 所示。2.4GHz 所指的是一个工作频段，2.4GHz ISM 是全世界公开通用使用的无线频段，蓝牙技术工作在这一频段可以获得更大的使用范围和更强的抗干扰能力。

在大多数国家，蓝牙的带宽足以定义 79 个 1MHz 的物理信道。实际上各国在各个频率和带宽上都会有一些区别，具体如表 4.1 所示。

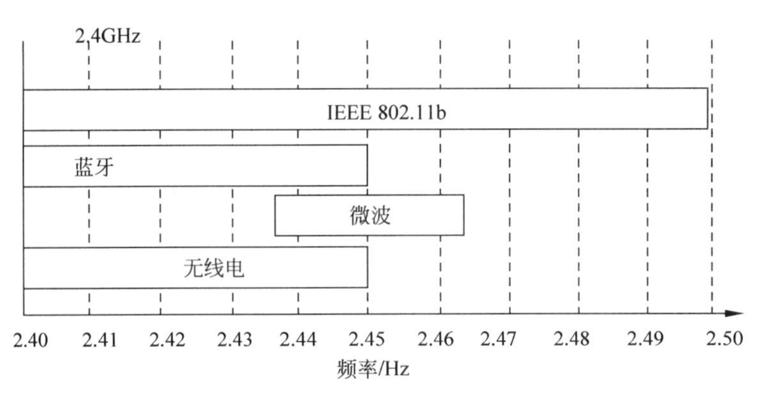

图 4.8 ISM 频段

表 4.1 国际上蓝牙频率的分配情况

国家和地区	调节范围/GHz	RF 信 道
中国、美国、欧洲的大部分国家和其他国家中的大部分	2.4～2.4835	f=2.402+nMHz,n=0,…,78
日本	2.471～2.497	f=2.473+nMHz,n=0,…,22
西班牙	2.445～2.475	f=2.449+nMHz,n=0,…,22
法国	2.4465～2.4835	f=2.454+nMHz,n=0,…,22

我国为减少其他设备的干扰,蓝牙设备的工作频率范围为 2.402～2.483GHz,79 个跳频点中至少有 75 个点是伪随机的,且这些跳频点在 30s 内使用时长不能超过 0.4s。

由图 4.8 可知,ISM 频段是对 802.11 无线局域网、蓝牙、微波炉、音频等无线电通信系统都开放的频段,这就使使用 ISM 频段的蓝牙设备容易受到干扰,同时也会严重影响使用该频道的无线电设备。目前,有效解决干扰的方法包括基于自适应算法确定未被严重干扰的 ISM 频段和扩频技术。蓝牙是通过跳频扩频技术解决工作频段受干扰的问题,这可以使蓝牙设备工作在一个很宽的频带上进行信号传输,同时,扩频信号仅受到小部分窄带信号的影响,从而使蓝牙设备不容易受到其他无线电波和信号的影响。在实际应用中,如果一个频道受到其他设备信号的干扰,蓝牙设备为加强信号的可靠性和安全性可以跳到一个没有干扰的另一个频道上工作。

无线收发器的主要功能是调制/解调、帧定时恢复和跳频,并同时完成发送和接收操作。蓝牙无线收发器规范规定了蓝牙射频频段、跳频频率、发射功率、调制方式、接收机灵敏度等参数。如图 4.9 所示,蓝牙无线收发器的发送端主要由时钟、伪码产生器、频率合成器、调制器组成,操作包括载波的产生、载波调制、功率控制及自动增益控制(AGC);其接收端由时钟、伪码产生器、频率合成器、混频器、中频放大器、调制器组成,操作包括频率调谐至正确的载波频率及信号强度控制等。对于无线通信系统而言,蓝牙无线收发器就是通信系统的"空中接口",不同厂商的设备要实现兼容或者互操作的基本要求就是蓝牙无线收发器规范的统一,而且通信质量也是由射频来决定的。该层主要传输的是 0 和 1 的二进制数字信息。若要进行数字信息调制,最简单的方式是根据数字信号调制载波的通断键控技术。通断键控是指在特定时间发送或不发送载波,将 0 视为没有载波,将 1 视为有载波,从而实现发送数字信号的目的。稍微复杂的数字调制方式包括幅移键控、频移键控、高斯频移键控等。此外,该层实现了通信距离、发射功率、容限、接收机灵敏度等。

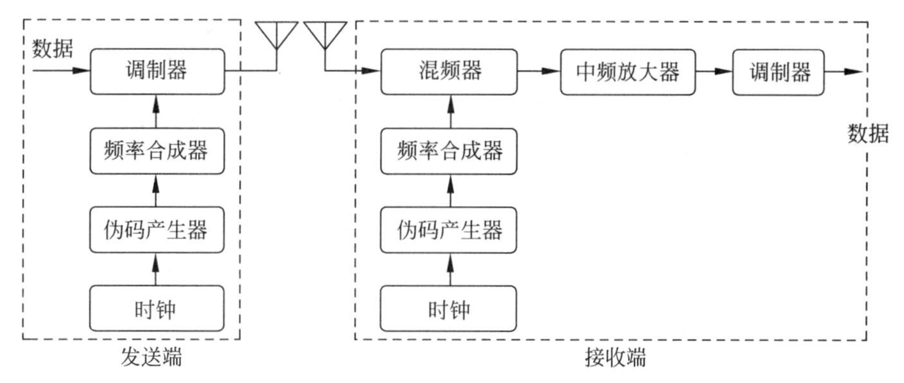

图 4.9　蓝牙无线收发器

蓝牙基带层是蓝牙硬件模块的关键模块，在蓝牙设备发送数据时将来自高层协议的数据进行信道编码，向下传给蓝牙无线收发器进行发送；接收数据时，蓝牙无线收发器将经过解调恢复空中数据并上传给基带，基带再对数据进行信道解码，向高层传输。基带层主要负责跳频和数据信息的传输，提供了两种不同的物理链路（通信设备之间物理层的数据连接通道），分别是同步面向连接（Synchronous Connection Oriented，SCO）链路和异步无连接（Asynchronous Connectionless，ACL）链路。SCO 链路是一条微微网中由主设备和从设备之间实现点到点、对称连接的同步数据交换链路，主要用来传输对时间要求很高的数据通信，如传送话音等。ACL 链路提供微微网主设备和所有网中从设备之间的分组交换的链路，异步和同步两种服务方式均可以采用。ACL 链路主要用来传输对时间要求不敏感的数据通信，如控制信令等。二者有着不同的性能、特点及收发规则。该层实现了对不同类型数据的校验。

链路控制序列发生器、可编程序列发生器、内部语音处理器、共享 RAM 仲裁器及定时链管理、加密/解密处理等功能单元构成了蓝牙基带控制器。其主要功能包括：提供从基带控制器到其他芯片的接口（如数据路径 RAM 客户接口、微处理器接口、脉冲编码调制接口）；在微处理器模块控制下，可实现蓝牙基带部分的实时处理功能，包括负责对接收比特流进行符号定时提取的恢复；分组头及净荷的循环冗余度校验（CRC）；分组头及净荷的前向纠错码（FEC）处理和发送处理；加密和解密处理等。

CPU 是由运算核心（Core）和控制核心（Control Unit）组成的超大规模电路。它的功能主要是解释计算机指令以及处理计算机软件中的数据，在蓝牙硬件模块中，CPU 负责蓝牙比特流调制和解调所有比特级处理，且负责控制收发器和专用的语言编码和解码器。闪存存储器用于存放基带和链路管理层中的所有软件部分。CPU 将闪存中的信息放入静态随机存储器中。静态随机存储器作为 CPU 的运行空间，是一种不需要动态刷新地利用寄存器来存储信息的存储器。

蓝牙测试模块由被测试模块与被测试设备（Device Under Test，DUT）及计量设备组成。通常测试设备与被测试设备组成一个微微网，主节点是测试设备，从节点是被测试设备。被测试设备控制着整个测试过程，其主要功能是提供无线层和基带层的认证和一致性规范，且管理产品的生产和售后测试。

配备蓝牙技术的装置能支持无线点到点连接，以及无线接入局域网、移动电话网络、以太网和家庭网络的无线访问。蓝牙技术处理通信信道的无线部分，以无线方式在装置之间传输和接收数据,传送收到的数据,并通过一个主机控制器接口(HCI)接收要发送到主机系统及来自主机系统的数据,即主机控制器接口传输层的物理连接是高层与物理模块进行通信的通道。目前最流行的主机控制器接口是UART(通用异步收发器),或者USB(通用串行总线)链路,虽然主机控制器接口可以是UART或USB,但UART更为简单的传输协议使软件开销大大降低,是更加经济的硬件解决方案,一个高性能的UART(如飞利浦UART)接口上的数据吞吐量几乎可以与USB接口相媲美。

基带上层的链路管理协议层主要完成设备功率管理、链路质量管理、链路控制管理、数据分组管理和链路安全管理5方面的任务,负责两个或多个设备链路的建立和拆除及链路的安全和控制,包含报文、广播、数据通信的详细定义。它为上层软件模块提供了不同的访问入口。蓝牙设备用户通过链路管理协议层可以对本地或远端蓝牙设备的链路情况进行设置和控制,实现对链路的管理。链路管理协议层利用状态机定义了设备的5种状态,分别是就绪、扫描、广播、发起、连接,如图4.10所示。

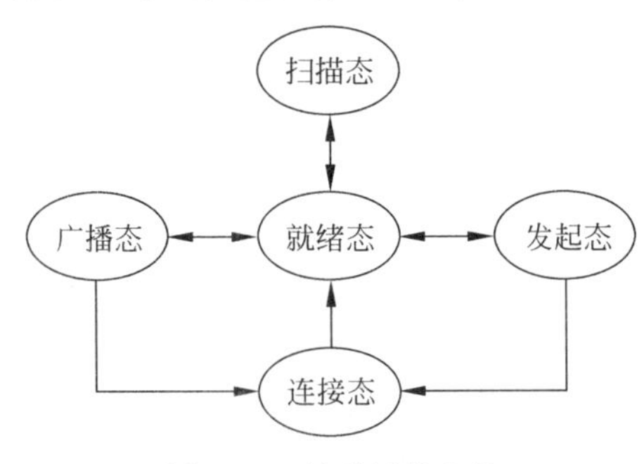

图4.10 链路层状态机

蓝牙设备供电之后,链路管理层进入并保持就绪态,直到接收到来自上层信道的命令。从图4.10可知,就绪态是状态机中的核心状态,就绪态可以直接进入扫描态、广播态、发起态,但不能直接进入连接态。

除了上述协议层外,蓝牙技术规范还定义了主机控制器接口,它为基带控制器、链路控制器以及访问硬件状态和控制寄存器等提供命令接口。主机控制接口层位于逻辑链路控制和适配协议之下,但是它也可以位于逻辑链路控制和适配协议之上。

蓝牙主机控制器接口是蓝牙模块和主机间软件与硬件之间的接口,提供了直接控制蓝牙模块的方法和途径,为基带控制器、连接管理器、命令管理、控制和事件管理寄存器等提供命令接口。主机控制器接口固件实现对蓝牙硬件的主机控制器接口命令主要是通过访问基带命令、链路管理器命令、硬件状态寄存器、控制寄存器、事件寄存器完成的。该接口实现了调用下层基带、链路管理协议、控制器等硬件的统一命令,提供了不同指令分组格式以及进行数据通信的数据分组格式对状态寄存器、基带与链路控制器、链路管理器等硬件功能进行控制(包括响应时间分组格式)。蓝牙主机控制器接口实现了底层硬件模块与中间协议层两个模块接口之间的消息和数据的传递。主机上运行蓝牙主机控制器接口层以上的协议,而蓝牙设备主要完成蓝牙主机控制器接口以下的协议,二者通过传输层进行通信交互。

4.2.2 中间协议层

在蓝牙逻辑链路上工作,中间协议层为高层应用协议或程序提供了必要的支持,为上层应用提供了各种不同的标准接口。中间协议层由串口仿真协议或称线缆替换协议(RFCOM)、二进制电话控制协议(Telephony Control Protocol,TCS)、服务发现协议(Service Discovery Protocol,SDP)、逻辑链路控制与适配协议(Logical Link Control and Adaptation Protocol,L2CAP)和音频组成。

SIG在蓝牙协议堆栈的高层尽量利用已有的成熟协议。还有一些协议是SIG基于其他协议修改而成的，如串口仿真和电话控制协议。串口仿真协议（RFCOMM）是一个仿真有线链路的无线数据仿真协议，提供了对 RS232 串行接口的仿真，为建立在串口之上的传统应用提供接口环境，符合欧洲典型标准化规定的 TS 07.10 串口仿真协议，并且针对蓝牙的实际应用情况作了修改。对于 9 针 RS232 电缆，蓝牙串口仿真协议对其中的非数据信号也提供仿真。蓝牙串口仿真协议还提供对调制解调器的仿真。通过蓝牙串口仿真协议服务接口对端口设置波特率不会影响蓝牙串口仿真协议的实际数据吞吐量，例如，蓝牙串口仿真协议不会引起人工速率限制或定步长。然而，如果任何一段的设备属于第二种类型，或在蓝牙串口仿真协议服务接口上的一端或两端对数据定步长，则实际的吞吐量在评价水平上将反映出波特率的设置。蓝牙串口仿真协议支持两种设备间的多路串口仿真，也可仿真多个设备上的串口。该协议用于模拟串行接口环境，使基于串口的传统应用仅做少量的修改或者不做任何修改就可以直接在该层上运行。它在两个蓝牙设备之间同时最多提供 60 条连接，最大可以接收/发送 32KB 大小的数据分组。蓝牙串口仿真协议的目的是使运行在两个不同设备上的通信路径具有一个通信段，这个通信段可以是终端用户的应用，也可以是高层协议或表示终端用户应用的一些服务。可下载内容（Downloadable Content，DLC）的建立与释放、DLC 参数协商、数据发送、流量控制开/关命令、调制状态命令、远端端口协商、远端线路状态与测试命令等功能是由蓝牙串口仿真协议提供的；而启动过程、连接过程、聚合接口、数据交换接口、串行仿真接口功能是由蓝牙串口仿真协议的协议层接口提供的。

电话控制协议是一个基于国际电信联盟-电信组的 ITU-T Q.931 建议的采用面向比特流的协议，具有支持电话功能。该协议包括电话控制协议、AT 指令集和音频。它定义了蓝牙设备之间与建立语音和数据呼叫相关的控制信令（Call Control Signalling），也可以完成对蓝牙设备组的移动管理。蓝牙电话控制协议规范是蓝牙的电话应用模型的基础。

蓝牙电话控制协议规范是一种位于蓝牙协议堆栈的逻辑链路控制与适配协议之上的基于分组的电话控制二进制编码指令集，能够实现的应用有蓝牙无绳电话和对讲机等。此外，在类似于拨号上网、头戴式耳麦和传真等的应用当中，须利用 AT 指令实现电话控制功能。AT 指令集基于 ITU-TV.250 和欧洲电信标准 300 916 标准，用于实现多用户模式下对移动电话调整解调器的控制。蓝牙直接在基带上处理音频信号（主要指数字语音信号），采用 SCO 链路传输语音，可以实现头盔式耳机和无绳电话等的应用。

服务发现协议（SDP）是一个基于客户/服务器结构的协议，是为实现蓝牙设备之间相互查询及访问对方提供的服务，是蓝牙框架的一个重要组成成分。它由三个模块组成，即服务发现代理（SDA）、服务发现服务器（SDS）和服务数据库管理器（SDM）。SDA 的任务是查询存在的服务及其属性，代表客户应用发送请求；SDS 的任务主要是对 SDA 请求进行响应，根据 SDA 的请求，从 SDM 中取出相关的数据送给 SDA；SDM 的任务则是管理服务数据库和栈数据库。作为所有应用模型的一个基础，SDP 工作在 L2CAP 层之上，为上层应用程序提供一种机制来发现可用的服务及其属性以及决定这些可用服务的特征手段，而服务属性包括服务的类型及该服务所需的机制或协议信息，蓝牙设备就可以建立适当的连接。服务发现的应用程序接口（API）能够提供的功能有 L2CAP 连接、服务查询会话、服务属性会话、服务查询属性会话、服务浏览、L2CAP 连接断开。基于蓝牙设备的网络环境，网络资源共享的途径主要体现在本地设备，除能够发现、利用远端设备所提供的服务和功能外，还能向其他蓝牙设备提供自身的服务，这也是服务发现要解决的问题。且服务注册的方法和访问服务发现数据库的途径可由服务发现协议提供。在实际应用中,服务发现协议几乎适用于所有的应用框架。服务发现协议的出现要早于蓝牙规范的提出,与传统的固定网络相比,蓝牙的无线网络与之有很多的不同之处,因此SIG针对蓝牙网络灵活、动态的特点开发了一个蓝牙专用服务发现协议。由于“服务”的概念范围非常广泛,且蓝牙的应用框架和涉及的服务类型在不断扩充,这就要求蓝牙服务发现协议具有很强的可扩充性和足够多的功能。因此,服务发现协议对“服务”采用了一种十分灵活的定义方式,以支持现有的和将来可能出现的各种服务类型和服务属性。

由于基带层的数据分组长度较短,而高层协议为了提高频带的使用效率通常使用较大的分组,二者很难匹配,因此,需要一个适配层来为高层协议与底层协议之间不同长度的协议数据单元的传输建立一座桥梁,并且为较高的协议层屏蔽底层传输协议的特性。这个适配层经过发展和丰富,就形成了现在蓝牙规范中的逻辑链路控制与适配协议层。逻辑链路控制与适配协议(L2CAP)是数据链路层的一部分,向上层提供面向连接和无连接的服务,是蓝牙协议栈的核心组成部分,也是其他协议实现的基础。L2CAP部件向一个或多个适配协议输出服务。它位于基带之上,向上层提供面向连接和无连接的数据服务。它主要完成数据的拆装、服务质量控制、协议的复用、分组的分割和重组(Segmentation And Reassembly)及组提取等功能。L2CAP允许高达64KB的数据分组。基带协议和链路管理协议属于底层的蓝牙传输协议,侧重于语音与数据无线通信在物理链路中的实现,在实际的应用开发过程中,这部分功能集成在蓝牙模块中,对于面向高层协议的应用开发人员来说,并不关心这些底层协议的细节。L2CAP接口实际上是一个消息接口,每个关于适配实体的消息都有一个可用的函数,用这个函数来生成相应的消息并向正确的目的地发送该消息,而且适配实体的用户还可以自由地组织这些消息。总的来说,L2CAP对面向连接的信道控制模块必须能实现面向连接的信道连接、信道配置、信道数据传输、信道连接的断开、回送处理及实现对特定信息的交换;而对无连接的信道控制模块必须实现无连接信道数据的发送、组处理及开启/关闭无连接信道的数据接收。

同时支持数据通信和语音通信的蓝牙技术比起单纯的数据通信或者语音通信有着更广泛的应用。实际上,蓝牙音频是通过在基带上直接传输同步面向连接分组实现的,而没有以规范的形式给出,也不是蓝牙协议堆栈的一部分。

4.2.3 高端应用层

高端应用层位于蓝牙协议栈的最上部分,是由选用协议层组成的。该层是指那些位于蓝牙协议堆栈之上的应用软件和其中所涉及的协议,即蓝牙应用程序,由开发上层各种诸如拨号上网和语音通信等功能的通信驱动。在高端应用层上,所有程序可以完全由开发人员按照自己的需求进行实现。在实际应用中,很多传统的在应用层的程序可以不用修改就可以运行,如选用协议层中的点到点协议(Point-to-Point Protocol,PPP),其各部分是由封装、链路控制协议、网络控制协议等协议组成的,而且对串行点到点链路应如何传输因特网协议数据进行了定义;两种已有的协议TCP/IP(传输控制协议/网络层协议)和UDP(User Datagram Protocol,用户数据报协议),定义了因特网与网络相关的通信及其他类型计算机设备和外围设备之间的通信。蓝牙技术实现与连接因特网的设备之间的通信,主要通过采用或共享这些已有的协议,通过共享这些协议不仅可以提高应用程序的开发效率,而且在一定程度上使蓝牙技术和其他通信技术之间的可操作性得以保证。

OBEX(Object Exchange Protocol,对象交换协议):支持设备间的数据交换,采用客户/服务器模式提供与 HTTP(超文本传输协议)相同的基本功能。该协议作为一个开放性标准还定义了可用于交换的电子商务卡、个人日程表、消息和便条等格式。

因特网协议:该部分协议包括点对点协议、网际协议、传输控制协议和用户数据报协议等,用于实现蓝牙设备的拨号上网,或通过网络接入点访问因特网和本地局域网。

WAP(Wireless Application Protocol,无线应用协议):在数字蜂窝电话和其他小型无线设备上实现因特网业务是其目的。它支持移动电话浏览网页、收取电子邮件和其他基于因特网的协议。

WAE(Wireless Application Environment,无线应用环境):提供用于 WAP 电话和个人数字助理 PDA 所需的各种应用软件。

红外无线传输技术早于蓝牙技术,它有着广泛的应用,它所支持的一些应用模型也是蓝牙技术的重要应用方向,因此 SIG 采用了红外数据协会的会话层协议,即红外对象交换协议,使高层应用可以同时运行在蓝牙和红外的无线链路之上,这就是红外数据协会互操作性的含义。

红外数据协会互操作协议:蓝牙规范采用了红外数据协会的对象交换协议,使传统的基于红外技术的对象交换应用同样可以运行在蓝牙无线接口之上。

音频视频分发传输协议定义了蓝牙设备间音频视频数据流的协商,建立和传输过程以及相互交换的信令消息形式。有关音频视频应用的协议和应用框架包括音频视频分发传输协议、音频视频控制传输协议、通用音频视频分发框架、高级音频分发框架和音频视频遥控框架。音频视频分发传输协议用于实现音频视频应用在蓝牙链路上的传输基础,它的传输机制和消息格式是基于 IETF RFC1889-RTP 制定的,音频视频分发传输协议定义了在逻辑链路控制与适配协议的异步无连接链路上使用实时传送协议(RTP)的机制。

蓝牙音频视频控制传输协议定义了蓝牙音频视频设备之间传输控制指令和响应消息的标准,蓝牙音频视频控制传输协议可以使用音频视频设备同时支持多个应用框架,每个应用框架定义了各自相应的消息格式与使用规则。蓝牙音频视频控制传输协议给出了在点对点链路上传输指令与响应消息控制远端的蓝牙音频视频设备的过程。蓝牙音频视频控制传输协议使用面向连接的逻辑链路控制与适配协议信道进行点对点的信赖交换控制,蓝牙音频视频控制传输协议相当于链路两端设备之间的控制层。

4.3　蓝牙技术的网络连接

蓝牙系统采用一种灵活的 Ad-Hoc 的组网方式,使一个蓝牙设备可同时与 7 个其他的蓝牙设备相连接。基于蓝牙技术的无线接入简称为 BLUEPAC(Bluetooth Public Access)。蓝牙技术是一种根据网络的概念支持点对点和点对多点的无线连接、话音业务的短距离无线通信技术。蓝牙系统采用一种无基站的灵活组网方式,使一个蓝牙设备可同时与其他多个蓝牙设备相连,这样就形成了蓝牙微微网(Piconet)。换言之,无连接的多个蓝牙设备相互靠近时,若有一个设备主动向其他设备发起连接,它们就形成了一个微微网。两个蓝牙设备的点对点连接是微微网的最简单组成形式。微微网是实现蓝牙无线通信的最基本方式,微微网不需要类似于蜂窝网基站和无线局域网接入点之类的基础网络设施。在任意一个有效通信范围内,所有蓝牙设备的地位都是平等的。微微网是通过蓝牙技术以特定方式连接起来的一种微型网络,首先提出通信要求的设备称为主设备(Master),被动进行的设备称为从设备(Slave),一个 Master 最多可同时与 7 个 Slave 进行通信,可以和多于 7 个 Slave 保持同步但不通信。蓝牙微微网可以只是两台相连的设备,例如,一台笔记本电脑和一部手机,也可以是多台连在一起的设备。若两个以上的微微网之间存在着设备间通信,这样的微微网之间构成了蓝牙的分散网络。

4.3.1 微微网和散射网

在一个微微网中,所有设备的级别是相同的,具有相同的权限。主设备单元负责提供时钟同步信号和跳频序列,从设备单元一般是受控同步的设备单元。每个微微网使用不同跳频序列来区分,是通过一种非固定的、临时的,甚至是随机性的连接,但此连接是自动完成的。一个微微网只有一个主设备和多个从设备,其中通信从设备称为激活从设备,在网络中还可以包含多个休眠从设备,它们是隶属于这个主设备的,也不进行收发实际有效数据,但是仍然和主设备保持时钟同步,有助于将来快速加入微微网。不论是激活从设备还是休眠从设备,信道参数都是由微微网的主设备进行控制的。在微微网内,通过一定的轮询方式,主设备和所有的活动从设备进行通信。图 4.11 表示的是两个独立的微微网。

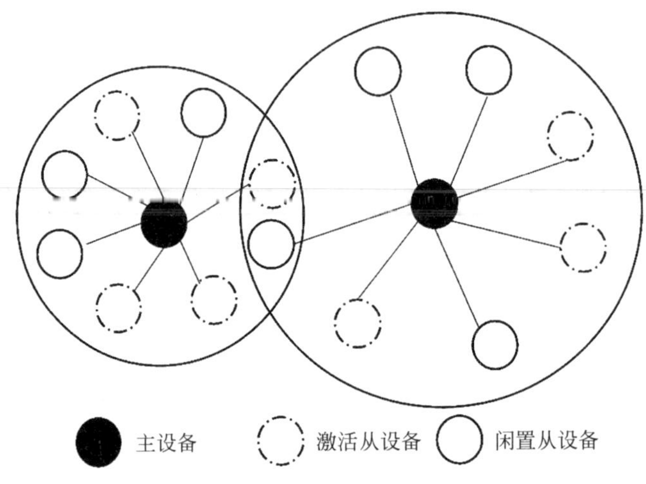

图 4.11 多个蓝牙设备组成微微网

散射网(Scatternet)是多个微微网在时空上相互重叠形成的比微微网覆盖范围更大的蓝牙网络,其特点是微微网间有互连的蓝牙设备,如图 4.12 所示。在每个微微网中,整个网络只能存在一个主设备,但从设备可以基于时分复用机制添加到指定的微微网。值得说明的是,可以将一个微微网中的主设备作为另一个微微网中的从设备。另外,为了避免同频干扰,微微网利用其独立的跳频序列使它们之间并不跳频同步。不同微微网间使用不同的跳频序列,因此,只要彼此没有同时跳跃到同一频道上,即便有多组资料同时传送也不会造成干扰。连接微微网之间的串联装置角色称为桥(Bridge)。桥节点可以是所有所属微微网中的 Slave 角色,这样的 Bridge 的类别为 Slave/Slave(S/S);也可以在其中某一所属的微微网中当 Master,在其他微微网中当 Slave,这样的 Bridge 类别为 Master/Slave(M/S)。桥节点通过不同时隙在不同的微微网之间的转换而实现在跨微微网之间的资料传输。蓝牙独特的组网方式赋予了桥节点强大的生命力,同时可以有多个移动蓝牙用户通过一个网络节点与因特网相连。它靠跳频顺序识别每个微微网,同一微微网的所有用户都与这个跳频顺序同步。蓝牙散射网是自组网的一种特例。其最大特点是可以无基站支持,每个移动终端的地位是平等的,并可以独立进行分组转发的决策,其建网灵活性、多跳性、拓扑结构动态变化和分布式控制等特点是构建蓝牙散射网的基础。

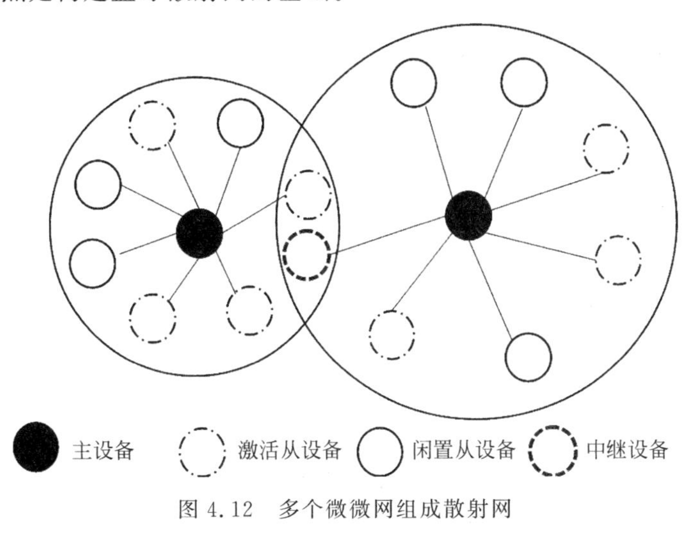

图4.12 多个微微网组成散射网

4.3.2 蓝牙网络的状态

蓝牙设备在建立连接以前,通过在一个固定的频段内选择跳频频率或由被查询的设备地址决定,迅速交换握手信息时间和地址,快速取得设备的时间和频率。建立连接后,设备双方根据信道跳变序列改变频率,使跳频频率呈现随机特性。

蓝牙设备主要包括待机(Standby)和连接(Connection)两种主状态,以及寻呼(Page)、寻呼扫描(Page Scan)、查询(Inquiry)、查询扫描(Inquiry Scan)、主响应(Master Response)、从响应(Slave Response)和查询响应(Inquiry Response)7种子状态。蓝牙设备主要运行在待机和连接两种状态中。待机(Standby):默认状态,这是一个低功率状态,只有一个本地时钟在工作。连接(Connection):设备作为主站或从设备连到微微网。从待机到连接状态,要经历7个子状态:寻呼、寻呼扫描、从响应、主响应、查询、查询扫描、查询响应。各个状态的描述如下。

寻呼是指主设备用来激活和连接从设备,主设备通过在不同的跳频信道内传送主设备的设备访问码来发出寻呼消息。

寻呼扫描表示从设备在一个窗口扫描存活期内侦听自己的设备访问码。在该窗口内从设备以单一跳频侦听。

从响应描述的是从设备对主设备寻呼操作的响应。从设备完成响应之后,接收到来自主设备的数据包之后即进入连接状态。

主响应描述的是从设备在接收到从设备时对其寻呼消息的响应之后便进入该状态。如果从设备回复主设备,则主设备发送数据包给从设备,然后进入连接状态。

查询用于发现可以相连的蓝牙设备。获取蓝牙设备地址和所有响应查询消息的蓝牙设备的时钟。

查询扫描是用于侦听来自其他设备的查询,也侦听一般查询访问码或者专用查询访问码。

查询响应是从设备对主设备查询操作的响应。从设备用数据包响应,该数据包包含了从设备的设备访问码、内部时钟等信息。

蓝牙网络的状态及其关系如图4.13所示。

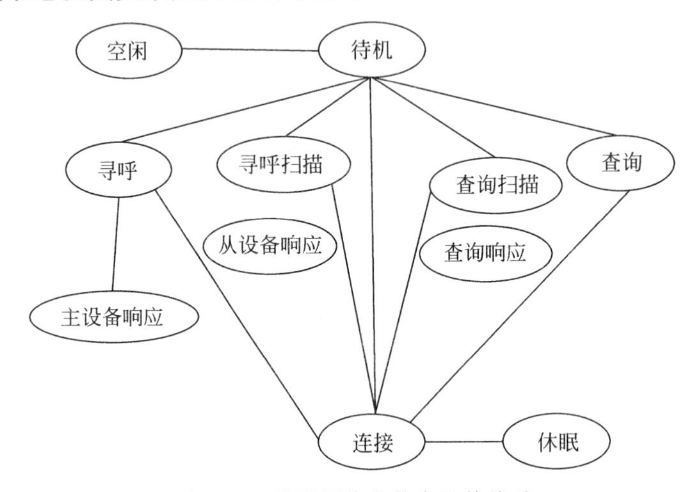

图4.13 蓝牙网络的状态及其关系

以上各种蓝牙网络状态及其关系状态之间的转换可以总结到下面的寻呼过程中,具体描述如下。

查询过程是建立微微网的基础,通过查询扫描与查询响应寻找周围的其他设备。首先,蓝牙设备处于查询扫描状态等待主站的查询,一旦设备收到查询时,就进入查询响应状态,接着对设备响应查询时将其转换为寻呼扫描状态,等待主站的寻呼,最后如查询响应阶段出现冲突,则返回查询扫描状态尝试另一个查询和响应。

寻呼过程包括寻呼扫描与寻呼响应,蓝牙设备呼叫其他的设备加入其微微网。首先主设备发现设备后通过寻呼建立连接,接着主设备使用设备的地址计算寻呼跳频序列,如果从设备使用相同的跳转序列向主设备响应,一旦主设备用数据分组响应从设备,从设备发送一个数据响应主设备已收到数据分组,最后完成连接建立。主设备可继续寻呼,直到连上所有的从设备。主设备进入连接状态,连接状态的从设备处于下列4种操作模式之一:激活(Active)表示通过监听、发送和接收分组使从设备积极参与微微网;呼吸(Sniff)是指从设备只监听对应其报文的特定时隙;保持(Hold)表示设备进入降低功率状态;休眠(Park)指从设备无须参与微微网,但被保留为其中一部分时的状态,这是一个不活跃的低功率模式。

4.4 蓝牙技术的网络通信

本节以发送端向接收端发送为例,说明蓝牙的通信过程,所采用的模块为蓝牙4.0透明传输模块,即发送端接收的是什么数据,接收端发送的就是什么数据。相当于蓝牙4.0模块是一根导线,把有线连接的变成无线连接。透明传输又名“透传”。发送端(TXD)一般表示为自己的发送端,正常通信必须接另一个设备的 RXD。接收端(RXD)一般表示为自己的接收端,正常通信必须接另一个设备的 TXD。蓝牙模块与各种 TTL(Transistor-Transistor Logic)电平设备相连,遵循如图 4.14 所示的连接。

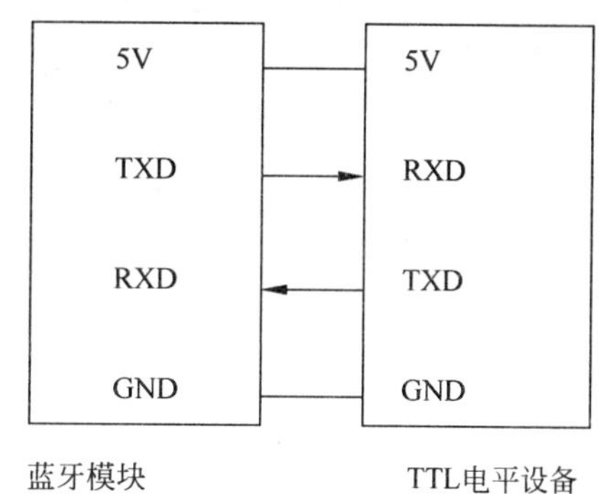

图 4.14　蓝牙模块与 TTL 电平设备连接示意图

在实现蓝牙通信的例子中,需要准备好两个蓝牙 4.0 模块和一个 TTL 转 USB 模块。蓝牙模块的实物如图 4.15 所示。

TTL 转 USB 模块的实物如图 4.16 所示。

把其中一个蓝牙 4.0 模块与 TTL 转 USB 模块相连。在蓝牙通信时,设备的 TXD 永远接另一个设备的 RXD,即蓝牙 4.0 模块的接收端要与 USB 转 TTL 模块的发送端连接。相应地,蓝牙 4.0 模块的发送端要与 USB 转 TTL 模块的接收端相连。VCC 需要+5V 电源,GND 需要−5V 电源。蓝牙模块、USB 转 TTL 模块和计算机相连的示意图如图 4.17 所示。

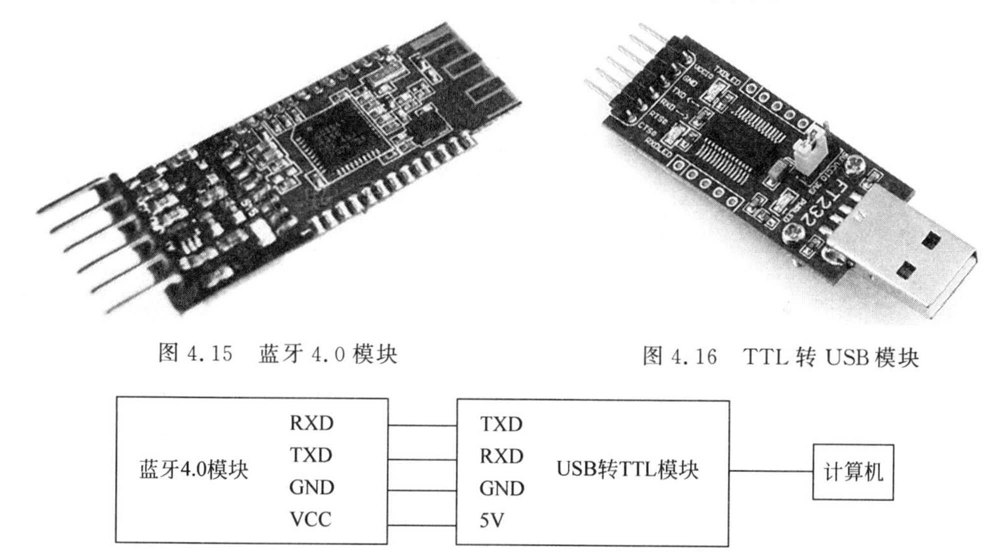

图 4.15　蓝牙 4.0 模块

图 4.16　TTL 转 USB 模块

图 4.17　蓝牙模块、USB 转 TTL 模块和计算机相连的示意图

注意:图 4.17 中的蓝牙模块与 USB 转 TTL 模块的正负极接线千万不要接反,如果在维修或者科研过程中出现接反情况,会导致非常致命的结果。因此,在实验过程中需重复检查并确认接线无问题后再进行供电。

当蓝牙 4.0 模块与 USB 转 TTL 模块连接没有问题时,将 USB 转 TTL 模块插入个人计算机的 USB 接口上,连接正确会看到 USB 转 TTL 模块灯常亮,蓝牙 4.0 模块为闪烁状态,如果蓝牙 4.0 为常亮的情况,表示已经配对成功。

检查 USB 转 TTL 模块是否正常工作,可以检查端口是否识别。具体操作如下:右击“计算机”图标,在弹出的快捷菜单中选择“管理”命令,打开“计算机管理”窗口,选择“设备管理器”→“端口(COM 和 LPT)”命令,查看是否已正常识别。正常识别的情况如图 4.18 所示。

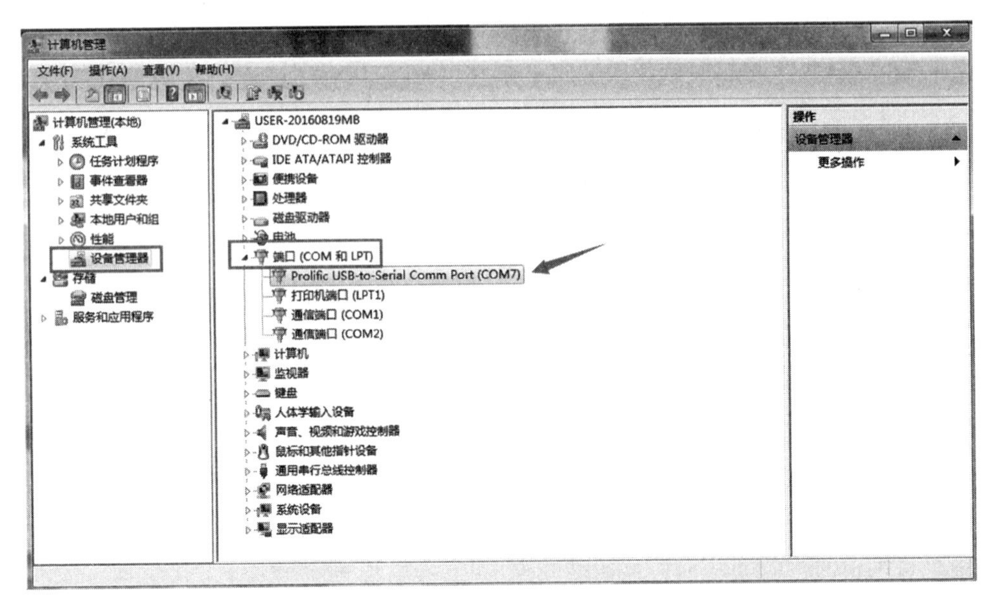

图 4.18 蓝牙模块连接端口图

如果操作系统不能检测 USB 转 TTL 模块,可以在“通用串行总线控制器”下级菜单中查看是正常识别,还是显示为黄色感叹号,如图 4.19 所示。

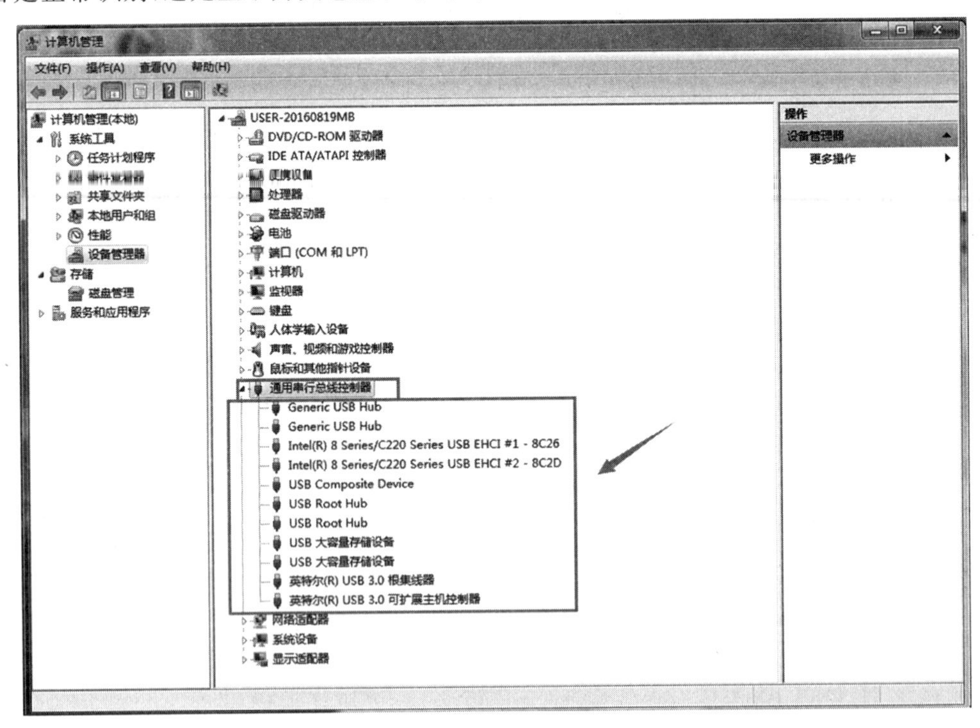

图 4.19 蓝牙模块连接显示图

如果图 4.19 中出现黄色叹号,需要先拔掉 USB 转 TTL 模块,安装相应的驱动即可。下面将利用串口调试助手来实现个人计算机与蓝牙模块的通信,启动“串口调试小助手”软件的首页,如图 4.20 所示。

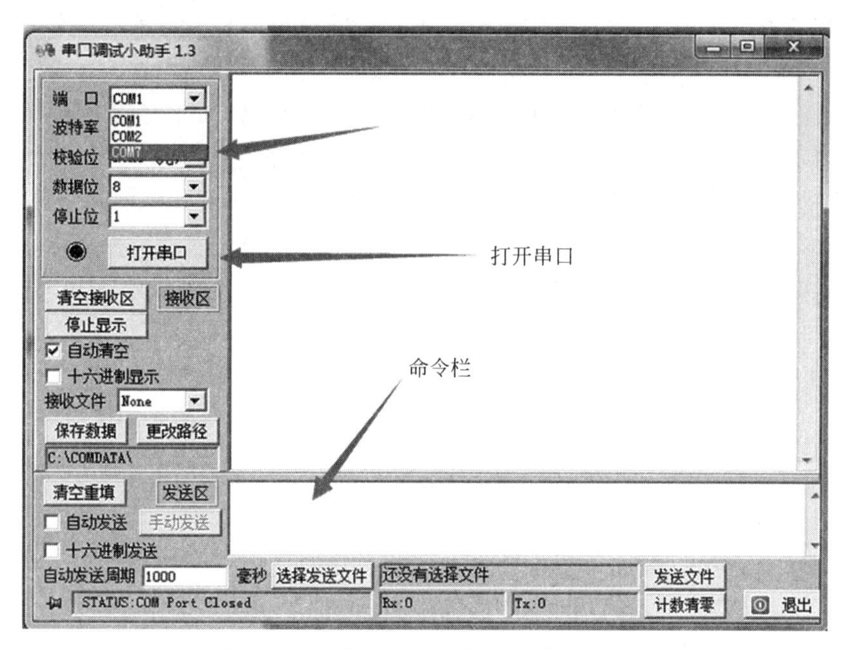

图 4.20 “串口调试小助手”软件的首页

在软件首页中需要设置通信的端口号，并对波特率进行设置，最后单击“打开串口”按钮。

为验证蓝牙模块是否可以与个人计算机进行通信，在命令栏中输入 AT 命令后按 Enter 键，单击“手动发送”按钮，如果软件首页中显示 OK，表示蓝牙模块与个人计算机通信成功，硬件连接和软件连接都没有问题，如图 4.21 所示。

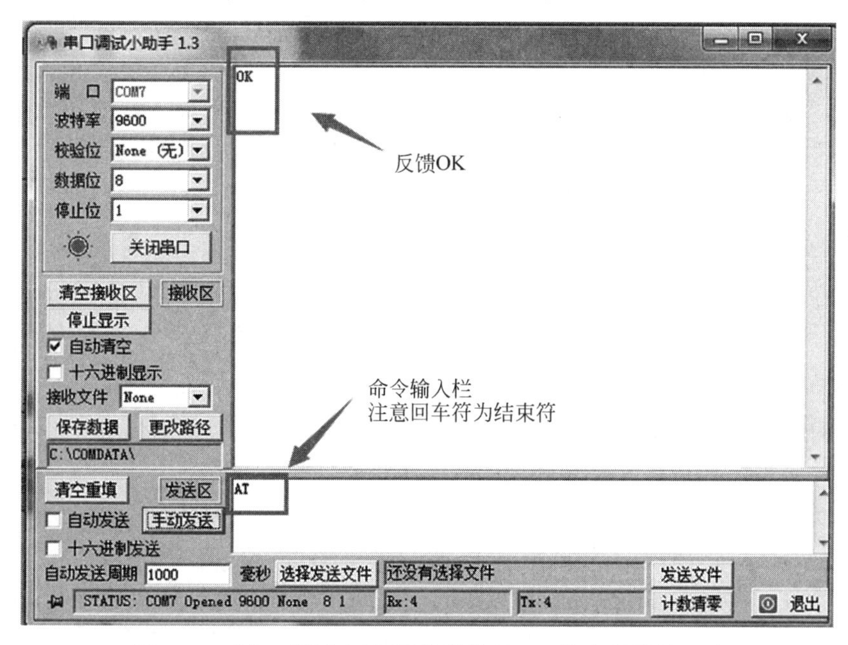

图 4.21 “串口调试小助手”软件执行 AT 指令的结果显示

（注：回车符在输入栏未显示）

如果“串口调试小助手”的首页中没有反馈OK,则要分别检查以前的操作是否正确,具体步骤如下。

(1) 检查硬件连接,即蓝牙模块的TXD是否与USB转TTL模块的RDX进行连接,蓝牙模块的RDX是否与USB转TTL模块的TXD进行连接。

(2) 检查USB转TTL模块的驱动是否正确安装,PC端的操作系统是否能正确识别连接的端口号。

(3) 检查“串口调试小助手”的端口号是否设置正确,检查是否单击“打开串口”按钮。

(4) “串口调试小助手”命令栏内的AT后面是否加回车符。

下面利用AT指令对蓝牙模块的名字进行修改,在命令栏内输入AT+NAME后按Enter键,单击“手动发送”按钮可以查看目前此模块的名字,操作结果如图4.22所示。

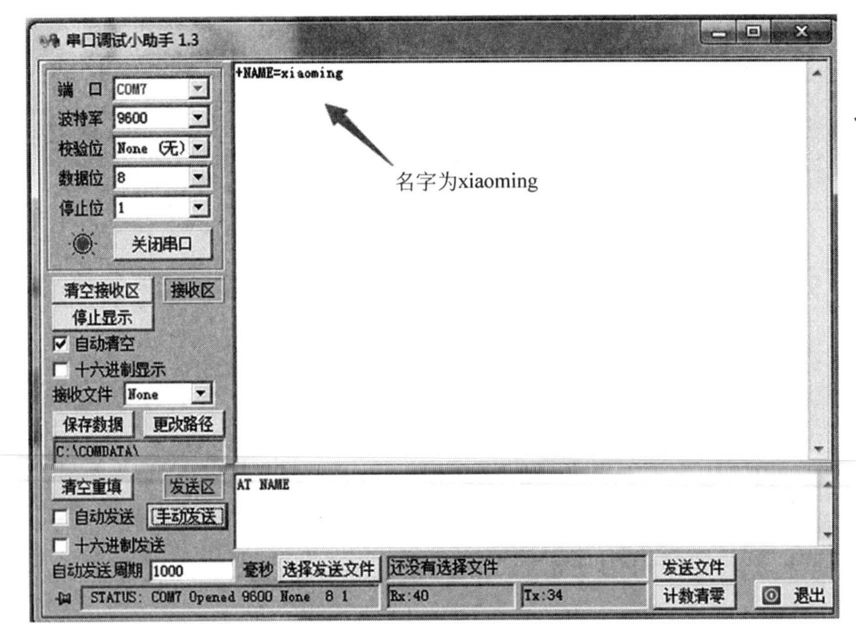

图4.22 查看模块的名字

通过图4.22可知,蓝牙模块的名字是xiaoming。下面将这个蓝牙模块的名字进行修改,如果将蓝牙模块的名字改为wanghuan,那么输入命令AT+NAMEwanghuan后按Enter键,并单击“手动发送”按钮,“串口调试小助手”首页将显示“+NAME=wanghuan OK”,表示蓝牙模块名字修改成功,操作结果如图4.23所示。

上述操作的意义是可以利用AT指令对蓝牙模块的名字进行修改。如果蓝牙模块嵌入手机设备上,就可以利用这个命令对手机蓝牙模块进行名字的修改。在软件开发过程中,可以很容易地通过编写代码来实现对手机蓝牙模块进行操作。

蓝牙模块处于命令响应工作的模式下,可以通过执行AT指令来对蓝牙参数或者控制进行修改。AT指令不区分大小写,均以Enter键或者转义字符(\r\n)为结尾,表示命令输入结束。常用的AT指令如表4.2所示。

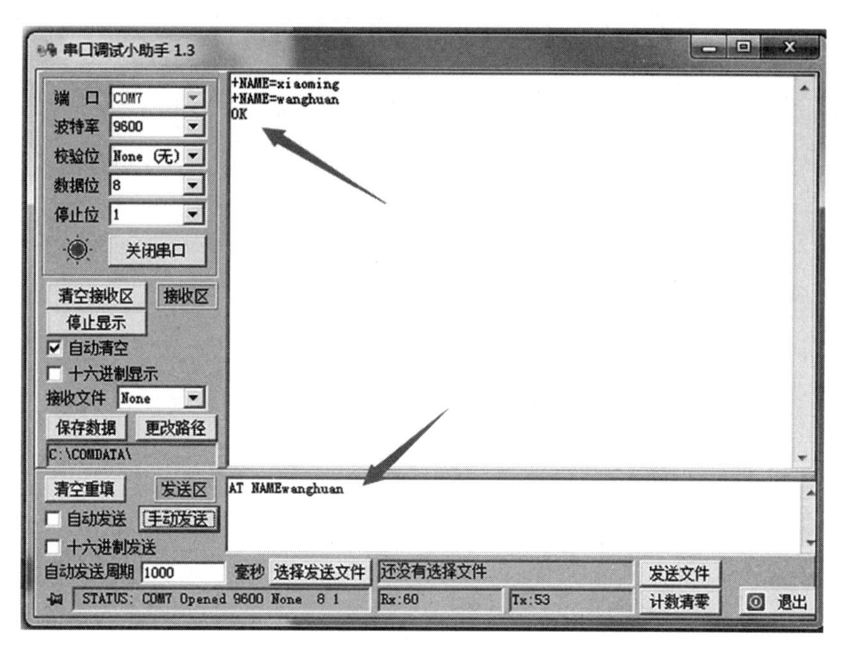

图 4.23　利用 AT 指令对蓝牙模块的名字进行修改

表 4.2　常用的 AT 指令

功　能	指　令	响　应	参　数
测试指令	AT	OK	无
模块复位	AT+RESET	OK	无
获取软件版本号	AT+VERSION?	+VERSION:<Param> OK	Param:软件版本号
恢复默认状态	AT+ORGL	OK	无
获取模块蓝牙地址	AT+ADDR?	+ADDR:<Param> OK	Param:模块蓝牙地址
设置设备名称	AT+NAME=<Param>	OK	Param:蓝牙设备名称
查询设备名称	AT+NAME?	+NAME:<Param>	Param:蓝牙设备名称
获取远程蓝牙设备名称	AT+RNAME? <Param1>	+NAME:<Param2>	Param1:远程蓝牙设备地址 Param2:远程蓝牙设备地址
设置模块角色	AT+ROLE=<Param>	OK	Param:参数取值 0——从角色(Slave) 1——主角色(Master) 2——回环角色(Slave-Loop)
查询模块角色	AT+ ROLE?	+ ROLE:<Param> OK	

在此基础上,下面利用两个蓝牙 4.0 模块来实现主节点与从节点的通信,如图 4.24 所示。

为保证两个节点可以正常通信,需要先查看两个蓝牙模块是否一个为主节点模式,另一个为从节点模式,否则不能进行通信。查询节点角色的命令为 AT+ROLE+回车符,如图 4.25 所示。

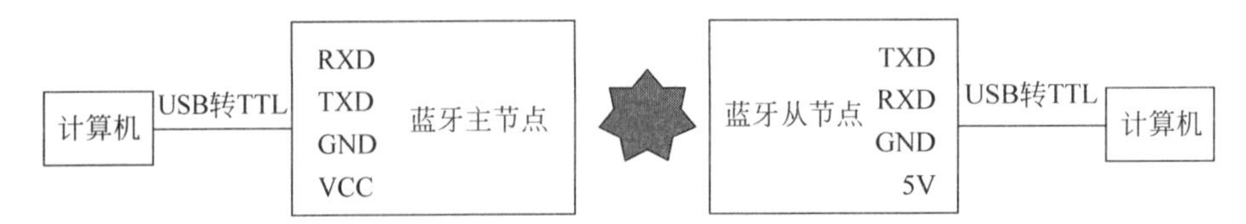

图 4.24　两个蓝牙模块连接的示意图

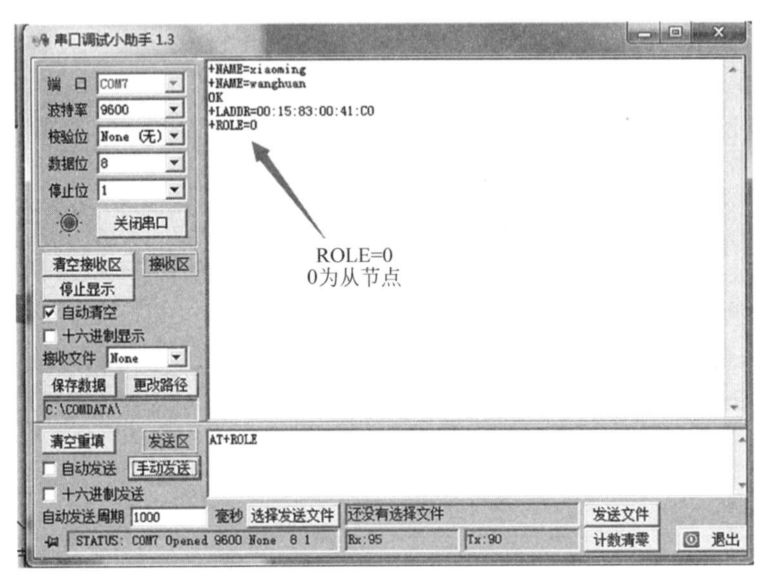

图 4.25　查询节点角色

下面设置两个蓝牙模块,其中一个为主节点,另一个为从节点。重复执行上述命令,并查看两个蓝牙模块是否一个为主节点,另一个为从节点。如果查看两个都为从节点,只要输入修改命令 AT+ROLE1(1 为主节点)后按 Enter 键,反馈为"+ROLE=1OK"即表示当前节点修改为主节点,命令执行成功。其中+INQS、+INQE 为自动搜索,如图 4.26 所示。

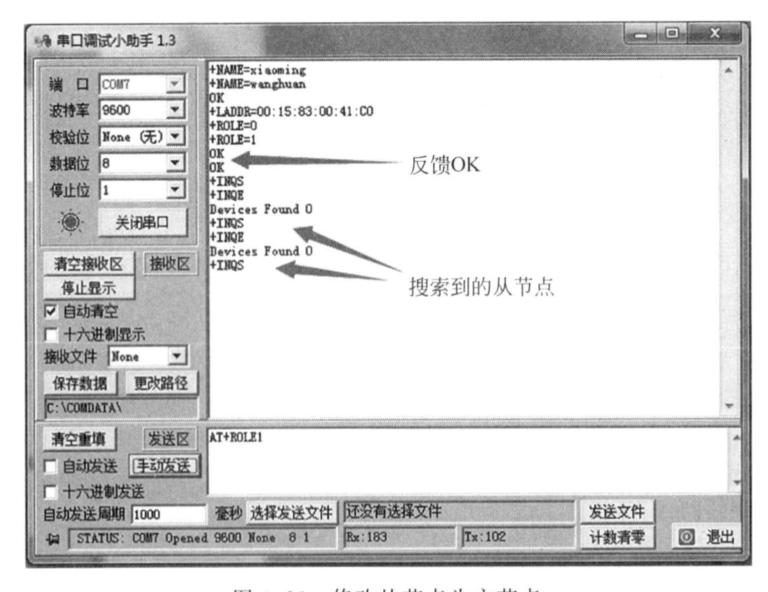

图 4.26　修改从节点为主节点

执行上述命令修改完主节点后，如果发现有一个节点加入到了自己的界面内，即表示执行成功，如图 4.27 所示。两个蓝牙模块连接成功后就可以进行通信了。如果想把两个蓝牙模块中的一个断开，可以给蓝牙模块中的主节点断电。

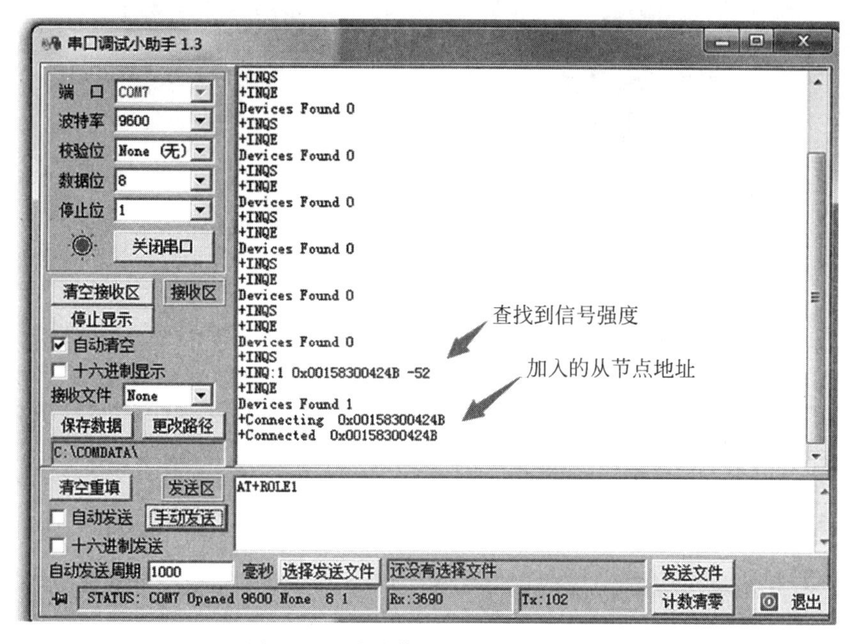

图 4.27　成功修改主节点为从节点

4.5　蓝牙技术的应用领域

目前已经有数百种蓝牙产品获得了 SIG 认证，涉及手机、耳机、打印机等许多应用领域。本节介绍目前市场上主要的一些蓝牙产品，包括蓝牙耳机、蓝牙手机、蓝牙 PC 卡、蓝牙 USB 适配器、蓝牙网络接入点、蓝牙打印机、蓝牙 PDA 等。

4.5.1　蓝牙耳机

蓝牙耳机是最早投放市场的蓝牙产品之一，它可以和内嵌蓝牙技术的手机、PDA 等设备进行语音通信。生产蓝牙耳机的厂商比较多，如苹果、华为、摩托罗拉等。某蓝牙耳机的实物如图 4.28 所示。

4.5.2　蓝牙手机

手机是蓝牙最主要的应用领域之一。目前，苹果、华为、vivo 等都推出了各自的蓝牙手机。集成了蓝牙技术的手机可以和蓝牙耳机实现无线通话，也可以帮助带有蓝牙技术的笔记本电脑实现无线拨号上网。此外，蓝牙手机还可以实现许多其他的功能，例如，可以将拍摄的照片无线传输到蓝牙打印机进行打印。某蓝牙手机如图 4.29 所示。

图 4.28 蓝牙耳机

图 4.29 蓝牙手机

4.5.3 蓝牙 PC 卡

蓝牙 PC 卡就是 PCMCIA 接口卡，插入笔记本电脑后可以实现笔记本电脑与邻近的各种蓝牙设备的无线通信。3Com 公司的蓝牙 PC 卡可以作为蓝牙连接管理器，自动发现和相邻蓝牙的设备和资源；它可以在笔记本电脑和蓝牙 PDA 间自动同步日历等信息；它还可使笔记本电脑通过蓝牙手机接入互联网。某蓝牙 PC 卡如图 4.30 所示。

4.5.4 蓝牙 USB 适配器

蓝牙 USB 适配器可以插入带有 USB 接口的设备，实现与其他蓝牙设备间的无线通信。它们可以用于 PC 或笔记本电脑，实现蓝牙设备间文件等信息的相互交换。某蓝牙 USB 适配器如图 4.31 所示。

图 4.30 蓝牙 PC 卡

图 4.31 蓝牙 USB 适配器

4.5.5 蓝牙网络接入点

蓝牙网络接入点(见图 4.32)用于实现蓝牙设备接入本地局域网和互联网，它既可以是一种类似于无线调制解调的点对点接入设备，也可以是一种类似于无线 HUB 的点对多点的接入设备。蓝牙 PDA 和蓝牙笔记本电脑等设备可以通过蓝牙网络接入点访问本地局域网或接入互联网。此外，这两款网络接入点还可以作为公共交换电话网的接入点，因而可实现 IP 电话的功能。

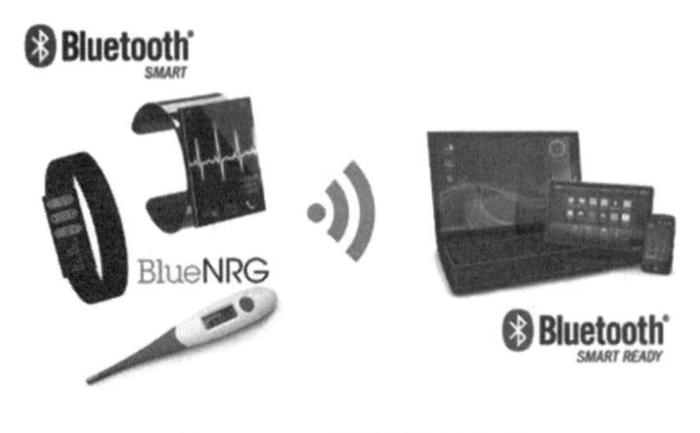

图 4.32 蓝牙网络接入点

4.5.6 蓝牙打印机

蓝牙打印机(见图4.33)可以免除以往进行打印前连线的烦恼,甚至可以使用另外一个房间的蓝牙打印机进行打印。惠普公司的蓝牙打印机的无线通信距离是10m,集成有蓝牙技术的PC、笔记本、PDA和数码相机等都可以使用它打印文档或图像。除了内嵌蓝牙技术的打印机之外,还可以使用蓝牙打印机适配器来完成无线打印功能。这种适配器是一种简单的无线共享打印机方案,它适合于任何使用并口的打印机。

4.5.7 蓝牙PDA

蓝牙PDA(见图4.34)是蓝牙的一个重要应用领域。集成蓝牙的PDA可以很方便地与笔记本电脑、其他蓝牙PDA等设备进行无线数据通信和相互交换信息。蓝牙PDA也可以通过蓝牙的网络接入点或蓝牙手机无线上网。

图4.33 蓝牙打印机

图4.34 蓝牙PDA

本章小结

本章主要介绍了蓝牙技术的概念、蓝牙技术的发展及特点、蓝牙技术协议的体系结构以及蓝牙技术的应用领域。通过本章的学习,要求读者了解蓝牙技术的有关概念、蓝牙技术的特点,掌握蓝牙技术的体系结构,了解蓝牙技术的应用领域,对蓝牙技术有个系统的印象,为后面的学习打下基础。

习题

一、填空题

1. 蓝牙使用________技术,将传输的数据分割成数据包,通过79个指定的蓝牙频道分别传输数据包。每个频道的频宽为________。蓝牙4.0使用________间距,可容纳40个频道。

2. 蓝牙技术的出现使短距离无线通信成为可能,但其协议________、________、________等特点不太适用于要求低成本、低功耗的工业控制和家庭网络。

3. 蓝牙技术是一项________技术,它不要求固定的基础设施,且易于安装和设置。

4. 蓝牙使用称为0.5BT的________的数字频率调制技术实现彼此间的通信。

5. 一个蓝牙微微网可以连接________台处于活动模式的设备。

二、单项选择题

1. 1998年5月,5家著名厂商在联合开展短程无线通信技术的标准化活动时提出了蓝牙技术,________公司没有参与其中。

A. 爱立信　　B. 诺基亚　　C. 东芝　　D. 联想

2. 蓝牙无线技术是在两个设备间进行无线短距离通信的最简单、最便捷的方法。________不是蓝牙的技术优势。

A. 全球可用　　B. 易于使用

C. 自组织和自愈功能　　D. 通用规格

3. 蓝牙由几大关键技术支持,________应排除在外。

A. IEEE 802.11b局域网协议　　B. 调制方式

C. 跳频技术　　D. 网络拓扑结构

4. 组成一个家庭网络一般由三部分组成,________是多余的。

A. 智能家庭网关　　B. 后台维护系统

C. 智能应用终端　　D. 家庭内部的通信协议

5. 蓝牙技术工作在________频段。

A. 2.4GHz　　B. 5.0GHz　　C. 900MHz　　D. 100GHz

三、简答题

1. 蓝牙技术采用的主要协议是什么?

2. 简要回答蓝牙技术的特点。

3. 简述蓝牙、ZigBee和Wi-Fi技术的主要差别。

4. 什么是微微网及散射网?它们的作用分别是什么?

5. 蓝牙技术的主要应用有哪些?

四、设计题

使用蓝牙4.0模块、USB转TTL模块、红外收发模块、红外电视遥控、杜邦导线若干、个人计算机、一个串口调试助手软件(PC端)实现对电视控制。设计其方案。

第5章 CHAPTER 5 RFID通信技术

教学提示

射频识别(RFID)是通过无线射频方式获取物体的相关数据,并对物体加以识别的一种非接触式自动识别技术。作为实现物联网的关键技术,RFID和互联网技术等相结合,可以实现全球范围内物体的透明化追踪及其信息的共享,从而赋予物体智能,实现人与物、物与物的沟通。RFID技术的应用已经渗透到人们日常生活和工作的各个方面,如票务、身份证、门禁、电子钱包、物流、动物识别等,给人们的社会活动、生产活动、行为方法和思维观念带来了巨大的变革。

学习目标

- 了解RFID的现状及发展趋势。
- 掌握RFID的原理和工作频率。
- 理解RFID的天线工作模式、射频前端电路。
- 掌握RFID的编码和防碰撞技术。
- 理解RFID的调制技术。
- 了解RFID的应用领域。

知识结构

本章的知识结构如图5.1所示。

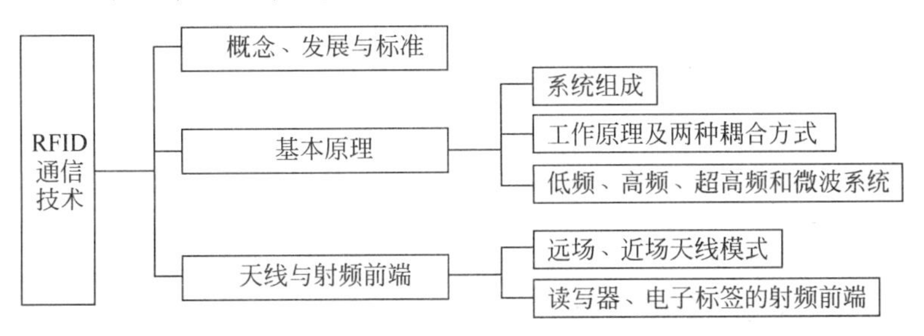

图5.1 本章知识结构图

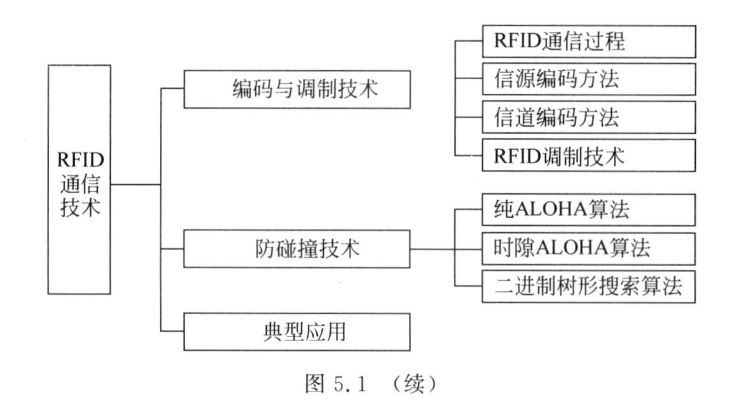

图5.1 (续)

5.1 RFID概述

RFID(Radio Frequency Identification,射频识别)是实现物联网的关键技术,它利用射频信号无接触信息传递,进而自动识别物理对象。RFID无须识别系统与特定目标之间建立机械或光学接触,识别目标过程中无须人工干预,可工作于各种恶劣环境。RFID技术可识别高速运动的物体,并可同时识别多个标签,可实现数据远程读取,操作快捷方便。RFID技术如同物联网的触角,使自动识别每个物体成为可能。

美国埃森哲技术实验室的首席科学家弗格森认为RFID是一种突破性的技术,他说:"第一,可以识别单个的非常具体的物体,而不是像条形码那样只能识别一类物体;第二,其采用无线电射频,可以透过外部材料读取数据,而条形码必须靠激光来读取信息;第三,可以同时对多个物体进行识读,而条形码只能一个个地读。此外,储存的信息量也非常大。"

5.1.1 RFID发展历程

RFID技术是一种自动识别技术,最早起源于英国,在第二次世界大战中用于辨别敌我飞机的身份,自20世纪60年代开始商用。美国国防部规定,2005年1月1日以后,所有军需物资都要使用RFID标签;美国食品与药品管理局(FDA)建议制药商从2006年起利用RFID跟踪药品。Walmart、Metro等零售业企业应用RFID技术的一系列行动更是推动了RFID在全世界的应用热潮。2000年,每个RFID标签的价格是1美元。当时许多研究者认为RFID标签非常昂贵,只有降低成本才能大规模应用。到2005年,每个RFID标签的价格降至12美分左右,如今超高频RFID的价格已低于10美分。RFID要大规模应用,一方面是要降低RFID标签价格,另一方面要看应用RFID之后能否带来增值服务。

RFID技术的发展可按十年期划分如下。

1940—1950年:雷达的改进和应用催生了RFID技术,1948年奠定了RFID技术的理论基础。

1950—1960年:早期RFID技术的探索阶段,主要处于实验室实验研究。

1960—1970年:RFID技术的理论得到了发展,开始了一些应用的尝试。

1970—1980年:RFID技术与产品研发处于一个大发展时期,各种RFID技术测试得到加速。出现了一些最早的RFID应用。

1980—1990 年：RFID 技术及产品进入商业应用阶段，各种规模应用开始出现。

1990—2000 年：RFID 技术标准化问题日趋得到重视，RFID 产品得到广泛采用，RFID 产品逐渐成为人们生活中的一部分。

2000 年后：标准化问题日趋被人们重视，RFID 产品种类更加丰富，有源电子标签、无源电子标签及半无源电子标签均得到发展，电子标签成本不断降低，规模应用行业扩大。

至今，RFID 技术的理论得到了丰富和完善。单芯片电子标签、多个电子标签识读、无线可读可写、无源电子标签的远距离识别、适应高速移动物体的 RFID 技术与产品正在成为现实并走向应用。

RFID 系统如同物联网的触角，使自动识别物联网中的每个物体成为可能。RFID 技术的应用范围非常广泛，如电子不停车收费管理(ETC)、物流与供应链管理、集装箱管理、车辆管理、人员管理、图书管理、生产管理、金融押运管理、资产管理、钢铁行业、烟草行业、国家公共安全、证件防伪、食品安全、动物管理等多个领域。

5.1.2 RFID 系统与物联网

2005 年，国际电信联盟(ITU)发布的《ITU 互联网报告 2005：物联网》全面分析了物联网的概念，认为物联网是一种通过诸如射频自动识别以及智能计算等技术将全世界的设备连接起来所实现的网络。物联网是通过信息传感设备，按照约定的协议把任何物品连接起来进行信息交换和通信，以实现智能化识别、定位、跟踪、监控和管理的一种网络，它是在互联网基础上延伸和扩展的网络。

“物联网就是物物相联的互联网”，如图 5.2 所示。这包含两层意思：第一，物联网核心和基础仍然是互联网，是在互联网基础上的延伸和扩展的网络；第二，其用户端延伸和扩展到了任何物品与物品之间，进行信息交换和通信。

图 5.2 物物相联的互联网

互联网发展到现在已非常成熟，已然具备作为物联网的核心和基础的条件。物联网要解决的就是物与物之间、物与互联网之间的连接与信息交换。目前能够实现物与互联网“连接"功能的技术包含红外技术、地磁感应技术、RFID技术、条码识别技术、视频识别技术、无线通信技术等,可以将物以信息形式连接到互联网中。而所有这些技术中,RFID技术相较于其他识别技术,在准确率、感应距离、信息量等方面具有非常明显的优势。

RFID技术是物联网技术的基础,也只有了解和掌握RFID相关技术的发展及相关技术,才能理解物联网的实现原理。在物联网的构想中,每个物品都有一个电子标签,电子标签中存储着相应物品的信息。RFID技术利用读写器自动采集电子标签的信息,再通过网络将其传输到中央信息系统。在物联网环境中,RFID技术通过电子标签将"智能"嵌入物理对象中,让简单的物理对象也能"开口说话"。电子标签具有唯一的ID号,类似于互联网中计算节点的"IP地址",可使物理对象被唯一地识别。RFID技术提供了一种低成本的通信方式以实现节点间的有效联通,在无源的环境下实现了物理对象的"被动智能",为"物与物相联"提供了根本保障。在互联网时代,人与人之间的距离变近了。而在继互联网时代之后出现的物联网时代,物联网利用RFID技术将人与物、物与物之间的距离变近了。

物联网与RFID技术关系紧密,RFID技术是物联网发展的关键技术之一,RFID技术的飞速发展无疑对物联网领域的进步具有重要的意义。

5.1.3 RFID的标准体系

RFID技术的发展对每个人的日常生活产生了广泛的影响,为了规范电子标签及读写器的开发工作,解决RFID系统的互联和兼容问题,实现对世界范围内的物品进行统一管理,RFID的标准化是当前亟待解决的重要问题,为此,各个国家及国际相关组织都在积极参与和推进RFID技术标准的制定。

RFID的标准化涉及标识编码规范、操作协议及应用系统接口规范等多个部分。其中,标识编码规范包括标识长度、编码方法等;操作协议包括空中接口、命令集合、操作流程等。主要的RFID相关规范有欧美的EPCglobal标准体系、ISO 18000系列标准和日本的Ubiquitous ID规范。其中,ISO标准主要定义电子标签和读写器之间互操作的空中接口。因此,RFID技术也存在3个主要的技术标准体系,即欧美的ISO制定的RFID标准体系、EPCglobal标准体系和日本的Ubiquitous ID标准。

1. ISO制定的RFID标准体系

根据国际标准化组织ISO/IEC联合技术委员会JTC1子委员会SC31的标准化工作计划,RFID标准可以分为四方面:数据标准(如编码标准ISO/IEC 15961、数据协议ISO/IEC 15962、ISO/IEC 15963,解决了应用程序/标签和空中接口多样性的要求,提供了一套通用的通信机制);空中接口标准(ISO/IEC 18000系列);测试标准(性能测试标准ISO/IEC 18047和一致性测试标准ISO/IEC 18046);实时定位(RTLS)(ISO/IEC 24730系列应用接口与空中接口通信的标准)方面的标准。RFID标准的逻辑框架结构如图5.3所示。

2. EPCglobal标准体系

与ISO通用性RFID标准相比,EPCglobal标准体系是面向物流供应链领域的,可以看成是一个应用标准。EPCglobal的目标是解决供应链的透明性和追踪性,透明性和追踪性是指供应链各环节中所有合作伙伴都能够了解单件物品的相关信息,如位置、生产日期等信息。为此,EPCglobal制定了EPC(Electronic Product Code)编码标准,它可以实现对所有

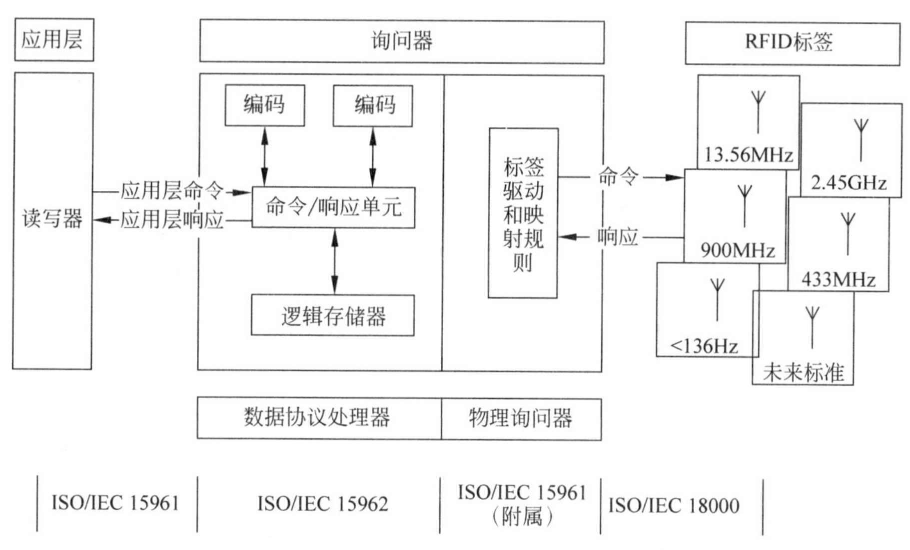

图 5.3　IRFID 标准的逻辑框架结构

物品提供单件唯一标识；也制定了空中接口协议、读写器协议。这些协议与 ISO 标准体系类似。在空中接口协议方面，目前 EPCglobal 的策略尽量与 ISO 兼容，如 Gen2 UHF RFID 标准递交 ISO 将成为 ISO 18000 6C 标准。但 EPCglobal 空中接口协议有它的局限范围，仅仅关注 UHF 860～930MHz。

除了信息采集以外，EPCglobal 为供应链各方的 EPC 信息共享提供了一个共同的平台，通过该平台实现信息的共享与交互，并制定了相关物联网标准，包括 EPC 中间件规范、对象名解析服务（Object Naming Service，ONS）、物理标记语言（Physical Markup Language，PML）。这样从信息的发布、信息资源的组织管理、信息服务的发现以及大量访问之间的协调等方面做出规定。

EPC 系统由 EPC 编码标准、射频识别系统、EPC 中间件、对象名称解析服务（ONS）、EPC 信息服务（EPCIS）组成。在 EPC 系统中，读写器读出的 EPC 只是一个信息参考（指针），由这个信息参考从 Internet 找到 IP 地址，并获取该地址中存放的相关的物品信息，并采用分布式的 EPC 中间件处理由读写器读取的一连串 EPC 信息。由于在标签上只有一个 EPC 代码，计算机需要知道与该 EPC 匹配的其他信息，这就需要 ONS 来提供一种自动化的网络数据库服务，EPC 中间件将 EPC 代码传给 ONS，ONS 指示 EPC 中间件到一个保存着产品文件的服务器（EPC IS）查找，该文件可由 EPC 中间件复制，因而，文件中的产品信息就能传到供应链上。EPC 系统的工作流程如图 5.4 所示。

3. Ubiquitous ID 标准体系

日本泛在 ID（Ubiquitous ID，UID）中心制定 RFID 相关标准的思路类似于 EPCglobal，目标也是构建一个完整的标准体系，即从编码体系、空中接口协议到泛在网络体系结构，但是每部分的具体内容存在差异。

为了制定具有自主知识产权的 RFID 标准，在编码方面制定了 Ucode 编码体系，它能够兼容日本已有的编码体系，同时也能兼容国际上其他的编码体系。在空中接口方面积极参与 ISO 的标准制定工作，也尽量考虑与 ISO 相关标准的兼容性。在信息共享方面主要依赖于日本的泛在网络，它可以独立于因特网实现信息的共享。

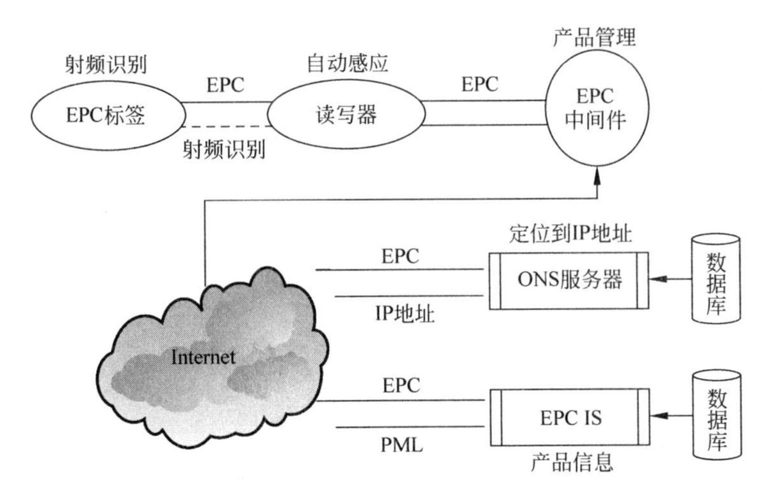

图 5.4 EPC 系统的工作流程

泛在网络与 EPCglobal 的物联网还是有区别的。EPC 采用业务链的方式,面向企业,面向产品信息的流动(物联网),比较强调与互联网的结合。UID 采用扁平式信息采集分析方式,强调信息的获取与分析,比较强调前端的微型化与集成。

UID 的核心是赋予现实世界中任何物理对象唯一的泛在识别号(Ucode)。它具备了 128 位(128 bit)的充裕容量,可以提供 340×10^{36} 个编码,更可以用 128 位为单元进一步扩展至 256 位、384 位或 512 位。

Ucode 的最大优势是能包容现有编码体系的元编码设计,可以兼容多种编码,包括 JAN、UPC、ISBN、IPv6 地址,甚至电话号码。

Ucode 标签具有多种形式,包括条码、射频标签、智能卡、有源芯片等。泛在识别中心把标签进行分类,并设立多个不同的认证标准。

4. RFID 中国标准化情况

我国目前已经从多个方面开展了相关标准的研究制定工作。制定了《集成电路卡模块技术规范》《建设事业 IC 卡应用技术》等应用标准,并且得到了广泛应用;在频率规划方面,已经做了大量的实验;在技术标准方面,依据 ISO/IEC15693 系列标准已经基本完成国家标准的起草工作。此外,中国 RFID 标准体系框架的研究工作也已基本完成。

根据中华人民共和国信息产业部 2007 年发布的《800/900MHz 频段射频识别(RFID)技术应用规定(试行)》的规定,中国 800/900MHz RFID 技术的试用频率为 840～845MHz 和 920～925MHz,发射功率为 2W。

5.2 RFID 的基本原理

5.2.1 RFID 的系统组成

RFID 系统因应用的不同,其组成也会有所不同。典型的 RFID 系统由电子标签、读写器、系统高层三部分组成。RFID 的基本组成如图 5.5 所示。

1. 电子标签

电子标签(Electronic Tag)又被称为应答器或射频卡。电子标签附着在待识别的物品

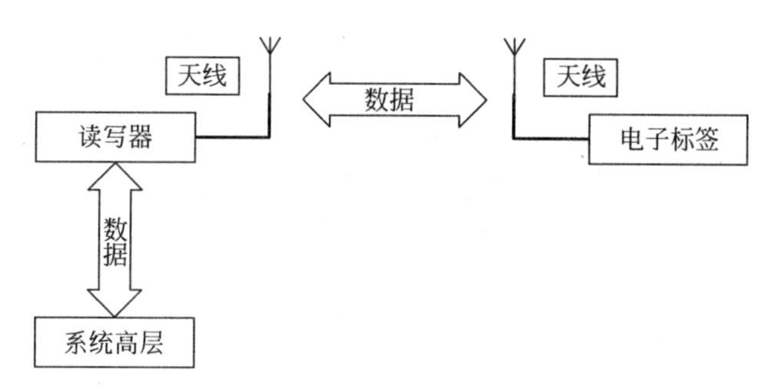

图5.5 RFID的基本组成

上，每个电子标签具有唯一的电子编码，是RFID的数据载体。电子标签是RFID系统的核心，读写器则是根据电子标签的性能设计的，电子标签和读写器通过射频信号进行通信。

1）电子标签结构

电子标签由IC芯片和无线通信天线组成，RFID标签芯片对接收到的信号进行解调、解码等各种处理，对需要返回的信号进行编码、调制等各种处理。不同频段的电子标签芯片的结构基本类似，一般包含射频前端/模拟前端、数字电路等模块，如图5.6所示。

射频前端连接电子标签天线与芯片数字电路部分主要用于对射频信号进行整流和调制解调；逻辑控制单元传出的数据只有经过射频前端的调制后，才能加载到天线上，成为天线传送的射频信号；解调器负责将经过调制的信号加以解调，获得最初的信号；电压调节器主要用于将从读写器接收到的射频信号转换成电源，通过稳压电路来确保稳定的电压供应。

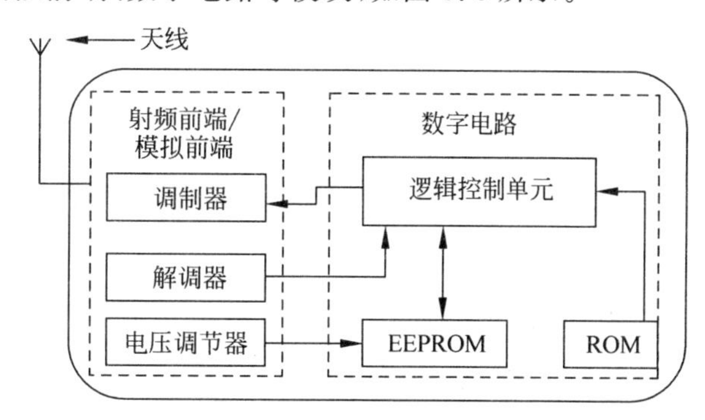

图5.6 电子标签结构示意图

逻辑控制单元主要用于对数字信号进行编码/解码以及防碰撞协议的处理，另外还对存储器进行读写操作；存储器用于存储被识别物体的相关信息，常用的存储器有ROM和EEPROM等。

电子标签天线主要用于收集读写器发射到空间的电磁信号，并把电子标签本身的数据信号以电磁信号的形式发射出去。常见的电子标签天线主要有线圈型、微带贴片型、偶极子型等几种基本形式。

2）电子标签形式

常见的RFID电子标签一般有卡片形电子标签、标签类电子标签和植入式电子标签，如图5.7所示。

卡片形电子标签被封装成卡片的形状，通常称为射频卡。第二代身份证、城市一卡通和门禁卡等都属于这种形式的电子标签。标签类电子标签形状多样，有条形、盘形、钥匙扣形和手表形等，可以用于物品识别和电子计费等，如航空行李用标签、托盘用标签等，其特点是携带方便。有些标签类电子标签还具有粘贴功能，可以在生产线上由贴标机粘贴在箱、瓶等物品上，也可以手工粘贴在物品上。植入式电子标签一般很小，例如，将电子标签做成动物

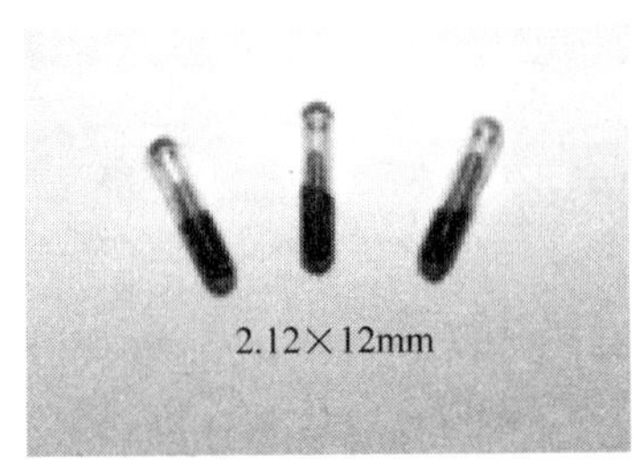

(a) 卡片形电子标签　(b) 标签类电子标签　(c) 植入式电子标签

图 5.7　电子标签的形式

跟踪电子标签,可以将其嵌入动物的皮肤下,这称为"芯片植入"。这种电子标签采用注射的方式植入动物两肩之间的皮下,用于替代传统的动物牌进行信息管理。

2. 读写器

读写器又被称为阅读器或询问器,是读取和写入电子标签数据的设备,它可以是单独的个体,也可以被嵌入其他系统中。读写器也是构成 RFID 系统的重要部件之一,它能够读取电子标签中的数据,也能够将数据写入电子标签中。读写器还可以与系统高层进行连接,以通过系统高层完成数据信息的存储、管理与控制,是电子标签与系统高层的连接通道。

1）读写器的基本组成

读写器由射频模块、控制处理模块和天线组成,如图 5.8 所示。射频模块用于将射频信号转换为基带信号,对天线接收的信号进行解调,对控制处理模块需要发送的数据进行调制。

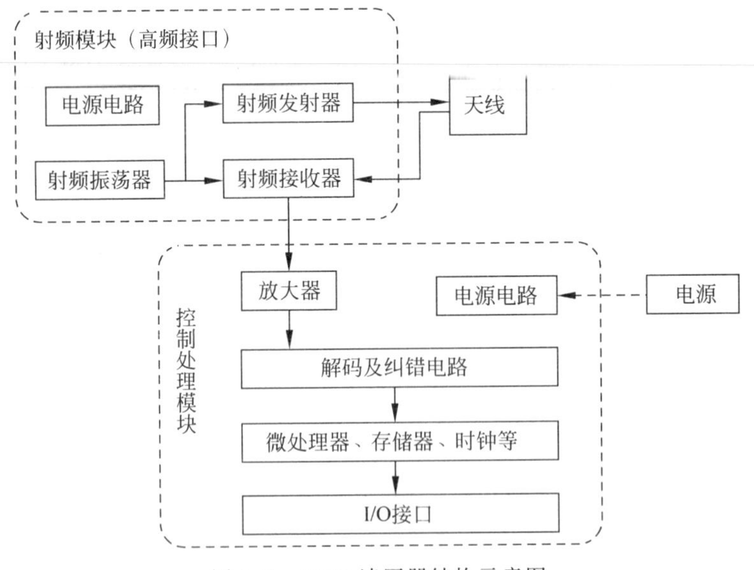

图 5.8　RFID 读写器结构示意图

控制处理模块是读写器的核心,是读写器芯片有序工作的指挥中心。其主要功能是:与系统高层中的应用系统软件进行通信;执行从应用系统软件发来的动作指令;控制与电子标签的通信过程;对基带信号进行编码与解码;执行防碰撞算法;对读写器和电子标签之间传送的数据进行加密和解密;进行读写器与电子标签之间的身份认证;对键盘、显示设备等其他外部设备控制。控制处理模块最重要的功能是对读写器进行控制操作。

天线是一种能将接收到的电磁波转换为电流信号，或将电流信号转换成电磁波发射出去的装置。在RFID系统中，读写器必须通过天线来发射能量，形成电磁场，通过电磁场对电子标签进行识别。天线可以是一个独立的部分，也可以被内置到读写器中。

2）读写器的结构形式

读写器没有固定的模式，根据天线与读写器模块是否分离，读写器可分为集成式读写器和分离式读写器；根据读写器外形和应用场合，读写器又可分为固定式读写器、原始设备制造商（Original Equipment Manufacturer，OEM）模块式读写器、手持便携式读写器、工业读写器和读卡器等，如图5.9所示。

(a) 固定式读写器

(b) OEM模块式读写器

(c) 手持便携式读写器

图5.9 RFID读写器形式

固定式读写器一般将天线与读写器的主控机部分分离，主控机部分和天线可以分别安装在不同位置，可以有多个天线接口和多种I/O接口。读写器没有经过外壳封装，以OEM模块的形式嵌入应用系统中，构成了OEM模块式读写器。手持便携式读写器是将天线、射频模块和控制处理模块封装在一个外壳中，适合用户手持使用的电子标签读写设备。手持便携式读写器一般带有液晶显示屏，配有输入数据的键盘，常用在巡查、识别和测试等场合。与固定式读写器不同的是，手持便携式读写器可能会对系统本身的数据存储量有要求，并要求能够防水和防尘等。

工业读写器是指应用于矿井、自动化生产或畜牧等领域的读写器，一般有现场总线接口，很容易集成到现有设备中。工业读写器通常与传感设备组合在一起。读卡器也称为发卡器，主要用于电子标签对具体内容的操作中，如建立档案、消费纠错、挂失、补卡和信息修正等。读卡器可以与计算机上的读卡管理软件结合使用。读卡器实际上是一个小型电子标签读写装置，具有发射功率小、读写距离近等特点。

3. 系统高层

对于某些简单的应用，一个读写器就可以独立满足应用的需要。但对于大多数应用来说，RFID系统是由许多读写器构成的综合信息系统，每个读写器要同时对多个电子标签进行操作，并须实时处理数据信息，因此，系统高层是必不可少的。读写器可通过标准接口与系统高层连接，系统高层可将许多读写器获取的数据有效地整合起来，实现查询、管理与传输数据等功能。系统高层一般由中间件和应用软件构成。

中间件是介于RFID读写器与后端应用程序之间的独立软件，可以与多个读写器和多个后端应用程序相连，中间件位于客户机、服务器的操作系统之上，管理计算资源和网络通信。应用程序通过中间件连接到读写器，读取电子标签中的数据。这样的好处在于，即使存储电子标签信息的数据库软件或后端应用程序增加或改由其他软件取代，或者RFID读写器种类增加等情况发生时，应用端不需要修改也能处理，减轻了设计和维护的复杂性。

随着经济全球化进程的不断推进,不同领域RFID应用的与日俱增,加之计算机技术、互联网技术以及无线通信技术的飞速发展,对全球每个物品进行识别、跟踪与管理将成为可能。借助于RFID技术,将物品信息传送到计算网络的信息控制中心,可以构建一个全球统一的物品信息系统,从而实现全球信息资源共享。

5.2.2 RFID的工作原理

RFID的基本原理是利用射频信号的空间耦合(电磁感应或电磁传播)传输特性,实现对静止的或移动的待识别物品的自动识别。RFID系统的工作原理如图5.10所示。由读写器通过发射天线发送特定频率的射频信号,当电子标签进入有效工作区域时产生感应电流,从而获得能量被激活,使电子标签将自身编码信号通过内置射频天线发送出去;读写器的接收天线接收到从标签发送来的调制信号,经天线调节器传送到读写器信号处理模块,经解调和解码后将有效信号送至后台系统高层进行相关处理;系统高层根据逻辑运算识别该标签的身份,针对不同的设定做出相应的处理和控制,最终发出指令信号控制读写器完成对电子标签不同的读写操作。

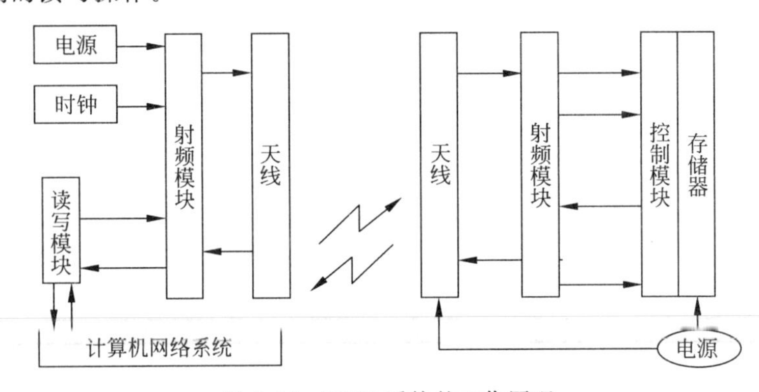

图5.10 RFID系统的工作原理

射频标签与读写器之间通过天线架起空间电磁波的传输通道。射频标签与读写器之间的电磁耦合包含两种情况,即近距离的电感耦合与远距离的电磁反向散射耦合,如图5.11所示。

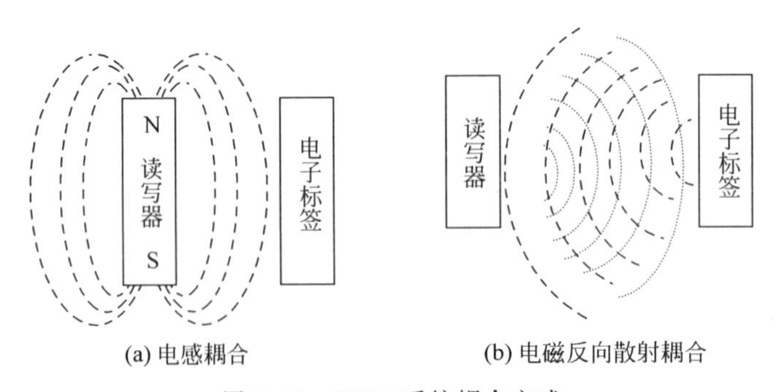

图5.11 RFID系统耦合方式

在电感耦合方式中,读写器一方的天线相当于变压器的一次绕组,电子标签一方的天线相当于变压器的二次绕组,耦合介质是空间磁场,耦合磁场在一次绕组与二次绕组之间构成闭合回路,因而电感耦合方式是变压器方式。

在电感耦合方式中，天线将读写器产生的能量以电磁波的方式发送到定向的空间范围内，形成读写器的有效识别区域。位于读写器有效识别区域中的电子标签从读写器天线发出的电磁场中提取工作能量，并通过电子标签的内部电路及标签天线将标签中存储的数据信息传送到读写器。电感耦合方式适用于低频和高频近距离无接触射频识别系统。识别作用距离小于 1m，典型的作用距离为 10～20cm。

电磁反向散射耦合方式采用雷达原理模型，发射出去的电磁波碰到目标后反射，同时带回目标信息，依据的是电磁波空间传输规律。如图 5.12 所示，功率 P_1 是从读写器天线发射出来的，其(由于自由空间衰减)只有一部分到达电子标签天线。到达电子标签天线的功率 P_1' 为电子标签天线提供电压，整流后为电子标签芯片供电。P_1' 的一部分被天线反射，其反射功率为 P_2。反射功率 P_2 经自由空间后到达读写器，被读写器天线接收。读写器无线接收的信号经收发耦合器电路传输至收发器，放大后经电路处理获得有用信息。电磁反向散射耦合方式一般适合于超高频、微波工作的远距离 RFID 系统。识别作用距离大于 1m，典型的作用距离为 3～10m。

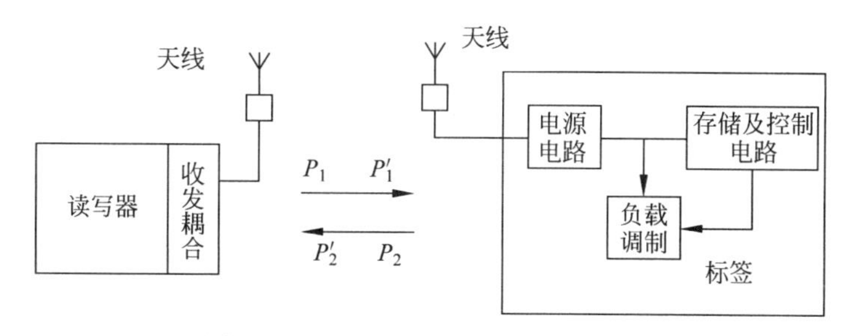

图 5.12　电磁反向散射耦合原理模型

电磁耦合与电感耦合的差别是：在电磁耦合方式中，读写器将射频能量以电磁波的形式发送出去；在电感耦合方式中，读写器将能量束缚在电感线圈周围，通过交变闭合的线圈磁场来连通读写器线圈和电子标签绕组之间的电子通道，并没有向空间辐射电磁能量。

5.2.3　RFID 系统的频率

根据电子标签和读写器之间传递信息所使用的频率将 RFID 系统分为低频(LF)、高频(HF)、超高频(UHF)与微波 RFID 系统。各个频率所使用的电子标签也各不相同。

1. 低频 RFID 系统

低频 RFID 系统的工作频率为 30～300kHz，采用电感耦合方式通信。低频信号穿透性好，抗金属和液体干扰能力强，能在水、木材和有机物质等环境中应用，但难以屏蔽外界的低频干扰信号。一般来说，低频 RFID 标签读取距离一般短于 10cm，读取距离与标签大小成正比。低频 RFID 标签一般在出厂时就已初始化好不可更改的编码。一些低频标签也加入了写入和防碰撞功能。低频标签主要应用在动物追踪与识别、门禁管理、汽车流通管理、POS 系统和其他封闭式追踪系统中。

2. 高频 RFID 系统

高频 RFID 系统的工作频率为 3～30MHz，常见的有 6.75MHz、13.56MHz 和 27.125MHz。高频系统也采用电磁感应方式来进行通信，具有良好的抗金属与液体干扰的性能,读取距离大多在1m以内。高频RFID标签传输速度较高,但抗噪声干扰性较差,一般具备读写与防冲突功能。目前,高频RFID标签是RFID领域中应用最广泛的,如证、卡、票领域(二代身份证、公共交通卡、门票等),还包括供应链的物品追踪、门禁管理、图书馆、医药产业、智能货架等应用。高频RFID标签以Mifare one及其兼容卡为代表。高频的电子标签按照ISO协议可以分为以下三种类型。

(1) ISO 14443A:通信距离在10cm以下,这种卡为逻辑加密卡,如果对安全性要求更高,请使用CPU卡。

(2) ISO 14443B:二代身份证采用此协议,通信距离在10cm以下。

(3) ISO 15693:理论通信距离可以达到1m,读写距离通常也在10cm以下,可用在物流管理上。

低频和高频RFID系统基本都采用电感耦合识别方式,电感耦合方式的电子标签几乎都是无源的,这意味着电子标签工作的全部能量都要由读写器提供。由于低频和高频RFID系统的波长较长,电子标签基本都处于读写器天线的近场区,电子标签通过电磁感应而不是通过辐射获得信号和能量,因此电子标签与读写器的距离很近,这样电子标签可以获得较大的能量。低频和高频RFID系统电子标签与读写器的天线基本都采用线圈的形式,两个线圈之间的作用可以理解为变压器的耦合,两个线圈之间的耦合功率的传输效率与工作频率、线圈匝数、线圈面积、线圈间的距离,以及线圈的相对角度等多种因素有关。

3. 超高频RFID系统

被动式超高频RFID系统的工作频率为860～960MHz,主动式超高频RFID系统的工作频率为433MHz。在超高频频段,各个国家都有自己规定的频率,我国一般以915MHz为主。超高频RFID系统的优点是传输距离远,最远可以达到15m,具备防碰撞性能,并且具有锁定与消除标签的功能。

被动式超高频RFID系统有分别支持近场通信与远场通信两种工作方式。远场被动式超高频RFID系统采用反向散射耦合方式进行通信,可以用蚀刻、印刷等工艺制作成不同的样式,其最大的优点是读写距离远,一般是3～5m,最远可达10m,但是由于抗金属与液体性差,所以较少用于单一物品的识别,主要应用于以箱或者托盘为单位的追踪管理、行李追踪、资产管理和防盗等场合。近场被动式超高频RFID系统通信使用的天线与高频RFID系统相类似,但线圈数量只需要一圈,而且采用的是电磁感应方式而非反向散射耦合方式,也具备高频RFID系统的抗金属液体干扰的优点,其缺点是读取距离短,约为5cm。近场超高频RFID系统通信主要应用于单一物品识别追踪,以取代目前高频RFID系统的应用。

超高频的ISO标准主要有以下两种。

(1) ISO 18000-6B:这种标签包含8字节不可修改且唯一的UID号,包括UID在内共有256字节内存,但是相对ISO 18000-6C标签,其价格较高。

(2) ISO 18000-6C:以Gen2电子标签为主,其优点是具有可以修改的EPC码,并且可以直接读取EPC码,而且价格便宜。

4. 微波RFID系统

微波RFID系统主要工作在2.45GHz,有些则为5.8GHz,因为其工作频率高,在RFID系统中传输速度最大,但抗金属液体能力最差。

被动式微波RFID系统主要使用反向散射耦合方式进行通信,传输距离较远。如果要加大传输距离还可以改为主动式。微波RFID系统非常适合用于高速公路等收费系统。微波电子标签与读写器的距离较远，一般大于1m，典型情况为4～10m，最大可达10m以上；有很高的数据传输速率，可以在很短的时间内读取大量的数据，在读取高速运动物体的数据的同时，还能读取多个电子标签的信息。

5.3 RFID的天线与射频前端

5.3.1 RFID的天线

天线是各种无线系统不可或缺的部件，同时又是直接影响系统性能的关键核心器件，是整个无线系统的"瓶颈"，天线性能的优劣决定系统能否正常工作或各项功能能否顺利运行。同样，不同RFID系统天线的选择和设计直接影响读写距离、功率等系统性能指标。

受应用场合的限制，RFID标签通常需要贴于不同类型、不同形状的物体表面，甚至需要嵌入物体内部。那么，标签天线就会受到所标识物体的形状及物理特性的影响，如标签到附着物体的距离、附着物体的介电常数、金属表面的反射、局部结构对辐射性能的影响等。

天线结构决定天线的方向图、极化方向、阻抗特性、驻波比、天线增益和工作频段等特性。方向性天线由于具有较少的回波损耗，因此，比较适合电子标签应用；由于RFID标签放置方向不可控，读写器天线的极化方式必须采用圆极化；天线增益和阻抗特性会对RFID系统的作用距离产生较大影响；天线的工作频段会对天线尺寸以及辐射损耗产生较大影响。天线特性受所标识物体的形状及物理特性影响，表现在金属物体对电磁信号有衰减作用；金属表面对信号有反射作用；弹性基层会造成标签及天线变形；物体尺寸对天线大小有一定限制等。由于多重因素的影响，RFID天线的种类繁多，与RFID系统的耦合方式相对应，天线的工作方式分为近场天线工作模式和远场天线工作模式，不同的工作模式天线的结构、工作原理、设计方法和应用方式有很大差异。

1. 近场天线工作模式

感应耦合模式主要是指读写器天线和标签天线都采用线圈形式，主要应用于低频和高频频段。读写器在阅读标签时会发出未经调制的信号，处于读写器天线近场中的标签天线接收到该信号并激活标签芯片之后，由标签芯片根据内部存储的全球唯一识别号(ID)控制标签天线中电流的大小。这一电流的大小进一步增强或者减小了读写器天线发出的磁场。这时，读写器的近场分量展现出被调制的特性，读写器内部电路检测到这个由于标签而产生的调制量并解调，得到标签信息。

当RFID的线圈天线进入读写器产生的交变磁场中时，RFID天线与读写器天线之间的相互作用就类似于变压器，两者的线圈相当于变压器的一次绕组和二次绕组。由RFID的线圈天线形成的谐振回路，包含RFID天线的线圈电感L、并联电容C，其谐振频率为

$$f_0=\frac{1}{2\pi\sqrt{LC}} \tag{5.1}$$

RFID应用系统就是通过这一频率载波实现双向数据通信的。常用的ID-1型非接触式IC卡的外观为一小型塑料卡(85.72mm×54.03mm×0.76mm)，天线线圈谐振工作频率通常为13.56MHz。目前已研发出线圈天线面积最小为0.4mm×0.4mm的短距离RFID实

用系统。某些应用要求 RFID 天线线圈外形很小，且需一定的工作距离，如用于动物识别的 RFID，但如若线圈外形(即面积)小，RFID 与读写器间的天线线圈互感不能满足实际需要，作为补救措施，通常在 RFID 天线线圈内插入具有较高磁导率的铁氧体，以增大互感，从而可以补偿因线圈横截面减小而产生的缺陷。

2. 远场天线工作模式

在反向散射工作模式中，读写器和标签之间采用电磁波来进行信息的传输，一般适用于微波频段。当读写器对标签进行阅读识别时，首先发出未经调制的电磁波，此时，位于远场的标签天线接收到电磁波信号，并在天线上产生感应电压，标签内部电路将这个感应电压进行整流并放大，用于激活标签芯片。当标签芯片被激活后，用自身的全球唯一标识号对标签芯片阻抗进行变换，当标签天线和标签芯片之间的阻抗匹配较好时，基本不反射信号；而阻抗匹配不好时，则将几乎全部反射信号，这样，反射信号就出现了振幅的变化，这种情况类似于对反射信号进行幅度调制处理。读写器通过接收到经过调制的反射信号，判断该标签的标识号并进行识别。

远场天线主要包括微带贴片天线、偶极子天线和阵列天线。

微带贴片天线是由贴在带有金属底板的介质基片上的辐射贴片导体所构成的。根据天线辐射特性的需要，可把贴片导体设计为各种形状。通常，贴片天线的辐射导体与金属底板的距离为波长的几十分之一。

假设辐射电场沿导体的横向与纵向两个方向没有变化，仅沿约半波长的导体长度方向变化，则微带贴片天线的辐射基本上是由贴片导体开路边沿的边缘场引起的，辐射方向基本确定，因此一般适用于通信方向变化不大的 RFID 应用系统中。

在远距离耦合的 RFID 应用系统中，最常用的是偶极子天线(又称对称振子天线)。偶极子天线由处于同一直线上的两段粗细和长度均相同的直导线构成，信号由位于其中心的两个端点馈入，使在偶极子的两臂上产生一定的电流分布，从而在天线周围空间激发出电磁场。求取辐射场电场的公式为

$$E_\theta=\int_{-l}^{l}\mathrm{d}E_\theta=\int_{-l}^{l}\frac{60\alpha I_z}{r}\sin\theta\cos(\alpha z\cos\theta)\,\mathrm{d}z \tag{5.2}$$

其中，I_z 为沿振子臂分布的电流；α 为相位常数；r 为振子中观察点的距离；θ 为振子轴到 r 的夹角；l 为单个振子臂的长度，z 为沿振子到原点的平行距离。同样，也可以得到天线的输入阻抗、输入回波损耗、带宽和天线增益等特性参数。

当单个振子臂的长度 $l=\lambda/4$ 时(半波振子)，输入阻抗的电抗分量为零，天线输出为一个纯电阻。在忽略电流在天线横截面内不均匀分布的条件下，简单的偶极子天线设计可以取振子的长度 l 为 $\lambda/4$ 的整数倍，如对于工作频率为 2.45GHz 的半波偶极子天线，其长度约为 6cm。

阵列天线是一类由不少于两个天线单元按规则排列或随机排列，并通过适当激励获得预定辐射特性的天线。就发射天线来说，简单的辐射源(如点源、对称振子源等)是常见的。阵列天线将它们按照直线或者更复杂的形式排成某种阵列形式，进而构成阵列形式的辐射源，并通过调整阵列天线的馈电电流、间距、电长度等参数来获取最好的辐射方向性。

智能天线技术利用各用户间信号空间特征的差异，通过阵列天线技术在同一信道上接收和发射多个用户信号而不会发生相互干扰，使无线电频谱的利用和信号的传输更为有效。

自适应阵列天线是智能天线的主要类型，可以实现全向辐射，完成用户信号的接收和发送。

5.3.2 RFID 的射频前端

1. 读写器的射频前端

读写器典型的天线电路有 3 种：串联谐振电路、并联谐振电路和具有初级与次级线圈的耦合电路。由于读写器的天线主要用于产生磁通，该磁通通过电子标签(向其提供电源)，实现读写器和电子标签之间的能量和数据信息传递。串联谐振电路由于具有电路简单，谐振时可获得最大的回路电流(使读写器线圈能够产生最大的磁通)，通过调整谐振电路的品质因数，可得到足够的频带宽度等特点，从而被广泛用于读写器天线电路。

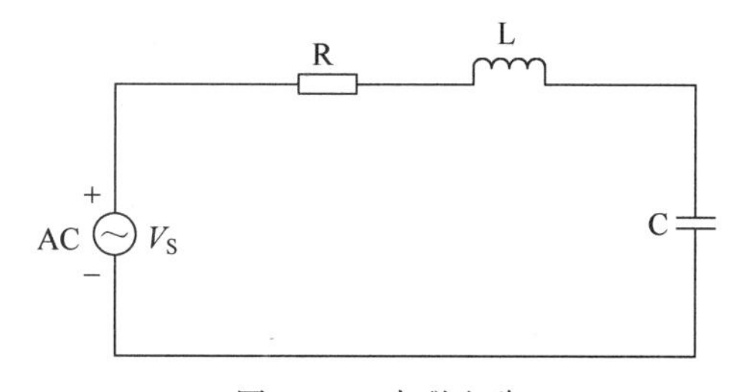

图 5.13　串联电路

在图 5.13 所示的串联电路中，电感 L 存储磁能，电容 C 存储电能。当电感 L 存储的磁能和电容 C 存储的电能相等时，电路发生串联谐振，输入阻抗表现为纯电阻。

在图 5.13 所示的 RLC 串联电路中，总阻抗为

$$Z = R + jX = R + j(X_L + X_C) = R + j\left(\omega L - \frac{1}{\omega C}\right) \tag{5.3}$$

电路发生串联谐振，电路的总阻抗呈现纯电阻特性，即电感 L 存储的磁能和电容 C 存储的电能相等。可以得到串联谐振的条件为

$$\omega L = \frac{1}{\omega C} \tag{5.4}$$

由此可以得出，RLC 电路产生串联谐振时的角频率 ω_0 和频率 f_0 分别为

$$\omega_0 = \frac{1}{\sqrt{LC}} \tag{5.5}$$

$$f_0 = \frac{1}{2\pi\sqrt{LC}} \tag{5.6}$$

由于谐振时阻抗 $Z=R$ 为最小值，表现为纯阻性；端口电压和电流的相位相同，回路电流最大，则可以得到电压与电流的关系为

$$I_0 = \frac{V_S}{R} \tag{5.7}$$

谐振时各元件上的电压分别为

$$\dot{V}_R = \dot{I}_0 R = \dot{V}_S \tag{5.8}$$

$$\dot{V}_{L0} = \dot{I}_0 j\omega_0 L = \frac{\dot{V}_S}{R} j\omega_0 L = j\frac{\omega_0 L}{R}\dot{V}_S = jQ\dot{V}_S \tag{5.9}$$

$$\dot{V}_{C0} = \dot{I}_0 \frac{1}{j\omega_0 C} = -j\frac{\dot{V}_S}{R}\frac{1}{\omega_0 C} = -j\frac{1}{\omega_0 CR}\dot{V}_S = -jQ\dot{V}_S \tag{5.10}$$

由式(5.9)和式(5.10)可知，谐振时电感和电容两端电压的模值相等，且等于外加电压

的 Q 倍。Q 称为回路的品质因数,是一个与电路参数有关的常数,可以用来表征谐振电路的性能。通常,回路的 Q 值可达几十或近百,谐振时电感和电容两端的电压将比信号源电压大十到百倍,所以在选择电路元件时,须考虑元件的耐压问题。

$$Q=\frac{\omega_0 L}{R}=\frac{1}{\omega_0 CR}=\frac{1}{R}\sqrt{\frac{L}{C}}=\frac{1}{R}\rho \tag{5.11}$$

串联谐振时,电容和电感上的电压大小相等,方向相反,互相抵消,电阻上的电压等于电源电压,所以串联谐振也称为电压谐振。

当电流幅值由最大值 I_0 下降到 $0.707I_0$ 时,频率会由 ω_0 下降到 ω_1 或由 ω_0 上升到 ω_2。ω_1 称为下限截止频率,ω_2 称为上限截止频率,$\omega_1 \sim \omega_2$ 的频率范围称为通频带(BW)。

$$\mathrm{BW}=\frac{\omega_2-\omega_1}{2\pi}=\frac{\omega_0}{2\pi Q}=\frac{f_0}{Q} \tag{5.12}$$

由式(5.12)可以得出,品质因数 Q 越大,通频带越小,对频率的选择性越好。

2. 电子标签的射频前端

电子标签的天线主要用于耦合读写器的磁通,该磁通不仅给电子标签供电,还可实现读写器和电子标签之间的能量和数据信息传递。并联谐振又称为电流谐振,在谐振时,电感和电容支路中的电流到达最大值,即谐振回路两端可获得最大的电压,从而使电子标签最大程度地耦合来自读写器的能量;能拥有足够的频带宽度。无源电子标签的天线电路多采用并联谐振电路。

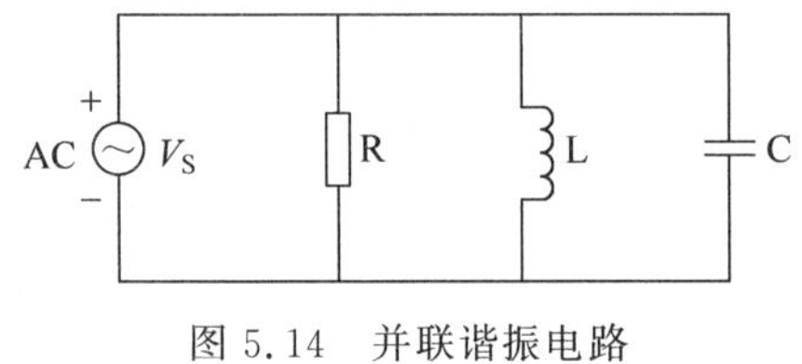

图 5.14 并联谐振电路

并联谐振电路如图 5.14 所示,由电阻 R、电感 L 和电容 C 并联而成,其中电感 L 是由电子标签的线圈构成的。对于某一频率的正弦信号,当出现电路端口的电压和电流相位相同的现象时,表明该电路发生了谐振。

并联谐振电路的导纳:

$$Y=\frac{\dot{I}}{\dot{U}}=\frac{1}{R}+\frac{1}{\mathrm{j}\omega L}+\mathrm{j}\omega C \tag{5.13}$$

电路发生并联谐振时,电路的总阻抗呈现纯电阻特性,即端口的电压和电流的相位相同。可以得到并联谐振的条件为

$$\omega C=\frac{1}{\omega L} \tag{5.14}$$

并且由此可以得出,RLC 电路产生并联谐振时的角频率 ω_0 和频率 f_0 分别为

$$\omega_0=\frac{1}{\sqrt{LC}} \tag{5.15}$$

$$f_0=\frac{1}{2\pi\sqrt{LC}} \tag{5.16}$$

与串联谐振类似,要使电路发生并联谐振同样有两种方式:一是改变电路中电感 L 或电容 C 的值,让电路的谐振频率与输入信号频率相等;二是改变输入信号频率,让输入频率与电路的谐振频率相等。

谐振时，导纳 $Y=\frac{1}{R}$ 为最小值，表现为纯电导特性：

$$Y=\frac{\dot{I}}{\dot{U}}=\frac{1}{R}+\mathrm{j}\left(\omega C-\frac{1}{\omega L}\right)=\frac{1}{R} \tag{5.17}$$

谐振时，端口电压和电流的相位相同，端口电压最大。

$$U_0=\frac{I}{Y_0} \tag{5.18}$$

谐振时，电感和电容各支路的电流的模值相等。各元件上的电流分别为

$$\dot{I}_{\mathrm{R}}=\frac{\dot{U}_{\mathrm{S}}}{R} \tag{5.19}$$

$$\dot{I}_{\mathrm{L}}=\frac{\dot{U}_{\mathrm{S}}}{\mathrm{j}\omega_0 L}=-\mathrm{j}\frac{R}{\omega_0 L}\dot{I}_{\mathrm{R}}=-\mathrm{j}Q\dot{I}_{\mathrm{R}} \tag{5.20}$$

$$\dot{I}_{\mathrm{C}}=\mathrm{j}\omega_0 C\dot{U}_{\mathrm{S}}=\mathrm{j}\omega_0 CR\dot{I}_{\mathrm{R}}=\mathrm{j}Q\dot{I}_{\mathrm{R}} \tag{5.21}$$

由式(5.20)和式(5.21)可看出，并联谐振时，电容和电感上的电流大小相等，方向相反，相互抵消，电阻上的电流等于电源电流，所以并联谐振也称为电流谐振。且 Q 为并联谐振的品质因素，即

$$Q=\frac{R}{\omega_0 L}=\omega_0 CR \tag{5.22}$$

与串联谐振电路一样，并联谐振电路的通频带(BW)为

$$\mathrm{BW}=\frac{\omega_2-\omega_1}{2\pi}=\frac{\omega_0}{2\pi Q}=\frac{f_0}{Q} \tag{5.23}$$

由式(5.23)可以得出，品质因数 Q 越大，通频带越小，对频率的选择性就越好。

5.4 RFID 编码与调制

5.4.1 RFID 系统的通信过程

在 RFID 系统中，读写器和电子标签之间的数据传输方式与基本的数字通信系统结构类似。读写器到电子标签的信号流向是这样的：读写器中的信号经过信号编码、调制器、信道，以及电子标签中的解调器和信号译码等处理，如图 5.15 所示。读写器与电子标签之间

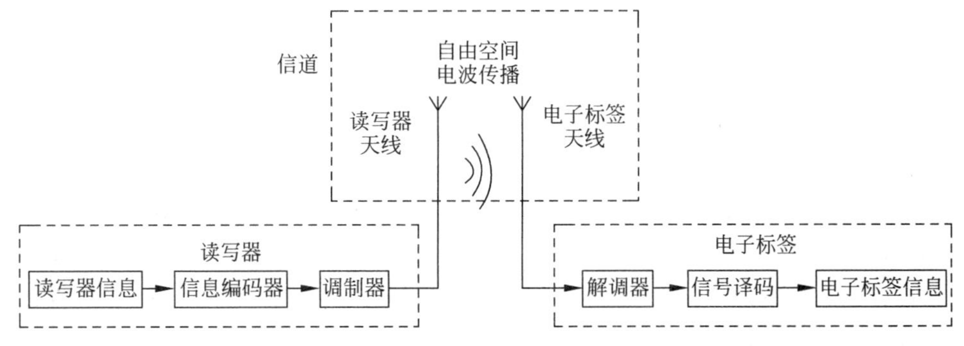

图 5.15　RFID 系统基本通信结构框图

的数据传输是双向的,而电子标签到读写器的过程是相反的。

1. 编码与解码

信号编码的作用是对发送端要传输的信息进行编码,使传输信号与信道相匹配,防止信息受到干扰或发生碰撞。根据编码目的的不同,可分为信源编码和信道编码。

信源编码是对信源输出的信号进行变换,信源解码是信源编码的逆过程。在RFID系统中,当电子标签是无源标签时,经常要求基带编码在每两个相邻数据位元间具有跳变的特点,相邻数据间的码跳变不仅可以在连续出现"0"时保证对电子标签的能量供应,且便于电子标签从接收码中提取时钟信息。

信道编码是对信源编码器输出的信号进行再变换,目的是前向纠错,是为了区分通路、适应信道条件以及提高通信可靠性而进行的编码。数字信号在信道传输时会受到噪声等因素影响引起差错,为了减少差错,发送端的信道编码器对信号码元按一定的规则加入保护成分(监督元),组成抗干扰编码。接收端的信道编码器按相应的逆规则进行解码,从而发现或纠正错误,提高传输可靠性。

2. 调制与解调

调制的目的是把传输的模拟信号或数字信号变换成适合信道传输的信号。调制的过程应用于通信系统的发送端,调制就是将基带信号的频谱搬移到信道通带中的过程,经由调制器改变高频载波信号,使载波信号的振幅、频率或相位与要发送的基带信号相关来实现这个过程,经过调制的信号称为已调信号。已调信号的频谱具有带通的形式,因此已调信号又称为带通信号或频带信号。在接收端须将已调信号还原成原始信号,解调是将信道中的频带信号恢复为基带信号的过程。信号需要调制的因素包括:

(1) 工作频率越高带宽越大。要使信号能量能以电场和磁场的形式向空中发射出去传向远方,需要较高的振荡频率方能使电场和磁场迅速变化。例如,当工作频率为1GHz时,若传输的相对带宽为10%,可以传输100MHz带宽的信号;当工作频率为1MHz时,若传输的相对带宽也为10%,只可以传输0.1MHz带宽的信号。通过比较可以看出,工作频率越高,带宽就越大。

(2) 工作频率越高天线尺寸越小。只有当馈送到天线上的信号波长和天线的尺寸可以相比拟时,天线才能有效地辐射或接收电磁波。波长λ和频率f的关系为

$$\lambda = c/f \tag{5.24}$$

式中,c为光速,即$c=3\times10^8\text{m/s}$。

如果信号的频率太低,则无法产生迅速变化的电场和磁场,同时它们的波长又太大,如20 000Hz频率下波长仍为15 000m,实际中是不可能架设这么长的天线。因此,要把信号传输出去,必须提高频率,缩短波长。常用的一种方法是将信号"搭乘"在高频载波上,也就是高频调制,借助于高频电磁波将低频信号发射出去。

(3) 信道复用。一般每个需要传输的信号占用的带宽都小于信道带宽,因此,一个信道可由多个信号共享。但是未经调制的信号很多都处于同一频率范围内,接收端难以正确识别,一种解决方法是将多个基带信号分别搬移到不同的载频处,从而实现在一个信道里同时传输许多信号,提高信道利用率。

5.4.2　RFID信源编码方法

信源编码是指将模拟信号转换成数字信号，或将数字信号编码成更适合传输的数字信号。RFID系统中读写器和电子标签所存储的信息都已经是数字信号了，信源编码只涉及数字信号编码。RFID常用的信源编码方式有反向不归零（Non-Return to Zero，NRZ）编码、曼彻斯特（Manchester）编码、密勒（Miller）编码、修正密勒编码。

1. 反向不归零编码

反向不归零编码（NRZ）是一种简单的数字基带编码方式，用高电平表示二进制“1”，低电平表示二进制“0”。如图5.16所示，由于码元之间无空隙间隔，在全部码元时间内传送，所以称为反向不归零码。一般不宜用于实际传输，主要有以下原因。

(1) 存在直流分量，信道一般难以传输零频附近的频率分量。

图5.16　NRZ编码

(2) 收端判决门限与信号功率有关，使用不方便。

(3) 不能直接用来提取位同步信号，因为NRZ中不含有位同步信号频率成分。

(4) 要求传输线中有一根接地。

在RFID系统应用中，为了能很好地解决读写器和电子标签通信时的同步问题，往往不使用数据的反向不归零编码直接对射频信号进行调制，而是将数据的反向不归零码进行某种编码后再对射频信号进行调制，所采用的编码方法主要有曼彻斯特编码、密勒编码和修正密勒编码等。

2. 曼彻斯特编码

曼彻斯特编码也称为分相编码，某位的值由半个位周期(50%)的电平变化(上升/下降)表示。在半个位周期时的负跳变(即电平由1变为0)表示二进制“1”，正跳变表示二进制“0”，如图5.17所示。

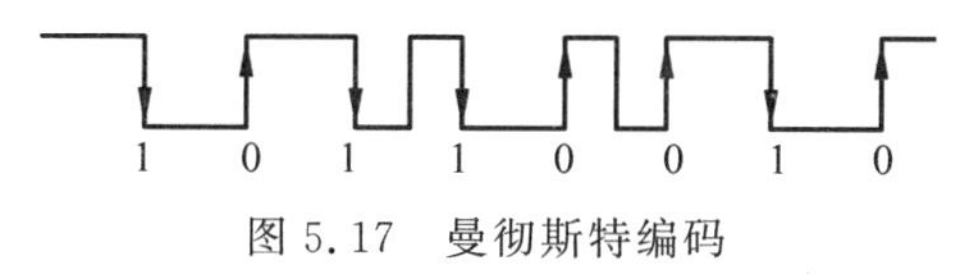

图5.17　曼彻斯特编码

曼彻斯特编码有如下特点。

(1) 曼彻斯特编码的跳变发生在每个码元的中间，既可作为时钟信号，又可作为数据信号，是具有自同步能力和良好的抗干扰性能，也成为自同步的编码。

(2) 在采用副载波的副载调制或者反向散射调制时，曼彻斯特编码通常用于从电子标签到读写器方向的数据传输，这有利于发现数据传输的错误。

(3) 曼彻斯特编码是一种归零编码。

3. 密勒编码

密勒编码（见图5.18）规则：对于原始符号“1”，用码元起始不跳变而中心点出现跳变来表示，即用10或01表示；对于原始符号“0”，则分成单个“0”还是连续“0”予以不同的处理。单个“0”时，保持“0”前的电平不变，即在码元边界处电平不跳变，在码元中间点电平也不跳变；对于连续两个“0”，则使连续两个“0”的边界处发生电平跳变。

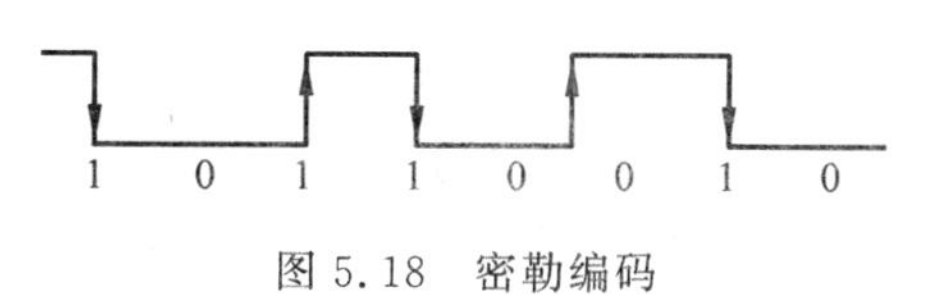

图5.18　密勒编码

4. 修正密勒编码

相对于密勒编码来说,修正密勒编码将其每个边沿都用负脉冲代替,如图5.19所示。

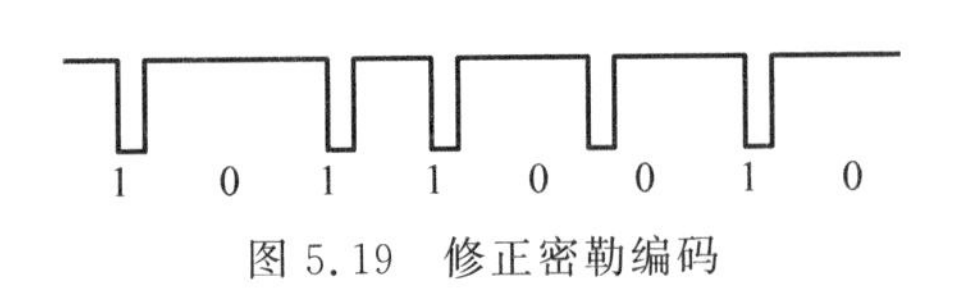

图5.19 修正密勒编码

由于负脉冲的时间较短,可以保证数据在传输过程中能够从高频场中持续为电子标签提供能量。修正密勒编码在电感耦合的RFID系统中,主要应用于从读写器到电子标签的数据传输。

5.4.3 RFID信道编码方法

信道编码的目的是改善通信系统的传输质量,对于不同类型的信道要设计不同类型的信道编码,这样才能收到良好的效果。从构造方法来看,信道编码的基本思路是根据一定的规律在待发送的信息码元中加入一些多余的码元,以保证传输过程的可靠性。信道编码的任务是构造出以最小冗余度代价换取最大抗干扰性能的“好码”。

信道编码的实质是在信息码中增加一定数量的多余码元(也称为监督码元),使它们满足一定的约束关系,这样,信息码元和监督码元就可以共同组成一个由信道传输的码字。一旦传输过程中发生错误,信息码元和监督码元间的约束关系就会被破坏。在接收端可按照既定的规则校验这种约束关系,从而达到发现和纠正错误的目的。

最常用的差错控制编码有奇偶校验法和循环冗余校验法等。这些方法用于识别数据是否发生传输错误,并且可以启动校正措施,或者舍弃传输发生错误的数据,要求重新传输有错误的数据块。

1. 奇偶校验法

奇偶校验法是一种很简单并且广泛使用的校验方法,这种方法是在每一字节中加上一个奇偶校验位,并被传输,即每个字节发送9位数据。数据传输以前通常会确定是奇校验还是偶校验,以保证发送端和接收端采用相同的校验方法进行数据校验。若校验位不符,则认为传输出错。奇偶校验法又分为奇校验法和偶校验法。

奇偶校验的编码规则:把信息码先分组,形成多个许用码组,在每一个许用码组最后(最低位)加上1位监督码元,加上监督码元后使该码组1的数目为奇数的编码称为奇校验码,为偶数的编码则称为偶校验码。根据编码分类,可知奇偶校验码属于一种检错、线性、分组系统码。奇偶校验码的监督关系可以用以下公式进行表述。假设一个码组的长度为n(在计算机通信中,常为1字节),表示为$A=(a_{n-1},\cdots,a_1,a_0)$,其中前$n-1$位是信息码,最后一位$a_0$为校验码(或监督码),那么,对于偶校验码必须保证

$$a_{n-1}\oplus\cdots\oplus a_1\oplus a_0=0 \tag{5.25}$$

校验码元(或监督码元)a_0的取值(0或1)可由下式决定,即

$$a_0=a_{n-1}\oplus\cdots\oplus a_1 \tag{5.26}$$

对于奇校验来说,要求必须保证

$$a_{n-1}\oplus\cdots\oplus a_1\oplus a_0=1 \tag{5.27}$$

校验码元(或监督码元)a_0的取值(0或1)可由下式决定,即

$$a_0=a_{n-1}\oplus\cdots\oplus a_1\oplus 1 \tag{5.28}$$

奇偶校验法并不是一种安全的检错方法,其识别错误的能力较低。如果发生错误的位数为奇数,那么错误可以被识别,而当发生错误的位数为偶数时,错误就无法被识别了,这是

因为错误互相抵消了。数位的错误，以及大多数涉及偶数个位的错误都有可能检测不出来。它的缺点在于：当某一数据分段中的一个或者多位被破坏时，并且在下一个数据分段中具有相反值的对应位也被破坏，那么这些列的和将不变，因此接收端不可能检测到错误。常用的奇偶校验法为水平奇偶校验、垂直奇偶校验和水平垂直奇偶校验。

2. 循环冗余校验

循环冗余校验(Cyclic Redundancy Check，CRC)法是数据通信领域中最常见的一种差错校验方法，具有较强的检错能力，且硬件实现简单，因而在RFID中获得了广泛的应用。

CRC校验基于多项式技术进行编码，并且利用除法及余数的原理来进行错误检测。在CRC编码中，将长度为 k 的整个数据块当成多项式 $M(x)$ 的系数序列，在发送时将多项式 $M(x)$ 用另一个多项式(被称为生成多项式 $G(x)$)来除，然后利用余数进行校验。从代数角度看，$M(x)$ 是一个系数是0或1的多项式，一个长度为 k 的数据块可以看成 x^{k-1} 到 x^0 的 k 次多项式的系数序列。例如，一个8位二进制数10110101可以表示为

$$1x^7+0x^6+1x^5+1x^4+0x^3+1x^2+0x+1 \tag{5.29}$$

CRC码的算法步骤如下。

(1) 在计算CRC码之前，发送方和接收方必须采用一个共同的生成多项式 $G(x)$，$G(x)$ 的阶次应低于 $M(x)$，且最高和最低阶的系数为1。

(2) 将二进制数据块写成 $k-1$ 阶的多项式 $M(x)$。

(3) 设生成多项式 $G(x)$ 为 r 阶，并且在数据块末尾附加 r 个零，将数据块变为 $m+r$ 位，则相应的多项式为 $x^rM(x)$。

(4) 利用模2除法计算 $x^rM(x)/G(x)$，获得余数 $R(x)$。

(5) 利用模2减法计算传送多项式 $T(x)$，$T(x)=x^rM(x)-R(x)$，即从 $x^rM(x)$ 对应的位串中减去余数，则 $T(x)$ 多项式系数序列的前 k 位为数据位，后 r 位为校验位，总位数为 $n=k+r$。

在实际应用时，发送装置计算出CRC校验码，并将CRC校验码附加在二进制数据 $M(x)$ 后面一起发送给接收装置，接收装置根据接收到的数据重新计算CRC校验码，并将计算出的CRC校验码与收到的CRC校验码进行比较，若两个CRC校验码不同，则说明数据通信出现错误，要求发送装置重新发送数据。该过程也可以表述为：发送装置利用生成多项式 $G(x)$ 来除以二进制数据 $M(x)$，将相除结果的余数作为CRC校验码附在数据块之后发送出去，接收时先对传输过来的二进制数据用同一个生成多项式 $G(x)$ 去除，若能除尽即余数为0，说明传输正确；若除不尽说明传输有差错，可要求发送方重新发送一次。

5.4.4 RFID调制技术

在通信中，通常会有基带信号和频带信号。基带信号也就是原始信号，通常具有较低的频率成分，不适合在无线信道中进行传输。在通信系统中，由一个载波来运载基带信号，调制就是使载波信号的某个参量随基带信号的变化而变化，从而实现基带信号转换成频带信号。在通信系统的接收端要对应有解调过程，其作用是将信道中的频带信号恢复为基带信号。

数字调制是指把数字基带信号调制到载波的某个参数上，使载波的参数(幅度、频率、相

位)随数字基带信号的变化而变化,因此数字调制信号也称键控信号。数字调制中的调幅、调频和调相分别称为幅移键控(ASK)、频移键控(FSK)和相移键控(PSK)。

1. 幅移键控

调幅是指载波的频率和相位不变,载波的振幅随调制信号的变化而变化。调幅有模拟调制与数字调制两种,RFID系统中用到的是数字调制,即幅移键控(ASK)。ASK是利用载波的幅度变化来传递数字信息的。在二进制数字调制中,载波的幅度只有两种变化,分别对应二进制信息的1和0。目前电感耦合RFID系统常采用ASK调制方式,如ISO/IEC 14443及ISO/IEC 15693标准均采用ASK调制方式。

二进制幅移键控信号可以表示成具有一定波形的二进制序列(二进制数字基带信号)与正弦载波的乘积,即

$$v(t)=s(t)\cos(\omega_c t) \tag{5.30}$$

其中,$\cos(\cos(\omega_c t))$为载波,$s(t)$为二进制序列,即

$$s(t)=\sum a_n g(t-nT_s) \tag{5.31}$$

式中,T_s为码元持续时间,$g(t)$为持续时间为T_s的基带脉冲波形;a_n表示第n个符号的电平取值。

载波振幅在0、1两种状态之间切换(键控),即

$$a_n=\begin{cases}1, & 概率为 P\\ 0, & 概率为 1-P\end{cases} \tag{5.32}$$

2ASK信号产生原理及其波形图如图5.20所示。

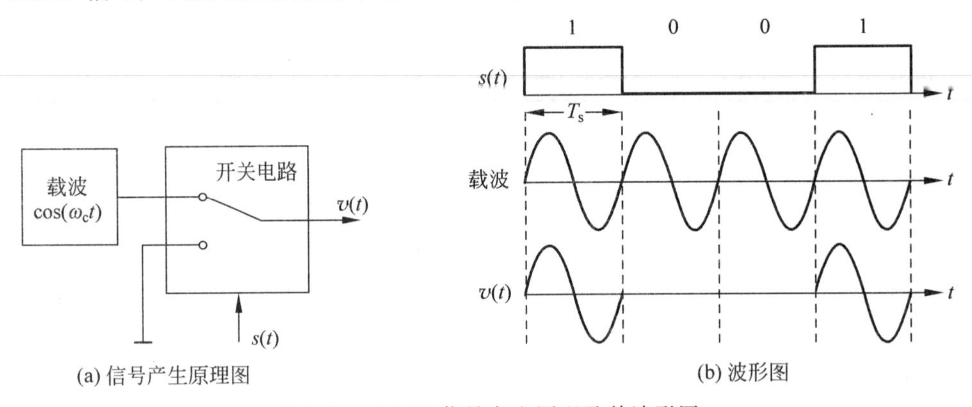

(a) 信号产生原理图 (b) 波形图

图5.20 2ASK信号产生原理及其波形图

2. 频移键控

数字频移键控是用载波的频率来传输数字消息的,即利用所传输的数字消息来控制载波的频率。数字频率调制又称为频移键控调制(Frequency Shift Keying,FSK),即用不同的频率来表示不同的符号。二进制频移键控记为2FSK,二进制符号0对应于载波f_1,符号1对应于符号f_2,f_1与f_2之间的改变是在瞬时完成的,例如,2kHz表示0,3kHz表示1。频移键控是数字传输中应用比较广泛的一种方式。

在2FSK中,载波的频率随二进制基带信号在f_1和f_2两个频率点间变化。其表达式为

$$v(t)=\begin{cases}A\cos(\omega_1 t+\theta_n), & \text{发送 } 1\\ A\cos(\omega_2 t+\theta_n), & \text{发送 } 0\end{cases} \tag{5.33}$$

从式(5.33)可以看出,发送 1 和发送 0 时,信号的振幅不变,角频率在变。

$$\omega_1=2\pi f_1 \tag{5.34}$$

$$\omega_2=2\pi f_2 \tag{5.35}$$

2FSK 信号典型的波形图如图 5.21 所示,2FSK 信号的波形 $v(t)$可以看成两个不同载频的 2ASK 信号波形 f_1 和波形 f_2 的叠加。

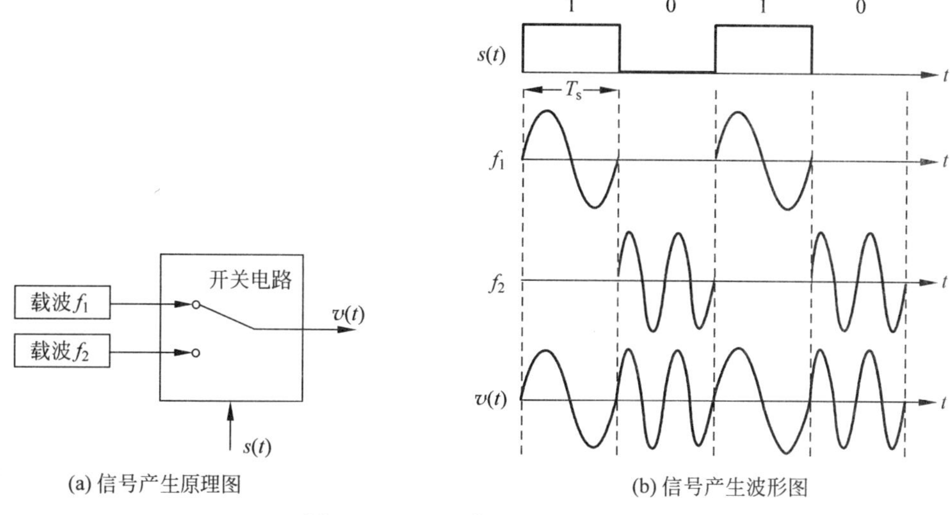

(a) 信号产生原理图　　(b) 信号产生波形图

图 5.21　2FSK 信号典型的波形图

3. 相移键控

数字相位调制又称为相移键控调制(Phase Shift Keying,PSK)。二进制相移键控方式 2PSK 是键控的载波初始相位按基带脉冲序列的规律而改变的一种数字调制方式,即根据数字基带信号的两个电平(或符号)使载波初始相位在两个不同的数值之间切换的一种相位调制方法,载波的初始相位通常为 0 和 π 两种状态。

二进制相移键控(2PSK)的表达式为

$$v(t)=A\cos(\omega_c t+\varphi_n) \tag{5.36}$$

式中,φ_n 表示第 n 个字符的绝对相位。φ_n 为

$$\varphi_n=\begin{cases}0, & \text{发送 } 1\\ \pi, & \text{发送 } 0\end{cases} \tag{5.37}$$

载波振荡器在相位 φ_n 按二进制编码的两种状态间切换,具体波形如图 5.22 所示。

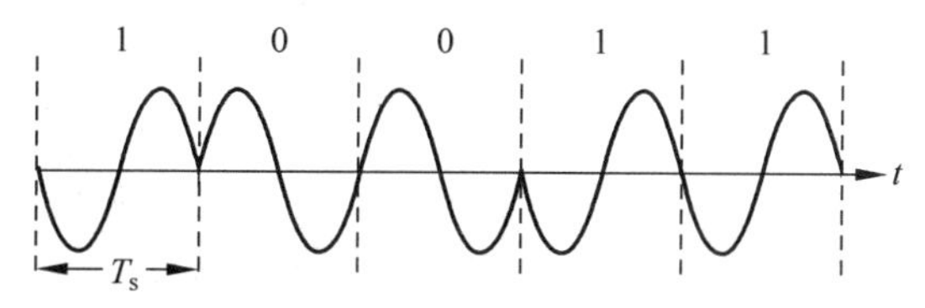

图 5.22　2PSK 信号波形图

5.5 RFID 防碰撞算法

RFID 利用射频信号进行无接触的数据采集和信息传递，识别过程无须人工干预，即可完成物品信息的采集和传输，可用于识别高速运动的物体，并且能够实现多个目标的同时识别。但在 RFID 系统中也经常遇到“多路存取”的通信方式，即在读写器的作用范围内，多个应答器同时传输数据给读写器。这种情况就会出现通信冲突，产生数据的相互干扰，即碰撞。

为了防止碰撞的产生，RFID 系统中需要采取相应的技术措施来解决碰撞(冲突)问题，这些措施称为防碰撞(冲突)协议。解决防碰撞的方法主要包括空分多路(SDMA)法、频分多路(FDMA)法、码分多路(CDMA)法和时分多路(TDMA)法。在 RFID 系统中，一般采用 TDMA 法来解决碰撞。TDMA 是一种把整个可供使用的通路容量按时间分配给多个用户的技术。防碰撞算法利用多路存取技术，使 RFID 系统中读写器与应答器之间的数据能够完整地传输。在很多应用中，系统的性能在很大程度上取决于系统的防碰撞算法。常用的防碰撞算法有 ALOHA 算法和二进制树形搜索算法。

1. 纯 ALOHA 算法

在纯 ALOHA 算法中，若读写器检测出信号存在相互干扰，读写器就会向电子标签发出命令，令其停止向读写器传输信号；电子标签在接收到命令信号之后就会停止发送信息，并会在接下来的一个随机时间段内进入待命状态，只有当该时间段过去后，才会重新向读写器发送信息。各个电子标签待命时间片段的长度是随机的，再次向读写器发送信号的时间也不相同，这样可减少碰撞的可能性。

当读写器成功识别某一个标签后，就会立即对该标签下达命令使之进入休眠的状态。而其他标签则会一直对读写器所发出的命令进行响应，并重复发送信息给读写器，当标签被识别后，就会一一进入休眠状态，直到读写器识别出所有在其工作区内的标签后，算法过程才结束。

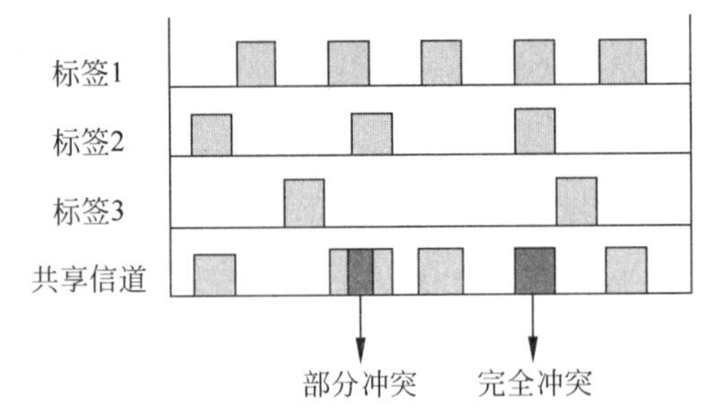

图 5.23 纯 ALOHA 算法碰撞模型图

纯 ALOHA 算法中的信号碰撞分为两种情况：一种是信号部分碰撞，即信号的一部分发生了冲突；另一种则是信号的完全碰撞，是指数据完全发生了冲突。

如图 5.23 所示，发生冲突的数据都无法被读写器所识别。

2. 时隙 ALOHA 算法

时隙 ALOHA 算法把时间分成多个离散的时隙，每个时隙长度等于或稍大于一个帧，标签只能在每个时隙的开始处发送数据。这样标签要么成功发送，要么完全碰撞，避免了纯 ALOHA 算法中的部分碰撞冲突，碰撞周期减半，提高了信道利用率。时隙 ALOHA 算法需要读写器对其识别区域内的标签校准时间。时隙 ALOHA 算法是随机询问驱动的 TDMA 防冲撞算法，工作过程如图 5.24 所示。

在时隙 ALOHA 算法中，所需的时隙数量对信道的传输性能有很大影响。如果有较多应答器处于读写器的作用范围内，而时隙数有限，再加上还须另外进入的应答器，则系统的吞吐率会很快下降。在最不利时，没有一个应答器能单独处于一个时隙中而发送成功，这时就需要进行调整，以便有更多的时隙可以使用。如果准备了较多的时隙，但工作的应答器较少，则会造成传输效率降低。因此，在时隙ALOHA算法的基础上，人们还发展了动态时隙ALOHA算法，该算法可动态地调整时隙的数量。

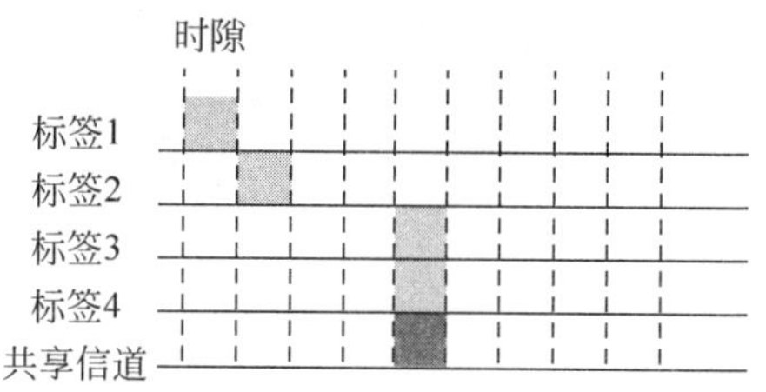

图5.24 时隙ALOHA算法

动态时隙ALOHA算法的基本原理是：读写器在等待状态中的循环时隙段内发送请求命令，该命令使工作应答器同步，然后提供1或2个时隙给工作应答器使用，工作应答器将选择自己的传送时隙，如果在这1或2个时隙内有较多应答器发生了数据碰撞，则读写器就用下一个请求命令增加可使用的时隙数(如4,8,…)，直至不出现碰撞为止。

3. 二进制树形搜索算法

在RFID防碰撞算法中，二进制树形搜索算法是目前应用最广的一种算法。在该算法的执行过程中，阅读器会多次发送命令给电子标签，并采用递归的方式工作：先将这些信息包随机地分为两个子集，如果子集遇到碰撞就再分为两个子集，如果再次发生碰撞，就继续将子集随机地分为两个子集。该过程不断重复，这些子集会越来越小，直到多次分组后最终得到唯一的一个电子标签或者为空，然后返回到上一个子集。这个过程遵循“先入后出”的原则，等所有子集中的信息包都成功传输后，再来传输第二个子集。在这个分组过程中，将对应的命令参数以节点的形式存储起来，就可以得到一个数据的分叉树，而这些数据节点又是以二进制的形式出现的，每次分割使搜索树增加一层分支，所以称其为“二进制树”，这种算法被称为“二进制树形搜索算法”。

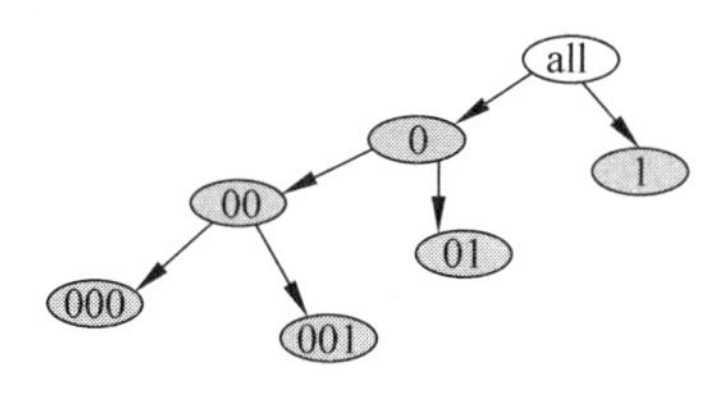

图5.25 二进制树形搜索算法的模型

二进制树形搜索算法的模型如图5.25所示，其基本思想是将处于冲突的标签分成左右两个子集0和1，先查询子集0，若没有冲突，则正确识别标签，若仍有冲突则再分裂，把子集0分成00和01两个子集，以此类推，直到识别出子集0中所有标签，再按此步骤查询子集1。可见，标签的序列号是处理碰撞的基础。

如果以电子标签发生碰撞的位进行分支，则二进制树形搜索算法的步骤如下。

(1) 阅读器以广播的形式发送探测包，探测包序列号最大，查询条件为Q。在作用范围内的电子标签如果收到该探测包，则将它们的序列号分别传送至阅读器。

(2) 当阅读器收到电子标签回传的应答后，将进行响应。如果发现收到的序列号不一致(即有的序列号为0，而有的序列号为1)，则可以判定通信产生了碰撞。

(3) 当确定存在碰撞后，再次分析，如果序列号不一致，则将最高位置0，然后输出查询条件Q，依次排除序列号大于Q的电子标签。

(4) 识别出序列号最小的电子标签后，对其进行操作，使其进入“无声”状态，即对阅读器发送的查询命令不进行响应。

(5) 重复步骤(1)，从中选出序列号倒数第二的电子标签。

如果采用随机的分支方法,则将信息包随机地分为两个分支,在第一个分支里,认为是"抛正面"(取值为0)的信息包,在第二个分支里,认为是"抛反面"(取值为1)的信息包。如图5.26所示为四层($m=4$)树算法的原理示意图。每个顶点表示一个时隙,每个顶点为后面接着的过程产生子集。如果该顶点包含的信息包个数大于或等于2,那么就产生碰撞,于是就产生了两个新的分支。算法从树的根部开始,在解决这些碰撞的过程中,假设没有新的信息包达到。

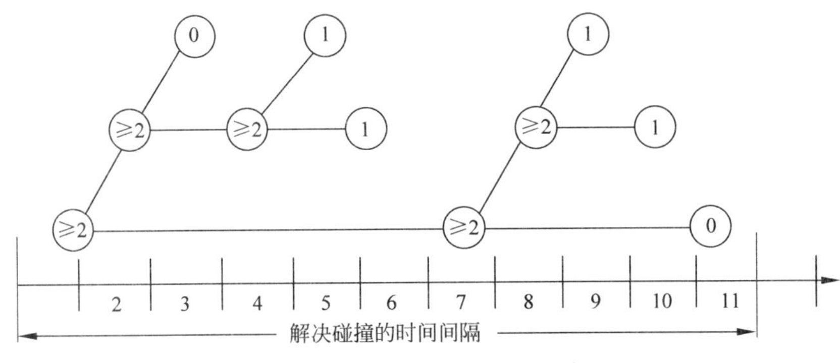

图5.26 四层树算法的原理示意图

在图5.26中,第一次碰撞在时隙1发生,开始并不知道共有多少个信息包产生碰撞,每个信息包好像抛硬币一样,抛0的在时隙2内传输。第二次发生碰撞是在时隙2内,在图5.26所示的例子中,两个信息包都是抛1,以致时隙3为空。在时隙4内,时隙2中抛1的两个信息包又一次发生碰撞和分支,抛0的信息包在时隙5内成功传输,抛1的信息包在时隙6内成功传输,这样所有在时隙1内抛0的信息包之间的碰撞得以解决。在树根时抛1的信息包在时隙7内开始发送信息,新的碰撞发生。这里假设在树根时抛1的信息包有两个,而且由于两个都是抛0,所以在时隙8内再次发生碰撞并再一次进行分割,抛0的在时隙9内传输,抛1的在时隙10内传输。在时隙7内抛1的实际上没有信息包,所以时隙11为空闲。

二进制树形算法是在碰撞发生后如何解决碰撞问题的一种算法。需要指出的是,当碰撞正在进行时,新加入这个系统的信息包禁止传输信息,直到该系统的碰撞问题得以解决,并且所有信息包成功发送完后,才能进行新信息包的传输。例如,在上例中,在时隙1到时隙11之间,新加入这个系统的信息包只有在时隙12才开始传输。二进制树形算法也可以按照堆栈的理论进行描述。在每个时隙,信息包堆栈不断地弹出与压栈,在栈顶的信息包最先传输。当发生碰撞时,先把抛1的信息包压栈,再把抛0的信息包压栈,这样,抛0的信息包处在栈顶,在下个时隙弹出,能进行传输。当完成一次成功传输或者出现一次空闲时隙时,栈项的信息包被继续弹出,依次进行发送。显然,当堆栈为空时,则碰撞问题得以解决,所有信息包成功传输。接下来,把新到达这个系统的信息包压栈,操作过程与前面的一样。

5.6 RFID技术应用

RFID作为非接触的无线射频双向识别技术,已经有了较长的应用历史,RFID标准也日趋完备。随着RFID技术在安全性方面的进展以及成本的不断降低,RFID产品的种类不断丰富，RFID 应用领域也日益扩大，已经渗透到日常生活的各个方面。

1. 门禁安防

门禁系统应用 RFID 技术可以实现持有效电子标签的车不停车，方便通行又节约时间，提高路口的通行效率，更重要的是可以对小区或停车场的车辆出入进行实时的监控，准确验证出入车辆和车主身份，维护区域治安，使小区或停车场的安防管理更加人性化、信息化、智能化、高效化。

2. 电子溯源

溯源技术大致有三种：一种是 RFID 无线射频技术，在产品包装上加贴一个带芯片的标识，产品进出仓库和运输就可以自动采集和读取相关的信息，产品的流向都可以记录在芯片上；一种是二维码，消费者只需要通过带摄像头的手机扫描二维码，就能查询到产品的相关信息，查询的记录都会保留在系统内，一旦产品需要召回就可以直接发送短信给消费者，实现精准召回；还有一种是条码加上产品批次信息(如生产日期、生产时间、批号等)，采用这种方式，生产企业基本不增加生产成本。

电子溯源系统可以实现所有批次产品从原料到成品、从成品到原料 100%的双向追溯功能。这个系统最大的特色功能就是数据的安全性，每个人工输入的环节均被软件实时备份。

采用 RFID 技术进行食品药品的溯源，在一些城市已经开始试点，包括宁波、广州、上海等地，食品药品的溯源主要解决食品来源的跟踪问题，如果发现了有问题的产品，可以简单地追溯，直到找到问题的根源。

3. 产品防伪

RFID 技术经历了几十年的发展应用，技术本身已经非常成熟，应用于防伪实际就是在普通的商品上加一个 RFID 电子标签，电子标签本身相当于一个商品的身份证，伴随商品生产、流通、使用各个环节，在各个环节记录商品的各项信息。

电子标签本身具有以下特点。

1) 唯一性

每个电子标签具有唯一的标识信息，在生产过程中将电子标签与商品信息绑定，在后续流通、使用过程中标签都唯一代表了所对应的那一件商品。

2) 高安全性

电子标签具有可靠的安全加密机制，正因为如此，现今的我国第二代居民身份证和后续的银行卡都采用这种技术。

3) 易验证性

不管是在售前、售中、售后，只要用户想验证时都可以采用非常简单的方式对其进行验证。随着 NFC 手机的普及，用户自身的手机将是最简单、可靠的验真设备。

4) 保存周期长

一般的电子标签保存时间都可以达到几年、十几年甚至几十年，这样的保存周期对于绝大部分产品来说都已足够。

为了考虑信息的安全性，RFID 在防伪上的应用一般采用 13.56MHz 频段的电子标签，RFID 电子标签配合一个统一的分布式平台，这就构成了一套全过程的商品防伪体系。

RFID 技术防伪虽然优点很多，但是也存在明显的劣势，其中最重要的是成本问题，成本问题主要体现在标签成本和整套防伪体系的构建成本,标签成本一般在1元左右,对于普通廉价商品来说,想要使用RFID技术防伪还不太现实,另外,整套防伪体系的构建成本也比较高,并不是一般企业可以花得起这个钱去实现并推广出去的,对于规模不大的企业来说比较适合直接使用第三方的RFID防伪平台。

4. 其他应用案例

在实际应用中,RFID电子标签附着在待识别物体的表面,其中保存着约定格式的电子数据。读写器可非接触地读取并识别标签中所保存的电子数据,从而达到自动识别物体的目的。读写器通过天线发送出一定频率的射频信号,当标签进入磁场时产生感应电流,从而获得能量并发送出自身编码信息,然后被读写器读取并解码后送至计算机主机进行相关处理。

(1) 医院采用超高频RFID追踪病历。

法国Bassin de Thau医院采用超高频RFID追踪病历系统,能够更快、更高效、更方便地在海量病例仓库中查找、追踪病例(医院的中央档案室内大约有4万份病历粘贴Tageos的RFID标签)。该系统实现了以下主要功能。

① 病历管理部门对每份病历粘贴Tageos超高频RFID标签。

② 桌面RFID读写器读取标签编码,并将数据发送到后台数据记录软件,与特定病人的信息数据相关联。

③ 医生查看病历,需要从档案管理室中取出放到病历车中。然后用手持RFID读写器读取病历的编码,以便系统记录病历的借出状态。

④ 通过部署固定RFID读写通道,这样当病历车通过读写通道时,会自动读取车内所有病历的电子标签编码,而无须医生再手持读写,减少人为遗忘导致的差漏。

(2) 博物馆采用RFID技术为游客提供个性化体验。

荷兰一家博物馆通过采用RFID技术为游客提供更好的参观体验。具体说来,一是便于记录游客参观路线,以供博物馆人员分析顾客行为;二是可以将门票ID与展品相关联,即提供信息记录的增值功能。

① 在门票中内嵌超高频RFID电子标签(EPC Gen2)。

② 在博物馆出入口及展品周围放置固定式读写器。

③ 游客进入读写器范围时,固定读写器在游客进入、离开时两次读取游客门票ID。博物馆可根据相关数据判定展品的受欢迎程度,特别是那些轮换展品,以制定展品轮换规则和频率。

此外,游客参观过程中还可将自己感兴趣的展品与所持门票的ID相关联,回家后登录博物馆网站,输入门票上的ID编码,便可以再次欣赏展品。

系统中使用的产品参数型号如下。

电子标签:采用Impinj Monza 5芯片,读取距离控制在3～5m。

读写器:采用Motorola FX7400和FX 9500读写器,每台读写器附带8条AN480天线。

(3) 艺术品储藏工作室采用RFID技术进行艺术品保护。

为了保障艺术品安全,香港Beautiful Mind工作室采用RFID技术对艺术品进行保护。具体做法如下。

① 进出艺术品保存室的人员佩戴内嵌RFID电子标签的出入证，以记录人员进入情况。

② 艺术品粘贴无源超高频电子标签，电子标签具有唯一的编码，与艺术品的所有者、所在存储单位等信息相关联。

③ 工作室内共安装37台超高频RFID读写器，包括艺术品保存室出口处、VIP保存室内部、艺术品保存室、主要进入通道及修复室门口。

④ 如果艺术品移出艺术品保存室，门口的读写器读取电子标签的ID，后台数据软件将计算出艺术品所在的位置、出入时间等信息。

系统中使用的产品参数型号如下。

电子标签：人员出入证内嵌13.56MHz无源高频RFID电子标签，符合ISO 14443A标准；艺术品上粘贴无源EPC Gen2超高频RFID电子标签。

读写器：多种型号，包括Alien ALR 9650读写器、Alien ALR 9900读写器等。

(4) 医院借助RFID实现药品安全配送。

依据国家对特殊和管制药物的规定，对麻醉药品、精神药品和温度敏感类的药品在配药过程中必须进行严格的跟踪监测工作。采用RFID技术可以实现药品安全配送，提高整个药品流通过程的可追溯性，最终确保病人的安全并实现质量的全面监督。

① 在药品包装箱上粘贴电子标签；

② 在检测点设置固定RFID读写器，辅助以手持式RFID终端，跟踪记录药品的位置状态；

③ 后台软件系统配置警报系统；

④ 警报系统会对超过预定运送时间的药物(或用电子邮件或短信方式)发出报警。

(5) 垃圾处理公司采用低频RFID电子标签标识垃圾箱。

提供先进的垃圾回收、分类处理解决方案，不仅管理垃圾回收过程，而且能够准确计费，拒绝处理未付费居民的垃圾。

① 将电子标签粘贴在垃圾箱外侧(贴在垃圾箱盖开口处，一般由垃圾箱生产商添加)，读写器安装在卡车的升降抓手上，回收车安装随机计算机，为司机和管理后台提供实时信息。

② 回收车抓手抓起垃圾箱时读取电子标签信息。回收车可检测出垃圾箱所属居民是否付费，未付费客户的垃圾则不予处理，同时将未付费信息发送到居民手机。

③ 同时，该系统还可以对垃圾箱进行称重，GPS设备进行定位，然后通过有线网络将标签ID、重量、位置、时间等信息发送到后台数据库。

系统中使用的产品参数型号如下。

电子标签：HID Global提供的125kHz低频RFID标签。

读写器：垃圾管理追踪方案的提供商AMCS提供的RFID读写器。

(6) RFID技术在仓储物流领域的应用。

仓储物流就是利用自建或租赁的库房、场地，存储、保管、装卸、搬运、配送货物。仓储物流是以满足供应链上下游的需求为目的，仓储物流的角色包括物流与供应链中的库存控制中心，物流与供应链中的调度中心，是物流与供应链中的增值服务中心、现代物流设备与技术的主要应用中心。

RFID技术在仓储物流领域的应用可以实现对企业物流货品进行智能化、信息化管理，而且可以实现自动记录货品出入库信息、智能仓库盘点、记录及发布货品的状态信息、输出车辆状态报表等。RFID系统在物流管理中的应用系统分为5部分，包括物品监控、物流控制、便携式数据采集、移动载体定位、扩展应用。其系统架构如图5.27所示。

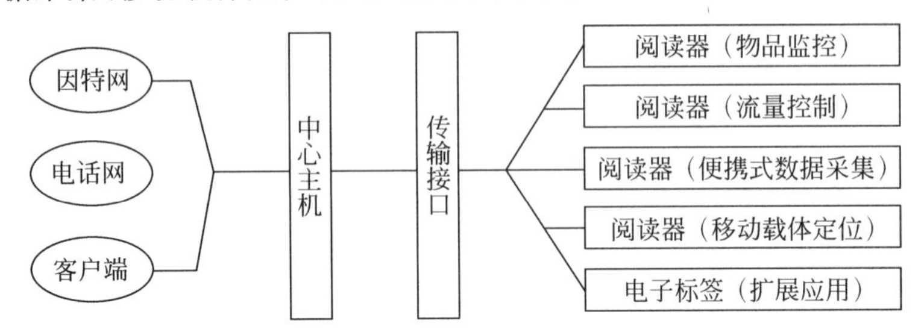

图5.27 基于RFID的仓库管理系统架构

本章小结

本章介绍了RFID通信技术的概念、发展和主要标准，RFID技术与物联网的关系；RFID的组成、工作原理和不同频率RFID系统；RFID的天线与射频前端；RFID的编码与调制技术；RFID的防碰撞算法；RFID技术的典型应用。通过本章的学习，使读者了解和掌握RFID技术的相关概念和原理，并能应用RFID技术进行简单的设计。

习题

一、填空题

1. 让物理对象“开口说话”的物联网通信技术是________技术。
2. RFID的英文全称是________。
3. EPC系统由________、________、EPC中间件、对象名称解析服务(ONS)、EPC信息服务(EPCIS)组成。
4. RFID系统通常由________、________和________三部分组成。
5. 电子标签又被称为应答器或________。
6. 电子标签由________和________组成。
7. RFID电子标签的形式一般有________、________和________。
8. 读写器由________、________和________组成。
9. 中间件是介于________和________之间的独立软件。
10. 在RFID系统中，读写器与电子标签之间能量与数据的传递都是利用耦合元件实现的，RFID系统中的耦合方式有两种：________、________。
11. RFID系统按照工作频率分类，可以分为________、________、________、________和四类________。
12. 低频RFID系统典型的工作频率是________。
13. 高频RFID系统典型的工作频率是________。

14. 超高频 RFID 系统的识别距离一般为________。

15. 超高频 RFID 系统数据传输速率高,可达________。

16. 远场天线主要包括________、________和________。

17. 在近场天线工作模式下,由 RFID 的线圈天线形成的谐振回路,包括 RFID 天线的线圈电感 L,电容 C,则其谐振频率 f 需要满足的条件是________。

18. 读写器天线电路一般采用________电路。

19. 电子标签天线电路一般采用________电路。

20. 根据编码目的不同,RFID 信号编码可分为________和________。

21. ________是指把数字基带信号调制到载波的某个参数上,使载波的参数随数字基带信号的变化而变化。

22. 调幅是指载波的频率和相位不变,载波的________随调制信号的变化而变化。

23. RFID 射频前端电路发生并联谐振,谐振频率 f_0 需要满足的条件是________。

24. RFID 射频前端电路发生串联谐振,谐振频率 f_0 需要满足的条件是________。

25. 电感耦合式系统的工作模型类似于变压器模型。其中变压器的初级和次级线圈分别是________和________。

二、单项选择题

1. 低频段 RFID 系统的工作频率范围是________。

A. 125~134kHz　　B. 13.553~13.567MHz

C. 400~1000MHz　　D. 2.45GHz

2. 频段 RFID 系统的工作频率范围是________。

A. 125~134kHz　　B. 13.553~13.567MHz

C. 400~1000MHz　　D. 2.45GHz

3. 超高频段 RFID 系统的工作频率范围是________。

A. 125~134kHz　　B. 13.553~13.567MHz

C. 400~1000MHz　　D. 2.45GHz

4. 微波频段 RFID 系统的工作频率范围是________。

A. 125~134kHz　　B. 13.553~13.567MHz

C. 400~1000MHz　　D. 2.45GHz

5. 下列________载波频段的 RFID 系统拥有最高的带宽和通信速率、最长的识别距离和最小的天线尺寸。

A. <150kHz　　B. 433.92MHz 和 860~960MHz

C. 13.56MHz　　D. 2.45~5.8GHz

6. 工作在 13.56MHz 频段的 RFID 系统,其识别距离一般为________。

A. <1cm　　B. <10cm　　C. <75cm　　D. 10m

7. ISO 14443 和 ISO 15693 这两项通信协议针对的是________ RFID 系统。

A. 低频　　B. 高频　　C. 超高频　　D. 微波

8. FID 标准 ISO 18000-6B 工作的频段是________。

A. 低频频段　　B. 高频频段　　C. 超高频段　　D. 微波频段

9. 电子标签芯片各部分中,连接电子标签天线与芯片数字电路,并且用于对射频信号进行整流和调制解调的电路是________。

A. 天线　　B. 逻辑控制单元
C. 射频前端　　D. 存储器

10. 读写器中负责将读写器中的电流信号转换成电磁波信号并发送给电子标签的装置是________。

A. 射频模块　　B. 天线　　C. 读写模块　　D. 控制模块

11. 低频和高频频段RFID系统天线一般采用的是________。

A. 线圈天线　　B. 微带贴片天线
C. 偶极子天线　　D. 阵列天线

12. 以下算法中,不是用来解决RFID标签碰撞问题的算法是________。

A. 纯ALOHA算法　　B. 时隙ALOHA算法
C. 二进制树形搜索算法　　D. 冒泡算法

13. RFID系统对信源输出的信号进行变换的过程称为________。

A. 信源编码　　B. 信道编码　　C. 检错编码　　D. 纠错编码

14. RFID系统对信源编码器输出的信号进行变换的过程称为________。

A. 信源编码　　B. 信道编码　　C. 检错编码　　D. 纠错编码

15. 以下编码中属于RFID自同步信源编码的是________。

A. NR编码　　B. 曼彻斯特编码
C. 密勒编码　　D. 修正密勒编码

16. 在RFID技术中,利用载波的幅度变化来传递数字信息的调制技术是________。

A. 幅移键控　　B. 频移键控　　C. 相移键控　　D. 副载波调制

17. 在RFID技术中,利用载波的频率变化来传递数字信息的调制技术是________。

A. 幅移键控　　B. 频移键控　　C. 相移键控　　D. 副载波调制

18. 在RFID技术中,利用载波的初相位变化来传递数字信息的调制技术是________。

A. 幅移键控　　B. 频移键控　　C. 相移键控　　D. 副载波调制

19. RFID系统中,把整个可供使用的通路容量按时间分配给多个用户的技术是________。

A. 空分多路(SDMA)　　B. 频分多路(FDMA)
C. 码分多路(CDMA)　　D. 时分多路(TDMA)

三、简答题

1. 简述RFID技术的应用范围。
2. 简述EPC系统的工作流程。
3. 简述RFID系统的基本组成。
4. 简述RFID的工作原理。
5. 简述读写器的逻辑控制模块的功能。
6. 简述电感耦合的原理。
7. 简述电磁反向散射耦合的原理。
8. 简述电感耦合与反向电磁散射耦合的区别。
9. 简述低频RFID系统的特点。

10. 简述高频 RFID 系统的特点。

11. 简述 RFID 信号需要调制的因素。

12. 简述曼彻斯特编码的特点。

13. 简述纯 ALOHA 算法的原理。

14. 简述帧时隙 ALOHA 算法的原理。

15. 简述二进制树形搜索算法的步骤。

四、计算题

选择生成多项式为 $G(x)=x^4+x+1$,请把6位有效信息110011编码成 CRC 码。

五、综合题

1. 基于 RFID 技术设计一个小区门禁系统,使其能够实现对居民出入小区的大门进行管理,具体的功能包括:通过发卡操作给用户设置出入门禁的许可,从而可以实现刷卡开门,并且用户的出入门禁记录将上传至上位机,同时在数据库保存记录;通过销卡管理可以删除用户在数据库的记录,从而取消用户进入小区的权限;权限管理可以通过修改数据库中用户的权限信息,从而实现用户入门权限的修改;记录查询功能可以查询用户出入门禁的记录。系统设计包括软件、硬件两部分,请画出系统的整体框图和上位机软件图,并给出具体的设计方案。

2. 基于 RFID 技术设计一个资产管理系统,使其能够实现对一些贵重物品进行监控管理,具体的功能包括:首先为需要管理的物品贴上 RFID 标签,并且通过资产登记操作可以将这些物品的信息录入数据库系统,便于物品的清点,同时也方便查看系统所有物品的状态;通过资产监控操作可以查看不同物品的监控状态;通过资产回收操作可以对不需要继续监控的物品进行注销。系统设计包括软件、硬件两部分,请画出系统的整体框图和上位机软件图,并给出具体的设计方案。

3. 基于 RFID 技术设计一个票务防伪系统,帮助各种票务机构、大型场馆和展馆等实现方便快捷的售票、检票工作。系统由中央数据管理子系统、制票售票系统、验票查票系统等模块组成,并且在管理系统中还需要实现对门票发售情况的统计、门禁真假防伪核准、座位人员统计分析、入口流量统计分析等功能。硬件除了配备常规的计算机网络系统设备外,还需要配备门票发行设备、门票检票设备和 RFID 电子门票。请画出系统的整体框图,并给出具体的设计方案。

第 6 章 CHAPTER 6 Wi-Fi 通信技术

教学提示

Wi-Fi 是一种可以将个人计算机、手持设备(如 PDA、手机)等终端以无线方式互相连接的技术。随着信息技术的飞速发展,人们对网络通信的需求不断提高,希望不论在何时、何地、与何人都能够进行包括数据、语音、图像等任何内容的通信,并希望能实现主机在网络中漫游。计算机网络由有线向无线、由固定向移动、由单一业务向多媒体发展,推动了 Wi-Fi 通信技术的发展。

学习目标

- 了解 Wi-Fi 的现状及发展趋势。
- 掌握 Wi-Fi 的有关概念和特点。
- 理解 WLAN 的架构和协议。
- 理解 WLAN 的拓扑和主要组网方式。
- 了解家用 Wi-Fi 的架构方法。

知识结构

本章的知识结构如图 6.1 所示。

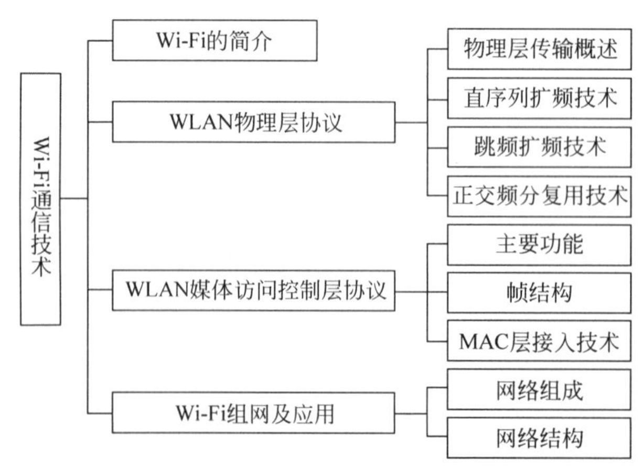

图 6.1 本章知识结构图

6.1　Wi-Fi的简介

Wi-Fi技术是一种可以将个人计算机、手持设备(如PDA、手机)等终端以无线方式互相连接的技术。Wi-Fi是一个无线网络通信技术的品牌,由Wi-Fi联盟(Wi-Fi Alliance)持有,目的是改善基于IEEE 802.11b标准的无线网络产品之间的互通性。现在,Wi-Fi技术已涵盖IEEE 802.11的多个标准。

6.1.1　Wi-Fi的基本概念

Wi-Fi是无线保真(Wireless Fidelity)的缩写,在无线局域网领域内称为“无线相容性认证”,其标志如图6.2所示。Wi-Fi既是一种商业认证,又是一种无线联网技术。以前,网络主要通过网线来连接,而现在可以通过无线电波来覆盖。最常见的联网设备是无线路由器,在无线路由器电波覆盖的有效范围内都可以采用Wi-Fi连接方式进行联网。如果无线路由器连接了一条ADSL或者其他上网接口,则又被称为“热点”。

图6.2　Wi-Fi标志

基于Wi-Fi的高速无线联网模式已逐步融入人们的日常生活。各厂商目前都积极将该技术应用于从手机到计算机的各种设备中。与传统联网技术相比,Wi-Fi具有以下突出优势。

(1) 无线电波覆盖范围广。

蓝牙的电波覆盖范围非常小,而Wi-Fi的电波覆盖半径则大得多,完全能满足许多办公室范围的上网需求。

(2) 传输速度非常快。

虽然基于Wi-Fi技术的无线通信质量和数据传输质量较蓝牙稍低,但传输速度非常快,符合个人和社会信息化的需求。

(3) 设备提供商进入该领域的门槛比较低。

设备提供商在机场、车站、咖啡店、图书馆等人员较密集的地方设置“热点”,并通过高速线路将因特网接入上述场所,由“热点”所发射出的电波可以达到距接入点半径数十米至100m的地方,因此,用户将支持WLAN的笔记本电脑或手机拿到该区域内,就可以高速接入因特网。此时,设备提供商不用耗费资金来进行网络布线,从而节省了大量的成本。

需求决定了市场的发展,与有线网络相比,Wi-Fi有以下一些优点。

(1) 无须布线。

Wi-Fi最主要的优势在于不需要布线,可以不受布线条件的限制,因此非常适合移动办公用户的需要,具有广阔的市场前景。目前,它已经从传统的医疗保健、库存控制和管理服务等特殊行业向更多行业拓展开去,如家庭应用和教育机构应用等。

(2) 健康安全。

IEEE 802.11规定的发射功率不可超过100mW,实际发射功率为60～70mW。与此相比,手机的发射功率为200mW～1W,手持式对讲机高达5W。同时,由于无线网络并不像手机一样直接接触人体,因此具有更高的安全性。

(3) 组建方法简单。

架设一般无线网络的基本设备包括无线网卡及一台AP(Access Point,访问点)。AP主要在媒体访问控制(Medium Access Control,MAC)层中扮演无线工作站和有线局域网络之间的桥梁,使无线工作站可以快速且轻易地与网络相连。无线网卡和AP通过简单配置就能以无线模式配合有线架构来分享网络资源,架设费用和复杂程度远远低于传统的有线网络。

(4) 工作距离长,安全性高。

在网络建设完备的情况下,Wi-Fi的真实工作距离较大,而且解决了高速移动时的数据纠错、误码等问题,同时,设备与设备、设备与基站之间的切换和安全认证都得到了很好的解决。

6.1.2 无线局域网简介

无线局域网(Wireless Local Area Network,WLAN)是Wi-Fi技术的基础,是计算机网络与无线通信技术融合的成果。随着信息技术的飞速发展,人们对网络通信的需求不断提高,基于用户的这种需求,无线局域网技术发展迅猛,已经成为许多应用场景下的主流网络搭建方式。随着IEEE不断推出新的WLAN标准,WLAN必然能够满足更广泛用户的网络需求,提供更优质的网络服务。

1. WLAN的概念

WLAN是利用射频(Radio Frequency,RF)无线信道或红外信道取代有线传输介质所构成的局域网络。目前,WLAN的数据传输速度已与有线网相近,既可满足各类便携设备的入网要求,也可作为传统有线网络的补充手段。

WLAN使用的无线电波和微波频率由各个国家的无线电管理部门规定。按照频段划分,主流国家的电波法规一般可以分为两种:专用频段和自由使用频段。专用频段是指需要经过批准(如发执照或许可证),并需要缴纳相关费用的独自使用频段,也称为需要执照频段;而自由使用频段则是指工业、科研和医疗所使用的ISM频段或其他不需执照的频段。ISM频段虽然不需要执照和缴纳使用费用,但需要严格执行相关法规,尤其是发射功率和频谱框架(如带外辐射等)方面的法规。

各个国家规定用于无线局域网的专用频段和自由频段不完全相同。例如,美国联邦通信委员会(FCC)批准的专用频段包括17GHz和61GHz,而自由使用频段主要包括902～908MHz和2.400～2.4835GHz的ISM频段,1.890～1.903GHz的个人通信系统频段,以及5.15～5.25GHz的U-NII(Unlicensed National Informational Infrastructure,无牌经营的国家信息基础设施)低频段、5.25～5.35GHz的U-NII中频段和5.725～5.835GHz的U-NII高频段。欧洲无线电协会和欧洲电信标准协会规定的专用频段为17.1～17.3GHz、19GHz、24GHz和60.1GHz,而自由使用频段包括用于DECT(数字增强无绳通信)的1.880～1.900GHz频段,用于无线局域网的2.445～2.475GHz频段,以及用于高速无线局域网的5.15～5.35GHz和5.470～5.725GHz频段。日本总务省颁布的专用频段为用于高速无线接入的5.15～5.25GHz和19.495～19.555GHz频段,而ISM频段为2.471～

2.497GHz。在中国,可用于无线局域网的频段主要是2.400~2.4835GHz和5.725~5.850GHz,也可用336~344MHz等频段。

无线局域网多用于以下场合:

- 无线接入网络信息系统、收发电子邮件、文件传输等。
- 难以布线的环境,如大楼内部布线以及楼宇之间的通信。
- 频繁变化的环境,如医院、餐饮店、零售店等。
- 专门工程或高峰时间所需临时局域网,如会议中心、展览馆、休闲娱乐中心等。
- 流动工作者需随时获得信息的区域。

与有线网络相比,WLAN具有以下主要优点。

(1) 由于WLAN不需要布线,因此可以自由地放置终端,有效合理地利用办公室的空间。

(2) WLAN可作为有线网络的无线延伸,也可用于多个有线网络之间的无线互连。

(3) 便于便携设备的接入。人们可以用便携设备自由访问WLAN,传送有关数据。

(4) 不受场地限制,迅速建立局域网。例如,在大型展示会、灾后网络恢复等情况下需要短时间内建立一些临时局域网。

(5) 通过支持移动IP,实现移动计算机网络。

2. WLAN的覆盖范围

局部区域就是距离受限的区域。它是一个相对的概念,是相对于广域而言的。两者的区别主要在于数据传输的范围不同,由此而引起网络设计与实现方面的一些区别。介于广域网(WAN)和局域网(LAN)之间还有一种局部网络,称为城域网(Metropolitan Area Network,MAN)。比局域网覆盖范围更小的网络称为个域网(Personal Area Network,PAN)。广义的无线局域网还包含无线城域网(WMAN)和无线个域网(WPAN)。总体而言,无线网络可以粗略地分为无线广域网和无线局域网两种。

广域网是指全国范围内或全球范围内的网络,通常信息速率不高。典型的无线广域网的例子就是全球移动通信系统(GSM)和卫星通信系统。城域网就是局限在一个城市范围内的网络,覆盖半径在几十米到几十千米,如本地多点分配系统、多信道多点分配系统和IEEE 802.16无线城域网系统,WMAN可以提供较高速的传输速率。无线广域网和无线城域网通常采用大蜂窝或宏蜂窝结构。无线广域网大都可以划分成许多无线城域网子网。

WLAN是一种能在几十米到几千米范围内支持较高数据速率的无线网络,可以采用微蜂窝(Microcell)、微微蜂窝(Picocell)结构,也可以采用非蜂窝结构。目前无线局域网领域的两个典型标准是IEEE 802.11系列标准和HiperLAN系列标准。

IEEE 802.11系列标准指由IEEE 802.11标准任务组提出的协议簇。它们是IEEE 802.11、IEEE 802.11a、IEEE 802.11b、IEEE 802.11g、IEEE 802.11n和IEEE 802.11ac等。IEEE 802.11和IEEE 802.11b用于无线以太网,其工作频率为2.4GHz。IEEE 802.11的传输速率为1Mb/s和2Mb/s;IEEE 802.11b的传输速率为1Mb/s、2Mb/s、5.5Mb/s和11 Mb/s,并兼容IEEE 802.11的传输速率。IEEE 802.11a的工作频率为5~6GHz,使用正交频分复用(Orthogonal Frequency Division Multiplex,OFDM)技术,使传输速率可以达到54Mb/s。IEEE 802.11g工作频率为2.4GHz。采用CCK(Complementary Code Keying,补

偿编码键控)、OFDM、PBCC(Packet Binary Convolutional Code,分组二进制卷积码)调制,可提供54Mb/s的传输速率,并兼容IEEE 802.11b标准。IEEE 802.11n主要结合物理层和MAC层的优点来充分提高WLAN技术的吞吐。主要的物理层技术涉及MIMO(Multiple-Input Multiple-Output,多进多出)、MIMO-OFDM、Short GI等技术,从而将物理层吞吐提高到600Mb/s,并兼容IEEE 802.11a、IEEE 802.11b和IEEE 802.11g标准。IEEE 802.11ac专门为5GHz频段设计,包含了新的射频特点,能够将现有的无线局域网性能提高到与有线千兆级网络相媲美的程度,它借鉴了IEEE 802.11n的各种优点并进一步优化,除了最明显的高吞吐特征外,还可以很好地兼容IEEE 802.11a/n的设备,同时提升了多项用户体验。

HiperLAN是ETSI(欧洲电信标准协会)开发的标准,包括HiperLAN1、HiperLAN2、用于户内无线骨干网的HiperLink,以及用于在户外访问有线网络的HiperAccess四种标准。HiperLAN1提供了一种高速连接无线局域网,减少无线技术复杂性的快速途径,并采用了在GSM蜂窝网络和蜂窝数字分组数据网(CDPD)中广为人知并广泛使用的高斯最小移频键控(GMSK)调制技术。最引人注目的HiperLAN2具有与IEEE 802.11a几乎完全相同的物理层和无线异步传输模式(Asynchronous Transfer Mode,ATM)的媒体访问控制层。

WPAN是一种个人区域无线网,可以认为是WLAN的一个特例,其覆盖半径只有几米。其主要应用范围包括语音通信网关、数据通信网关、信息电器互联与信息自动交换等。WPAN通常采用微微蜂窝或毫微微蜂窝结构。目前,实现WPAN的技术主要有蓝牙、红外数据、家庭射频和超宽带以及ZigBee等。

3. WLAN与Wi-Fi

Wi-Fi是一个无线网络通信技术的品牌,由Wi-Fi联盟所持有,目的是改善基于IEEE 802.11标准的无线网络产品之间的互通性。由此,支持Wi-Fi技术的产品,其协议上属于WLAN的一个子集,即IEEE 802.11协议簇。WLAN无线设备提供了一个世界范围内可以使用的、费用低且数据带宽高的无线空中接口。用户可以在Wi-Fi覆盖区域内快速浏览网页,随时随地接听和拨打电话。而其他一些基于WLAN的宽带数据应用,如流媒体、网络游戏等功能则拥有更为广泛的市场。基于Wi-Fi技术,可以拨打网络长途电话(包括国际长途)、浏览网页、收发电子邮件、下载音乐、传递数码照片等,而无须担心速度慢和花费高的问题。Wi-Fi在掌上设备上的应用越来越广泛,而智能手机就是其中一种。与早前应用于手机上的蓝牙技术不同,Wi-Fi具有更大的覆盖范围和更高的传输速率,因此,Wi-Fi手机成为目前移动通信业界的时尚潮流。现在Wi-Fi的覆盖范围在国内越来越广泛,高级宾馆、豪华住宅区、飞机场以及咖啡厅之类的区域都有Wi-Fi接口。当人们去旅游、办公时,就可以在这些场所享受便捷的网络服务。

6.1.3 WLAN架构

IEEE 802标准遵循ISO/OSI参考模型的原则来确定最低两层——物理层和数据链路层的功能,以及与网络层的接口服务、网络互联等有关的高层功能。要注意的是,按OSI的观点,有关传输介质的规格和网络拓扑结构的说明应比物理层还低,但对局域网来说这两者至关重要,因而IEEE 802模型中包含了对两者的详细规定。OSI参考模型与IEEE 802参考模型的对比如图6.3所示。

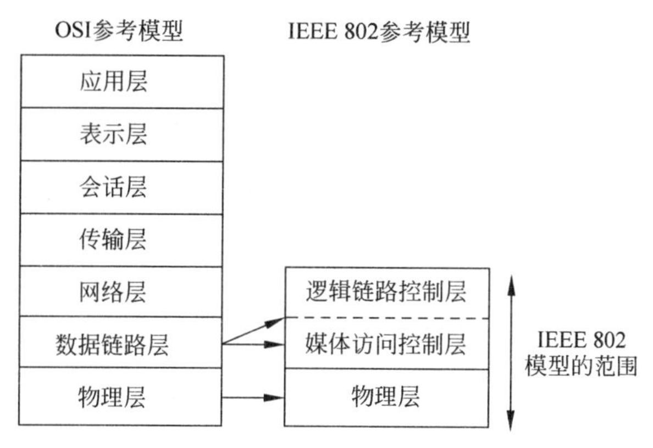

图 6.3 OSI 参考模型与 IEEE 802 参考模型的对比

无线局域网参考模型只用到 OSI 参考模型的最低两层：物理层和数据链路层。数据链路层分为两个子层，即媒体访问控制(MAC)层和逻辑链路控制(LLC)层。物理介质、媒体访问控制方法等对网络层的影响在 MAC 层完全隐蔽起来。数据链路层与媒体访问无关的部分都集中在 LLC 层。

MAC 层主要完成数据的收发，具体功能如下。

(1) 从 LLC 层接收要发送的数据，并决定是否把数据递交给物理层。

(2) 将发送数据附加控制信息后生成帧，并把数据帧递交给物理层。

(3) 从物理层接收数据帧。

(4) 检查接收到的数据帧的控制信息，判断数据是否正确。

(5) 去掉数据帧中的控制信息，并把数据递交至 LLC 层。

LLC 层的主要任务是在两通信实体之间建立的一条点到点逻辑链路上进行数据帧的传输与控制(差错控制与流量控制)。网络层与 LLC 层之间有多个服务访问点(Service Access Point，SAP)，每个 SAP 相当于一个逻辑信道口，这些 SAP 复用 MAC 层并与另一个层中对应的 SAP 构成一条点到点的逻辑链路。此外，LLC 层还要为其上层提供两项附加服务：数据报(Datagram)服务和虚电路(Virtual Circuit)服务。数据报服务是一种无链接服务，在发送时不需要预先建立专用逻辑链路，适合交互式数据业务；虚电路服务是一种面向连接的服务，在数据传输之前必须要建立一条逻辑链路，适合语音等实时业务。

6.1.4 Wi-Fi 的主要协议

IEEE 最初制定的无线局域网标准主要用于解决办公室局域网和校园网中的用户以及终端的无线接入问题，其业务主要限于数据存取，其速率最高只能达到 2Mb/s。由于它在速率和传输距离上都不能满足人们的需要，因此，IEEE 小组又相继推出了 802.11a、802.11b、802.11g、802.11n 和 802.11ac 等一系列标准。

1. IEEE 802.11a

IEEE 802.11a 标准工作在 5GHz 的 U-NII 频段，物理层速率最高可达 54Mb/s，传输层速率最高可达 25Mb/s。IEEE 802.11a 可提供 25Mb/s 的无线 ATM 接口和 10Mb/s 的以太网无线帧结构接口，以及 TDD/TDMA 的空中接口。IEEE 802.11a 支持语音、数据、图像业务，一个扇区可接入多个用户，每个用户可使用多个用户终端。

2. IEEE 802.11b

IEEE 802.11b 载波的频率为 2.4GHz,传送速度为 11Mb/s。IEEE 802.11b 是所有无线局域网标准中最著名,也是普及程度最广的标准。它有时也被错误地标为 Wi-Fi。实际上,Wi-Fi 是无线局域网联盟(WLANA)的一个商标,该商标仅保障使用该商标的商品之间可以合作,与标准本身实际上没有关系。

3. IEEE 802.11g

2003 年 7 月,IEEE 通过了第三种调变标准。其载波的频率为 2.4GHz(与 IEEE 802.11b 相同),原始传输速率为 54Mb/s,净传输速率约为 24.7Mb/s(与 IEEE 802.11a 相同)。IEEE 802.11g 的设备与 IEEE 802.11b 兼容。IEEE 802.11g 是为了更高的传输速率而制定的标准,它采用 2.4GHz 频段,使用 CCK 技术与 IEEE 802.11b 后向兼容,同时它又通过采用 OFDM 技术支持高达 54Mb/s 的数据流,所提供的带宽是 IEEE 802.11a 的 1.5 倍。

4. IEEE 802.11n

IEEE 802.11n 是在 IEEE 802.11g 和 IEEE 802.11a 之上发展起来的一项技术,最大的特点是速率提升,理论速率最高可达 600Mb/s(目前业界的主流速率为 300Mb/s)。IEEE 802.11n 可工作在 2.4GHz 和 5GHz 两个频段。为了实现高带宽、高质量的 WLAN 服务,使无线局域网达到以太网的性能,IEEE 802.11 任务组 N(TGN)应运而生。IEEE 802.11n 标准至 2009 年才得到 IEEE 的正式批准,但采用 MIMO OFDM 技术的厂商已经很多,包括华为、腾达、TP-Link、D-Link、AirGO、Ubiquiti、Bermai、Broadcom 以及杰尔系统、Atheros、思科、Intel 等,产品包括无线网卡、无线路由器等。

5. IEEE 802.11ac

IEEE 802.11ac 是一个 IEEE 802.11 无线局域网(WLAN)通信标准,它通过 5GHz 频段进行通信。理论上,它能够提供最多 1Gb/s 带宽进行多站式无线局域网通信,或是最少 500Mb/s 的单一连接传输带宽。IEEE 802.11ac 是 IEEE 802.11n 的继承者,它采用并扩展了源自 IEEE 802.11n 的空中接口(Air Interface)概念,包括更宽的 RF 带宽(提升至 160MHz),更多的 MIMO 空间流(Spatial Streams)(数量增加到 8),多用户的 MIMO,以及更高阶的调制(Modulation)(十六进制,256QAM)。

从 IEEE 802.11 到 IEEE 802.11ac,可发现 WLAN 标准不断发展的轨迹。

(1) IEEE 802.11b 是所有 WLAN 标准发展的基石,许多系统大都需要与工作在 2.4GHz 的协议后向兼容。

(2) IEEE 802.11a 是一个非全球性的标准,与 IEEE 802.11b 后向不兼容,但采用 OFDM 技术,支持的数据流高达 54Mb/s,提供几倍于 IEEE 802.11b/g 的高速信道。

(3) 随着对 2.4GHz 频段的使用日趋拥挤,IEEE 802.11 标准对 5GHz 频段的使用逐步成为趋势。

以上特征表明,工作在 2.4GHz 和 5GHz 两个频段的协议之间存在与 Wi-Fi 兼容性上的差距。为此,一种用于桥接的双频技术——双模(Dual Band)技术被大量应用在现有的 Wi-Fi 设备中。该技术工作在 2.4GHz 和 5GHz 两个频段,较好地融合了 IEEE 802.11a/g 技术,服从 IEEE 802.11b/g/a 等标准,与 IEEE 802.11b 后向兼容,使用户简单连接到现有的各种 IEEE 802.11 网络成为可能。

6.2 WLAN 物理层协议

WLAN 的物理层分为物理层会聚(Physical Layer Convergence Procedure,PLCP)子层与物理介质依赖(Physical Medium Dependent,PMD)子层两个子层。

PLCP 子层将来自媒体访问控制(MAC)层的数据作为 PLCP 的业务数据单元(PSDU),加上 PLCP 的前导码(包括同步信号或帧起始信号)和 PLCP 帧头组成 PLCP 的协议数据单元(PPDU),传送给 PMD 子层。PLCP 的帧数据单元与 PMD 子层采用的介质(无线电波或红外线)和传送方式[DSSS(直接序列扩频)或 FHSS(跳频扩频)]有关。

PMD 子层将 PLCP 的数据调制到 24GHz 频段的无线电波或 850nm 的红外线,经天线发射出去。

下面介绍物理层的传输原理,以及实现 WLAN 物理层的不同协议。

6.2.1 物理层传输概述

与一般的无线通信系统一样,WLAN 的物理层主要解决数据传输问题。其典型的传输过程如图 6.4 所示。

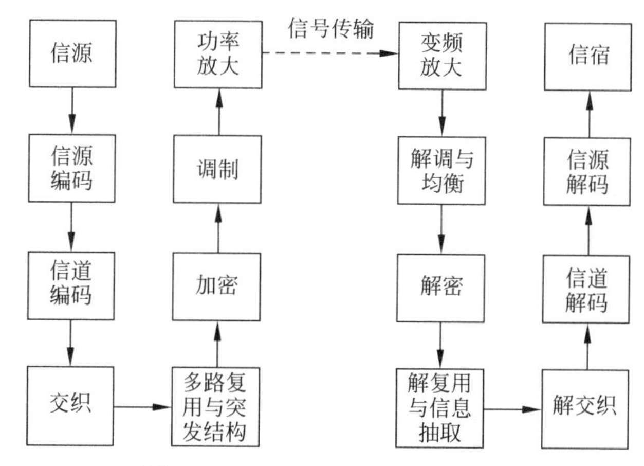

图 6.4　WLAN 物理层的传输过程

数字信源(实际上是上层数据)经信源编码(主要是数据压缩)处理输出经过变换的数字信号,经过信道编码变成适合于信道传输的数字信号。信道编码通过引入冗余设计,从而在接收端能够监测和纠正传输错误。无线信道中的传输错误通常以突发形式出现。为了将此类在传在传输过程中出现的突发错误变换成随机错误,以便信道编码进行纠正,一般要对发送数据进行交织处理。为此,将信道编码和交织技术统称为差错控制编码。如果采用加密技术,只有授权的用户才能正确地检测和解密处理后的信息。为了适应无线信道的特性,进行有效的传输,将加密后的信号进行调制和放大,以一定的频率和一定的功率通过天线或发射器发射出去,如果有多个信源共用此无线链路,通常还需进行多路复用处理。多址接入在多路复用后进行。

接收端的处理过程刚好相反,但经常还需要用均衡机制来校正信号在传输过程中可能产生的相位和幅度失真。

需要强调指出，以上传输原理只是描述了信号从发送端(发射机)到接收端(接收机)的单向传输过程，而实际的WLAN实体都包含发送和接收两个过程。因此，发射机和接收机需要共享天线等部件，这要靠双工器来实现。至于双工器的形式与双工方式有关。

从WLAN物理层的横向结构来看，按照频率的高低和功能的不同，将WLAN物理层划分为天线、射频(RF)、中频(IF)和基带(BB)等几部分。通常将天线和射频部分称为前端(Front End)单元。射频与中频单元与收/发信机的形式与结构有关。基带单元实现了WLAN物理层的主要功能(如编解码、交织/解交织、基带调制解调、均衡、位同步甚至加解密等)，并与上层联系紧密。

6.2.2 直序列扩频技术

直接序列扩频(Direct Sequence Spread Spectrum，DSSS)技术是一种数字调制方法。直接序列扩频通过利用高速率的扩频码序列在发射端扩展信号的频谱，而在接收端用相同的扩频码序列进行解扩，把展开的扩频信号还原成原来的信号。

DSSS是IEEE 802.11标准建议的无线局域网的物理层实现方式之一。该协议包括物理层会聚(PLCP)子层和物理介质依赖(PMD)子层两个组成部分。

图6.5是DSSS物理层的PLCP子层帧的组成格式示意图。IEEE 802.11称之为PLCP协议数据单元(PPDU)。

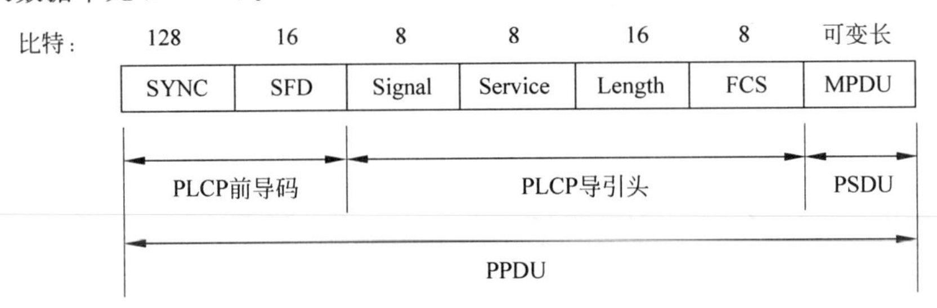

图6.5 DSSS物理层的PLCP子层帧的组成格式

如图6.5所示，DSSS的PLCP帧由前导码[同步码(SYNC)和帧起始定界符(SFD)]、PLCP适配头[信号(Signal)、服务(Service)、长度(Length)和帧校验序列(FCS)]和MAC层协议数据单元(MPDU)所组成。

前导码中的同步码(SYNC)使接收器在帧的真正内容到来之前与输入信号同步。适配头字段提供帧的有关信息，MAC层提供的MPDU内含有工作站要发送的信息，在这里又作为PLCP数据单元(PSDU)。

DSSS的PMD子层在PLCP的指挥下完成真正的PPDU发送和接收。PMD直接和无线媒体建立接口，并为帧的发送与接收提供DSSS调制和解调。

DSSS物理层的PMD操作负责将PPDU的二进制数表示形式转换成适合信道传输的无线电信号。DSSS物理层将要发送的信号用伪噪声(PN)码扩展到一个很宽的频段上去。信号被扩展后，其表现形式就如同噪声一样。扩展的频段越宽，信号的功率就越低，甚至扩展到功率比噪声极限还低，但同时又不损失任何信息。依据世界不同区域的调整权限，DSSS物理层工作在2.4～2.4835GHz频段。IEEE 802.11标准规定：DSSS物理层最多可工作在14个不同的频率。

DSSS 具有较强的抗干扰性和较好的隐蔽性。以下是 DSSS 的调制和解调实例。

【例 6.1】 对于码串 10010，如何使用 DSSS 进行调制和解调？

在利用 DSSS 进行调制和解调的过程中，首先需要进行伪随机码的同步，例如，规定用 11000100110 表示“1”，而用 00110010110 表示“0”。在发射过程中，发射端用 11000100110 编码“1”，用 00110010110 编码“0”，形成伪码 11000100110 00110010110 00110010110 11000100110 00110010110，然后在原来带宽 11 倍的带宽上将伪码发送出去；在接收端收到信号后，使用收到的伪随机码对收到的信号进行恢复，得到原始信号 10010。

由于信号扩频宽度为原来的 N 倍，窄带干扰基本上不起作用，而宽带干扰的强度降低了 N 倍，如要保持原干扰强度，则需加大 N 倍总功率，这实质上是难以实现的。因信号接收需要扩频编码进行相关解扩处理才能得到，所以即使以同类型信号进行干扰，在不知道信号的扩频码的情况下，由于不同扩频编码之间不同的相关性，干扰也不起作用。

6.2.3 跳频扩频技术

跳频扩频（Frequency-Hopping Spread Spectrum，FHSS）物理层也是 IEEE 802.11 标准建议的无线局域网的物理层实现方式之一。与 DSSS 及 IR（指令寄存器）物理层实现相比较，FHSS 物理层具有成本较低、功耗较低和抗信号干扰能力较强的优点，但其通信距离一般小于 DSSS。该协议包括 PLCP 子层和 PMD 子层两个组成部分。

图 6.6 是 FHSS 物理层的 PLCP 子层帧的组成格式示意图。

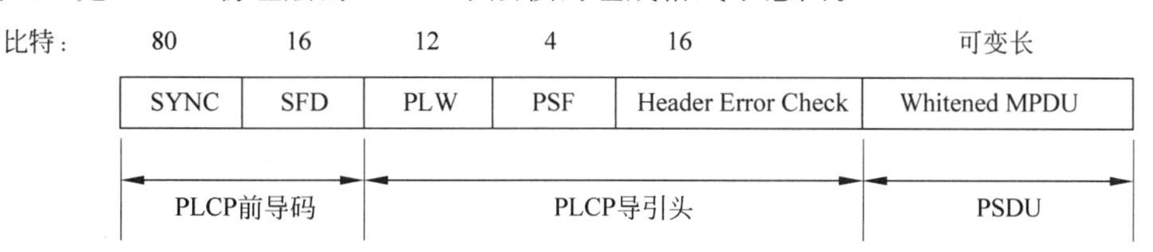

图 6.6　FHSS 物理层的 PLCP 子层帧的组成格式

一般情况下，前导同步码使接收器在真正的帧内容到来之前获得与发送位时钟的同步以及天线分集的准备。适配头（header）字段提供帧的有关信息，whited PSDU 是工作站 MAC 层发送的经过扰码器漂白（whited）的 MPDU。

FHSS 物理层的 PMD 在 PLCP 下层实现对 PPDU 的真正发送和接收。PMD 子层直接与无线媒体接口，并为帧的传送提供 FHSS 调制和解调处理。该层将 PLCP 子层发来的二进制 PPDU 转换成适合信道传输的无线电信号。PMD 子层通过跳频功能和频移键控调制技术实现上述转换。

【例 6.2】 基于 FHSS 的信号发送与接收过程。

图 6.7 是 FHSS 信号发射器和接收器的原理示意图。在发射过程中，经过调制器的信号会经过混频器。跳频指令发生器根据事先定义的跳频星座或规则生成本次的跳频规则，频率合成器根据本次的跳频规则生成跳频相位，然后由混频器将调制器的信号与频率合成器的信号进行叠加，将生成的跳频后的结果发给滤波器，最后由天线发送出去。在接收过程中，天线收到的信号进入混频器，接收端又根据事先定义的跳频序列生成本次的跳频规则，频率合成器根据本次的跳频规则生成跳频相位，然后由混频器将收到信号的相位还原，生成可以识别的信号，经由滤波器和解调器得到最终的输出信号。

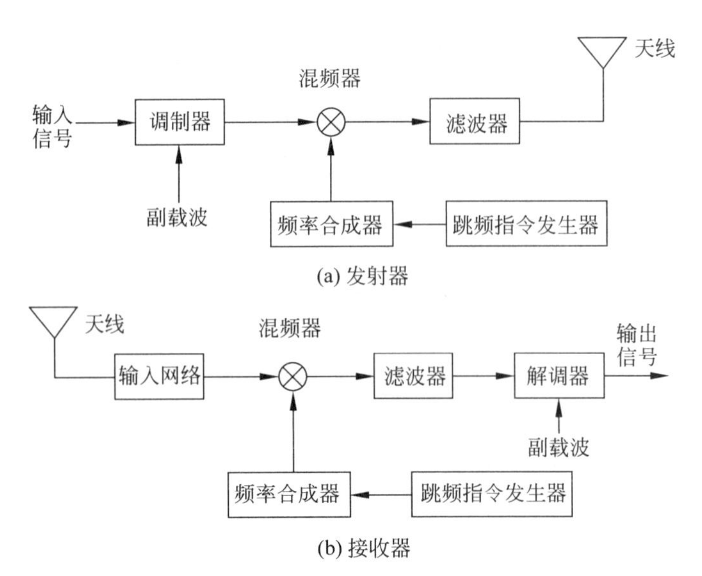

图6.7 FHSS信号发射器和接收器的原理

6.2.4 正交频分复用技术

正交频分复用(OFDM)扩频技术是IEEE 802.11a采用的一种多载波数字调制技术。IEEE 802.11a是对IEEE 802.11标准进行的物理层扩充,它彻底抛弃了前述的扩频思想。IEEE 802.11a工作在5GHz频段,物理层速率可达54Mb/s,传输层速率可达25Mb/s,可提供25Mb/s的无线ATM接口和10Mb/s的无线以太网帧结构接口,支持语音、数据、图像业务。

OFDM是一种高效的数据传输方式,其基本思想是把高速数据流分散到多个正交的子载波上传输,从而使每个子载波上的符号速率大幅度降低,符号持续时间加长,因而对时延扩展有较强的抵抗力,减小了符号间干扰的影响。通常在OFDM符号前加入保护间隔,只要保护间隔大于信道的时延扩展即可以完全消除符号间干扰。

OFDM与一般的多载波传输方式的不同之处是它允许子载波频谱部分重叠,只要满足子载波间相互正交即可以从混叠的子载波上分离出数据信息。由于OFDM允许子载波频谱重叠,其频谱效率大大提高,因而是一种高效的调制方式。

OFDM对干扰也有很好的抵抗力,因为窄带干扰只影响OFDM子载波很少的一部分,对于频率选择性衰落信道来说,通过在子载波上使用纠错控制编码可轻松获得频率分集。OFDM适用于多径环境和频率选择性衰落信道中的高速数据传输。

多载波传输把经过调制映射的信息数据调制在多个子载波上并行发射出去。基于快速傅里叶变换(Fast Fourier Transformation,FFT)实现的OFDM系统实现框图如图6.8所示。

OFDM系统的关键技术问题包括符号定时同步、载波频率偏移估计以及相干解调(Coherent Demodulation,CD)过程中需要的信道估计等问题。符号定时同步就是要在接收到的连续数据流中找到OFDM符号的起点以正确进行FFT。收发端载波频率偏移将破坏OFDM各子载波之间的正交性,引起子载波间的干扰,使系统性能极大下降。图6.9是OFDM的分组前置结构。

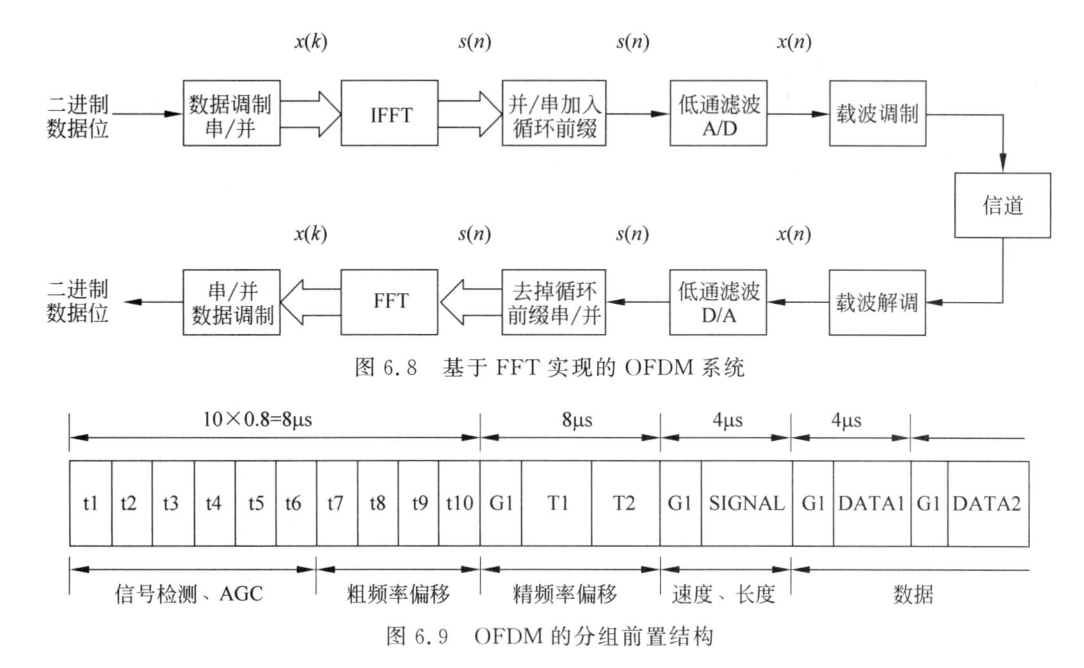

图 6.8　基于 FFT 实现的 OFDM 系统

图 6.9　OFDM 的分组前置结构

OFDM 分组前置结构的符号部分由两部分组成：10 个相同的短信号 t1～t10 和两个相同的长符号 T1、T2，信号 t1 到信号 T2 的总发送时间长度为 16μs，符号后跟 SIGNAL，提供后续数据的调制类型、编码速率和数据长度信息。

在接收端，信息符号是连续到来的，接收要正确调制，必须找到 OFDM 符号的正确位置，这就是 OFDM 的符号同步问题。多载波系统的同步和符号定时同步通常有两种方式：基于导频符号和基于循环扩展的保护间隔。

利用导频符号或者训练序列的信息进行同步是通信系统中常见的做法，一般分两步来完成：同步捕获和同步跟踪。导频的插入需要占用一定的带宽和发射功率，降低了系统的有效性。实际上，OFDM 系统都采用循环扩展的保护间隔来完全消除符号间串扰。插入保护间隔 T_G 内的 N_G 个符号是 OFDM 有效符号 T 内的后 N_G 个符号的复制，对于在接收端相距为 N 的两个样点，当其中的任一个在保护间隔内时，另一个与它相同，两者的相关性较强；当不在保护间隔内时，这两个样点是独立的。因此可以利用保护间隔的这些特性来完成符号定时同步，这种方法避免了插入导频符号带来的资源的浪费。因此可以对接收信号在 T_G 长的时间内做相关积分，并用逐步滑动起始时刻求最大值的方法实现 OFDM 符号定时。

存在载波频率偏移 ∇f_0 的下变频 OFDM 符号抽样为

$$s'(n)=\frac{1}{N}x(n)=\frac{1}{N}\sum_{k=0}^{N-1}X(k)\exp\left(\mathrm{j}2\pi\frac{nk}{N}\right)\exp\left(\mathrm{j}2\pi\nabla f_0\frac{nT}{N}\right) \tag{6.1}$$

其中，n 的取值范围为 $-N,\cdots,-1,0,1,\cdots,N-1$。

从而有

$$s(N+n)/s'(n)=\exp(\mathrm{j}2\pi\nabla f_0 T),\quad n=-N,\cdots,-1,0,1,\cdots,N-1$$

因此可以利用 OFDM 的循环前缀来进行载波频率偏移估计和载波调整。

6.3 WLAN媒体访问控制层协议

按照WLAN的协议体系结构层次划分,MAC子层是位于物理(PHY)层和逻辑链路控制(LLC)子层中间的一个层次,其目的是在LLC子层的支持下为共享物理媒体提供访问控制功能。

MAC子层在LLC子层的支持下执行寻址方式和帧产生与帧识别功能。IEEE 802.11标准采用带有碰撞避免功能的载波侦听多址接入(Carrier Sensing Multiple Access with Collision Avoidance,CSMA/CA)媒体访问控制协议。所谓"载波侦听"是指具有数据发送要求的站点在数据帧被传输之前,先由无线设备对信道媒体进行侦听,判断是否有任何其他设备正在传输信号(载波)。如果信号传输正在进行,则该设备等待一个随机长度的时间,然后进行再次侦听。若没有其他的设备正在使用媒体,该设备将开始自己的数据帧发送。但是"碰撞避免"功能不可能绝对地避免数据帧的碰撞。如果作为发送方的某站在发出数据帧之后,在一定的时间周期内没有收到接收方回送的表示"数据帧已正确收到"的认可应答信号,则可以认为是出现了碰撞。碰撞意味着同时出现两个或两个以上的站在信道中传送信息。如果碰撞发生,则相互碰撞的若干数据帧都会损坏,必须进行重新发送。

为了尽可能避免碰撞的发生,使两个或两个以上的设备同时进行传输的可能性减到最小,IEEE 802.11的建议标准中采用了多种措施。例如,对不同的帧传送服务划分不同的优先级别;在较长的数据帧传送前,通过较短的发送请求/清除发送(RTS/CTS)帧的传递获取后续一定时间的信道使用权;采用了数据帧确认(ACK)机制,确保不会使数据帧在传输中由于碰撞或其他干扰造成丢失等。

IEEE 802.11标准中,以CSMA/CA协议作为无线局域网MAC协议的基础,主要用来支持异步业务,并称其为分布式协调功能(DCF)。为了使系统也能够支持具有最大时延要求的一些同步或时限业务,标准中还要求了MAC协议支持用户可选择的点协调功能(PCF)。

以上提到的各个方面的问题都发生在MAC层。另外,对于一些其他的MAC子层服务,如网络的加入、认证与保密、网络同步等,也都发生在MAC子层。后面各节将对它们做较为详细的讨论。

6.3.1 MAC子层的主要功能

IEEE 802.11无线局域网中的所有站(固定站、半移动站和移动站)和无线访问点(AP)都需提供MAC子层服务。MAC子层服务主要指在MAC服务访问节点(SAP)与LLC子层之间交换MAC服务数据单元(MSDU)的过程与能力。MAC服务还包括利用共享无线电波或红外线传输媒体进行MAC服务数据单元的发送与接收。MAC子层具有以下主要功能:无线媒体访问控制、加入网络连接以及提供认证和保密服务。

1. 无线媒体访问控制

在帧发送之前,MAC必须首先利用以下方式获得网络连接。

(1) 具有碰撞避免功能的载波侦听多址接入媒体访问控制方式,IEEE 802.11规范称为分布式协调功能(DCF)。

(2) 基于不同服务优先级别的集中式轮询(Polling)访问控制,IEEE 802.11 规范称为点协调功能(PCF)。

DCF 和 PCF 都能在同一个 BSS(业务支撑系统)中提供并行的可选择的竞争和无竞争访问期。

2. 加入网络连接

工作站的电源被打开之后,它在验证和连接到合适的工作站或访问点之前,首先会检测有无现成的工作站和访问点可供加入。工作站通过被动或主动扫描方式完成上述的搜索过程。加入一个 BSS 或 ESS(Extended Service Set,扩展业务组)之后,工作站从访问点接收服务组标识符(Service Set Identifier, SSID)、时间同步函数(Timer Synchronization Function,TSF)、计时器的值和物理安装参数等。

BSS 中的工作站必须和访问点保持同步,从而保证所有工作站都工作在相同的参数下,同时也保证节能管理的正常进行。为了实现以上目的,访问点需定期地发送信标帧(一种管理类型的 MAC 帧)。信标帧包含所使用的待定物理层信息,如标识了用于工作站进行正确的解调的跳频序列和延迟时间等。信标帧还包含访问点的时钟信息,每个工作站接收到信标后,利用其中的时钟信息更新自己的时钟,所以工作站知道何时"苏醒"来接收信标。

3. 提供认证和保密服务

IEEE 802.11 标准提供两种认证服务,用于增强 IEEE 802.11 网络的安全性能。

开放系统认证(Open System Authentication)是一种默认的认证服务。该服务仅仅发布与其他站和 AP 的连接请求。

共享密匙认证(Shared Key Authentication)包含更加严格的帧交换,以确定响应工作站是可信的。

6.3.2　MAC 帧的主体框架结构

IEEE 802.11 定义了 MAC 帧格式的主体框架结构,如图 6.10 所示。无线局域网中发送的各种不同类型的 MAC 帧都采用这种帧结构。站一旦形成正确的帧之后,MAC 层将帧传给物理层会聚(PLCP)子层。

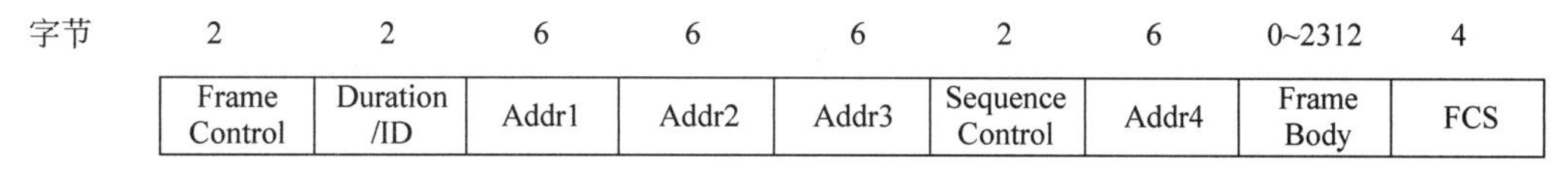

图 6.10　MAC 帧格式的主体框架结构

MAC 帧由最长 30 字节的帧适配头、长度可变(0～2312 字节)的帧体信息和 4 字节的帧校验序列(FCS)组成。所有的组成部分都支持 MAC 层功能。帧从适配头控制字段第一位开始,以 FCS 的最后一位结束。

1) Frame Control

Frame Control(帧控制)字段含有在各个工作站之间发送的控制信息。

2) Duration/ID

Duration/ID(持续时间/标志)域内包含发送站请求发送持续时间的数值,值的大小取决于帧的类型。通常每个帧一般都包含表示下一个帧发送的持续时间信息。网络中的各个站都通过监视帧中的这一字段来推测前边的发送站尚需占用的时间,推迟自己的发送。

3) Addr1、2、3、4(地址1、2、3、4)

地址字段包含不同类型的地址,地址的类型取决于发送帧的类型。这些地址类型可以包含基本服务组标识(BSS-ID)、源地址、目标地址、发送站(AP)地址和接收站(AP)地址。各段地址长度均为48位,且有单独地址、组播地址和广播地址之分。

4) Sequence Control

Sequence Control(序列控制)字段最左边的4位由称为分段号的子字段组成,这个子字段标明一个特定的媒体服务数据单元(MSDU)的分段号。第一个分段号为0,后面的发送分段的分段号依次加1。该字段的后面12位是序列号子字段,从0开始,对于每个发送的MSDU子序列依次加1。一个特定MSDU的每个分段都有相同的序列号。站点在数据接收过程中可通过监视序列号和分段号来判断是否为重复帧。

5) Frame Body

Frame Body(帧体)字段的有效长度可变,所载的信息取决于发送帧的类型。如果发送帧是数据帧,那么该字段会包含一个LLC数据单元。MAC管理和控制帧会在帧体中包含一些特定的参数。如果帧不需要承载信息,那么帧体字段的长度为0。接收站可以从物理层适配头的一个字段判断帧的长度。

6) FCS(帧校验序列)

发送工作站的MAC层利用循环冗余码校验(CRC)法对帧前边诸字段内容运算,计算一个32位的FCS,并将结果存入这个字段。MAC层利用下面的覆盖MAC头所有字段和帧体的生成多项式来计算FCS。

$$G(x)=x^{32}+x^{26}+x^{23}+x^{22}+x^{16}+x^{12}+x^{11}+x^{10}+x^{8}+x^{7}+x^{5}+x^{4}+x^{2}+x+1 \tag{6.2}$$

计算结果的高阶系数放在字段中,形成最左边的位。接收端也利用相同的CRC校验来检查接收帧中是否有数据传输发生差错。

MAC帧中的帧控制字段(2字节)可划分为11个子字段(见图6.11),主要用来定义一个MAC帧的类型是管理信息帧、控制信息帧还是数据信息帧。

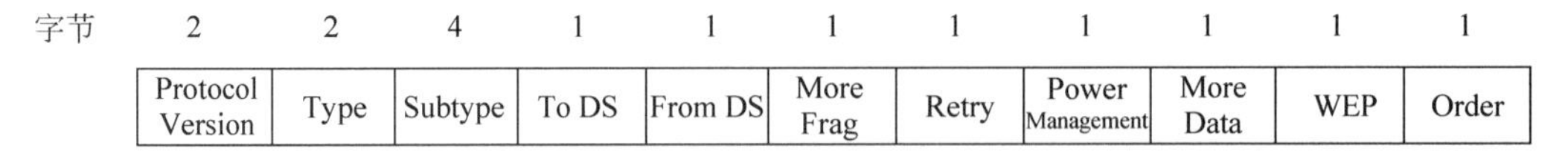

字节	2	2	4	1	1	1	1	1	1	1	1
	Protocol Version	Type	Subtype	To DS	From DS	More Frag	Retry	Power Management	More Data	WEP	Order

图6.11 MAC帧中的帧控制字段示意图

下面分别介绍帧控制字段中的各个子字段。

1) Protocol Version

Protocol Version(协议版本)字段用两个二进制位(bit 1和bit 0)表示MAC协议版本。对于当前标准,协议版本为0。因此,除非未来的新协议版本与过去的协议版本不兼容,协议版本字段将一直保持为0。

2) Type

Type(帧类型)字段用两个二进制位(bit 3和bit 2)表示帧的类型。该字段表明当前的帧是管理帧、控制帧还是数据帧。表示方法如表6.1所示。

表 6.1　MAC 帧的类型表

bit 3、bit 2 的值	帧　类　型
00	管理帧
01	控制帧
10	数据帧
11	保留

3) Subtype

Subtype(帧子类型)字段用 4 个二进制位(bit 7、bit 6、bit 5 和 bit 4)来对 MAC 帧的功能进行划分。该字段说明帧的具体功能,如表 6.2 所示。

表 6.2　MAC 帧子类型的划分

帧　类　型	子字段(bit 4、bit 5、bit 6、bit 7)值	帧　功　能
管理类型帧 bit 2、bit 3=00	0000	连接请求
	0001	连接响应
	0010	连接请求
	0011	连接响应
	0100	探询请求
	0101	探询响应
	0110、0111	保留
	1000	信标
	1001	业务声明指示信息(TAIM)
	1010	分离
	1011	认证
	1100	不认证
	1101～1111	保留
控制类型帧 bit 2、bit 3=01	0001～1001	保留
	1010	节能(PS)轮询
	1011	发送请求(RTS)
	1100	清除发送(CTS)
	1101	响应(ACK)
	1110	无竞争(CF)终点
	1111	CF 结束+ CF ACK
数据类型帧 bit 2、bit 3=10	0000	数据+ CF ACK
	0001	数据+ CF 轮询
	0010	数据+ CF ACK +轮询
	0100	空(无数据)
	0101	CF ACK
	0110	CF 轮询
	0111	CF ACK+CF 轮询
	1000～1111	保留
保留类型 bit 2、bit 3=11	0000～1111	保留

4) To DS

To DS(到分布式系统)字段只有一位,发往分布式系统的帧,该字段置1,其他的帧则置0。例如,某帧若发往另一个AP的无线电小区里时,要将该字段设置为1。

5) From DS

From DS(来自分布式系统)字段也是只有一位,发自分布式系统的帧,该字段置1,其他的帧置0。当某帧从一个AP发送到另一个AP时,To DS和From DS字段都要置1。

6) More Frag

More Frag(更多分段)字段只有一位的字段,如果同一个MSDU还有其他分段存放在后继的帧中,该字段置1。

7) Retry

Retry(重发)字段只有一位。对于重发帧,该字段置1;对于其他的帧、该字段置0。

8) Power Management

Power Management(电源管理)字段指明发送工作站在完成目前的帧交换序列之后的电源管理模式。如果工作站进入睡眠模式,MAC层将该字段置1,置0则表示工作站处于激活模式。

9) More Data

如果某工作站还有MSDU要发往处于节能模式的工作站,那么发送工作站将More Data(更多数据)字段置1,其他种类的发送则置0。

10) WEP

WEP(加密)字段置1表示向接收工作站声明,帧体(Frame Body)已经被WEP算法加工过(数据已经用密钥加密);其他情况本字段置0。

11) Order

所有采用严格顺序服务级别的数据帧,Order(排序)字段置1。表明这些须按顺序处理。

6.3.3 MAC管理信息帧结构

MAC管理信息帧负责在工作站和AP之间建立初始的通信,提供连接加入和认证服务。图6.12表示管理信息帧的一般格式。

字节	2	2	6	6	6	2	0~2312	4
	Frame Control	Duration	DA	SA	BSSID	Sequence Control	Frame Body	FCS

图6.12 管理信息帧的一般格式

在无竞争期(中心网络控制方式规定的),管理信息帧的Duration字段被设置为32 768D(8000H),从而管理信息帧在其他站获得媒体访问权之前,有足够的时间建立通信连接。

在无竞争期,管理信息帧的Duration字段设置如下。

(1) 目标地址是组播或广播地址时,Duration字段置0。

(2) More Fragment位设置为0,且目标地址是单个独立地址时,Duration字段的值是发送一个响应(ACK)帧和一个短帧间隔(SIFS)所需的时间(微秒)数。

(3) More Fragment 位设置为 1，且目标地址是单个独立地址时，Duration 字段的值是发送下一个分段、两个 ACR 帧和三个短帧间隔所需的时间(微秒)数。

下面介绍管理信息帧的功能划分子类型。

1) 连接请求帧

如果某工作站欲登录连接到一个 AP 上，那么它就要向这个 AP 发送连接请求帧(Association Request Frame)。得到 AP 的许可后，工作站的登录连接就算成功。

2) 连接响应帧

AP 收到一个连接请求帧之后，返回一个连接响应帧(Association Response Frame)，指明是否允许和该工作站建立连接。

3) 再次连接请求帧

如果工作站想和一个 AP 再次连接，就向 AP 发送再次连接请求帧(Reassociation Request Frame)。当某工作站离开一个 AP 的覆盖区进入另一个 AP 的覆盖区时，可能会发生再次连接。站需要和新的 AP 再次连接，以使 AP 知道，它要对从原来的 AP 转交过来的数据帧进行处理。

4) 再次连接响应帧

AP 收到再次连接请求帧后，返回一个再次连接响应帧(Reassociation Response Frame)，指明是否和发送工作站再次连接。

5) 探询请求帧

工作站通过发送探询请求帧(Probe Request Frame)，以得到来自另一个工作站或 AP 的信息(如是否可用等)。

6) 探询响应帧

工作站或 AP 收到探询请求帧之后，会向发送工作站返回一个包含自身特定参数的探询响应帧(Probe Response Frame)。

7) 信标帧

在一个基础结构网络中，AP 定期发送信标帧(Beacon Frame)，保证相同物理网中所有工作站的同步。信标帧中包含时戳(Time Stamp)，所有工作站都利用时戳来更新其时间同步功能(TSF)计时器。

8) 业务声明指示信息帧

有的工作站负责缓存发向其他工作站的帧，前者会向后者发送 ATIM(Announcement Traffic Indication Message，业务声明指示信息)帧，接收端立即发送一个信标帧。随后，负责缓存的工作站将缓存的帧发往对应的接收者。ATIM 帧的发送使工作站从睡眠转向唤醒，并保持足够长的“清醒”时间来接收各自的帧。

9) 分离帧

如果工作站或 AP 想终止一个连接，只需向对方工作站发一个分离帧(Diassociation Frame)即可。当使用广播地址(全为“1”)时，一个分离帧可终止与所有站的连接。

10) 认证帧

工作站通过发送认证帧(Authentication Frame)可以实现对工作站或 AP 的认证。认证序列由一个或多个(取决于认证类型)认证帧组成。

11）解除认证帧

当工作站想终止安全通信时，就向工作站或 AP 发送一个解除认证帧（Deauthentication Frame）。

6.3.4 MAC 控制信息帧结构

当工作站和 AP 之间建立连接和认证之后，控制信息要为数据信息帧的发送提供辅助功能。图 6.13 示意了常见的一次成功数据帧发送过程中的控制信息帧流。

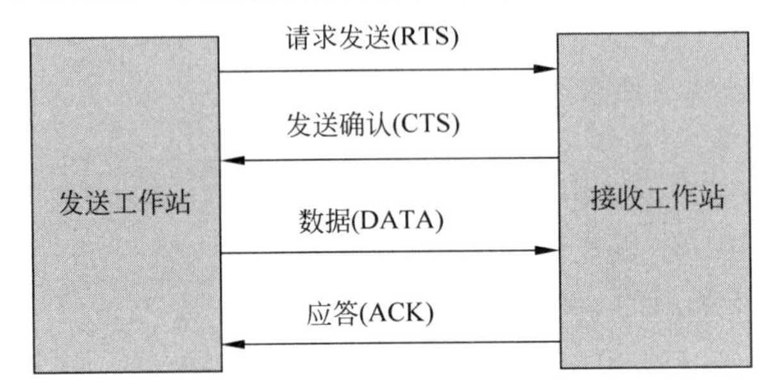

图 6.13 一次成功数据帧的发送过程

下面分析不同功能子类型控制信息帧的结构。

1）请求发送

工作站向某接收工作站发送请求发送（RTS）帧，以协商数据帧的发送。通过 MIB 中的 aRTSThreshold 属性可以将工作站加入 RTS 帧序列，将 RTS 帧的发送规则设置为默认发送 RTS 帧、从不发送 RTS 帧，或在数据帧长度大于某一个值时发送 RTS 帧。

RTS 帧的组成格式如图 6.14 所示。Duration 字段的值以 μs 为单位，是工作站间发送一个 RTS 帧、一个 CTS 帧、一个 DATA 帧、一个 ACK 帧和三个短的帧间间隔所得的时间。

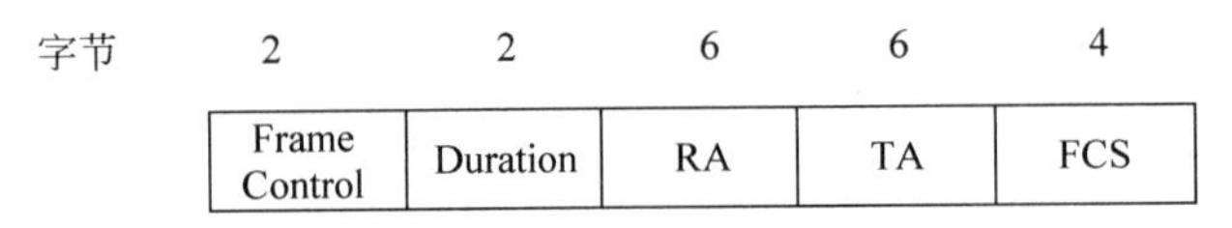

字节	2	2	6	6	4
	Frame Control	Duration	RA	TA	FCS

图 6.14 RTS 帧的组成格式

RTS 控制帧中的字段 RA 和 TA 分别是接收地址和发送地址，各 6 字节。

2）清除发送

收到 RTS 后，接收工作站向发送工作站返回一个清除发送（CTS）帧，以确认发送工作站享有发送数据帧的权力。

CTS 控制帧的组成格式如图 6.15 所示。Duration 字段的值以 μs 为单位，等于 RTS Duration 字段的值减去发送 CTS 帧和 SIFS 间隔的时间。CTS 控制帧中只有接收地址（RA），而没有发送地址（TA）。

字节	2	2	6	6	6	2	0~2312	4
	Frame Control	Duration	DA	SA	BSSID	Sequence Control	Frame Body	FCS

图 6.15 CTS 控制帧的组成格式

在如图 6.16 所示的网络中，工作站 A 和 B 都可以和 AP 直接通信，但障碍物阻止了 A 和 B 之间的直接通信。如果 B 正在发送信息时，A 也准备访问媒体，而 A 检测不到 B 正在发送信息，这时碰撞就会发生。

为了防止由于隐藏站点以及为提高信道利用率所带来的碰撞，正在发送信息的工作站 B 应该向 AP 发一个 RTS 帧，请求占有一段时间的服务。如果 AP 接收这个请求，它会在这段时间内向所有工作站广播 CTS 帧。则这段时间内包括 A 在内的所有工作站就都不会再企图访问和占用媒体了。

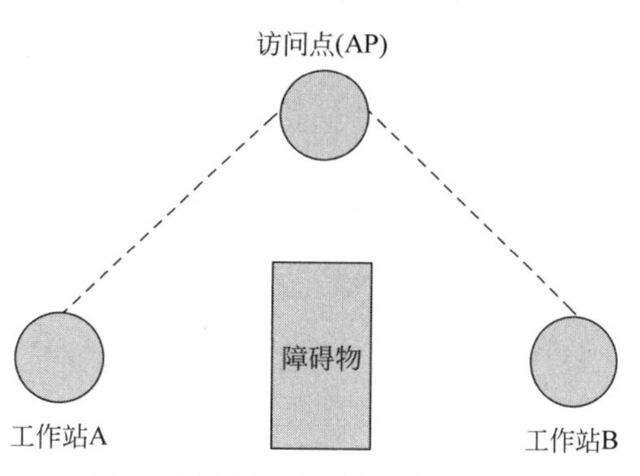

图 6.16　RTS/CTS 控制帧的交换可改善由于隐藏站点引发的访问碰撞

RTS/CTS 交换同时进行快速的碰撞推断和传送线路检测。如果发送 RTS 的工作站没有探测到返回的 CTS，它会重复发送操作。其重发速度远比像发送一个很长的数据帧之后无应答帧返回时的重发要快得多。

3）应答

工作站收到一个无误的帧（数据帧或管理帧）之后，会向发送工作站发送一个应答（ACK）控制帧，以确认帧已经被成功地接收。

图 6.17 是 ACK 控制帧的组成格式。Duration 字段的值以 μs 为单位，当前的数据帧或管理帧的控制字段中更多分段 bit 为 0 时，该 Duration 字段的值为 0；如果前述的数据帧或管理帧的帧控制字段中更多分段 bit 为 1 时，该 Duration 字段的值等于前述的数据帧或管理帧的 Duration 字段的值减去发送 ACK 帧和 SIFS 间隔的时间。

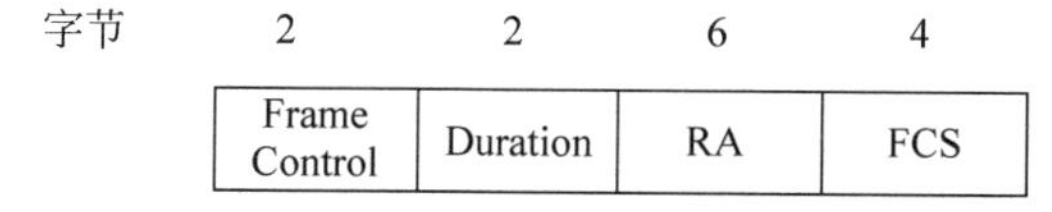

字节	2	2	6	4
	Frame Control	Duration	RA	FCS

图 6.17　ACK 控制帧的组成格式

4）节能轮询

当工作站收到节能轮询（PS Poll）控制帧后，会更新网络分配矢量（NAV），NAV 用于表明工作站多长时间内不能发送信息，它包含对媒体未来通信量的预测。图 6.18 是 PS Poll 控制帧的组成格式。

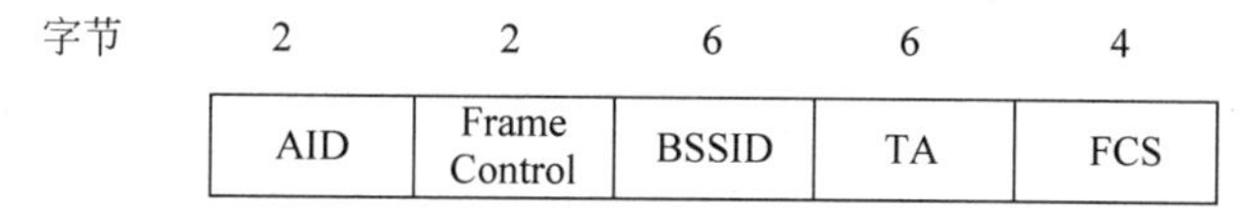

字节	2	2	6	6	4
	AID	Frame Control	BSSID	TA	FCS

图 6.18　PS Poll 控制帧的组成格式

5）无竞争终点

无竞争终点（CF End）控制帧标明中心网络控制方式（PCF）的无竞争期的终点。这类帧的 Duration 字段一般设置为 0。图 6.19 是 CF End 控制帧的组成格式。

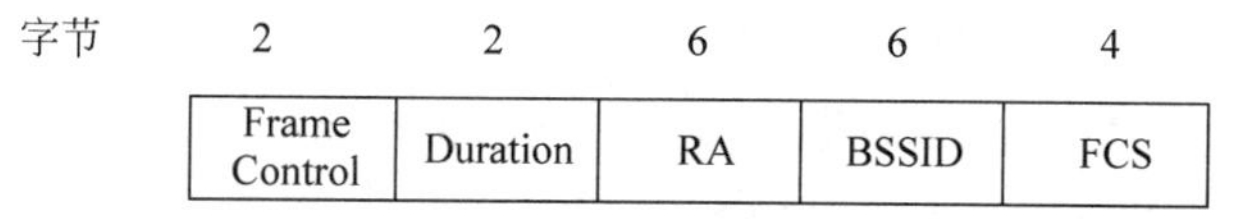

字节	2	2	6	6	4
	Frame Control	Duration	RA	BSSID	FCS

图 6.19　CF End 控制帧的组成格式

6) CF End+CF ACK

CF End+CF ACK控制帧用于确认CF End控制帧。这类帧的Duration字段一般也设置为0。图6.20是CF End+CF ACK控制帧的组成格式。

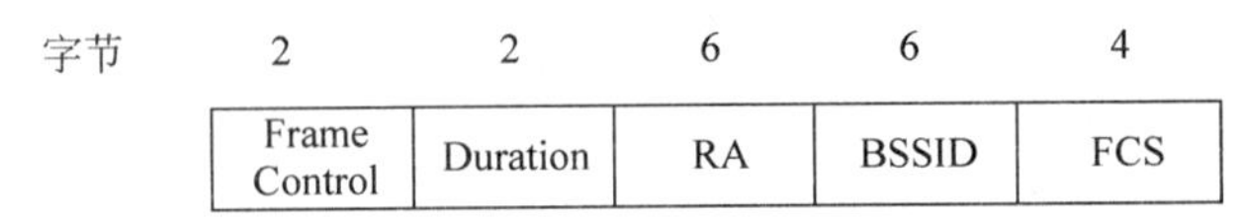

图6.20 CF End+CF ACK控制帧的组成格式

6.3.5 MAC数据帧结构

数据信息帧的功能是向目的工作站传送数据信息(如MSDU媒体服务数据单元),转交给LLC子层。数据信息帧的帧格式被定义成图6.21所示的格式。

字节	2	2	6	6	6	2	6	0~2312	4
	Frame Control	Duration/ID	Addr1	Addr2	Addr3	Sequence Control	Addr4	Frame Body	FCS

图6.21 数据信息帧的帧格式示意图

数据信息帧中的地址域(Addr1~Addr4)的值依赖于帧控制字段中To DS和From DS的数据位的值,并列于表6.3中。

表6.3 To DS和From DS的值决定的数据信息帧各地址段的内容

To DS	From DS	Addr1	Addr2	Addr3	Addr4
0	0	DA	SA	BSSID	N/A
0	1	DA	BSSID	SA	N/A
1	0	BSSID	SA	DA	N/A
1	1	RA	TA	DA	SA

通常Addr1一直保留着试图要接收数据信息帧的AP的地址(RA)。Addr2一直保留着要发送数据信息帧的AP的地址(TA)。

DA和SA在各个数据信息帧中总是存在,分别代表传输媒体服务数据单元(MSDU)目的站MAC和源站MAC实体的地址。

一个工作站使用Addr1域的内容去执行对接收工作站地址的匹配。也许Addr1域中包含了一群地址,BSSID也有效地保证在同一BSS中广播和多播帧的产生。如果需要确认帧时,工作站使用Addr2的内容来产生一个确认帧。数据帧的主要功能是传送信息到目标工作站,转交给LLC层。数据帧可以从LLC层承载特定信息、监督或未编号的帧。

【例6.3】有一台连入因特网的AP以及与该AP通信的两台SAT,给出基于RTS/CTS机制的典型报文发送过程。

RTS/CTS是一个工作站申请独占另一个工作站的数据接收时间段的机制,从而防止不同工作站向同一个工作站发送数据而导致碰撞。如果STA1希望通过AP将数据发送给STA2,则该发送过程可以分为两个步骤:STA1将数据发送给AP,以及AP将数据发送给STA2。

当STA1希望向AP发送数据时,STA1首先向AP发送RTS请求帧,申请独占AP的一个数据接收时间段。如果AP处于空闲状态，则回复CTS帧，允许STA1向AP发送数据，同时AP需要将CTS帧发送给STA2，则STA2在该时间段内不会向AP发送数据。STA1收到CTS帧后，就开始向AP发送数据，AP接收数据后，向STA1发送ACK帧。

当AP希望向STA2发送数据时，AP首先向STA2发送RTS请求帧，申请独占STA2的一个数据接收时间段。如果STA2处于空闲状态，则回复CTS帧，允许AP向STA2发送数据，同时STA2需要将CTS帧发送给STA1，则STA1在该时间段内不会向STA2发送数据。AP收到CTS帧后，就开始向STA2发送数据，STA2接收数据后，向AP发送ACK帧。该报文发送过程如图6.22所示。

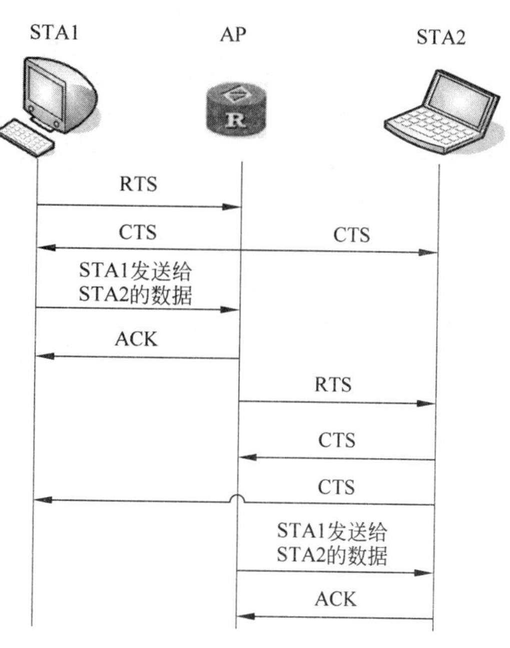

图6.22 报文发送过程

6.3.6 IEEE 802.11的MAC层接入技术

IEEE 802.11的MAC层主要包括两种基本访问控制方式：分布式协调功能(Distributed Coordination Function，DCF)模式和点式协调功能(Point Coordination Function，PCF)模式。DCF是MAC层的基本访问控制方式，也是PCF的基础。DCF属于竞争接入方式，可以同时工作在BSS和IBSS中；而PCF是无竞争接入方式，仅工作于BSS中。在一个BSS中，两种接入方式均可被选择，但PCF比DCF具有更高的接入优先级，并且PCF可以提供基于实时多媒体数据传输的服务。

1. DCF

DCF是IEEE 802.11的MAC层协议的基本访问方法，支持异步竞争。DCF有两种基本访问方式：请求发送/允许发送(Request To Send/Clear To Send，RTS/CTS)协议和带有碰撞避免功能的载波侦听多址接入(CSMA/CA)协议。

1) RTS/CTS

RTS/CTS协议被IEEE 802.11标准用来避免由隐藏终端问题所造成的碰撞冲突。该协议适合于一些特殊场合，如果共用一个信道的多个BSS的覆盖范围互有重叠，或者当两个相互不能通信的工作站点都和AP通信，或者为了消除隐藏终端现象，则可以使用RTS/CTS协议来有效地防止碰撞冲突的发生或者用来解决因数据帧过长而产生的低效率问题。

2) CSMA/CA

为了解决碰撞冲突问题，CSMA/CA使用主动避免碰撞方式来替代被动侦听方式，从而使AP和允许物理兼容的工作站点之间可以自动共享无线介质。CSMA/CA采用载波侦听机制和退避策略两种方式来避免碰撞冲突的发生。其中，载波侦听机制分为物理载波侦听和虚拟载波侦听两种。物理层为工作站点提供了对介质进行侦听的条件,供MAC层作为确定线路忙闲状态的一个因素。退避策略主要是为了防止工作站点之间在共享信道时可能发生的碰撞冲突。在信道利用率比较高的环境中,信道繁忙状态刚结束的时间段通常是碰撞冲突发生的高发期。因为各工作站点都在等待信道空闲,信道一旦出现空闲,各工作站点都争先恐后地试图在第一时间发送数据信息,为此,退避策略可以控制各工作站点帧的发送情况,能够有效地避免碰撞冲突的发生,将损失减至最小工作状态。

2. PCF

DCF在面对不同时延或者带宽时并不能完全保证应用对服务质量的要求,为此,IEEE 802.11标准定义了PCF。在PCF模式下,无线接入设备周期性发出信号测试帧,通过测试帧与各无线设备来识别网络,并对网络管理参数进行交互。

1) 工作站点访问BSS

当一个站点要访问某个已知的BSS时,该站点需要获取AP或者其他站点在Ad-Hoc模式下的同步信息。同步信息的获取方法有主动扫描和被动扫描两种。

(1) 主动扫描:工作站点发送探测请求帧定位AP,然后等待AP对探测请求进行应答。

(2) 被动扫描:工作站点一直处于等待状态,直到它收到AP周期性发出的含有同步信息的帧。

上述两种方法的选择取决于功耗和性能之间的比较与取舍。如果一个站点定位了某个AP,并决定加入该AP的BBS时,则此站点就会进入身份认定过程。身份认定过程是AP和该站点交换信息的过程,双方在此过程中都要进行密码验证。如果站点通过了身份验证,将启动联络过程。联络过程是一次关于站点和BSS能力的信息交换。只有在联络过程完成之后,站点才能对帧进行发送和接收。

2) PCF基本访问过程

PCF是用AP集中控制整个BSS内所有活动的方式,主要功能是决定当前哪一个STA有权发送数据。PCF使用集中控制的接入算法,用类似于探寻的方法把发送数据权轮流交给各工作站点,从而避免了碰撞的产生。测试帧之间的周期被分成竞争周期和无竞争周期。在无竞争周期中,PCF支持实时的数据信息传输。此时,PCF发送无竞争周期的帧,并提供可选的优先级。在这种工作模式下,AP将充当中心控制器的角色,控制各种站点帧的发送情况,而所有工作站点都要服从AP的管理。

在每个无竞争周期的开始,作为中心控制器的AP首先设置各工作站点的初始网络分配矢量(Network Allocation Vector,NAV)值,同时开始探测信道的忙闲状态。若信道在一个点式协调功能帧间隔(Point Interframe Space,PIFS)时长后空闲,则中心控制器将发送包含无竞争周期参数设置元素的信标帧;工作站点收到信标帧后利用CFPMaxDuration值来重新设置自己的NAV值。各工作站点可以根据CFPMaxDuration值来获知无竞争周期的长度。在发送初始信标帧后,中心控制器至少经过一个短帧间间隔(Short Interframe Space,SIFS)时长才从轮询帧、带有轮询信息的数据帧、数据帧或结束CFP的控制帧等帧中选择一个,并发送出去。若中心控制器既没有发送缓冲的数据帧,也没有发送轮询帧,则在发送初始信标帧后立即发送CF-END帧,并结束无竞争周期。

3) PCF轮询机制

在无竞争周期中,中心控制器将决定工作站点是否有权发送帧,以及控制工作站点发送帧的先后顺序。在无竞争周期开始,除中心控制器以外的其他工作站点都将自己的 NAV 值设置为 CFPMaxDuration。工作站点收到信标帧后,利用 CFPDurRemaining 值来重新设置自身的 NAV 值。此处的信标帧包含与 BSS 重叠的其他 BSS 发来的信标帧,便于重叠的 BSS 之间进行协调。工作站点加入 BSS 时,将使用接收到的信标帧或探测响应帧中的 CFPDurRemaining 来重新设置 NAV 值。

PCF 可以采用简单的轮询策略,也可以采用基于优先级的轮询策略。在 IEEE 802.11 标准中,PCF 可选,并提供无竞争数据传输。在无竞争周期中,中心控制器至少发送一个轮询帧给轮询表中的工作站点,然后依次按照关联 ID(Association Identifier,AID)值的递增顺序来轮询工作站点。当所有工作站点都被轮询后,如果无竞争周期还有时间,则中心控制器将随机对轮询表中的工作站点进行轮询。

4) 共存通信

在某种机制下,DCF 和 PCF 可以在同一个 BSS 中共存通信。当 BSS 中存在一个点协调器时,DCF 和 PCF 可以交替进行。无竞争传送协议采用受控于点协调器的轮询机制。点协调器在无竞争周期开始时获得对信道使用权的控制,并且试图采用比 DCF 传输时短的 PIFS 控制整个无竞争周期。在该 BSS 中,除了点协调器以外的其他站点在无竞争周期开始时,将自身的 NAV 设为 CFPMaxDuration,这样可以防止大量非轮询帧在该 BSS 的站点间进行传送。而在无竞争周期期间从来没有被轮询的站点,以及不支持被轮询的站点,将利用 DCF 进行应答。

6.4 Wi-Fi 组网及应用

6.4.1 无线局域网的组成

无线局域网的物理组成或物理结构如图 6.23 所示,由站(Station,STA)、无线介质(Wireless Medium,WM)、基站或接入点和分布式系统(Distribution System,DS)等几部分组成。

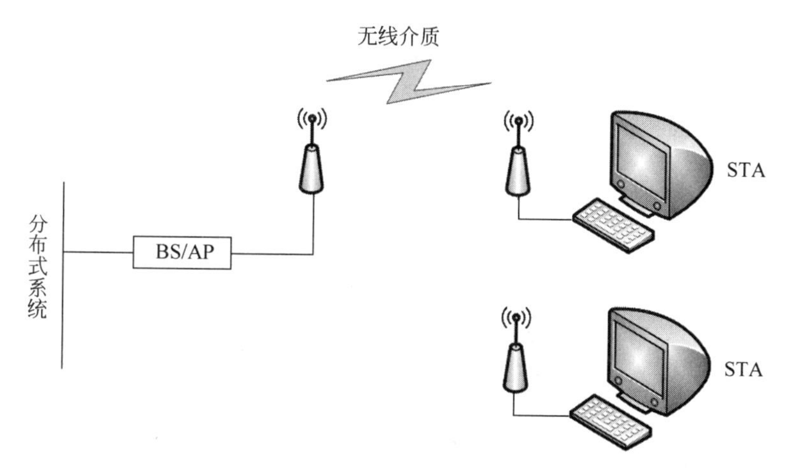

图 6.23 无线局域网的物理组成或物理结构

1. 站

站(点)也称主机(Host)或终端(Terminal),是无线局域网的最基本组成单元。网络就是进行站间数据传输的,我们把连接在无线局域网中的设备称为站。站在无线局域网中通常用作客户端(Client),它是具有无线网络接口的计算设备。它包括以下几部分。

1) 终端用户设备

终端用户设备是站与用户的交互设备。这些终端用户设备可以是台式计算机、笔记本式计算机和手机等,也可以是其他智能终端设备,如PDA等,如图6.24所示。

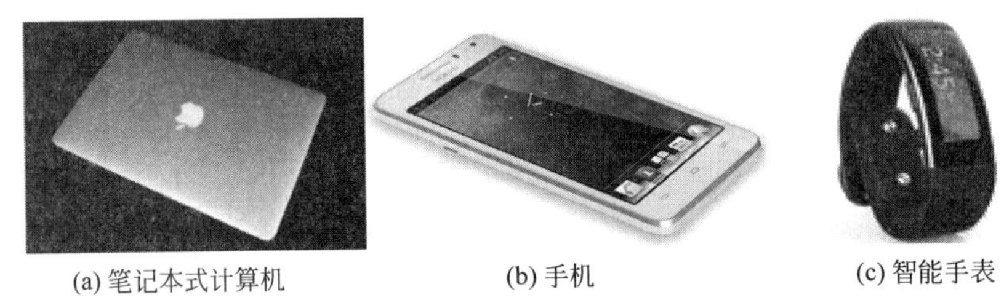

(a) 笔记本式计算机　　(b) 手机　　(c) 智能手表

图6.24　可以连接Wi-Fi的终端示例

2) 无线网络接口

无线网络接口是站的重要组成部分,它负责处理从终端用户设备到无线介质间的数字通信,一般是采用调制技术和通信协议的无线网络适配器(无线网卡,见图6.25)或调制解调器(Modem)。无线网络接口与终端用户设备之间通过计算机总线(如PCI、PCMCIA等)或接口(如RS232、USB)等相连,并由相应的软件驱动程序提供客户应用设备或网络操作系统与无线网络接口之间的联系。常用的驱动程序标准有NDIS(网络驱动程序接口标准)和ODI(开放数据链路接口)等。

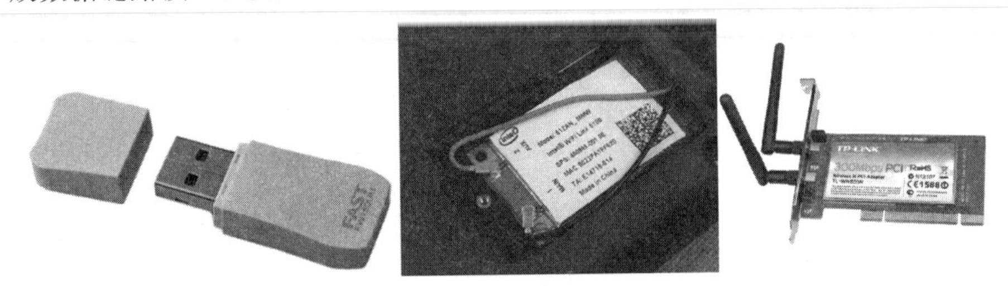

图6.25　各种无线网卡

3) 网络软件

网络操作系统(NOS)、网络通信协议等网络软件运行于无线网络的不同设备上。客户端的网络软件运行在终端用户设备上,它负责完成用户向本地设备软件发出命令,并将用户接入无线网络。当然,对无线局域网的网络软件有其特殊的要求。

无线局域网中的站是可以移动的,因此通常也称为移动主机(Mobile Host,MH)或移动终端(Mobile Terminal,MT)。如果从站的移动性来划分,无线局域网中的站可分为三类:固定站、半移动站和移动站。

固定站是指位置固定不动的站;半移动站是指经常改变其地理位置的站,但它在移动状态下并不要求保持与网络的通信;而移动站则要求能够在移动状态也可保持与网络的通信,其典型的移动速率限定在2~10m/s。无线局域网中移动站的分类情况如表6.4所示。

表 6.4 无线局域网中移动站的分类情况

移动站的分类	开机使用的移动站	关机时的移动站	举　例
固定站	固定	固定	台式计算机
半移动站	固定	固定/移动	笔记本式计算机
移动站	固定/移动	固定/移动	手机

无线局域网中的站之间可以直接相互通信，也可以通过基站或接入点进行通信。在无线局域网中，站之间的通信距离由于天线的辐射能力有限和应用环境的不同而受到限制。我们把无线局域网所能覆盖的区域范围称为服务区域(Service Area，SA)，而把由无线局域网中移动站的无线收/发信机及地理环境所确定的通信覆盖区域(服务区域)称为基本服务区(Basic Service Area，BSA)，也常称为小区(Cell)，它是构成无线局域网的最小单元。在一个BSA内彼此之间相互联系、相互通信的一组主机组成了一个基本业务组(Basic Service Set，BSS)。由于考虑到无线资源的利用率和通信技术等因素，BSA不可能太大，通常在100m以内，也就是说，同一BSA中的移动站之间的距离应小于100m。

WLAN中的站或终端可以是各种类型的，如IP型和无线ATM型。无线ATM型的站包括无线ATM终端和无线ATM终端适配器，空中接口为无线用户网络接口(WUNI)。

2. 无线介质

无线介质是无线局域网中站与站之间、站与接入点之间通信的传输介质。在这里指的是空气，它是无线电波和红外线传播的良好介质。

无线局域网中的无线介质由无线局域网物理层标准定义。

3. 无线接入点

无线接入点(Access Point，AP)类似于蜂窝结构中的基站，是无线局域网的重要组成单元。无线AP是一种特殊的站，它通常处于BSA的中心，固定不动。其基本功能如下。

(1) 作为AP，完成其他非AP的站对分布式系统的接入访问和同一BSS中的不同站间的通信连接。

(2) 作为无线网络和分布式系统的桥接点完成无线局域网与分布式系统间的桥接功能。

(3) 作为BSS的控制中心完成对其他非AP的站的控制和管理。

无线AP是具有无线网络接口的网络设备，至少要包括以下几部分。

(1) 与分布式系统的接口(至少一个)。

(2) 无线网络接口(至少一个)和相关软件。

(3) 桥接软件、接入控制软件、管理软件等AP软件和网络软件。

无线AP也可以作为普通站使用，称为AP Client。WLAN中的AP也可以是各种类型的，如IP型的和无线ATM型的。无线ATM型的AP与ATM交换机的接口为移动网络与网络接口(MNNI)。无线AP的示例如图6.26所示。

图 6.26 无线AP的示例

4. 分布式系统

一个BSA所能覆盖的区域受到环境和收/发信机特性的限制。为了覆盖更大的区域，我们就需要把多个BSA通过分布式系统连接起来，形成一个扩展业务区(Extended Service Area，

ESA),而通过分布式系统互相连接起来的属于同一个ESA的所有主机组成一个扩展业务组(Extended Service Set,ESS)。

分布式系统是用来连接不同BSA的通信信道,称为分布式系统信道(Distribution System Medium,DSM)。DSM可以是有线信道,也可以是频段多变的无线信道。这样在组织无线局域网时就有了足够的灵活性。在多数情况下,有线分布式系统与骨干网都采用有线局域网(如IEEE 802.3)。而无线分布式系统(Wireless Distribution System,WDS)可通过AP间的无线通信(通常为无线网桥)取代有线电缆来实现不同BSS的连接,如图6.27所示。

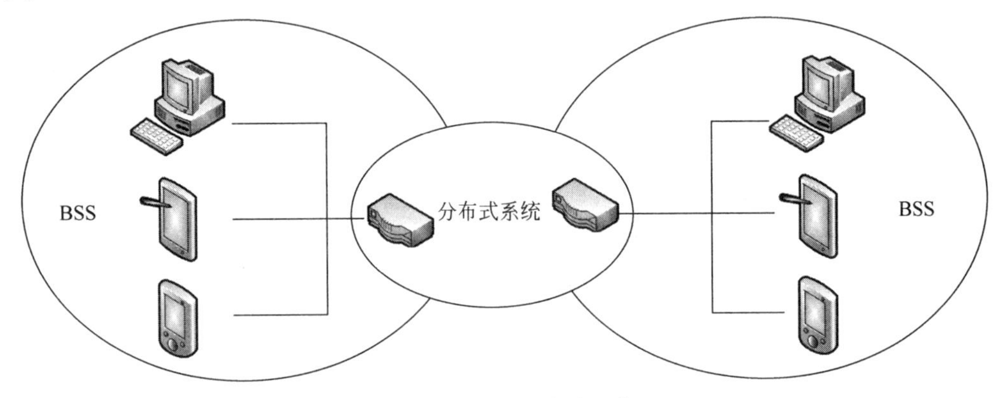

图6.27 无线分布式系统

分布式系统通过入口(Portal)与骨干网相连。从无线局域网发往骨干网(通常是有线局域网,如IEEE 802.3)的数据都必须经过Portal,反之亦然。这样就通过Portal把无线局域网和骨干网连接起来。像现有的能连接不同拓扑结构有线局域网的有线网桥一样,Portal必须能够识别无线局域网的帧、分布式系统上的帧、骨干网的帧,并且能相互转换。Portal是一个逻辑的接入点,它既可以是一个单一的设备(如网桥、路由器或网关等),也可以和AP共存于同一设备中。在目前的设计中,Portal和AP大都集成在一起,而分布式系统与骨干网一般是同一个有线局域网。

6.4.2 无线局域网的拓扑结构

WLAN体系结构由几个部件组成,它们之间相互作用而构成了WLAN,并使STA对上层而言具有移动透明性。

WLAN的拓扑结构可从几方面来分类。从物理分类上看,拓扑结构有单区网(Single Cell Network,SCN)和多区网(Multiple Cell Network,MCN)之分;从逻辑上看,WLAN的拓扑主要有对等式、基础结构式和线形、星形、环形等;从控制方式方面来看,可分为无中心分布式和有中心集中控制式两种;从与外网的连接性来看,主要有独立WLAN和非独立WLAN。

BSS是WLAN的基本构造模块。它有两种基本拓扑结构或组网方式,分别是分布对等式拓扑和基础结构集中式拓扑。单个BSS称为单区网,多个BSS通过分布式系统互联构成多区网。

1. 分布对等式拓扑

分布对等式网络是一种独立(Independent)的BSS(IBSS),它至少有两个站。它是一种典型的、以自发方式构成的单区网。在可以直接通信的范围内,IBSS 中任意站之间可直接通信而无须 AP 转接,如图 6.28 所示。由于没有 AP,站之间的关系是对等的(Peer to Peer)、分布式的或无中心的。由于 IBSS 网络不需要预先计划,随时需要构建,因此该工作模式被称作特别网络或自组织网络(Ad Hoc Network)。采用这种拓扑结构的网络,各站点竞争公用信道。当站点数过多时,信道竞争成为限制网络性能的要害。因此,比较适合于小规模、小范围的 WLAN 系统。

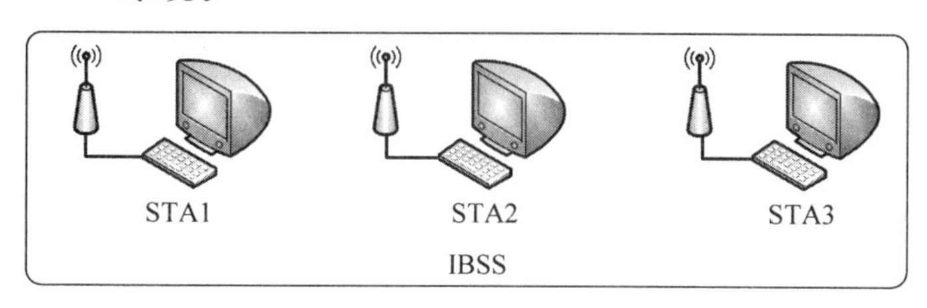

图 6.28　IBSS 工作模式组织的网络

这种网络的显著特点是受时间与空间的限制,而这些限制使 IBSS 的构造与解除非常方便、简单,以至于网络设备中的非专业用户也能很好地操作。也就是说,除了网络中必备的 STA 之外,不需要任何专业的技能训练或花费更多的时间及其他额外资源。IBSS 结构简单,组网迅速,使用方便,抗毁性强,多用于临时组网和军用通信中。

对于 IBSS,需要注意两点:一是 IBSS 是一种单区网,而单区网并不一定就是 IBSS;二是 IBSS 不能接入分布式系统。

【例 6.4】 建立如图 6.28 所示的分布对等式网络。

建立分布对等式网络就是将多台计算机置于同一个局域网中,使这些计算机之间能够互相通信。组网步骤如下。

(1) 将每台计算机的 IP 设置为同一网段的 IP,例如,计算机 STA1 的 IP 设为 192.168.1.1,计算机 STA2 的 IP 设为 192.168.1.2,计算机 STA3 的 IP 设为 192.168.1.3。

(2) 将每台计算机的子网掩码设置为相同形式,如 255.255.255.0。

(3) 将每台计算机置于同一工作组中,如 WORKGROUP。

(4) 在每台计算机的共享设置中选择启用网络发现。

此时,在网上邻居(Windows XP 系统)或网络(Windows 7 版本以上系统)中就可以看到局域网中的其他计算机,并进行通信操作了。

2. 基础结构集中式拓扑

在 WLAN 中,基础结构(Infrastructure)包括分布式系统媒体(DSM)、AP 和端口实体。同时,它也是 BSS 的分布和综合业务功能的逻辑位置。一个基础结构除 DS 外,还包含一个或多个 AP 及零个或多个端口。因此,在基础结构 WLAN 中,至少要有一个 AP。只包含一个 AP 的单区基础结构网络如图 6.29 所示。AP 是 BSS 的中心控制站,网络中的站在该中心站的控制下与其他站进行通信。

与 IBSS 相比,基础结构 BSS 的抗毁性较差。如果 AP 遭到破坏,则整个 BSS 就会瘫痪。此外,作为中心站的 AP 的复杂度较大,实现成本也较昂贵。

在一个基础结构 BSS 中,如果一个站要想与同一 BSS 内的另一个站通信,必须经过源站到 AP 和 AP 到宿站的两跳(Hop)过程并由 AP 进行转接。虽然这样会需要较多的传输

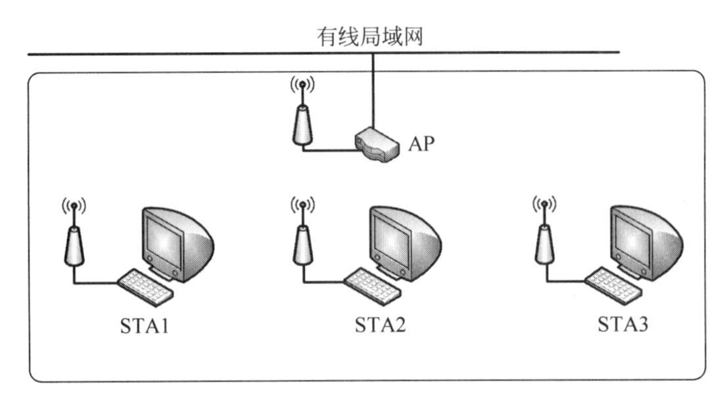

图 6.29 以基础结构模式组织的网络

容量,增加了传输时延,但比各站直接通信有以下许多优势。

(1) 基础结构 BSS 的覆盖范围或通信距离由 AP 确定。一般情况下,两站可进行通信的最大距离是进行直接通信时的两倍。BSS 内的所有站都需在 AP 的通信范围之内,而对各站之间的距离没有限制,即网络中的站点的布局受环境的限制较小。

(2) 由于各站不需要保持邻居关系,其路由的复杂性和物理层的实现复杂度较低。

(3) AP 作为中心站,控制所有站点对网络的访问,当网络业务量增大时网络的吞吐性能和时延性能的恶化并不剧烈。

(4) AP 可以很方便地对 BSS 内的站点进行同步管理、移动管理和节能管理等,即可控性(Controllability)好。

(5) 为接入分布式系统或骨干网提供了一个逻辑接入点,并有较大的可伸缩性(Scalability)。在一个 BSS 中,AP 所能管理的站的数量总是有限的。为了扩展无线基础结构网络,可通过增加 AP 的数量,选择 AP 的合适位置等方法来扩展覆盖区域和增加系统容量。实际上,这就是将一个单区的 BSS 扩展成为一个多区的 BSS。

应当指出,在一个基础结构 BSS 中,如果 AP 没有通过分布式系统与其他网络(如有线骨干网)相连接,则此种结构的 BSS 也是一种独立的 BSS WLAN。

该结构的局域网设置将在 6.4.3 节中详细介绍。

3. ESS(扩展服务集合)网络拓扑

ESA 是由多个 BSA 通过 DS 联结形成的一个扩展区域,其范围可覆盖数千米。属于同一个 ESA 的所有站组成 ESS,如图 6.30 所示。在 ESA 中,AP 除了应完成其基本功能(如无线到 DS 的桥)外,它还可以确定一个 BSA 的地理位置。

ESS 是一种由多个 BSS 组成的多区网,其中每个 BSS 都被分配了一个标识号(Identifier)BSS ID。如果一个网络由多个 ESS 组成,则每个 ESS 也被分配一个标识号 ESS ID,所有的 ESS ID 组成一个网络标识(Network ID,NID),用以标识由这几个 ESS 组成的网络(实际上是逻辑网段,也就是通常所说的子网)。

在图 6.31 中,BSA1 和 BSA2、BSA2 和 BSA3 都有一定的重叠(Overlap)。实际上,一个 ESS 中的 BSA 之间并不一定要有重叠。当一个站(如 STA1)从一个 BSA(如 BSA1)移动到另外一个 BSA(如 BSA2),称这种移动为散步(Walking)或越区切换(Handover 或 Handoff),这是一种链路层的移动;当一个站(如 STA1)从一个 ESA 移动到另外一个 ESA,也就是说,从一个子网移动到另一个子网,称这种移动为漫游(Roaming),这是一种网

ESA
有线网
AP1
AP2
AP3
STA1
STA2
STA4
STA6
STA7
STA3
STA5
STA8
BSA1
BSA2
BSA3
20~100m
几千米

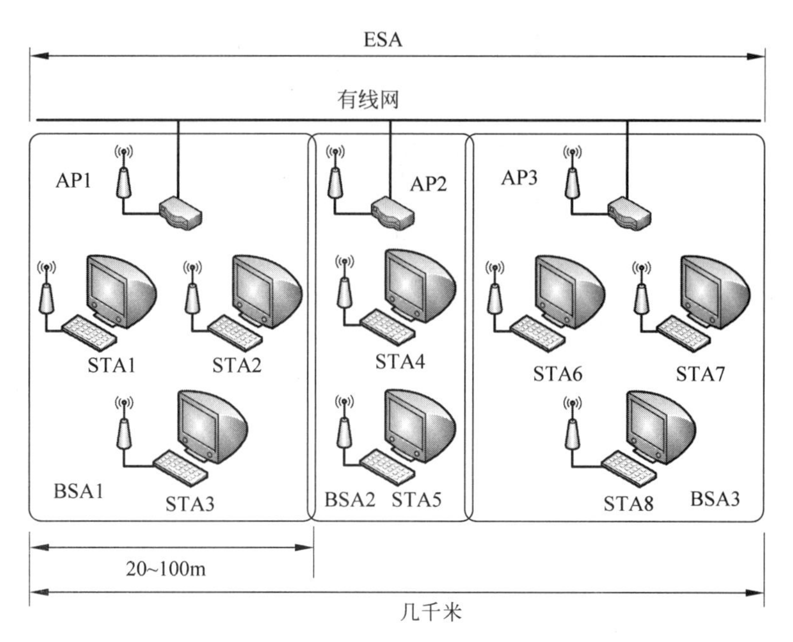

图 6.30　ESS 无线局域网示意图

络层或 IP 层的移动。当然，在这种移动过程中，也伴随着越区切换操作。

同样也应当指出，对于 BSS 网络，如果没有通过分布式系统与其他网络（如有线网）相连接，则仍然是一种独立的 WLAN。

【例 6.5】 建立如图 6.30 所示的网络。

该网络其实是多个基础结构集中式拓扑网络的集合。在该实例中，AP 型号为 TP-Link TL-WR541G＋。AP1、AP2 和 AP3 可以通过分配地址进入局域网络，也可以通过拨号的方式连接到因特网。如果通过分配地址进入局域网络，则需要填写相应的 WAN 口配置参数，如图 6.31 所示。

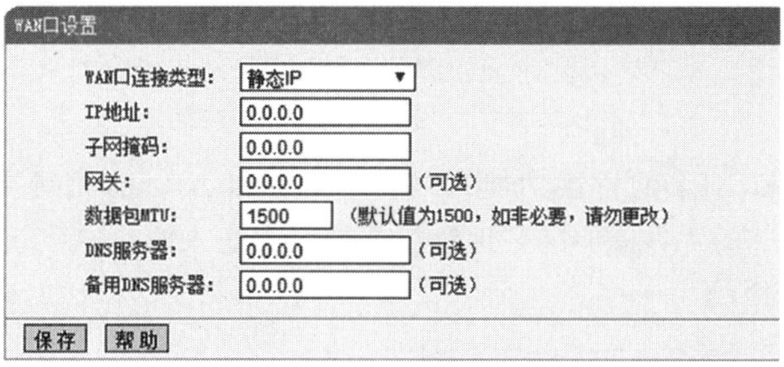

WAN口设置
WAN口连接类型：静态IP
IP地址：0.0.0.0
子网掩码：0.0.0.0
网关：0.0.0.0（可选）
数据包MTU：1500（默认值为1500，如非必要，请勿更改）
DNS服务器：0.0.0.0（可选）
备用DNS服务器：0.0.0.0（可选）
保存
帮助

图 6.31　WAN 口配置参数

此时，连接到该 AP 的 SAT 将通过该 AP 连接到局域网或因特网。

当 AP1、AP2 和 AP3 的覆盖范围有重叠时，注意每个 AP 分配的 IP 地址范围不能重复，否则可能引起 IP 地址冲突。可以通过设置起始地址和结束地址来限制 IP 分配范围，从而防止出现 IP 地址冲突的问题，如图 6.32 所示。

4. 中继（Relay）或桥接（Bridging）型网络拓扑

两个或多个网络（LAN 或 WLAN）或网段可以通过无线中继器、无线网桥或无线路由

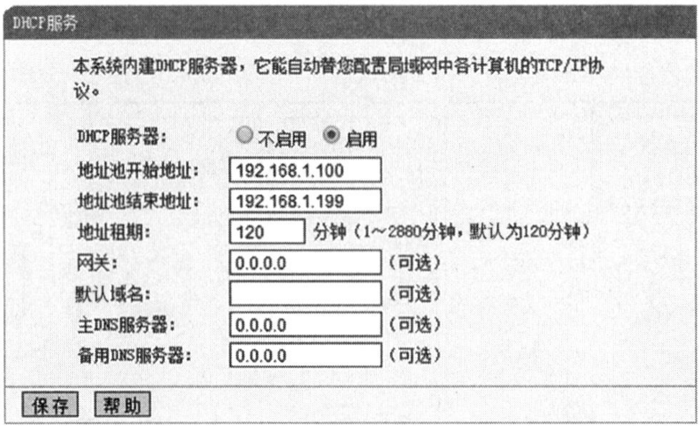

DHCP服务
本系统内建DHCP服务器，它能自动替您配置局域网中各计算机的TCP/IP协议。
DHCP服务器：
不启用
启用
地址池开始地址：
192.168.1.100
地址池结束地址：
192.168.1.199
地址租期：
120
分钟（1～2880分钟，默认为120分钟）
网关：
0.0.0.0
（可选）
默认域名：
（可选）
主DNS服务器：
0.0.0.0
（可选）
备用DNS服务器：
0.0.0.0
（可选）
保存
帮助

图 6.32　设置可分配的 IP 地址范围

器等无线网络互联设备连接起来。如果中间只通过一级无线网络互联设备，称为单跳(Single Hop)网络；如果中间需要通过多级无线网络互联设备，则称为多跳(Multiple Hop)网络。

采用中继或桥接型网络拓扑也是一种拓展 WLAN 覆盖范围的有效方法。

【例 6.6】利用两台 AP(无线路由器)搭建基于桥接模式的无线网络。

本例基于两台具有桥接功能的 AP 来实现。在本例中，AP 型号为 TP-Link TL-WR541G+。AP1 作为因特网的接入端，使用拨号上网的方式接入因特网。AP2 作为 AP1 的延伸。具体设置步骤如下。

(1) 查看两台 AP 的无线端 MAC 地址，如图 6.33 所示。

无线状态
无线功能：
启用
SSID号：
TP-LINK_20D530
频 段：
6
模 式：
54Mbps (802.11g)
MAC 地址：
00-23-CD-20-D5-30
IP 地址：
192.168.1.2

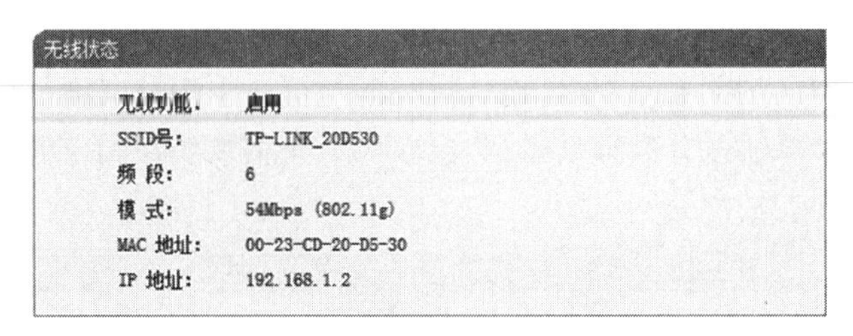

图 6.33　查看无线端 MAC 地址

(2) 开启 AP1 和 AP2 的桥接功能，并输入 AP1 和 AP2 的无线端 MAC 地址。注意，AP1 中输入的是 AP2 的无线端 MAC 地址，而 AP2 中输入的是 AP1 的无线端 MAC 地址，如图 6.34 和图 6.35 所示。

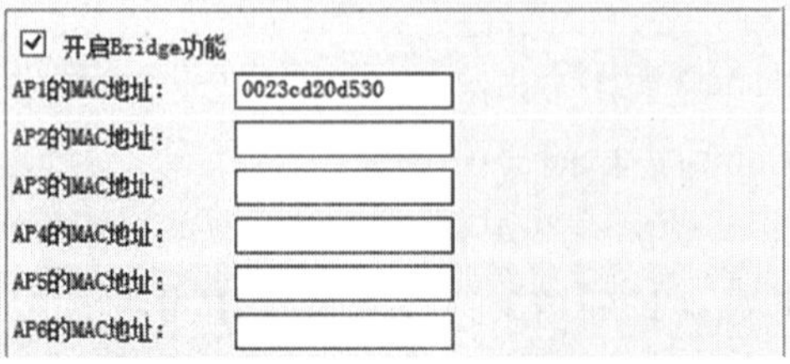

开启Bridge功能
AP1的MAC地址：
0023cd20d530
AP2的MAC地址：
AP3的MAC地址：
AP4的MAC地址：
AP5的MAC地址：
AP6的MAC地址：

图 6.34　AP1 桥接设置

开启Bridge功能
AP1的MAC地址：
0025ac204521
AP2的MAC地址：
AP3的MAC地址：
AP4的MAC地址：
AP5的MAC地址：
AP6的MAC地址：

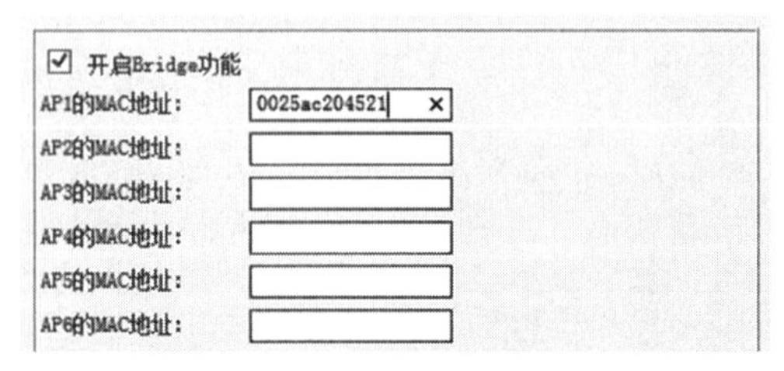

图 6.35　AP2 桥接设置

(3) 为 AP1 和 AP2 设置不同的 DHCP 地址段，以防 AP1 和 AP2 为处于重叠覆盖范围内的设备分配相同的 IP 从而导致 IP 冲突，如图 6.36 和图 6.37 所示。

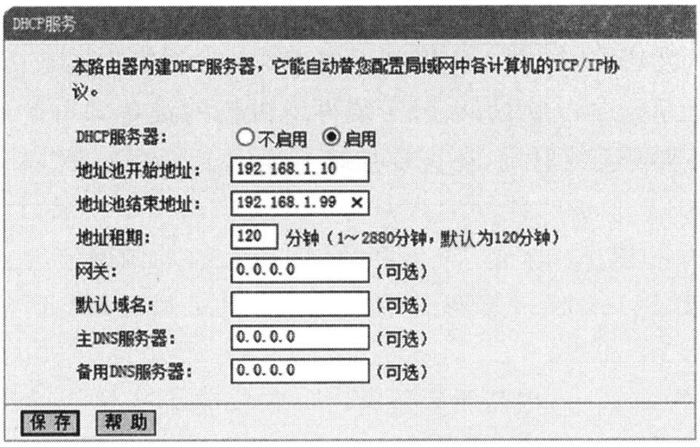

DHCP服务

本路由器内建DHCP服务器，它能自动替您配置局域网中各计算机的TCP/IP协议。

DHCP服务器： ○不启用 ◉启用
地址池开始地址： 192.168.1.10
地址池结束地址： 192.168.1.99
地址租期： 120 分钟（1～2880分钟，默认为120分钟）
网关： 0.0.0.0 （可选）
默认域名： （可选）
主DNS服务器： 0.0.0.0 （可选）
备用DNS服务器： 0.0.0.0 （可选）
保存 帮助

图 6.36 AP1 的 IP 地址段分配

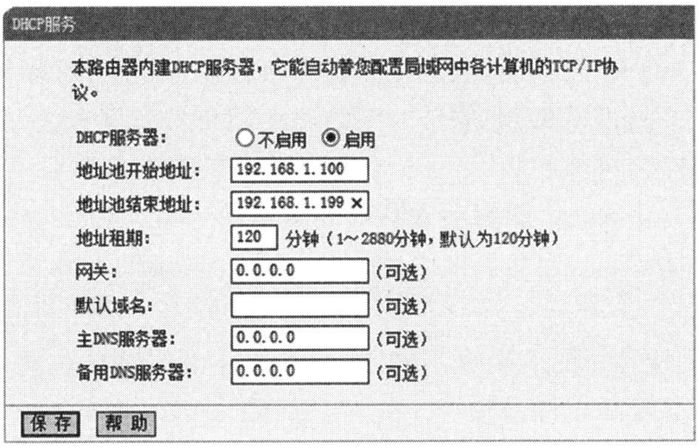

DHCP服务

本路由器内建DHCP服务器，它能自动替您配置局域网中各计算机的TCP/IP协议。

DHCP服务器： ○不启用 ◉启用
地址池开始地址： 192.168.1.100
地址池结束地址： 192.168.1.199
地址租期： 120 分钟（1～2880分钟，默认为120分钟）
网关： 0.0.0.0 （可选）
默认域名： （可选）
主DNS服务器： 0.0.0.0 （可选）
备用DNS服务器： 0.0.0.0 （可选）
保存 帮助

图 6.37 AP2 的 IP 地址段分配

至此，处于 AP1 和 AP2 覆盖范围的设备都可以利用 AP1 的外网接口登录因特网了。

6.4.3 家庭 Wi-Fi 组网实例

在讲解了 Wi-Fi 的相关知识后，以一个实例来共同构建家庭用 Wi-Fi 网络。如果家中的局域网建设属于从零起步，则建议购买无线路由器来组网。无线路由器本身内置无线 AP 的功能，而且通常还带有 10MB/100MB 自适应网线接口，由此可以兼作有线网关，从而方便地构建一个无线/有线双模式家庭局域网。而最重要的是，如果有了无线路由器，则无须再专门有一台机器作为连接 Internet 的网络共享服务器——无线路由器本身就具有虚拟服务器的功能，在连接了 ADSL Modem 后可实现自动智能拨号，同时省去了安装专业软件的麻烦。

1. 设备采购

目前，市场上无线 AP 的价格差异很大。在选购无线 AP 和无线路由器时，要注意其所支持的通信协议。目前，大多数家庭用户选用支持 IEEE 802.11ac 协议的设备，这类产品支持的数据传输速率在 1000Mb/s 以上。虽然许多无线设备厂商已经推出了支持 IEEE 802.11ax 协议的无线路由器，但一方面支持该协议的设备价格相对较高，一般家庭不易接受；另一方面，目前大部分计算机和移动设备的网卡不支持 IEEE 802.11ax 协议，导致使用 IEEE 802.11ax 协议的路由器无法发挥其自身优势，因此在购买路由器时，还需要根据实际情况慎重选择。

除了无线接入网关设备外,在无线网接入终端方面,主要是家用PC和笔记本电脑。如果拥有带无线网卡的笔记本电脑,那么就无须再增添任何设备即可使之接入家庭无线局域网。而普通PC要想实现无线联网,还需要加装无线网卡。对于PC来说,因为移动性差,可以选择PCI或者USB接口的无线网卡。因为PCI接口的网卡安装过程需要像传统的有线网卡一样拆开机箱插到PCI插槽上,较为麻烦,有违无线局域网方便、易实现的特点,而且PCI无线网卡的价格与USB接口的网卡相比并没有什么优势,因此建议使用USB接口的无线网卡。

最后,如果家里没有宽带,则需要安装宽带。如安装小区的ASDL,即通过现有普通电话线为家庭、办公室提供宽带数据传输服务。

2. 安装与调试

在根据自己的实际需要把组建家庭无线局域网的设备采购回来以后,就可以开始设备的安装与调试。USB网卡在拆开包装后接到计算机任意一个USB接口即可。和其他USB设备一样,USB网卡支持即插即用,安装时不需要关闭机器。网卡接好以后,Windows系统会报告发现新设备,有的网卡在Windows XP/2000/7下能自动识别。对于系统不能直接驱动的网卡,则需要利用设备提供的驱动安装盘安装驱动程序。在驱动安装完成以后,最好把网卡自带的管理软件也装上,网络调试中很多参数的设置借助厂商提供的专用软件往往更方便。

无线路由器和无线AP的安装也不复杂,但需要注意安装的位置。为了获得更广泛的信号覆盖范围,建议在条件允许的情况下把AP和路由器尽量安置在家中比较高的位置。可以把不需要专门配合服务器的无线路由器设置在天花板夹层内,但需要装修时就预先考虑并将入户有线宽带网也引到天花板夹层中。

连接无线路由器时,需要注意设备提供的网线接口有两种:一种标为WAN的RJ-45网线接口专门用来连接ADSL Modem或者Cable Modem等有线宽带入户接入线缆,而其他普通RJ-45网线接口与有线集线器上的接口一样,用来连接局域网网线,如图6.38所示。特别要注意ADSL Modem与路由器的WAN接口之间不能使用普通网线,而要使用双机直连时使用的交叉线(Crossover Cable)。

图6.38 网络设备上的接口

至此,家庭无线局域网的硬件设备就安装完毕,下面介绍软件的调试。

3. 无线网关设备的调试

各家设备制造商提供的管理软件界面各不相同,但是基本选项都相近,这里以TP-Link的TL-WR340G为例介绍无线路由的软件调试。

在通电之后,AP的WLAN指示灯亮表示无线AP已经被驱动,本机周围已经覆盖了微波,能提供无线连接。选择搜索到的AP,输入密码,出厂默认值为default,按LOGIN按钮登录，即可进入配置主界面，如图 6.39 所示。

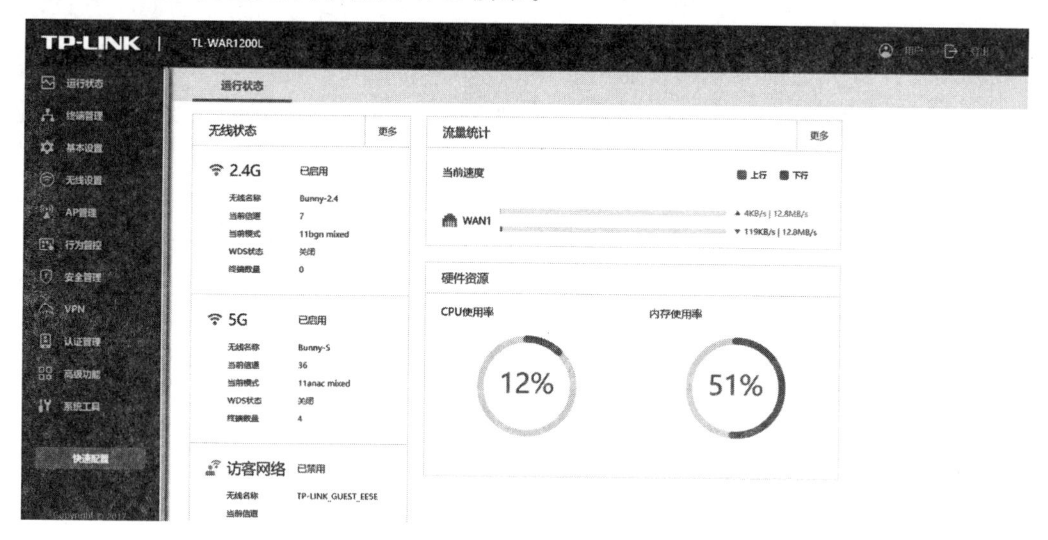

图 6.39 路由器的配置主界面

在运行状态下可以看到无线路由的当前配置信息，如 Name、ESSID、Channel、Mode、IP 地址、子网掩码、默认网关等。在其他菜单中可以对这些参数进行设置。下面介绍各种参数的作用。

SSID：无线路由的 ID 标识，无线终端和无线路由的 SSID 必须相同方可通信。ESSID 可以有 32 位字符，且区分大小写。

Channel：可选信道。主流无线网卡附带的配置程序中会有无线路由信道信号扫描功能，从而选择一个信道信号最好的信道进行通信。对于一般家庭环境，可以选择 CH1。

Name：当网络中有多个无线路由工作时，为便于管理，每个无线路由都必须有自己的名字。可以根据需要任意填写。由于一般家庭只有一个无线路由，因此这里它与 SSID 的识别作用一样。

Mode：指无线路由使用的协议。

SNMP：网络设备管理和监控的一个标准协议，这一项选择允许(Enable)即可。

DHCP Client：允许 DHCP 服务器为无线路由动态指定 IP 地址。这里假设无线路由安装在一个有 Sygate 软件的有线局域网中，而 Sygate 具有 DHCP 服务功能，因此可以选择允许(Enable)，让无线路由作为 DHCP 客户端从 DHCP 服务器处得到 IP 地址。如果原有局域网各设备都需要指定 IP 地址，则这里就需要选择关闭(Disable)，然后在下边为无线路由指定一个与局域网各机器同一网段而且没有冲突的网址，而且 Subnetmask(子网掩码)和 Default Gateway(默认网关)栏的值也必须指定与局域网其他机器一样。

Password：修改管理登录密码，通常除了个人密码外无须修改默认值。

一般情况下，设置好以上这些参数，无线路由就可以配合原来的有线局域网很好地工作。但是，为了安全起见，还需进入基本设置标签页进行一些安全加密方面的设置。因为无线局域网不同于有线网，对于家庭内部的有线局域网来说，除了因特网这一途径外，外人不可能侵入内部网络。而对于无线局域网，假如不进行任何安全加密设置，则陌生用户可以轻易进入家庭局域网，不仅可以免费共享因特网连接，更可以随意进入局域网内部共享目录，因此必须要在无线网关端对无线连接进行安全设置。

该设备共提供三种安全加密手段：数据加密、访问控制和隐藏无线路由。

数据加密：采用目前无线网络通用的 WEP(Wired Equivalent Privacy,有线等效保密协议)对在无线网上传输的数据进行加密。激活 WEP 数据加密的方法为进入 SECURITY 项中的 WEP 页,然后选择 Encryption 中的 WEP 64bit 或 WEP 128bit。这两项的区别是前者为 64 位加密,后者是 128 位加密,加密强度更高。对于普通家庭用户来说,64 位加密已经足够,如果有特别敏感的重要数据需要保护,那么可以选择 128 位加密,不过它的缺点是密钥比较长,不好记忆。WEP 加密的密钥设置可以采用普通的字符方式也可以采用十六进制数字方式(系统会在这两种方式间自动换算),其中 WEP64 位数据加密密钥可以是 5 个字母或数字字符,范围为 a～z、A～Z、0～9,如 MyKey。或者为 10 个十六进制数,范围为 A～F、a～f、0～9,使用前缀 0x,如 0x11AA22BB33。

WEP 128 位数据加密的密钥为 13 个字母或数字字符,如 MyKey12345678。或者 26 个十六进制数。其密钥取值范围与 WEP 一样。选择这两种加密方式后都可以设置四个密钥值(key1～key4)。不过只能选中其中一个 WEP 密钥值为激活密钥值,单击 Apply 配置即可生效。

隐藏无线路由：取消选中图 6.40 中的“允许 SSID 广播”复选框。

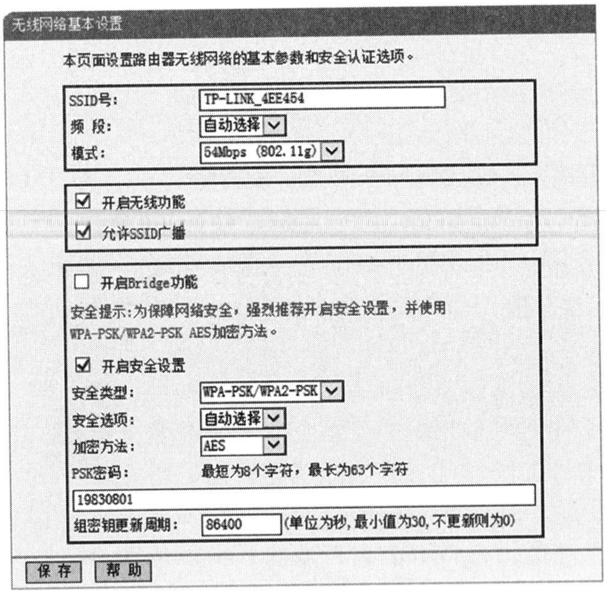

图 6.40　路由器安全设置界面

4. 访问控制

访问控制是比数据加密更为可靠的安全选项,可以在网关设置允许哪些计算机接入该无线网关。识别指定计算机的特征就是计算机上安装的无线网卡的 MAC 地址。在启动访问控制的状态下,只有拥有被允许传输数据的 MAC 地址的无线设备才可以访问无线路由。

每块网卡在生产出来后,除了基本的功能外,都有一个唯一的编号标识自己。全世界所有的网卡都有自己的唯一编号,不会重复。MAC 地址是由 48 位二进制数组成的,通常分成 6 段，用十六进制表示为 00-D0-09-A1-D7-B7 形式的一串字符。由于具有唯一性，因此可以用它来标识不同的网卡。在 Windows 系统中查找 MAC 地址时，可以进入 DOS 命令行模式下输入命令 ipconfig/all，在返回的结果中找到网卡的 MAC 地址。

由于家庭局域网中接入的计算机数量有限，因此可以启用 MAC 访问控制来限制外来计算机随意访问家庭内部的无线网。需要注意的是，如果启动了访问控制但没有加入任何 MAC 地址，那么所有对此无线路由的无线通信将被禁止。在访问控制下有 Add（添加）、Modify（修改）、Remove（删除）等针对 MAC 地址项的操作，设置完毕后按 Apply 按钮使新的设置生效，如图 6.41 所示。

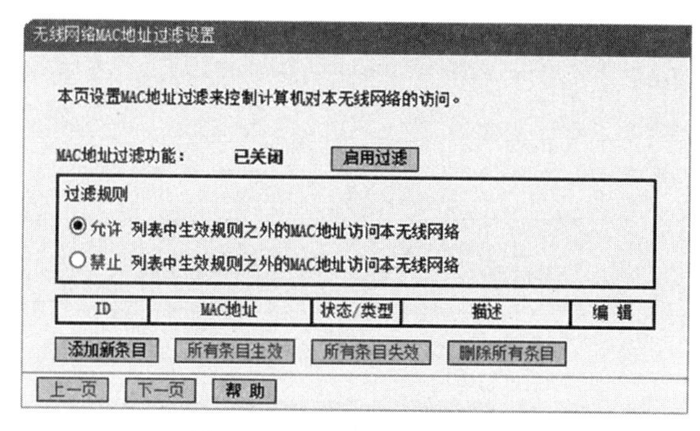

图 6.41　访问控制设置界面

5. 无线接入端的调试与配置

最后介绍无线接收端计算机上的配置，这里以 Windows 7 系统为例。关于无线网卡的安装和驱动前边已做介绍，此处不再赘述。

在系统中，如果装好了无线网卡，在控制面板的“网络连接”中就会出现此网卡的连接选项，并在任务栏中以图标形式显示本机当前的网络连接状况（如果任务栏中没有此显示，可在该网络连接的“属性”中选中“连接后在通知区域显示”图标），如图 6.42 所示。如果该网卡的网络连接不通，任务栏的网络连接图标上会显示一个红叉。而一旦无线网卡位于无线接入设备信号覆盖范围内，无线网卡扫描到本机所处位置有无线网络信号，该图标上的红叉就会消失，鼠标光标移到图标上还会显示出其检测到的无线信号发射端的 SSID、连接速度和信号状况。注意，如果在访问控制中的无线网关设置中选择了隐藏无线路由，就不会看到 SSID 参数。假如在无线网关方面没有进行任何加密安全方面的设置，现在就可以正常使用无线连接上网，包括访问局域网内部共享资源和共享上网。

图 6.42　终端设置界面

但为了安全，一般都在网关上设置加密，这时会发现，虽然显示无线连接已经接通，却无法通过它访问任何网络资源。这需要在客户端上也进行相应的密钥设置才能使用无线网资源。具体操作方法是双击任务栏上的“无线网络连接”图标，进入“无线网络连接状态设置”对话框，然后选择“属性”按钮，在弹出的“无线网络配置”对话框中取消“用

Windows来配置我的无线网络配置”选项前的对钩。然后在该对话框中选中“可用网络”列表中的相应网关设备名，选择“配置”链接，打开如图6.43所示的界面。在“无线网络连接状态设置”对话框中首先检查“服务设置标识(SSID)”中显示的信息是否与网关的设置一致，然后选中“数据加密(WEP启用)”选项，并取消“自动为我提供密钥”选项，就可以在“网络密钥”、“密钥格式”和“密钥长度”3个输入框中按照网关端的加密设置以此填写相应内容。注意这里一定要和网关端的设置完全一致，如果网关端选择的是64位WEP加密，那么“密钥长度”中就要选择“40位5个字符”，如图6.44所示。在这些设置都正确输入并确定后，无线网络接收端的设置就完成了。

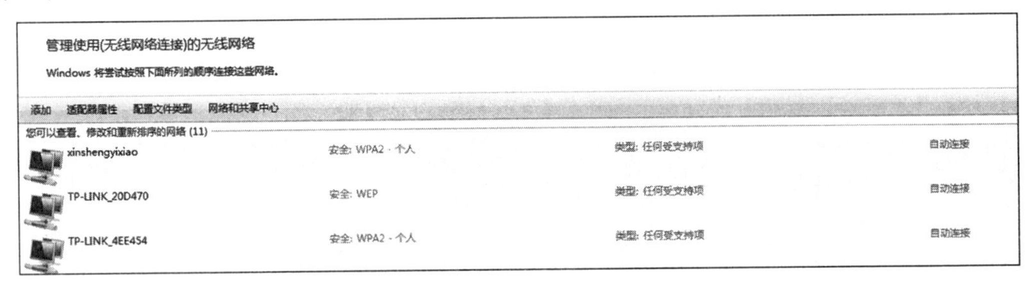

图6.43 AP连接管理界面

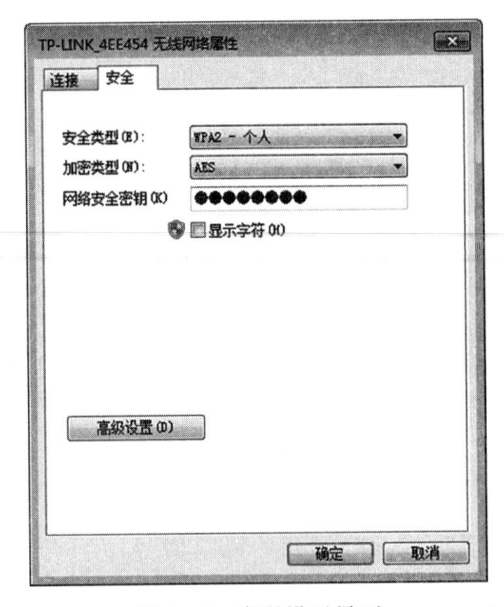

图6.44 密码设置界面

本章小结

本章主要介绍了Wi-Fi的概念、WLAN的主要协议、WLAN架构以及Wi-Fi的组网方式。通过本章的学习，要求读者掌握Wi-Fi的有关概念、主要协议、WLAN分层架构，了解WLAN的主要协议、WLAN的网络架构，以及Wi-Fi的组网方式等内容，对Wi-Fi有全局的认识，能够对Wi-Fi这种短距离物联网通信方式进行基本应用。

习题

一、填空题

1. Wi-Fi 是一种可以将各种终端设备以________方式互相连接的技术。

2. Wi-Fi 是一个无线网络通信技术的品牌，由________所持有。

3. IEEE 802.11 标准设计独特的 MAC 层，通过协调功能来确定在基本服务集中的移动站在什么时间能________或________。

4. OFDM 调制方式包括________。

5. Wi-Fi 无线网络包括两种类型的拓扑形式：________和自组网。

6. ________是无线 AP 的基本工作模式。

7. 在 Ad-Hoc 模式下，WLAN 设备具有________的通信关系，每个设备既是数据交互的终端也作为数据传输的路由，不需要 AP 的支持。

8. ________是一种特殊场合下的能够临时快速自动组网的移动通信技术。

9. ________本身内置无线 AP 的功能。

10. SSID 的全称为________。

二、单项选择题

1. 无线联网技术相对于有线局域网的优势有________。
   A. 可移动性　B. 架设成本高　C. 覆盖范围小　D. 传输速度快

2. 以下协议中，不在 2.4GHz 频段工作的无线协议是________。
   A. IEEE 802.11　B. IEEE 802.11a
   C. IEEE 802.11b　D. IEEE 802.11g

3. IEEE 802.11 标准在 OSI 模型中的________提供进程间的逻辑通信。
   A. 数据链路层　B. 网络层　C. 传输层　D. 应用层

4. IEEE 802.11 定义了 3 种帧类型，不包括________。
   A. 数据帧　B. 控制帧　C. 管理帧　D. 码片速率帧

5. IEEE 802.11 物理层不包括________。
   A. 管理层　B. 逻辑链路控制层
   C. 会聚协议层　D. 物理介质依赖子层

6. 下列关于 IEEE 802.11g WLAN 设备描述正确的是________。
   A. IEEE 802.11g 设备兼容 IEEE 802.11a 设备
   B. IEEE 802.11g 设备不兼容 IEEE 802.11b 设备
   C. IEEE 802.11g 54Mb/s 的调制方式与 IEEE 802.11a 54Mb/s 的调制方式相同，都采用了 OFDM 技术
   D. IEEE 802.11g 提供的最高速率与 IEEE 802.11b 相同

7. 以下 AP 的组网模式中不正确的是________。
   A. 接入点模式　B. AP 客户端模式
   C. 点对服务器模式　D. 无线中继模式

8. 下列设备中不会对当前 WLAN 产生电磁干扰的是________。

A. 微波炉　　B. 蓝牙设备　　C. 其他网络的 AP　　D. GSM 手机

9. 一个无线 AP 以及关联的无线客户端被称为一个________。

A. IBSS　　B. BSS　　C. ESS　　D. AC

10. 某学生在自习室使用无线连接到其试验合作者的笔记本电脑,其使用的是________模式。

A. Ad-Hoc　　B. 基础结构　　C. 固定基站　　D. 漫游

三、简答题

1. WLAN 技术的优势是什么?
2. 简述 WLAN 网络帧的种类和用途。
3. 简述 Ad-Hoc 网络的特点。
4. 终端与 AP 的连接过程是什么?
5. 简述几种 IEEE 802.11n 使用的技术(至少 5 种)。

四、设计题

1. 有一 20m×50m 的长方形厂房,厂房内无明显障碍物,如果希望实现稳定的 Wi-Fi 全覆盖,则需要几台 AP 或路由器?请给出部署方案。

2. 某工厂的工作区分散在相隔 50～100m 内的 3 个区域,每个区域的工作面积约为 $100m^2$,现有 3 台 AP 和一条光纤,如何实现所有工作区域的 Wi-Fi 全覆盖?

3. 某家庭采用一条光纤入户,如何设计其 Wi-Fi 设置方案,从而保证家用 Wi-Fi 的安全?

第7章 CHAPTER 7 NB-IoT与LoRa通信技术

教学提示

NB-IoT与LoRa通信技术作为典型的低功耗广域网技术，是面向物联网中远距离和低功耗的需求而演变出来的物联网通信技术，填补了现有无线通信技术的空白，为物联网的更大规模发展奠定了坚实的基础。不同的是，NB-IoT技术基于授权频谱，可以通过升级现有的蜂窝网络基站来提供网络部署；LoRa工作在非授权频谱，突出的优点是网络的部署具有自主性；NB-IoT与LoRa通信技术很难在技术上评价高低，并且它们在市场上也具有一定的互补性。这两种通信技术推动了物联网技术在智慧社区、智慧农业、智慧消防、智慧建筑、智能制造、智能物流等领域的发展。

学习目标

- 了解NB-IoT通信技术的特点、发展历程。
- 掌握NB-IoT的关键技术。
- 理解NB-IoT的网络架构。
- 理解NB-IoT通信技术的应用场景。
- 了解LoRa的基本概念。
- 掌握LoRa的扩频技术。
- 理解LoRaWAN的网络架构。
- 理解LoRa技术的应用场景。

知识结构

本章的知识结构如图7.1所示。

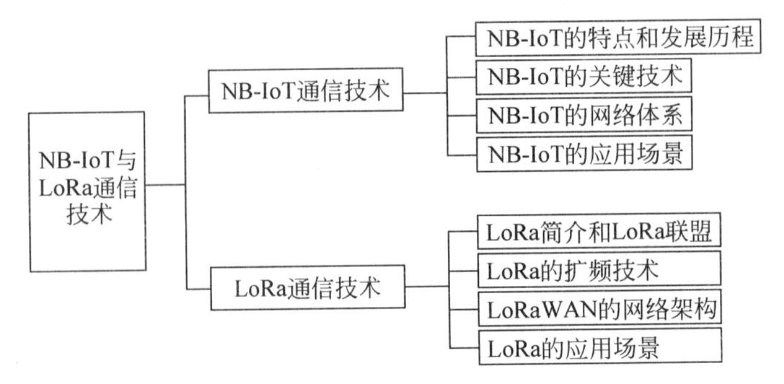

图7.1 本章知识结构图

7.1 NB-IoT 通信技术概述

NB-IoT 是一种全新的基于蜂窝网络的窄带物联网技术，是 3GPP 组织定义的国际标准，可在全球范围内广泛部署，聚焦于低功耗广域网，支持物联网设备在广域网的蜂窝数据连接，基于授权频谱的运营，可直接部署于 LTE 网络，可降低部署成本和平滑升级，具有广覆盖、低功耗、低成本、大连接的特点。

7.1.1 NB-IoT 的特点

与 Wi-Fi、蓝牙和 ZigBee 等中短距离通信技术相比，移动蜂窝网络具备广泛覆盖、可移动以及大连接数等优势，能够支持更加丰富的应用场景，理应成为物联网的主要连接通信方式。然而蜂窝网络运行低功耗广域(LPWA)物联应用，存在典型场景网络覆盖不足、终端功耗过高、无法满足海量终端要求，以及综合成本高 4 个主要痛点问题。为了解决这些痛点问题，相应的基于蜂窝网络通信技术的新一代窄带物联网(NB-IoT)技术具备四大特点：广覆盖、大连接、低功耗、低成本。

1. 广覆盖

在同样的频段下，相比于现有移动通信网络，NB-IoT 具有 20dB 增益，相当于提升了 100 倍的信号接收能力，大大增强了网络的覆盖能力。因此，可以对地下车库、地下室和管道井以及野外等现有移动网络信号难以到达的地方实现信号覆盖，解决了现有的蜂窝网络覆盖不足的问题。例如，传统地下车库内导航定位系统网络构建需要 Wi-Fi、蓝牙等局域无线技术的支持，这个导航指示网络也只限于本停车场使用。如果使用深度覆盖的 NB-IoT 网络，只需外挂定位模块即可，而且可以构建跨区域的停车指示和导航。

2. 大连接

NB-IoT 可以提供的接入数是现有蜂窝无线技术的 50～100 倍，支持每个小区高达 5 万个用户终端(User Equipment，UE)与核心网的连接。例如，某小区网络由一个基站覆盖，使用原有无线网络只能支持每个家庭中 5 个终端接入，而 NB-IoT 至少提供其 50 倍的接入数量，即 250 个终端接入，足以满足未来智慧家庭中大量设备联网的需求。

3. 低功耗

NB-IoT 技术引入了节电模式(Power Saving Mode，PSM)和增强型非连续接收

(enhanced Discontinuous Reception，eDRX)模式，通过精简不必要的信令、使用更长的寻呼周期及终端进入节电模式等机制实现降低功耗的目标，可让终端模块实时在线，并且保障待机时间可长达 10 年，从而满足物联网应用低功耗、长待机的关键需求，如大范围分散在各地的传感器监测设备中。

4. 低成本

NB-IoT 核心网相对传统 EPC 核心网增加了小包数据控制面传输优化、节电优化，简化了信令流程、大幅降低了信息交互，实现 NB-IoT 的低移动性接入。低速率、低复杂度带来的是低成本。同时，芯片成本往往和芯片尺寸相关，尺寸越小，成本越低，NB-IoT 芯片可以做得很小，有利于成本的降低。另外，NB-IoT 在射频上做了优化，模块的成本也随之变低。市场普遍预期单个模组价格可以低于 5 美元。

综上，NB-IoT 工作在授权频谱，适合低时延敏感度、超低的设备成本要求和低设备功耗的物联网应用，聚焦低功耗、广覆盖物联网市场，是一种可在全球范围内广泛应用的新兴物联网通信传输技术。

7.1.2 NB-IoT 的发展历程

NB-IoT 标准的研究和标准化工作由标准化组织 3GPP 进行推进，3GPP 由中、美、欧、日、韩标准化组织在 1998 年 12 月签署组建，以便为第三代移动通信系统(3G)制定统一的技术规范，目前其指定的技术标准范围已经延伸到 5G。

如图 7.2 所示，NB-IoT 技术最早由华为公司和英国电信运营商沃达丰公司共同推出，并在 2014 年 5 月向 3GPP 提出 NB-M2M(Machine to Machine)的技术方案。2015 年 5 月，华为与高通公司宣布 NB-M2M 融合 NB-OFDMA(Orthogonal Frequency Division Multiple Access)窄带正频分多址技术形成 NB-CIoT(Cellular IoT)。与此同时，爱立信公司联合英特尔、诺基亚公司在 2015 年 8 月提出与 4GLTE 技术兼容的 NB-LTE 的方案。2015 年 9 月，在 3GPP 无线接入网(Radio Access Network，RAN)的 69 号会议上，NB-CIoT 与 NB-LTE 技术融合形成新的 NB-IoT 技术方案。经过复杂的测试和评估，2016 年 4 月，NB-IoT 物理层标准冻结，两个月后，NB-IoT 核心标准方案正式冻结，NB-IoT 正式成为标准化的物联网协议。2016 年 9 月，NB-IoT 性能标准冻结；2016 年 12 月，NB-IoT 一致性测试标准冻结。

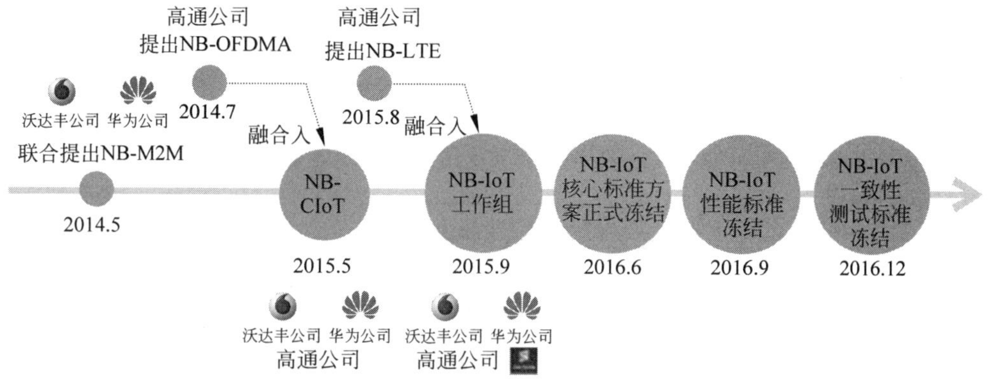

图 7.2 NB-IoT 的发展历程

2017年4月,海尔、中国电信、华为三家企业签署合作协议,共同研发新一代物联网智慧生活方案。

2017年5月,上海联通公司完成上海市的NB-IoT商用部署,并在上海国际旅游度假区与华为公司共同发布NB-IoT技术的智能停车方案,目前,华为NB-IoT模组Boudica的出货量已经超过百万台。

2017年6月,工业和信息化部发文,明确了将从加强NB-IoT标准与技术研究、打造完整产业体系,推广NB-IoT在细分领域的应用、逐步形成规模应用体系,优化NB-IoT应用政策环境、创造良好可持续发展条件三方面采取14条措施,全面推进NB-IoT的建设发展。

7.2 NB-IoT的关键技术

NB-IoT定位于运营商级,基于授权频谱的低速率物联网市场,可直接部署于LTE网络,也可以基于目前运营商现有的2G、3G网络,通过设备升级的方式来部署,可降低部署成本和实现平滑升级,是一种可在全球范围内广泛应用的物联网新兴技术,可构建全球最大的蜂窝物联网生态系统。NB-IoT技术的优势主要体现在广覆盖、低功耗、大连接、低成本、授权频谱、安全性等几方面。

7.2.1 广覆盖技术

NB-IoT的系统带宽为200kHz,上下行有效传输带宽为180kHz,下行采用正交频分复用技术(OFDM),子载波带宽与LTE相同,均为15kHz;上行有两种传输方式:单载波传输和多载波传输,其中单载波传输的子载波带宽有3.75kHz和15kHz两种,多载波传输的子载波间隔为15kHz,支持3、6、12个子载波的传输。

NB-IoT支持三种部署方式,如图7.3所示,分别是独立部署(Stand Alone Operation)、保护频段部署(Guard Band Operation)以及频段带内部署(In Band Operation)。在独立部署方式中,利用现网的空闲频谱或者新的频谱进行部署,不与现行LTE网络或其他制式蜂窝网络在同一频段,不会形成干扰。在保护频段部署方式中利用LTE边缘保护频段中未使用的带宽资源块,可最大化频谱资源利用率。在频段内部署方式中占用LTE的一个物理资源块(Physic Resource Block)资源来部署NB-IoT。

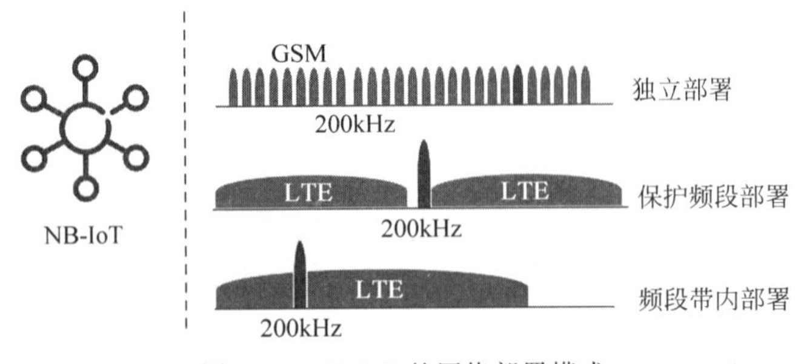

图7.3 NB-IoT的网络部署模式

物联网的很多应用场景的网络信号很弱,NB-IoT与GPRS或LTE系统相比,最大链路预算提升了20dB,相当于提升了100倍。即使在地下车库、地下室、地下管道等普通无线网络信号难以到达的地方，NB-IoT 也容易覆盖到，NB-IoT 的网络部署模式如图 7.4 所示。

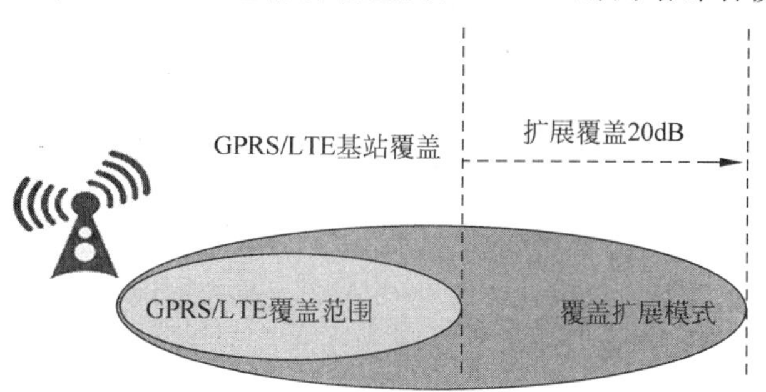

图 7.4　NB-IoT 的网络部署模式

和 GPRS 相比，NB-IoT 在下行信道上覆盖增强的增益主要来源于重复发送，即同一个控制消息或业务数据在空口信道上发送时，通过多次重复发送，用户终端在接收时对接收到的重复内容进行合并，来提供覆盖能力。

在上行方向上，NB-IoT 依赖功率谱密度增强（Power Spectrum Density Boosting，PSD Boosting）和时域重复（Time Domain Repetition，TDR）来获得比 GPRS 或 LTE 系统多 20dB 的覆盖增强。具体而言，当使用 200mW 发射功率时，如果占用整个 180kHz 的带宽，则功率谱密度为 200mW/180kHz，但是如果将功率集中到其中的 15kHz 的话，则功率谱密度可以提升 12 倍，意味着灵敏度可以提升 10lg(12)＝10.8dB，这是通过窄带设计可以获得的增益。通过重复传输，最多可重传 16 次，可以获得的增益为 3～12dB，这是通过重传可以获得的增益。两者相加，即可达到 20dB 左右的增益。

NB-IoT 的三种部署模式均可以实现该覆盖目标。下行方向上，独立部署的功率可进行独立配置。频段带内部署及保护频段部署的功率受限于 LTE 的功率，因此这两种方式下需要多次重复才能获得与独立部署方式同等的覆盖水平。在相同覆盖水平下，独立部署方式的下行速率性能优于另外两者；上行方向上，三种部署方式的区别不明显。

7.2.2　低功耗技术

低功耗技术是 NB-IoT 标准的显著优势，也是物联网应用的一项重要技术指标，特别是对于一些不能经常更换电池的设备和场合，如大范围分散在各地的传感监测设备，它们不可能像智能手机一样一天充一次电，长达几年的电池使用寿命是最基本的需求。在电池技术无法取得突破的前提下只能通过降低设备功耗来延长电池的供电时间。

通信设备消耗的能量往往与传输数据量或通信速率有关，即单位时间内发出数据包 NB-IoT 的大小决定了功耗的大小。NB-IoT 聚焦于传输间隔大、数据量小、速率低、时延不敏感等业务，同时通过简化物理层设计来降低实现复杂度，从而实现终端传输低功耗。

NB-IoT 在 LTE 系统的非连续接收（DRX）基础上进行了优化，采用功耗节电模式（PSM）和增强型非连续接收（eDRX）两种模式。这两种模式都是通过用户终端发起请求，和移动性管理实体（Mobility Management Entity，MME）核心网协商的方式来确定的。用户可以单独使用 PSM 和 eDRX 模式中的一种，也可以两种都激活。

PSM 是 Idle 的一个子状态，在该状态下，关闭信号的收发和接入层的相关功能相当于部分关机状态[但核心网侧还保留用户上下文，用户进入空闲态/连接态时无须再附着公共数据网(PDN)]建立,从而减少天线、射频、信令处理等功耗。

在PSM状态时,下行不可达,数字数据网络(Digital Data Network,DDN)到达移动管理实体(Mobility Management Entity,MME)后,MME通知服务网关(Serving Gateway,SGW)缓存用户下行数据并延迟触发寻呼;上行有数据/信令需要发送时,触发终端进入连接态。

终端何时进入PSM状态,以及在PSM状态驻留的时长由核心网和终端协商。如果设备支持PSM,在附着或TAU(Tracking Area Update,跟踪区域更新)过程中,向网络申请一个激活定时器(T3324,0~255s),当设备从连接状态转移到空闲后,该定时器开始运行,当定时器超时后,设备进入PSM状态。

UE在PSM状态期间不接收任何网络寻呼,但设备仍然注册在网络中。对于网络侧来说,UE此时是不可达的。只有当跟踪区更新周期请求定时器(T3412)超时,或者UE有上行业务要处理而主动退出PSM状态时,UE才会退出PSM状态,进入空闲状态,进而进入连接状态处理上下行业务。TAU的最大周期为310h,默认为54min。

PSM状态的优点是可进行长时间睡眠,缺点是对MT(被叫)业务响应不及时,主要应用于表类等对下行实时性要求不高的业务。

eDRX模式的原理如图7.5所示,是3GPP R13版本引入的技术,是对原DRX技术的增强,主要目标为支持更长周期的寻呼监听,从而达到节电的目的。传统的1.28/2.56s的DRX寻呼间隔对IoT终端的电量消耗较大,而在下行数据发送频率较小时,通过核心网和终端的协商配合,终端跳过大部分的寻呼监听,从而达到省电的目的。终端和核心网通过附着(Attach)流程和TAU流程来协商eDRX的长度,可为20s、40s、80s,最大到2.92h。eDRX的优点是实时性好于PSM,但节电效果与PSM相比要差些,即相对于PSM,大幅提升了下行通信链路的可到达性。

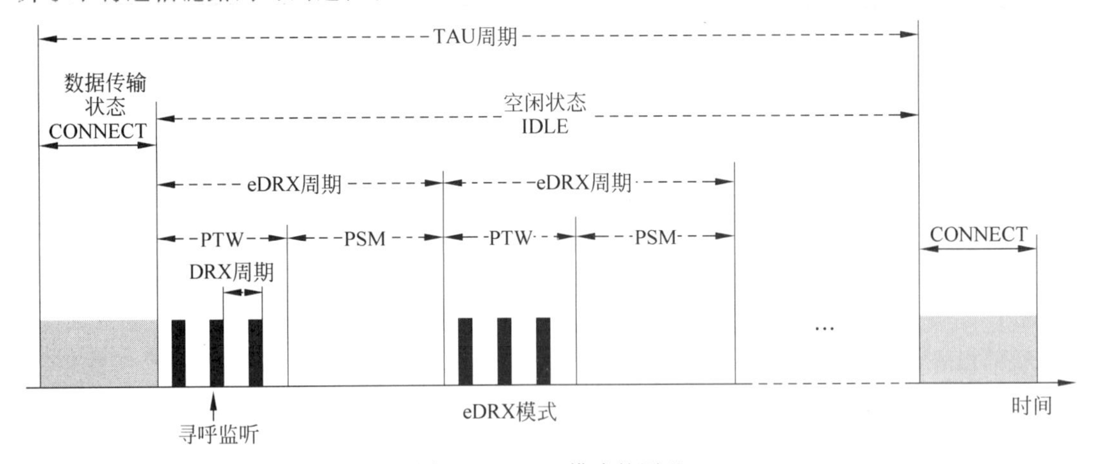

图7.5 eDRX模式的原理

PSM和eDRX虽然让终端耗电量大大降低,但都是通过长时间的"罢工"来换取的,付出了实时性的代价。对于有远程不定期监控(如远程定位、电话呼入、配置管理等)需求且实时性要求较高的场景,不适合开启PSM功能;如果允许一定的时延,最好采用eDRX技术,根据实际可接收的时延要求来设置eDRX寻呼周期。UE可在附着流程和TAU流程中请求开启PSM或(和)eDRX,但最终开启哪一种或两种均开启,以及周期是多少均由网络侧决定。

7.2.3 大连接技术

与当前基站主要保障用户的并发通知和减少通信时延不同，为满足万物互联的需求，NB-IoT 的关注重点不在于用户的无线连接速率，并且对时延要求也不高，而是关注每个站点可以支持的用户数。

相比于 2G/3G/4G 的通信系统，NB-IoT 上行容量有 50～100 倍的提升，设计目标为每个小区达到 5 万连接数，大量终端处于休眠状态，其上下文信息由基站和核心网维持，一旦终端有数据发送，可以迅速进入连接状态。每个小区有 5 万个连接数，但并不是支持 5 万个并发连接，只是保持 5 万个连接的上下文数据和连接信息。在 NB-IoT 系统的连接仿真模型中，80％的用户业务为周期上报型，20％的用户业务为网络控制型，在该场景下可以支持 5 万个连接的用户终端。事实上，能否达到该设计目标还取决于小区内实际的终端业务。

由如图 7.6 所示的 NB-IoT 连接模型可知，与传统通信网络规划类似，NB-IoT 容量规划需要与运营商覆盖规划相结合，需同时满足覆盖和容量的要求；此外，核心网无论是签约、用户上下文管理，还是 IP 地址的分配都有新的优化需求。相对于 4G 系统，NB-IoT 核心网的业务突发性更强，可能某行业的用户集中在某个特定时段同时收发数据，对核心网的设备容量、过载控制提出了新的要求。

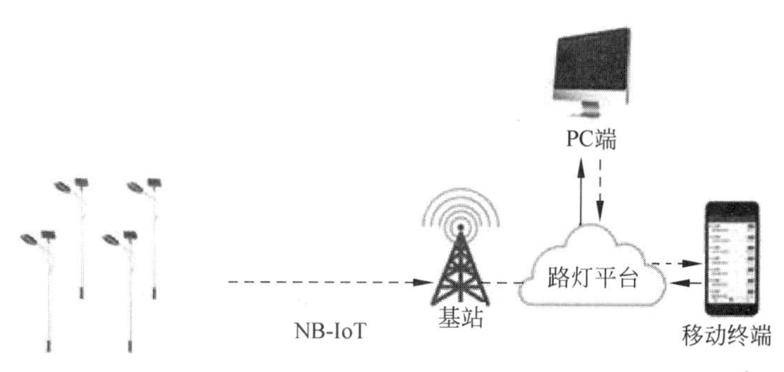

图 7.6 NB-IoT 连接模型

NB-IoT 单站容量是基于单站配置和用户分布设计，结合每个用户的业务需求，计算单站承载的连接数的。整网连接数是站点数目和单站支持的连接数的乘积。可以通过对核心网进行优化来优化终端上下文存储机制、下行数据缓存机制，以提升网络支持的连接数。

7.2.4 低成本技术

NB-IoT 的低速率、低带宽和低功耗特性带来的是终端低成本。低速率就意味着芯片模组不需要大的缓存，低功耗意味着射频设计的要求可以降低，低带宽则不需要复杂的均衡算法，可简化盲检次数，减小最大传输块，简化调制解调编码方式，直接去掉 IP 多媒体子系统(IP Multimedia Subsystem，IMS)协议栈，简化天线设计。相比于 LTE(长期演进技术)芯片来说，众多因素使 NB-IoT 芯片的设计简化，进而带来低成本的优势。

与 eMTC 和 Cat. 4 的标准相比，NB-IoT 是 LTE 标准族群中 UE 复杂度最低的，其对比如表 7.1 所示。NB-IoT 具有较低的系统复杂度，物理层链路可以采用专用集成电路(Application Specific Intergrated Circuit，ASIC)来实现。相对于用数字信号处理(Digital Signal Processing，DSP)软件实现而言，ASIC 能有更优的功耗和处理性能。NB-IoT 片上系统(System on Chip,SoC)实现对数字基带电路(BaseBand,BB)和RF的集成,成为降低NB-IoT成本的关键因素。由于NB-IoT具备较低的吞吐量和较弱的移动性,物理层的运算量可以控制在比较低的水平,这使对DSP的需求得到减弱,可以使用主频更低的DSP,以减少对功耗和配套存储器(Memory)的需求,同时,NB-IoT移动性的降低使协议栈软件得到了有效简化,对片内存储器的需求可以降至最低,这也是降低芯片成本的因素之一。另外,NB-IoT标准基于半双工设计,可以简化射频前端的设计复杂度,有利于成本的降低。

表7.1 LTE标准族群复杂度对比

对比项目	NB-IoT UE (Rel-13 200kHz)	eMTC UE (Rel-13 1.4MHz)	普通LTE终端 (Rel-8 Cat.4)
下行峰值速率	200kb/s	1Mb/s	150Mb/s
上行峰值速率	40kb/s或200kb/s	1Mb/s	50Mb/s
天线数量	1或2	1	2
双工方式	半双工	半双工	全双工
UE接收带宽	200kHz	1.4MHz	20MHz
UE发射功率	23dBm	20/23dBm	23dBm
UE复杂度	<15%	20%	100%
覆盖增益	+20dB	+15dB	—

关于成本问题,还有另外两个因素需要重点考虑:一是运营商的建网成本;另外一个是产业链的成熟度。对于运营商建网成本,NB-IoT无须重新建设网络,RF和天线基本上都是复用的,无须重复投资,从而降低了建网成本。对于产业链来说,芯片在NB-IoT整个产业链中处于基础核心地位,现在几乎所有主流的芯片和模组厂商都有明确的NB-IoT支持计划,这将打造一个较好的生态链,对降低成本是大有好处的。

7.3 NB-IoT的网络体系

NB-IoT从LTE演变而来,继承了很多LTE的实现方式,但是与传统的LTE网络体系架构致力于给用户提供更高的带宽、更快的接入,以适应快速发展的移动互联网的需求不同,物联网应用具有UE数量众多、功耗控制严格、小数据包通信、网络覆盖分散等特点,传统的LTE网络已经无法满足物联网的实际发展需求。

7.3.1 NB-IoT系统的网络架构

NB-IoT系统的网络架构和LTE系统的网络架构基本相同,都称为演进的分组系统(Evolved Packet System,EPS)。NB-IoT EPS主要包括3部分,分别是演进分组核心(Evolved Packet Core,EPC)网、基站(eNodeB、eNB,也称为E-UTRAN,无线接入网)、UE。其中,UE是具体应用的终端实体,如搭载NB-IoT传输模块的水表、地磁车位监测仪、环境气体监测器等,是整个网络体系中底层的业务实体。如图7.7所示,UE通过空中接口(Uu接口)接入E-UTRAN无线网中,无线接入网由多个eNB基站组成。接入网和核心网之间通过S1接口进行连接,该接口包括S1-MME和S1-U两种形式,其中S1-MME用于连接eNB和MME,S1-U用于连接eNB和服务网关(Serving Gateway,SGW)、分组数据网关

(PDN Gateway,PGW)、业务能力开放单元(Service Capability Exposure Function,SCEF)。E-UTRAN 无线网和 EPC 核心网在 NB-IoT 网络架构中承担着彼此相互独立的功能,两者之间相互对接。

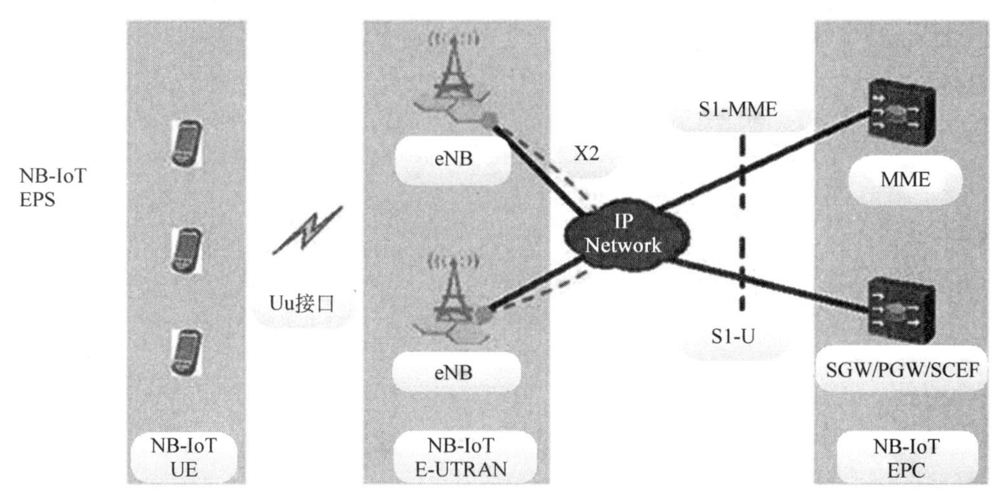

图 7.7　NB-IoT 网络体系结构

在 NB-IoT 系统的网络架构之上,针对 NB-IoT 应用的开发还涉及 IoT 平台、应用服务器、数据传输协议等相关知识。IoT 平台指 IoT 联接管理平台,汇聚从各种接入网得到的 IoT 数据,根据不同类型转发给相应的业务应用进行处理。应用服务器 是 IoT 数据的最终汇聚点,可以完成用户数据的预处理、存储,并根据客户的需求进行数据处理等操作,提供用于客户端访问的后端和前端程序。UE (Device)与 IoT 云平台(IoT Platform)之间的数据传输一般使用 CoAP(受限制的应用协议)等物联网专用的应用层协议进行通信,主要是考虑到 NB-IoT UE 的硬件资源配置一般很低,不适合使用 HTTP/HTTPs 等复杂的协议。对于 IoT 云平台(IoT Platform)与第三方应用服务器(App Server)之间的数据传输,由于两者的性能都很强大,且要考虑带宽、安全性等诸多方面,因此,一般会使用 HTTPs/HTTP 等应用层协议进行通信。

7.3.2　NB-IoT 无线接入网

NB-IoT 无线接入网由一个或多个基站(eNB)组成,eNB 基站通过 Uu 接口(空中接口)与 UE 通信,给 UE 提供用户面和控制面(RRC)的协议终止点。eNB 基站之间通过 X2 接口进行直接互联,解决 UE 在不同 eNB 基站之间的切换问题。如图 7.8 所示,接入网和核心网之间通过 S1 接口进行连接,eNB 基站通过 S1 接口连接到 EPC。

具体来讲,eNB 基站通过 S1-MME 连接到移动管理实体(MME),通过 S1-U 连接到 SGW。S1 接口支持 MME/SGW 和 eNB 基站之间的多对多连接,即一个 eNB 基站可以和多个 MME/SGW 连接,多个 eNB 基站也可以同时连接到一个 MME/SGW。

eNB 基站是 NB-IoT 移动通信中组成蜂窝小区的基本单元,主要用于完成无线接入网和 UE 之间的通信和管理功能。UE 必须在 eNB 基站信号的覆盖范围内才能通信。基站不是独立的,属于网络架构中的一部分,是连接蜂窝移动通信网和 UE 的桥梁。NB-IoT 基站依赖于现有通信运营商的基站进行部署,实际实施中可以在现有 LTE 系统进行升级复用或

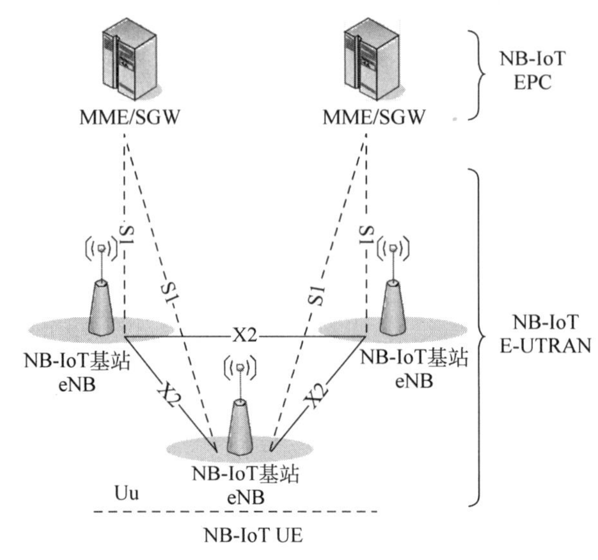

图 7.8 NB-IoT 无线接入网架构

者新建,有独立部署、保护频段部署以及频段带内部署三种部署方式。

UE 与无线接入网之间通过 Uu 接口连接。Uu 接口又称空中接口、无线接口,是 UE 和接入网之间的接口。空中接口用来建立、重配置和释放各种无线承载业务。在 NB-IoT 中,空中接口是 UE 和 eNB 基站之间的接口,是一个完全开放的接口,都要遵循 NB-IoT 规范,从而在不同制造商的设备之间就可以相互通信与兼容。

NB-IoT 空中接口协议分为物理层、数据链路层、网络层。NB-IoT 协议层规定了两种数据传输模式,分别是 CP 模式和 UP 模式。其中,CP 模式是 NB-IoT 标准中规定的必选项,UP 模式是可选项,具体支持哪些模式,UE 通过 NAS(非接入层)信令与核心网设备进行协商确定。

7.3.3 核心网

EPC 负责核心网部分,提供全 IP 连接的承载网络,主要包括移动性管理实体(MME)、服务网关(SGW)、分组数据网关(PDN Gateway,PGW)、业务能力开放功能(Service Capability Exposure Function,SCEF)、归属地用户服务器(Home Subscriber Server,HSS)等,如图 7.9 所示。

MME 是核心网的关键控制节点,主要负责信令处理部分,包括移动性管理、承载管理、用户鉴权认证、SGW 和 PGW 的选择等功能。MME 同时支持在法律许可范围内的拦截和监听功能。MME 引入了 NB-IoT 能力协商、附着时不建立 PDN 连接、创建 Non-IP 的 PDN 连接,支持 CP(控制面)模式、UP(用户面)模式,支持有限制性的移动性管理等。

SGW 是终止于 E-UTRAN 接口的网关,该设备的主要功能包括:进行 eNodeB 间切换时,可以作为本地锚定点,并协助完成 eNodeB 的重排序功能;执行合法侦听功能;进行数据包的路由和前转;在上行和下行传输层进行分组标记;空闲状态下,下行分组缓冲和发起网络触发的服务请求功能。

PGW 是 EPS 的锚点,终结于外部数据网络(如因特网)的 SGI 接口,是面向 PDN 终结

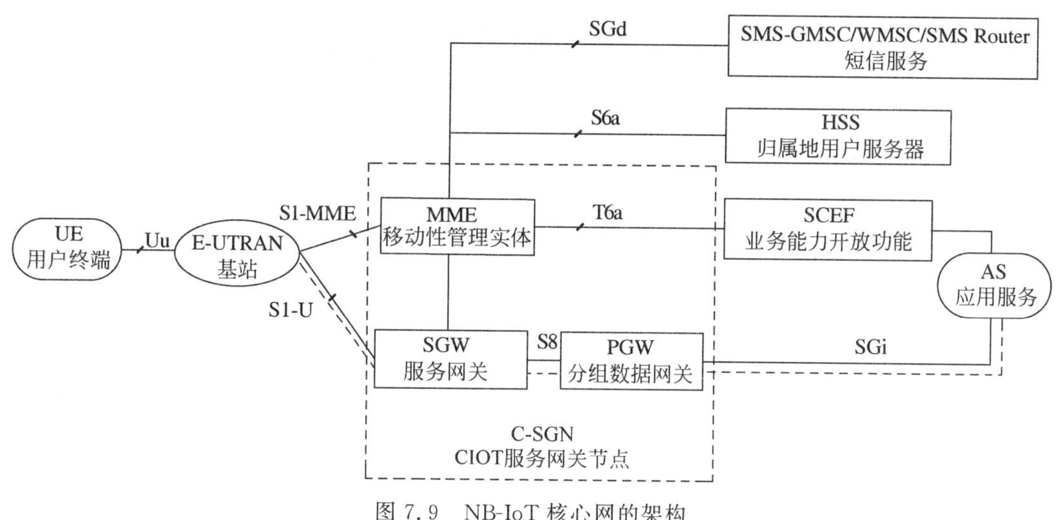

图 7.9　NB-IoT 核心网的架构

于 SGI 接口的网关，如果 UE 访问多个 PDN，UE 将对应一个或多个 PGW。PGW 的主要功能有：基于用户进行包过滤、合法侦听、UE 的 IP 地址分配、在上/下行链路中进行数据包传输层标记、进行上/下行业务等级计费以及业务级门控、进行基于业务的上/下行速率的控制等。另外，PGW 还提供上/下行链路承载绑定和上行链路绑定校验功能。

HSS 引入了对 UE 签约 NB-IoT 接入限制、为 UE 配置 Non-IP 的默认 APN(访问点)和验证 NIDD(Non IP Data Delivery，非 IP 数据传输)授权等。

和 LTE 网络相比，NB-IoT 网络体系架构主要增加 SCEF(业务能力开放单元)来支持 CP 模式和 Non-IP 数据的传输。为了将物联网 UE 的数据发送给接入层(Access Stratum，AS)应用服务，eNB 基站引入了 NB-IoT 能力协商，支持 CP 模式和 UP 模式。

对于 CP 模式，上行数据从 E-UTRAN 传输至 MME，传输路径分为两条：一条分支通过 SGW 传输到 PGW，再传输到应用服务器；另外一条分支是通过 SCEF 连接到应用服务器。SCEF 是 NB-IoT 新引入的，主要用于在控制面上传输 Non-IP 数据包，并为鉴权等网络服务提供接口。通过 SCEF 连接到应用服务器仅支持 Non-IP 数据传输，优势在于这一方案无须建立数据无线承载，数据包直接在信令无线承载上传输，因此适合非频发的小数据包传输，与 NB-IoT 推广的行业应用相匹配。

对于 UP 模式，物联网数据传输方式和传统数据流量一样，在无线承载上发送数据，由 SGW 传输到 PGW，再到应用服务器。这种方案的缺点在于，在建立连接时会产生额外开销，其优点是数据包的传输速度更快。CP 模式支持 IP 数据和 Non-IP 数据的传输。

7.3.4　IoT 平台

物联网应用由于其行业多样性、节点海量、部署分散等特性，对于各行业应用厂家来说，如果某个具体应用要完整开发节点管理、接入管理、数据存储等内容，对研发能力和开发时间来说都是不小的挑战，因此，一些运营商、互联网企业或者物联网企业把物联网应用开发中的这部分内容集成到 IoT 平台中，提供平台服务，方便其他厂家对接和开发 IoT 应用。NB-IoT 平台的基本功能如下：用户账号管理、异常状态管理、缴费管理、实时监测管理、平台接口管理等。

从应用框架上看,IoT平台处于终端设备与应用平台中间,起到桥接的作用。NB-IoT设备终端接入IoT平台,IoT平台对它们进行节点管理、接入管理、数据接收缓存等。同时,IoT平台提供标准化API,方便与应用平台进行对接,可提供数据推送、异常警告、命令下发缓存等功能。通用IoT平台的出现,方便了整个NB-IoT应用解决方案的快速实现,从开发难度、功能、性能、稳定性、可靠性等多方面提供了服务和保证。

7.3.5 数据传输协议

NB-IoT终端集成NB-IoT模组后,即可通过NB-IoT的网络与应用服务器进行数据收发。目前NB-IoT模组支持两种传输协议:CoAP协议、UDP协议。

CoAP协议栈的处理已经内嵌于多数NB-IoT模组中。若用户使用IoT平台与UE对接,通常会基于CoAP协议传输。具体流程为:CoAP协议MCU(NB设备)→NB模块(UE)→eNB基站→核心网→IoT平台→App服务器→手机终端App。

CoAP协议是为物联网中资源受限设备制定的应用层协议。它是一种面向网络的协议,采用了与HTTP类似的特征,核心内容为资源抽象、REST(表现层状态转换)式交互以及可扩展的头选项等。应用程序通过URI(Uniform Resource Identifier,统一资源标识符)来获取服务器上的资源,即可以像HTTP协议那样对资源进行GET、PUT、POST和DELETE等操作。

若用户直接与私有服务器对接,则通常会基于UDP协议传输。具体流程为:UDP协议MCU(NB设备)→NB模块(UE)→eNB基站一核心网→UDP服务器→手机终端App。CoAP协议的传输层使用UDP协议。由于UDP传输的不可靠性,CoAP协议采用了双层结构,定义了带有重传功能的事务处理机制,并且提供资源发现和资源描述等功能。此外,CoAP协议采用尽可能小的载荷,从而限制了分片。

CoAP协议中,事务(Transaction)层用于处理节点之间的信息交换,同时提供组播和CoAP Transaction拥塞控制等功能。请求/响应(Request/Response)层用于传输对资源进行操作的请求和响应信息。CoAP协议的REST构架是基于该层的通信。由于TCP/IP协议不适用于资源受限的设备,所以CoAP协议的网络层采用UDP协议,传输层采用6LoWPAN协议(IPv6 Over Low Power Wireless Personal Area Network,基于IPv6的低速无线个域网标准)。CoAP协议建立在UDP协议之上,以减少开销,并支持组播功能:它也支持一个简单的停止和等待的可靠性传输机制。

7.4 NB-IoT的应用场景

NB-IoT作为低功耗广域网的一项重要技术,具备低功耗、广覆盖、低成本、大连接的技术优势。这些技术优势适合于一些针对性很强的物联网垂直应用领域,例如,智慧城市、智能交通、智慧农业、可穿戴智能设备、智能制造等领域。

7.4.1 智能交通

智能交通系统(Intelligent Transportation System,ITS)的建设和发展离不开物联网、云计算、大数据、通信传输、传感器、远程控制和计算机技术等的支撑。随着现代城市规模的快速扩张，市民对城市交通运输的需求越来越大，带来的是机动车保有量迅速增长，原有的交通供需平衡被打破。管理设施和管理能力的提高跟不上交通需求的发展速度，原有基础设施的缺陷和弊端不断暴露出来，导致城市道路出现交通拥堵、环境污染、事故频发、停车困难、应急和突发事件预案匮乏等一系列交通问题。

智能交通系统采用先进的数据采集手段、综合的数据处理方式、强大的信息处理平台，再结合有效的商业模式，能够有力地推动智能交通系统产业的蓬勃发展。基于物联网技术的智能交通系统可以实现交通管理的动态化、全局化、自动化、智能化。下面对智慧交通系统中适合使用 NB-IoT 方案的场景进行介绍。

1. 智能停车

智能停车是智能交通系统不可或缺的一部分。智能停车系统致力于通过物联网技术，将城市的停车场连接起来，并全面整合停车场数据资源，通过城市级的管理平台实时采集和发布泊位信息，并通过服务平台和手机 App 提供停车诱导服务，以减少寻找停车位的无效交通流，从而提高流转效率。

传统的停车车位需要有专门的人员进行管理，存在管理效率低下和结算费用“跑、冒、滴、漏”现象；并且车位信息不能在各方及时沟通，造成停车难、交通拥堵等问题。若采用物联网智能停车系统管理便可以实现停车信息公开、系统公平核算、车位管理自动化。

智能停车系统可由三部分组成：车辆检测系统、通信系统和上层应用服务系统。车辆检测系统通过地磁传感器和超声波距离传感器等检测车位的使用情况，收费停车场还通过使用图像识别等技术检测车辆的车牌号来对车辆进行标识以提供收费依据。对于车辆检测技术，目前已经有很多成熟的解决方案，智能停车方案推广的障碍在于许多地下停车场通信网络覆盖不足，车辆检测信息不能实时发送出去，成为制约城际大型智能停车系统发展的瓶颈。NB-IoT 技术方案可以很好地解决此问题，NB-IoT 的强穿透性和低功耗使地下停车通信不再是制约停车业务发展的瓶颈，车辆检测装置即装即用，电池更换周期也变得更长。

2. 共享单车

共享单车的出现将国内共享商业模式推向高潮。共享单车没有城市公共自行车办证复杂、停车桩位置调度冲突等问题，自行车可实现随取随停，有效地解决了短距离出行问题，为绿色出行的节能减排计划提供了一份现实可行的方案。

共享单车的电子车锁形形色色，有使用自动开关的 GPRS 连接方式，也有蓝牙解锁以及按键解锁方式。GPRS 模式的车锁采用 GSM 网络和 GPS 定位技术，GPRS 模块定期向应用服务系统发送状态包（或称心跳包）更新设备的在线状态和位置状态，应用服务器收到用户解锁请求后发送命令包给 GSM 模块进行开锁。在开锁状态，GSM 模块会缩短上报周期，以实时获取自行车的地理位置；当落锁后，GSM 模块便处于休眠状态以达到节电的目的，尽管共享单车通过太阳能电池板和花鼓自发电等方式给锂电池进行供电，但耗电量依旧较高。另外，在地铁站、公交车站等交通枢纽地段，共享单车停放得比较密集，解锁成功率将大大降低，这是由于 GSM 网络承载能力有限，在网络堵塞的情况下其通信成功率变得很低。

NB-IoT 方案下的共享单车（见图 7.10）能够有效克服这些问题。NB-IoT 终端的功耗消耗比较低，即使不用外部供电的方式，也可以将共享单车从数月内更换一次电池延长到数年；NB-IoT 基站支持大连接，在单车分布密集的区域能够保证单个设备的正常通信；另外,NB-IoT 的广覆盖特性可使即便在地下车库的共享单车也能实现有效的通信。因此,NB-IoT 方案的使用将会促进共享单车的用户体验和管理效率得到进一步提升。

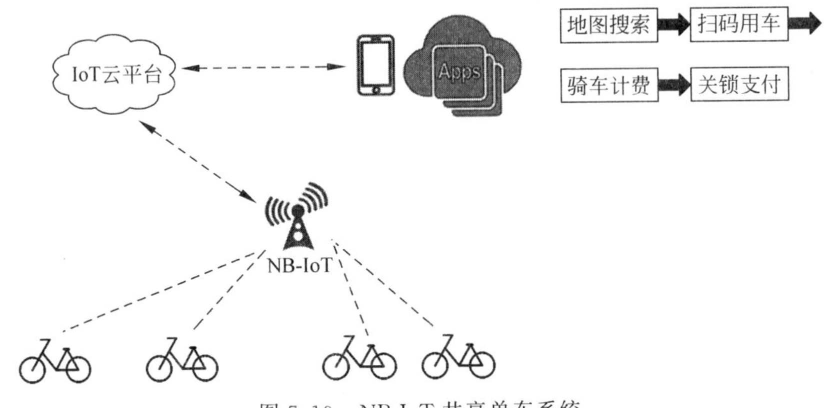

图 7.10 NB-IoT 共享单车系统

7.4.2 可穿戴智能设备

可穿戴智能设备是可以连续性地穿戴在人体上,或是整合到服装和配件中,可对采集到的信息进行智能化处理,把传感器、无线通信、云计算结合起来的微型系统。目前,面市的可穿戴智能设备的产品形态多样,其中以智能手环、智能手表和智能眼镜最为常见,如图 7.11 所示。

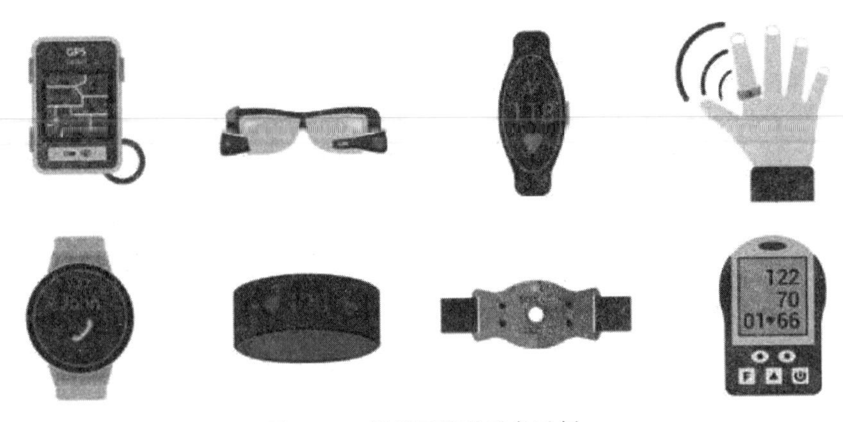

图 7.11 智能可穿戴设备示例

智能手环是一种时尚的穿戴式智能设备,具有计步和测量距离、卡路里等计步器的基本功能,还可以记录营养情况,拥有智能闹钟、健康提醒等功能。智能手表是当前智能穿戴设备的主流产品之一。智能手表可同步手机中的电话、短信、邮件、照片、音乐等。同时,智能手表还将成为保健设备,准确追踪走路的步数和消耗的能量;还可以通过内嵌的传感器,监测穿戴者的脉搏、心跳等身体状况的变化。智能眼镜具有独立的操作系统,用户可以安装游戏等由软件服务商提供的程序,可通过语音或动作操控完成日程添加、地图导航、与好友互动、拍摄照片和视频、与朋友展开视频通话等功能。

随着社会经济的发展和现代健康观念的逐步形成,人们对健康越来越关注,与运动相关的手环、腕带等产品将更为人们所喜爱。可穿戴智能设备的用户不仅仅是年轻人,在老人和婴童中同样存在巨大的需求，在婴儿看护领域，实时监控婴儿各种状况的可穿戴智能设备具有广阔的市场需求。针对老年人研发的定位、健康监护可穿戴智能设备也存在很大市场。具有实时监测老人健康状况的可穿戴智能设备，可让医生实时了解老人的身体健康情况，一旦出现问题就及时提示老人到医院救治，相信会受到老年用户群体的欢迎。

虽然可穿戴设备有较好的发展前景，但是其发展也受到一些技术因素的制约。可穿戴智能设备一般体积较小，受限于空间，电池电量有限，所以一般待机时间不长，需要每天充电；另外，可穿戴智能设备中应用最广泛的连接技术是低功耗蓝牙(BLE)和 Wi-Fi。低功耗蓝牙连接的弊端有传输速率有限、传输距离短，并且不能主动联网。Wi-Fi 具备主动联网、距离远、传输速率快等优点，但由于功耗较高，对功耗要求高的手环等产品则很少采用。

不管是蓝牙技术还是 Wi-Fi 技术，都需要让可穿戴智能设备连接智能手机进行后台服务器通信。可穿戴智能设备若没电了，后台服务器存储的数据将中断。而大数据分析的前提是连续的、真实的数据，如果数据不完整，即使再完美的算法也无法计算出接近真实的场景。独立可穿戴智能设备采用 NB-IoT 技术，不需要智能手机作为中转，直接通过蜂窝网络和后台服务器通信，因为其非常低的功耗，可以在几年的使用中都不需要充电，消费者也不需要时刻担心没电的情况出现，后台服务器数据还可以保持一个完整的连续性，为大数据分析和利用提供完美的数据基础。

7.4.3 智慧农业

农业是社会发展的根基，我国农业的总产量位居世界前列，但是仍然处在劳动密集型阶段，自动化程度不高和信息化程度低一直制约着我国农业的现代化发展。传统农业的作物生产环节都是必须有人参与的，决策控制主要靠人的判断，而人获取信息的渠道又是有限的，决策执行的环境未必是适合作物生产的最佳区间。这种依靠人为经验判断的管理方式存在许多误差，一旦造成损失，决策信息的模糊对问题的定位也会带来障碍。

现代智慧农业体系建立在大量传感器节点之上，通过节点采集到的数据分析帮助农业管理者发现问题，并通过专属网络对各种自动化、远程控制的设备施加控制，管理者可以清楚地查询到历史数据，第三方机构也可以针对这些数据定制作物生长状态分析软件，辅助管理者做出决策。

农业环境检测是智慧农业中必不可少的一部分。农业环境检测系统由各类农业领域的传感器节点组成，这些传感器包括土壤水分检测传感器、温度传感器、湿度传感器、环境光传感器、雨量传感器、土壤酸碱度传感器等，还有土壤肥力的土壤氨氮检测仪等设备可以对作物生产环境进行细致的检测，网络摄像头可以对病虫害进行判断。

从农业现场的情况来看，实现大规模部署有线传感网络，部署和维护成本都是相当高的，节点供电存在很多安全隐患。采用运营商 GPRS 模块虽然解决了部署问题，但是功耗控制和并发超载仍然无法得以解决。NB-IoT 技术可以很好地应用于农业管理，如图 7.12 所示，NB-IoT 的农业管理系统可以有效解决农业环境检测系统中的问题，运营商的蜂窝网络趋于全覆盖，终端节点的功耗控制较为理想，不需要额外增加供电解决方案，方便了安装和维护，解决了农业传感网络的部署痛点。

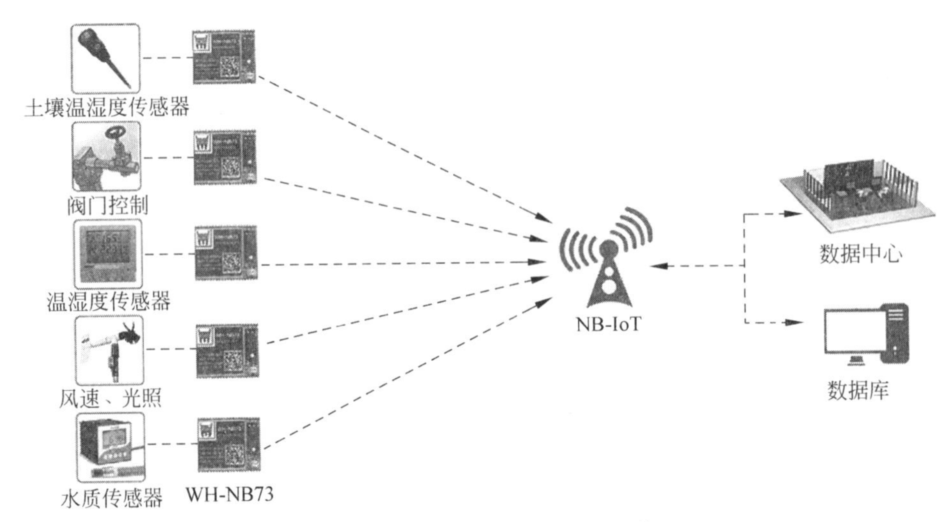

图 7.12 NB-IoT 的农业管理系统

7.5 LoRa 通信技术概述

随着物联网技术的快速兴起,以及日益增多的应用,联网已成为物联网应用发展的内在需求,Wi-Fi、ZigBee、蓝牙等无线通信技术使构建物联网时有了丰富的选择。不同的通信技术有着不同的特点,也各有适合自己的应用场景。无线连接技术也不再满足于近距离通信,正在向着距离更远、覆盖更广的方向发展,于是低功耗广域网(Low-Power Wide-Area Network,LPWAN)应运而生。

7.5.1 LoRa 简介

LoRa(Long Range Radio)是 Semtech 公司于 2013 年发布的超长距离低功耗数据传输技术。图 7.13 所示为 LoRa 通信技术的图标。LoRa 无线通信技术的出现,改变了关于传输距离与功耗的折中考虑方式,不仅可以实现远距离传输,并且同时兼具低功耗、低成本、抗干扰性强等优点。作为使用免费非授权频段的 LoRa 无线通信技术,其属于低功耗广域网通信技术中的典范。基于其可自定义设置通信协议、硬件和开发成本低、不需要向运营商付费等特点,产业链商业化应用较早,应用技术成熟,符合企业的应用需求。

图 7.13 LoRa 通信技术的图标

LoRa 支持长距离通信,通常在城市中的无线通信距离是 2~5km,在郊区空旷环境下可达 15~20km;LoRa 支持大容量节点,单个 LoRa 网关允许有上万个节点,整个网络节点容量甚至可达百万级;LoRa 的信道带宽为 125kHz,数据速率可达 0.3b/s~50kb/s;LoRa 功耗极低,正常工作时电流只有几毫安,处于休眠状态下的电流更是不到 200nA,极大地延长了设备的使用寿命,通常一节五号电池可供 LoRa 射频模块工作 3~10 年。

LoRa主要运行在全球免费的ISM频段下，针对不同国家的ISM频段制定不同的信道规划。欧盟区域主要使用的频段为433MHz、863～870MHz，北美区域主要使用的频段为902～928MHz；亚太区域主要使用的频段为923MHz；中国区域主要使用的频段为433MHz、470～510MHz。

7.5.2　LoRa联盟

为推动LoRa的应用，LoRa Alliance（LA）联盟于2015年上半年由Cisco、IBM和Semtech等多家厂商共同发起创立，LA联盟制定了LoRaWAN标准规范，联盟成员包括跨国电信运营商、设备制造商、系统集成商、传感器厂商、芯片厂商和创新创业企业等。

中国LoRa应用联盟（China Lora Application Alliance，CLAA）由中兴通讯公司发起，各行业物联网应用创新主体广泛参与、合作共建的技术联盟，是一个跨行业、跨部门的全国性组织。该联盟由各行业物联网合作伙伴组成，旨在推动LoRa产业链在中国的应用和发展，建设多业务共享、低成本、广覆盖、可运营的LoRa物联网。CLAA作为一个公益性技术标准组织，是全球最大的LoRa物联网生态圈。在目前1300多家的CLAA联盟企业成员中，芯片模块、终端传感和系统集成商企业较多。

7.6　LoRa的扩频技术

LoRa之所以能够实现长距离通信，主要是采用了扩频技术。LoRa提供了一种基于线性扩频技术的超远距离无线传输方案，LoRa扩频技术改变了传输功耗和传输距离之间的平衡，彻底改变了嵌入式无线通信领域的局面。相比于经典的FSK技术，LoRa的覆盖半径增加了3～5倍，其链路预算为157dB，接收灵敏度高达－148dBm，同时，LoRa采用的调制解调技术可以在不改变发射功率的前提下增加链路预算，提高接收灵敏度，增加传输距离。它给人们呈现了一个能实现远距离、长电池寿命、大系统容量、低硬件成本的全新通信技术，而这正是物联网所需要的。

7.6.1　扩频原理

扩频通信即扩展频谱通信技术（Spread Spectrum Communication，SSC），它的基本特点是其传输信息所用信号的带宽远大于信息本身的带宽。例如，传输一个64kb/s的数据流，其基带带宽只有64kHz左右，但用扩频技术传送时，它所占据的信道带宽可以被扩展到5MHz、10MHz，甚至更大。增加信号带宽可以降低对信噪比的要求，当带宽增加到一定程度时，允许信噪比进一步降低。

使用扩频可以减少误码率，扩频时传输数据的每一位都和扩频因子相乘。例如，有一个1位数据需要传送，当扩频因子为1时，传输数据“1”就用一个“1”来表示，扩频因子为6时（有6位），则传输数据“1”就要用“111111”来表示，这样乘出来的每一位都由一个6位的数据来表示，也即需要传输总的数据量增大了6倍。

扩频调制的示意如图7.14所示，用户数据（User Data）的原始信号与扩展编码（Code）位流进行异或运算，生成发送信号（Transmitted Signal）流，这种调制带来的影响是传输信号的带宽有显著增加（即扩展了频谱）。通过扩频技术产生的无线电波在频谱仪上看起来更像是噪声,只不过这些信号具有相关性,而噪声是没有相关性的杂乱的信号。基于此,数据可以从噪声中提取出来,扩频后传输可以降低误码率,但是在同样数据量条件下却减少了可以传输的实际数据,扩频因子越大,传输速率(比特率)就越小;扩频因子越小,传输速率就越大。

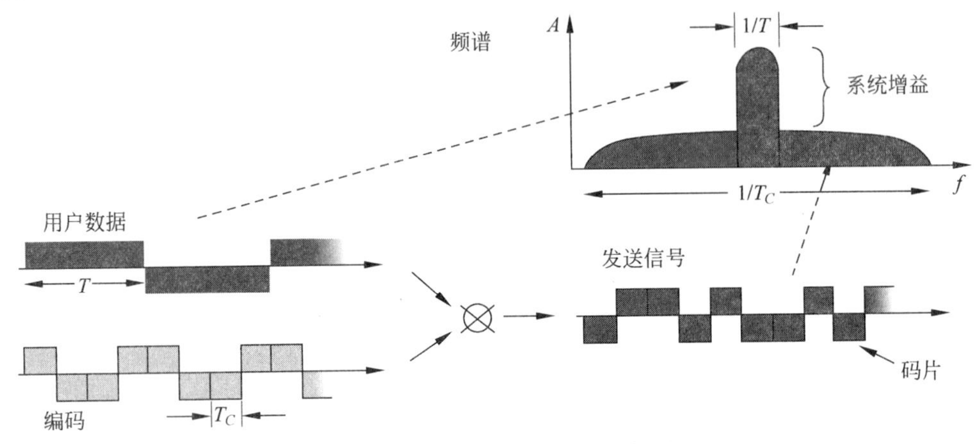

图 7.14　LoRa扩频调制的示意图

7.6.2　LoRa调制参数

LoRa调制解调器采用了扩频调制和前向纠错技术,可以通过调整扩频因子和纠错率实现在带宽占用、数据速率、链路预算改善以及抗干扰性之间的较好平衡。LoRa调制的基本参数有扩频因子(Spreading Factor,SF)、编码率(Code Rate,CR)和带宽(Band Width,BW)。

1. 扩频因子

LoRa采用多个信息码片(Chip)代表有效负载信息的每个位,扩频信息的发送速度称为符号速率,而码片速率与标称符号速率之间的比值即为扩频因子,表示每个信息位发送的符号数量。扩频调制器将数据包的每一位数据送入"扩展器"里,可将每一位bit时间划分成64~4096个码片,LoRa调制解调器中扩频因子的取值范围见表7.2。

表 7.2　扩频因子的取值范围

扩频因子 (RegModulationCfg)	扩频因子 (码片/符号)	LoRa解调器信噪比 (SNR)
6	64	−5dB
7	128	−7.5dB
8	256	−10dB
9	512	−12.5dB
10	1024	−15dB
11	2048	−17.5dB
12	4096	−20dB

2. 编码率

信道编码之所以能够检出和校正接收比特流中的差错,是因为加入了一些冗余比特,把几个比特上携带的信息扩散到更多的比特上。为此付出的代价是必须传送比该信息所需要的更多的比特。编码率(或信息率)是数据流中有用部分(非冗余)的比例。也就是说,如果编码率是 k/n,则对每 k 位有用信息,编码器共产生 n 位的数据,其中 $n-k$ 是多余的。

LoRa采用循环纠错编码进行前向错误检测与纠错,但使用该方式会产生传输开销。为进一步提高链路的稳健性,LoRa调制解调器采用循环纠错编码进行前向错误检测与纠错,同样会产生传输开销。每次传输产生的数据开销见表7.3。在存在干扰的情况下,前向纠错能有效提高链路的可靠性。由此,编码率(抗干扰性能)可以随着信道条件的变化而变化,可以选择在报头加入编码率以便接收端能够解析。

表7.3 每次传输产生的数据开销

编码率	循环编码率	开销比率
1	4/5	1.25
2	4/6	1.5
3	4/7	1.75
4	4/8	2

3. 带宽

增加信号带宽可以提高有效数据速率以缩短传输时间,但这是以牺牲部分接收灵敏度为代价的。FSK调制解调器描述的带宽是指单边带带宽,而LoRa调制解调器中描述的带宽则是指双边带带宽(或全信道带宽)。LoRa调制解调器在表7.4中列出了在多数规范中约束的带宽范围。需要注意的是,较低频段(169MHz)不支持250kHz和500kHz的带宽,LoRa的频率范围为137~525MHz,一般使用433MHz和470MHz。

表7.4 LoRa调制解调器的带宽范围

带宽/kHz	扩频因子	编码率	标称比特率/(b/s)
7.8	12	4/5	18
10.4	12	4/5	24
15.6	12	4/5	37
20.8	12	4/5	49
31.2	12	4/5	73
41.7	12	4/5	98
62.5	12	4/5	146
125	12	4/5	293
250	12	4/5	586
500	12	4/5	1172

4. 参数间的关系

LoRa信号采用扩频技术发送,具有极强的抗干扰能力,即便信号比噪声弱100倍时也能检出;通过扩频编码,发送侧将信号的频带扩展了 N 倍,接收侧重新恢复信号时,通过扩频码的相关计算,信号强度增加 N 倍,但噪声没有变化,这样,使信噪比提升 N 倍,能够有效检出信号。

下面来看一下调制参数之间的关系。已知一个LoRa符号由 2^{SF} 个码片组成,码片速率在数值上等于BW,若给定SF,则符号速率(R_S)和比特速率(R_b)正比于BW。

一个符号的扩频周期T_S(单位:s)为

$$T_S=\frac{2^{SF}}{BW} \tag{7.1}$$

符号速率为

$$R_S=\frac{1}{T_S}=\frac{BW}{2^{SF}} \tag{7.2}$$

码片速率为

$$R_C=R_S\times 2^{SF}=\frac{BW}{2^{SF}}\times 2^{SF}=BW \tag{7.3}$$

调制后的数据速率表示为

$$R_b=SF\times\frac{1}{\frac{2^{SF}}{BW}} \tag{7.4}$$

由式(7.4)可以看出,带宽(BW)和扩频因子(SF)直接影响调制的数据速率。带宽越大,扩频因子越小,传输速率越高。增加信号带宽可以提高有效数据速率,缩短传输时间,但会牺牲灵敏度。扩频因子越大,表示一个符号需要越多个码位表示,因此传输速率越低;而带宽越宽,同时传输的信息越多,传输速率越快。

LoRa调制解调器采用扩频调制和前向纠错技术,与传统的FSK或OOK调制技术相比,这种技术不仅扩大了无线通信链路的覆盖范围,而且还提高了链路的健壮性。LoRa网络可以基于信号接收强度自动调整发射功率和扩频因子,控制信号传播质量,可以在带宽占用、数据速率、链路预算改善以及抗干扰性之间达到更好的平衡。

7.7 LoRaWAN的网络架构

LoRaWAN和LoRa在名称上容易混淆,LoRaWAN和LoRa的区别在于,LoRa是一种技术,而LoRaWAN是一套标准规范。LoRaWAN是用来定义LoRa网络的通信协议和系统架构,是由LoRa联盟推出的低功耗广域网标准,可以有效实现LoRa物理层支持远距离通信。此协议和架构对于终端的电池寿命、网络容量、服务质量、安全性以及适合的应用场景都有深远的影响。

7.7.1 LoRa的MAC层

在设计之初,LoRa标准只定义了物理层的传输方式,对于上层传输方式并没有定义。因此,2016年,Semtech公司为解决不同应用需求而制定了LoRaWAN协议,该协议沿用了LoRa的物理层标准,并定义了MAC层传输机制。实际上LoRaWAN指的是MAC层的组网协议,而LoRa只是一个物理层的协议。从网络分层的角度来讲,LoRaWAN可以使用任何物理层的协议,LoRa也可以作为其他组网技术的物理层。LoRaWAN设计了一套LoRa MAC协议,包括Class A、Class B、Class C三个子选项,分别对应三种终端类型(低功耗、功耗响应折中、实时响应),适用于不同的应用场景,如图7.15所示。

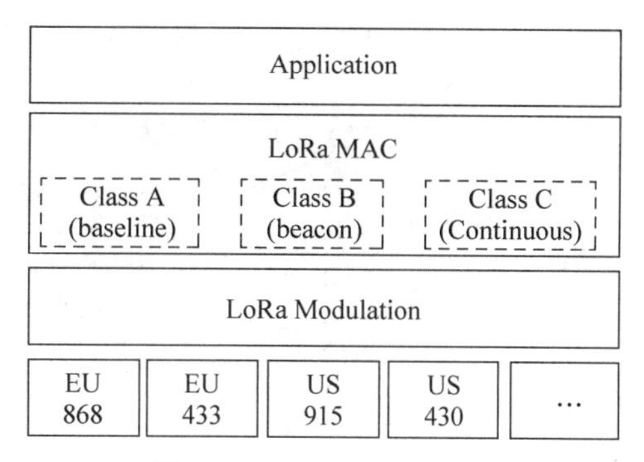

图7.15 LoRaWAN协议

Class A的终端采用ALOHA协议按需上报数据,在每次上行后都会紧跟两个短暂的下行接收窗口,以此实现双向传输,这种操作最省电。必须等待终端上报数据后才能对其下发数据。典型的应用场景有垃圾桶监测、烟雾报警器、气体监测等。

除了Class A的随机接收窗口,Class B的终端还会在指定时间打开接收窗口;为了让终端可以在指定时间内打开接收窗口,终端需要从网关接收时间同步的信标。在终端固定接收窗口即可对其下发数据,下发的时延有所提高。典型的应用场景有阀控水、气、电表等。

Class C的终端基本一直打开着接收窗口,只在发送时短暂关闭;Class C的终端会比Class A和Class B更加耗电。由于终端处于持续接收状态,可在任意时间对终端下发数据。典型的应用场景有路灯控制等。

图7.16所示为Class A的传输模型。对于Class A终端下行传输,仅允许在上行窗口后的一个较小时间段内完成,每个上行数据传输都伴随着两个短的下行接收窗口(RX1和RX2,RX2通常在RX1开启1s后打开),终端会根据自身通信需求来调度传输时隙。简而言之,Class A设备的通信过程由终端发起,若基站想发送一个下行传输,必须等待终端先发送一个上行数据。

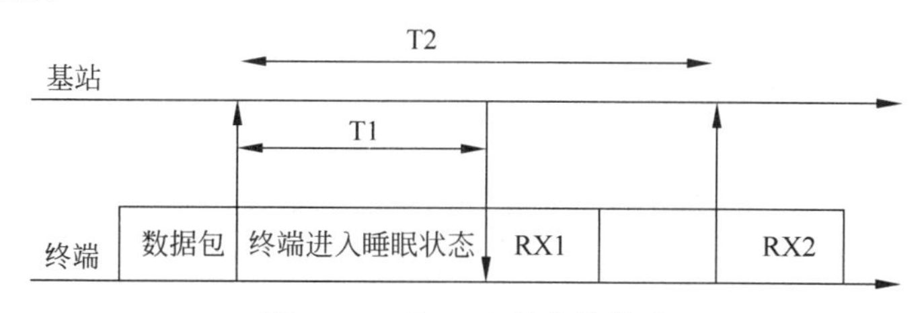

图7.16 Class A的传输模型

LoRaWAN标准在MAC层制定了两种机制,即速率自适应(Adaptive Datarate,ADR)机制和MAC命令机制。在LoRa调制中,节点一般可以设置6种扩频因子,分别具有不同的传输范围与数据传输速率。为使LoRaWAN标准实现更多的网络连接,并且保证数据的成功传输,在MAC层设计了速率自适应机制以尽可能提高数据传输速率。MAC命令机制将网络管理控制命令加入MAC帧字段中,使MAC帧可以同时传输数据和命令,命令用于网络的管理需要,这样更加利于基站和节点的交互,且降低了交互过程的能耗。此外,LoRaWAN标准在MAC层设计了低功耗的传输机制,对MAC的数据帧格式也做了对应的设计。

7.7.2 LoRaWAN架构

LoRa组网方式更多地采用星形网络结构,与Mesh网状结构相比,星形网络结构较为简单,出现故障易于维护,传输时延小。在LoRaWAN网络中,节点不与特定网关关联,其中网关用于在终端设备和中央核心网络之间中继消息,其网络架构如图7.17所示。

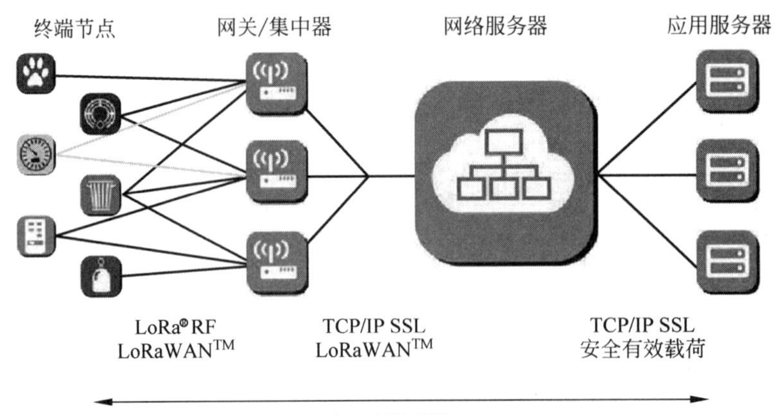

图 7.17 LoRa 网络架构

1) 终端节点

终端节点实现的协议包括物理层、MAC 层和应用层，其通过使用 LoRa 线性扩频调制技术；并遵守 LoRaWAN 协议规范，可实现点对点的远距离传输。

2) 网关/集中器

网关/集中器(Gateway/Concentrator)用于完成空中接口物理层的处理。网关负责接收终端节点的上行链路数据，然后将数据聚集到一个各自单独的回程连接，解决多路数据并发问题，实现数据收集和转发。终端设备采用单跳与一个或多个网关通信，所有的节点均是双向通信。网关和网络服务器通过以太网回传或任何无线通信技术(如 3G、4G、5G)建立通信链路，使用标准的 TCP/IP 连接。

3) 网络服务器

网络服务器(Network Server)负责进行 MAC 层处理，包括消除重复的数据包、自适应速率选择、网关管理和选择、进程确认、安全管理等。

4) 应用服务器

应用服务器(Application Server)从网络服务器获取应用数据，管理数据负载的安全性，分析及利用传感器数据进行应用状态展示、即时警告等。

7.7.3 CLAA 网络

CLAA 规范聚焦于 LoRaWAN 网络在中国应用的实际部署过程中需要解决的问题。CLAA 针对中国 CN470 ISM 频段定义了一套网络平台运营规范，将 LoRaWAN 网络提升为运营级，其网络协议如图 7.18 所示。

中兴通讯公司在 LoRaWAN 的基础上优化了协议，构建了共建、共享的 LoRa 应用平台。凭借中兴通讯在行业内的实力和影响力，在 CLAA 平台上已聚集了很多公司的产品。CLAA 提供网关和云化核心网服务，可快速搭建 LoRa 网络的物联网系统的应用。CLAA 网络由 LoRa 基站、网络平台、应用服务器组成。终端通过 LoRa 星形网络结构接入基站，基站通过宽带 IP 网络星形接入云化核

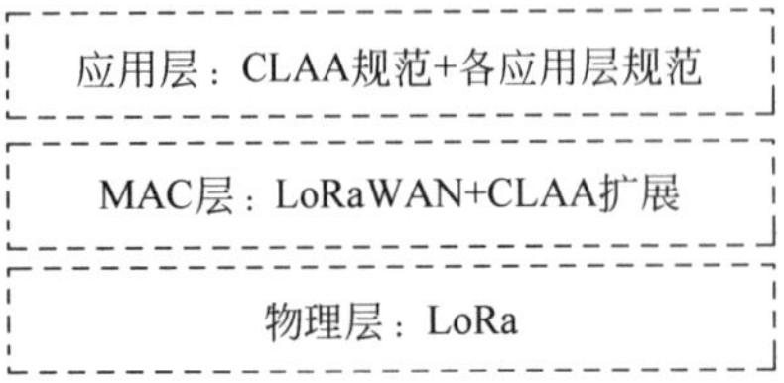

应用层：CLAA规范+各应用层规范

MAC层：LoRaWAN+CLAA扩展

物理层：LoRa

图 7.18 CLAA 的网络协议

心网，应用服务器通过IP网络星形接入核心网，其网络架构如图7.19所示。

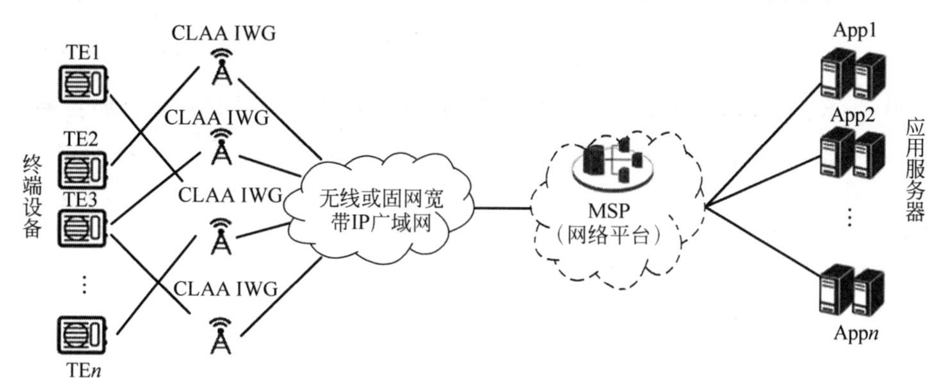

图7.19 CLAA的网络架构

在LoRa网络中，终端节点并不会彼此相连，节点信息需传输至网关后才能连回中央主机，或是通过中央主机将数据传到其他节点。终端节点的信息可以同时传给多个网关，信息也可通过网关之间的桥接，进一步延伸传输距离。

MSP(Multi-Service Platform，多业务统一平台)作为运维中心的核心，基于CLAA生态标准，结合云端技术，把网关和终端接入平台，并对接入的各种终端设备提供管理服务以及数据分析功能。MSP可以在云端部署，能够满足千万级甚至上亿的传感器的接入和连接管理，也能提供小型化、专网的部署方式，实现特定场景下少量传感器的低成本、小型化的接入。

MSP可分为InfiLink连接管理平台、InfiCombo应用管理平台、InfiBoss运营管理平台和InfiData数据分析平台四部分。

1. InfiLink连接管理平台

InfiLink连接管理平台采用基于SOA的分布式服务架构实现，整个系统由配置注册中心、服务能力组件、消息总线组成。该平台采用智能ADR技术提升网络容量，对于LoRa网络来说，SF每提升一级，容量大概提升一倍。

2. InfiCombo应用管理平台

InfiCombo应用管理平台采用微服务架构实现InfiCombo系统的模块化研发、服务化部署。该平台的功能是为通过CLAA联盟规范的各种终端设备提供接入服务，并实现插件化快速部署、加载界面及菜单定制和扩展；支持各类数据库，支持私有云、公有云；能进行子系统和多系统数据分析；能进行跨系统能力开放、联动策略定义、规则引擎自动处理等。

3. InfiBoss运营管理平台

InfiBoss运营管理平台分为应用功能层、应用框架层、系统支撑层，以及API及工具层。微服务架构实现InfiBoss系统的模块化研发、服务化部署，分布式存储保证高可用性和冗余。

4. InfiData数据分析平台

InfiData数据分析平台由数据接收层、数据存储层、数据加工层、数据呈现层组成，分别完成对大数据的接收、转换清洗、存储，按照分析模型加工处理，其最终结果通过可视化技术来呈现。

7.8 LoRa 的应用场景

LoRa 作为一种无线技术，基于 1GHz 以下频段使其更易以较低功耗远距离通信，可以使用电池供电或者其他能量收集的方式供电。较低的数据速率也延长了电池的寿命和增加了网络的容量。LoRa 信号对建筑的穿透力也很强。LoRa 的这些技术特点更适合于低成本大规模的物联网部署。

LoRa 作为低功耗广域网（LPWAN）中的一种无线技术，相对于其他无线技术（如 Sigfox、NB-IoT 等），LoRa 产业链较为成熟、商业化应用较早，逐渐拼凑出物联网应用的完整生态系统。由于 LoRa 具有远距离传输、低频、低功耗等特点，大大降低了物联网数据传输的使用与维护成本，应用十分广泛。LoRa 的典型应用场景包括智慧社区、智慧农业、智慧消防、智慧建筑以及物流追踪等。

7.8.1 典型应用场景

1. 智慧社区

社区信息化是城市信息化的重要组成部分，是城市管理及和谐社区建设的基础环节，是加强和谐社区的建设和管理、完善社区功能、提升社区服务的有效手段。党的十八大后习近平总书记提出的“美好生活”是一个具有里程碑意义的价值观，在此后党的文献里一直是一个高频词。以习近平同志为核心的党中央对“美好生活”的强调，充分体现出我们党对全国各族人民群众美好生活需求的密切关注与高度重视，宣示了我们党带领人民群众共创美好生活的神圣使命与责任担当，彰显出不断满足人民日益增长的美好生活需要的巨大价值意蕴。

智慧社区让生活更美好，推进智慧社区建设，是党中央、国务院立足于我国信息化和新型城镇化发展实际，本着以人为本的执政核心，为提升基层社会治理和城市管理服务水平而做出的重大决策。在推进和谐社区建设中，各地高度重视社区信息化工作，积极探索，充分运用现代技术手段管理社区、服务居民，提升了为居民服务的水平。图 7.20 所示为智慧社区建设示例。

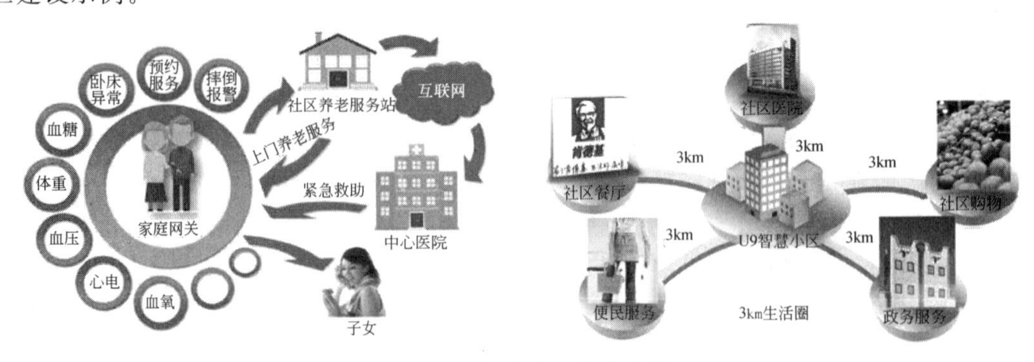

图 7.20 智慧社区建设示例

在传统智慧社区应用方面，增加了更多的物联网因素，特别是针对公共设施和民生安防。例如，可在社区中建设智能路灯、智能井盖监测、智能垃圾箱监测管理、小区内停车位运营、智能楼宇节能、智能配电箱监测、智能消防监测、社区门禁系统、社区安防视频监控等。

图 7.21 所示为应用 LoRa 技术的智慧社区解决方案架构，分为感知层、网络层、平台

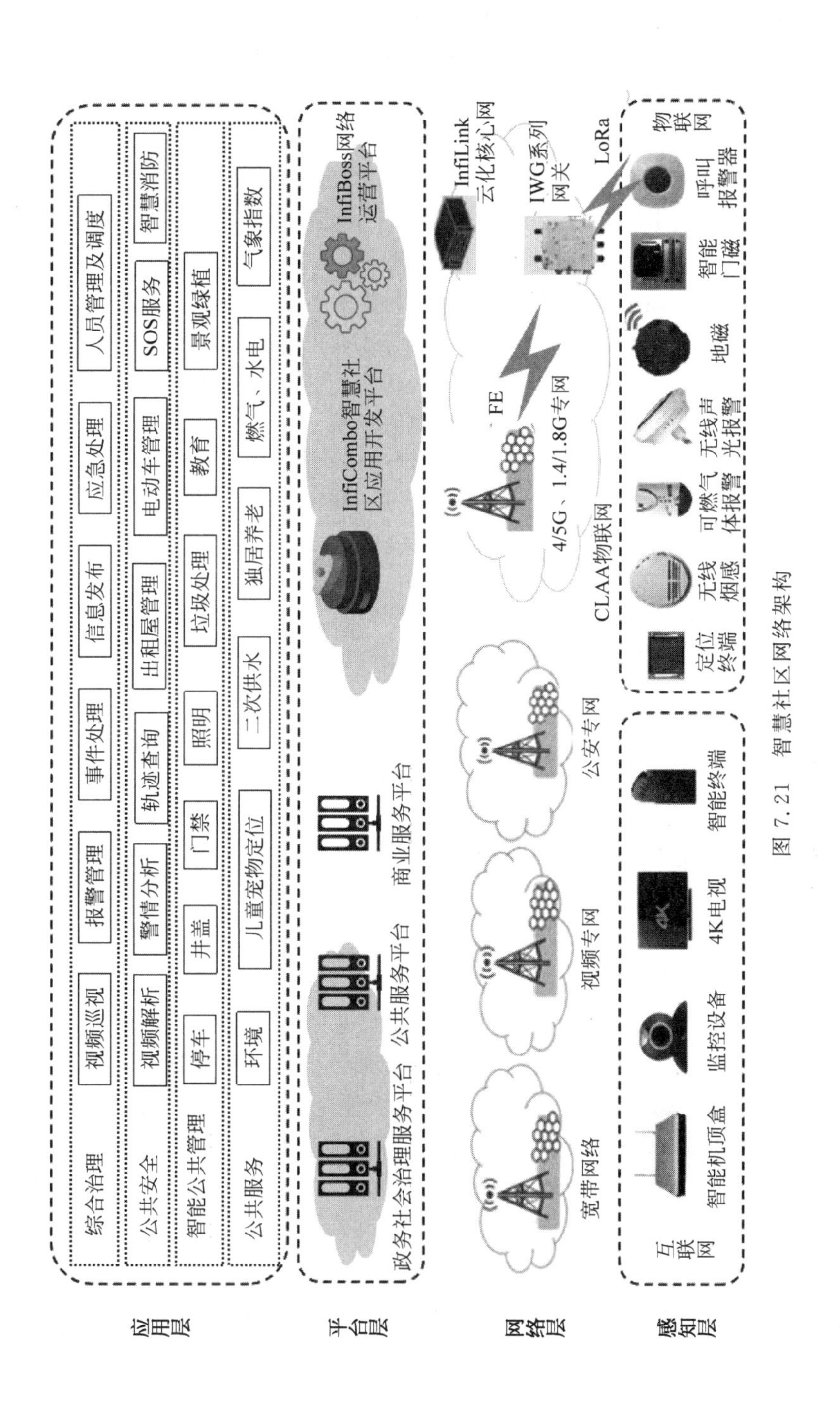

图 7.21　智慧社区网络架构

层、应用层。通过 CLAA 提供的 LoRa 网络运营模式实现各种社区服务功能。例如,实现智慧无感停车(可实现车牌快速自动识别闸道、停车引导、停车费便利支付、业主固定车位锁等);基础设施智慧化[可实现远程智能抄表:水、电、气;智慧垃圾桶;智能井盖(位移、开启监测)];智慧照明自动节能控制;环境监测(PM2.5、噪声、温湿度等大屏发布)等。

2. 智慧农业

随着信息社会的到来,现代信息技术正向农业渗透,在对传统农业进行改造的同时,也将从根本上提高农业生产技术水平和科学管理水平,最终增加农产品的科技含量,提高农业的整体效益。智慧农业在实现农业生产信息化、智能化、自动化等方面发挥着关键作用。智慧农业是数字中国的重点应用领域之一,也是乡村振兴的重要组成部分之一。

对农业来说,低功耗及低成本的传感器是十分重要的。应用 LoRa 技术可将温、湿度以及盐碱度等环境数据透过传感器定期上传,这些信息可以有效提高农作物产量以及减少水资源的消耗。图 7.22 所示为智慧农业系统的网络架构。

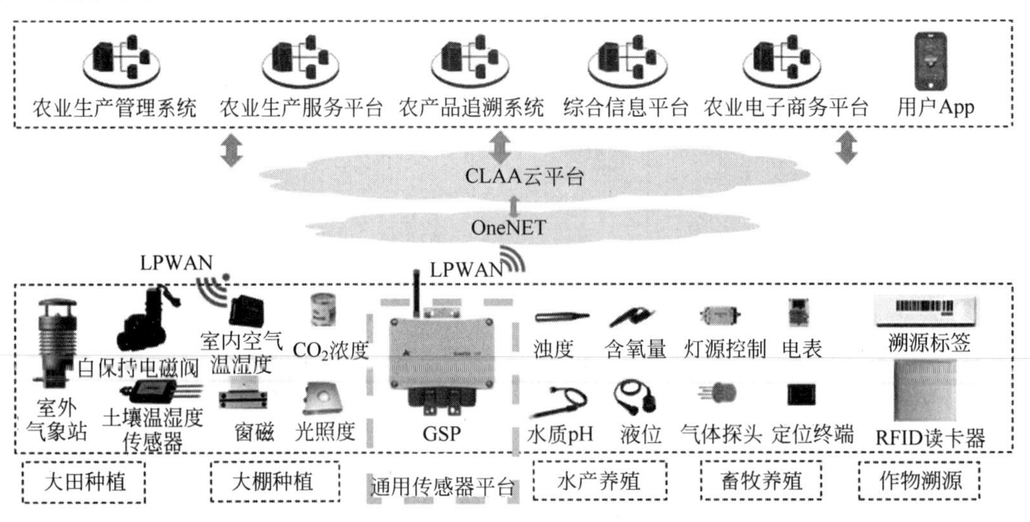

图 7.22 智慧农业系统的网络架构

智慧农业系统能够对农作物生长数据进行远程实时采集,能够对采集到的数据进行转换、处理,并能够对处理后的数据进行挖掘分析,根据分析结果对农作物实施远程控制,为农作物提供良好的生长环境,提高农作物产量,促进农业生产向智慧化方向发展。

感知层主要通过 LoRa 无线网络技术获取植物的生长环境信息,如监测土壤水分、土壤温度、空气温度、空气湿度、光照强度、植物养分含量等参数,通过摄像头获取植物生长状况图像信息,将采集数据通过传输层发送到云平台,同时,感知层接收上层发来的控制指令,实现远程灌溉、远程施肥、远程喷药等远程智能化控制。

3. 智慧消防

智慧消防是立足火灾防控"自动化"、灭火救援"智能化"、日常执法"系统化"、部队管理"精细化"的实际需求,大力借助和推广大数据、云计算、物联网、GIS 等新一代信息技术,创新消防管理模式,实施智慧防控、智慧作战、智慧执法、智慧管理。基于 LoRa 技术可以实现图 7.23 所示的智慧消防系统。

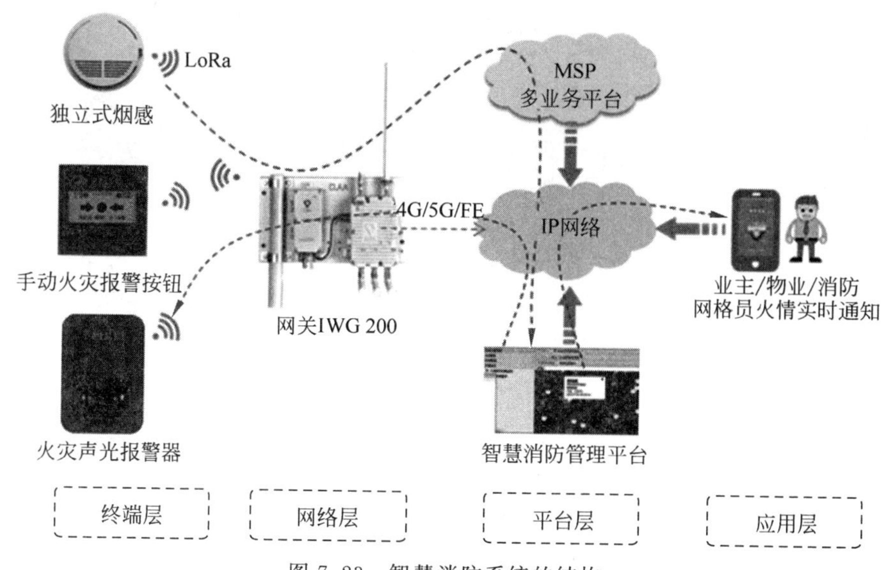

图7.23 智慧消防系统的结构

4. 智慧建筑

智慧建筑由大楼自动化系统、办公自动化系统、通信自动化系统和安全自动化系统四部分组成。常通过在“九小场所”部署独立式烟感来探测火灾并及时报警,同时报警信息会推送到业主、物业或消防网格员等的手机上。系统可解决传统烟感遇到的诸如布线困难、施工成本高、设备人工巡检难、维护成本高、无法与人交互及误报率高等问题。当烟感探测到烟雾报警或者人为按下手动火灾报警按钮时,系统会启动相关联的声光报警器,发出声光报警。

此外,消防救灾工作以及火场逃生中可运用LoRa技术实现动态导引系统。主要利用LoRa无线传输技术远距离、低频以及低功耗的特性,在火灾发生时,由动态导引主机发送信号给布建于建筑物内的动态导引灯板,由于LoRa采用的是低于1GHz的低频段,因此不用担心信号受到其他无线通信的干扰,灯板在收到信号后会立即做出指示,引导避难者前往安全的逃生路径。

以往的建筑设备已渐渐无法满足人类对居住质量的要求,建筑智能化已蔚为趋势。智慧建筑应用在对建筑的改造中加入了温湿度以及安全等传感器,并定时地将监测的信息上传,便于建筑管理者随时掌握建筑的最新状况。智慧建筑系统的结构如图7.24所示。

5. 物流追踪

利用LoRa技术也可进行物流追踪。物流企业可以根据定位的需要在特定的场所布网,例如,在运送过程中,货品有大部分的时间会被放置在仓库,或是透过卡车分送至各地,所以业者只需要在仓库、物流网涵盖区,甚至是货车上装设LoRa网关,就能让货品上的追踪器连至网络。对从业者来说,加强了管理与效率,并能避免货品遗失;对消费者而言,也能发挥掌握货品流向以及时程的功效。图7.25所示为物流追踪系统的结构图。

LoRa的低功耗、距离远、抗干扰、灵敏度高、成本低等优点,使其在如农业信息化、环境

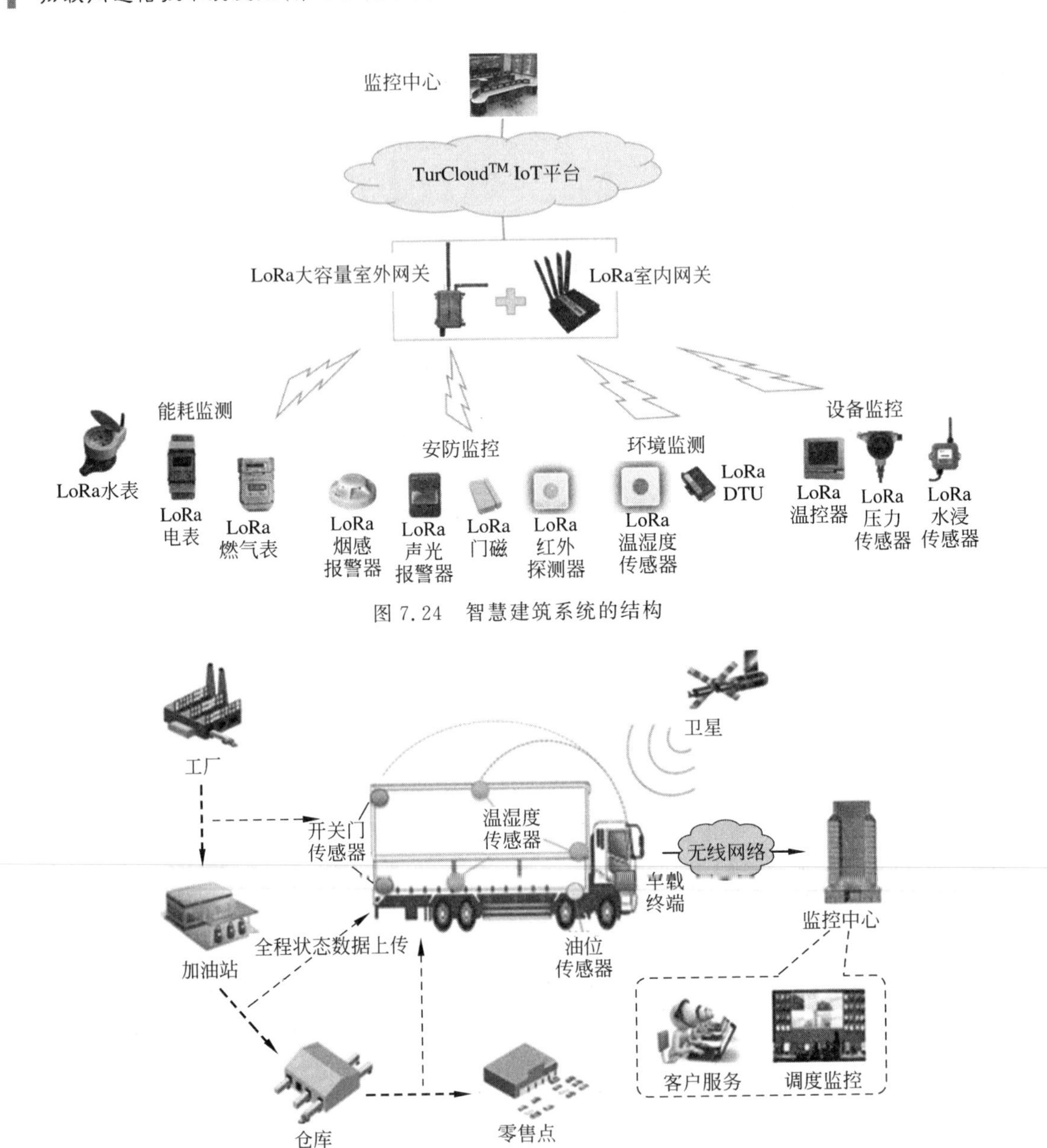

图 7.24 智慧建筑系统的结构

图 7.25 物流追踪系统的结构

监测、智能抄表、智能油田、车辆追踪、智慧工业、智慧城市、智慧社区等领域都发挥着重要作用。LoRa技术以它优良的性能和灵活的组网形式越来越多地应用于各行各业中，前景是广阔的。同时，可广泛地应用于物联网、集中抄表、工业控制等方向。

7.8.2 LoRa和NB-IoT的比较

NB-IoT和LoRa通信技术的应用范围和服务对象基本一致，都适用于低功耗广域网，可实现长距离通信。两者之间最主要的区别就是频谱，NB-IoT由运营商提供服务，工作于授权频谱，LoRa工作在1GHz以下的非授权频段，无须申请即可进行网络的建设，故在应用时不需要额外支付通信费用。二者技术的对比见表7.5。

表 7.5 LoRa 和 NB-IoT 技术的比较

比 较 项	NB-IoT 技术	LoRa 技术
技术特点	蜂窝	线性扩频
网络部署	与现有蜂窝基站复用	独立建网
工作频段	运营商频段	150MHz～1GHz
传输距离	远距离	远距离(1～20km)
传输速率	小于 100kb/s	0.3～50kb/s
连接数量	200k/cell	200～300k/hub
电池时限	约 10 年	约 10 年
成本	模块/5～10 $	模块/5 $

此外，由于 NB-IoT 主要依赖于运营商的基础网络设施，在很多条件恶劣的地方，运营商的基础设施并没有完全覆盖，对于客户而言，LoRa 网络的搭建则更为灵活，理论上可根据需要在任何地方进行部署，企业(甚至个人)也能成为“运营商”。采用 NB-IoT 通信，数据需要先传到运营商，许多企业不愿意把自己的数据给到别人(哪怕是运营商)，所以这些企业会选择部署自己的私有 LoRa 网络。因此，对于用户而言，在自由度和安全性方面，LoRa 更有优势。

在部署无线传感器网络时要从实际应用的需求和铺设成本等多方面综合考虑来选择合适的通信技术。对于 NB-IoT 和 LoRa 技术，在实际应用场景中可结合具体业务要求进行选择。

本章小结

本章主要介绍了 NB-IoT 和 LoRa 通信技术的基本概念、特点、技术实现、网络架构、通信协议及典型应用。通过本章的学习，使读者理解和掌握 NB-IoT 和 LoRa 通信技术的相关原理和关键技术，理解二者之间的区别和联系，并能根据实际的应用场景需求合理地进行技术选取和初步的应用设计。

习题

一、填空题

1. 中国区域 LoRa 主要运行的频段包括________。
2. 推动 LoRa 产业链在中国应用和发展的组织机构是________。
3. LoRa 提供了一种基于________技术的超远距离无线传输方案。
4. LoRa 调制解调器采用了________和前向纠错技术。
5. 码片速率与标称符号速率之间的比值为________。
6. LoRa MAC 协议中 Class A 选项适用于________终端类型。
7. LoRa 采用________进行前向错误检测与纠错。
8. 通过增加信号________可以提高有效数据速率以缩短传输时间。
9. 实际上 LoRaWAN 指的是________层的组网协议。

10. LoRa 组网方式更多地采用________网络结构。

11. NB-IoT 的特点包括________、________、________、________和________。

12. NB-IoT 支持________、________和________三种部署方式。

13. NB-IoT 的系统带宽为________。

14. NB-IoT 的系统上下行有效传输带宽为________。

15. NB-IoT 无线接入网由一个或多个________组成。

16. NB-IoT EPS 主要由________、________和________三部分组成。

17. NB-IoT 的接入网和核心网之间通过________接口进行连接。

18. NB-IoT 的 MME 主要负责________处理部分。

19. 在同样的频段下，NB-IoT 相比现有移动通信网络具有________增益。

20. NB-IoT 的 eNB 基站之间通过________接口进行直接互联。

二、单项选择题

1. LoRa 可达到的最远通信距离是________。

A. 5km　　B. 10km　　C. 15km　　D. 20km

2. 下列属于 LoRa 通信技术特点的是________。

A. 网络容量小　　B. 功耗大

C. 需要向运营商付费　　D. 抗干扰能力强

3. LoRa 实现远距离传输的关键技术是________。

A. 扩频技术　　B. 纠错技术　　C. 差错检验　　D. 调制技术

4. LoRaWAN 的网络结构主要采用________。

A. 总线结构　　B. 树形结构　　C. 星形结构　　D. Mesh 结构

5. LoRa 通信技术用于________无线连接。

A. 近距离　　B. 远距离　　C. 任意距离　　D. 中远距离

6. 在同样的频段下，NB-IoT 相比现有移动通信网络具有 20dB 增益，体现的 NB-IoT 的特点是________。

A. 低功耗　　B. 广覆盖　　C. 低成本　　D. 大连接

7. NB-IoT 技术可以支持每个小区有高达 5 万个用户终端与核心网的连接，体现的 NB-IoT 的特点是________。

A. 低功耗　　B. 广覆盖　　C. 低成本　　D. 大连接

8. NB-IoT 技术可以保障待机时间可长达 10 年，体现的 NB-IoT 的特点是________。

A. 低功耗　　B. 广覆盖　　C. 低成本　　D. 大连接

9. 利用 LTE 边缘保护频段中未使用的带宽资源块进行 NB-IoT 网络部署的方式属于________。

A. 独立部署　　B. 保护频段部署　　C. 频段带内部署　　D. 联合部署

10. 利用现网的空闲频谱或者新的频谱进行部署，不与现行 LTE 网络或其他制式蜂窝网络在同一频段进行的 NB-IoT 网络部署属于________。

A. 独立部署　　B. 保护频段部署　　C. 频段带内部署　　D. 联合部署

三、简答题

1. 简述 LoRa 技术具备的优势。

2. 简述 LoRaWAN 的网络架构。

3. 简述扩频技术的基本原理。

4. 简述 LoRa 调制的主要参数及其之间的关系。

5. 简述 NB-IoT 和 LoRa 技术的差异。

6. 简述 NB-IoT 功耗节省(PSM)模式。

7. 简述 NB-IoT 增强型非连续接收(eDRX)模式。

8. 简述 NB-IoT 网络部署的三种模式。

9. 简述 IoT 平台的功能。

10. 简述服务网关(S-GW)的功能。

四、设计题

1. 基于 LoRa 通信技术进行室内环境监测系统设计,要求以 STM32 单片机为控制器,通过传感器采集室内温湿度、细小颗粒物(PM2.5)浓度等参数,通过 LoRa 通信模块将节点采集的数据发送至监控中心,监控中心将收到的数据进行融合处理并显示在液晶显示屏上。请给出系统的设计方案和结构图。

2. 基于 NB-IoT 技术设计远程抄表系统,智能表计为一体式智能表计,要求感知功能能够对各自的能源计量、自身状态、使用环境等信息进行感知,并将感知信息通过通信传输功能上传到综合管理平台。给出系统的设计方案和结构图。

第8章 CHAPTER 8 移动通信技术

教学提示

移动通信系统的构成既有有线系统，也有无线系统。本章主要介绍以陆上移动通信为基础的移动通信系统。移动通信是无线电通信，但不是研究点对点无线电通信，而是研究多用户、多信道共用无线电通信。本章将从移动通信的发展角度介绍各种移动通信系统的概况、基本原理、主要技术。

学习目标

- 了解移动通信的发展。
- 掌握移动通信的基本概念。
- 熟悉移动通信的核心技术。

知识结构

本章的知识结构如图8.1所示。

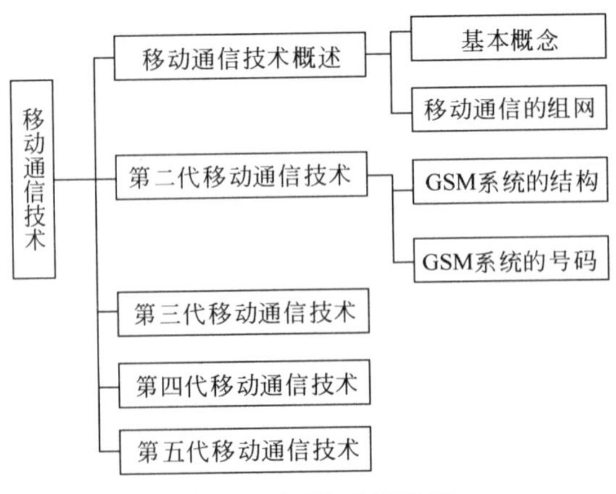

图8.1　本章知识结构图

8.1 移动通信技术概述

移动通信(Mobile Communication)是指通信双方或至少有一方处于运动状态时进行信息传输和交换的通信方式。

移动通信系统包括无绳电话、无线寻呼、陆地蜂窝移动通信、卫星移动通信等。

移动体之间通信联系的传输手段只能依靠无线通信,因此,无线通信是移动通信的基础,而无线通信技术的发展将推动移动通信的发展。

本章将以公共陆地移动网络(Public Land Mobile Network,PLMN)为主进行移动通信网络的介绍。

8.1.1 移动通信技术的发展

1. 1G

模拟制式的移动通信系统得益于20世纪70年代的两项关键突破:微处理器的发明和交换,以及控制链路的数字化。AMPS是美国推出的世界上第一个1G移动通信系统,充分利用了FDMA技术实现国内范围的语音通信。

代表:美国的AMPS、英国的TACS等。

2. 2G

风靡全球十几年的数字蜂窝通信系统于20世纪80年代末开发。2G是包括语音在内的全数字化系统,新技术体现在通话质量和系统容量的提升。GSM(Global System for Mobile Communication)是第一个商业运营的2G移动通信系统,GSM采用TDMA技术。

代表:泛欧的GSM、美国的DAMPS、IS-95CDMA等。

3. 2.5G

2.5G在2G基础上提供增强业务,如WAP(无线应用协议)。

代表:GPRS(GSM向WCDMA过渡)。

4. 3G

3G是移动多媒体通信系统,提供的业务包括语音、传真、数据、多媒体娱乐和全球无缝漫游等。NTT公司和爱立信公司于1996年开始开发3G[ETSI(欧洲电信标准化协会)于1998年开始开发],1998年,国际电信联盟推出了WCDMA和CDMA2000两种商用标准(中国于2000年推出TD-SCDMA标准,并于2001年3月被3GPP接纳,起源于SCDMA)。第一个3G移动通信系统运营于2001年的日本。3G技术提供2Mb/s的标准用户速率(高速移动下提供144kb/s的速率)。

标准:基于GSM的WCDMA、基于IS-95CDMA的CDMA2000、TD-SCDMA等。

5. 4G

4G是真正意义的高速移动通信系统,用户速率为20Mb/s。4G支持交互多媒体业务、高质量影像、3D动画和宽带互联网接入,是宽带大容量的高速蜂窝系统。2005年初,NTTDoCoMo演示的4G移动通信系统在20km/h下实现1Gb/s的实时传输速率,该系统采用4×4天线MIMO技术和VSF-OFDM接入技术。

标准:FDD-LTE、TD-LTE。

6. 5G

5G是具有高速率、低时延和大连接特点的新一代宽带移动通信技术，是实现人、机、物互联的网络基础设施。

国际电信联盟(ITU)定义了5G的三大类应用场景，即增强移动宽带(eMBB)、超高可靠低时延通信(uRLLC)和海量机器类通信(mMTC)。增强移动宽带主要面向移动互联网流量爆炸式增长，为移动互联网用户提供更加极致的应用体验；超高可靠低时延通信主要面向工业控制、远程医疗、自动驾驶等对时延和可靠性具有极高要求的垂直行业应用需求；海量机器类通信主要面向智慧城市、智能家居、环境监测等以传感和数据采集为目标的应用需求。

为满足5G多样化的应用场景需求，5G的关键性能指标更加多元化。ITU定义了5G的八大关键性能指标，其中高速率、低时延、大连接成为5G最突出的特征，用户体验速率达1Gb/s，时延低至1ms，用户连接能力达100万连接/km^2。

8.1.2 移动通信系统的组成

如图8.2所示，一个基本的移动通信系统由移动台(Mobile Station，MS)、基站、移动业务交换中心(Mobile Switching Center，MSC)构成，MSC通过中继线与市话网——公共交换电话网络(Public Switched Telephone Network，PSTN)相连接，从而完成与市话网终端的通信。

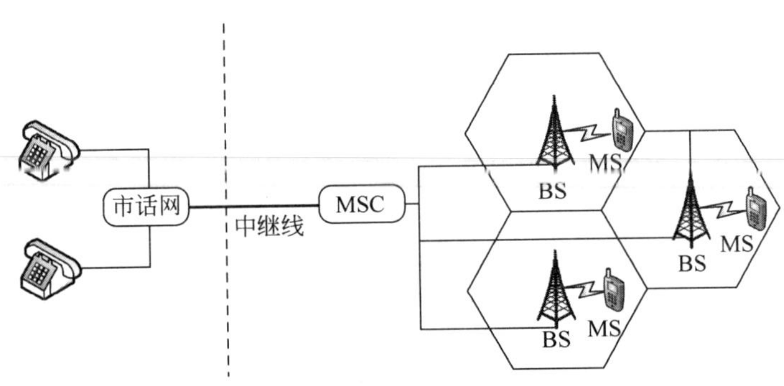

图8.2 移动通信系统的组成

MS是指移动用户的终端设备，可以分为车载型、便携型和手持型。其中手持型俗称“手机”。它由移动用户控制，与基站间建立双向的无线电话电路并进行通话。

BS是无线电台站的一种形式，是指在一定的无线电覆盖区中，通过MSC与MS进行信息传递的无线电收发电台。

MSC是整个PLMN的核心，完成或参与网络子系统的全部功能。MSC提供与BS的接口，同时支持一系列业务(电信业务、承载业务和补充业务)。MSC支持位置登记、越区切换和自动漫游等其他网络功能。MSC与PSTN连接，把移动用户与移动用户、移动用户和固定网用户互相连接起来。

PSTN就是日常生活中常用的电话网，是一种以模拟技术为基础的电路交换网络。

中继线是连接终端用户(如企事业单位、家庭)的交换机、集团电话(含具有交换功能的电话连接器)或普通电话机等与电信运营商(如网通、电信等)的市话交换机的电话线路。

8.1.3 移动通信的组网覆盖

1. 组网制式

1）大区制

大区制是指在一个服务区内只有一个基站，负责移动通信的联络和控制。这种组网制式要求基站天线架设得高一些，发射功率大一些。上行数据采用分集接收，同时，在区域内所有的频率不能重复。图8.3所示为大区制组网的示意图。这种组网方式的容量比较小，也被称为集群移动通信。

2）小区制

小区制是将整个服务区划分为若干小无线区，每个小无线区域分别设置一个基站，负责本区移动通信的联络和控制。同时又可以在MSC的统一控制下实现小区间移动通信的转接与公众电话网的联系。图8.4所示为小区制组网的示意图。这种组网方式的容量比较大，也被称为蜂窝移动通信，也是目前普遍采用的组网方式。

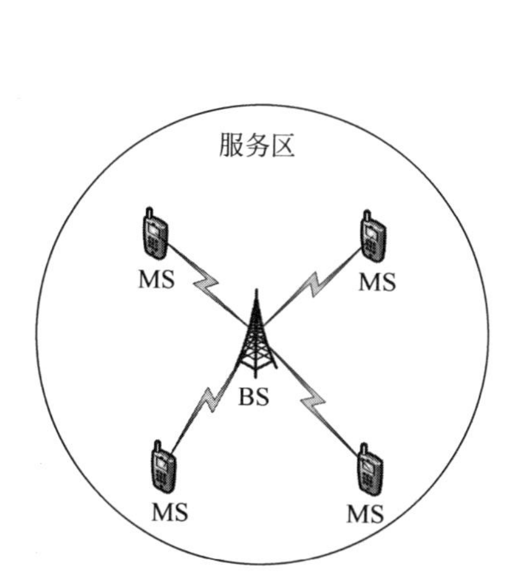

图8.3 大区制组网的示意图

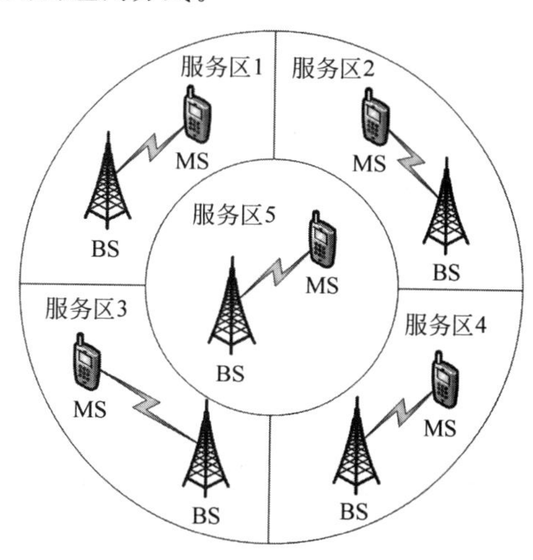

图8.4 小区制组网的示意图

优点：同频复用距离减小，提高了频率利用率；MS和BS的发射功率减小，同时也减小了相互的干扰；小区范围可根据用户数灵活确定，容量增大；当小区内的用户数增加到一定程度时可进行“小区分裂”。

缺点：MS的切换概率增加，控制交换功能变得复杂，要求提高；BS的数量增加，建网成本提高。

2. 无线小区形状的选择

如果采用全向天线对平面服务区作覆盖，用圆内接正多边形代替圆作为无线小区的形状可以得到更好的无缝覆盖效果。这类内接正多边形有正三角形、正方形和正六边形，如图8.5所示。

正六边形小区的中心间隔最大，各BS间的干扰最小；交叠区面积最小，同频干扰最小；交叠距离最小，便于实现跟踪交换；覆盖面积最大，对于同样大小的服务区域，采用正六边形构成小区制所需的小区数最少，即所需BS数少，最经济；所需的频率个数最少，频率利用率高。可见，正六边形是比较好的选择，也是现在移动通信网络的选择。

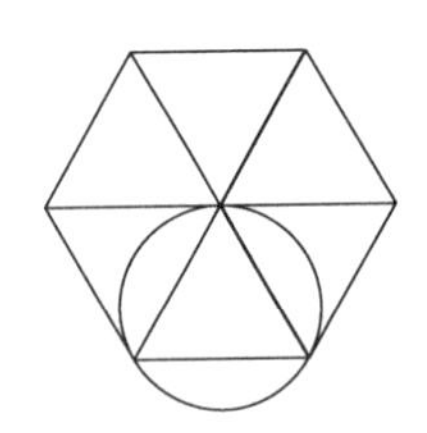
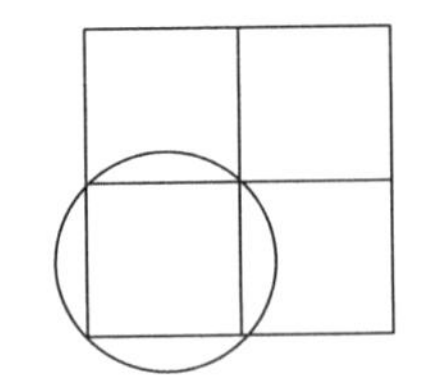
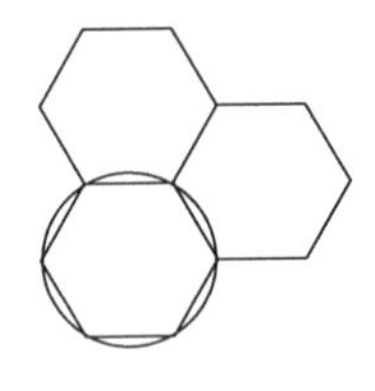

图 8.5 不同形状内接正多边形的对比

3. 激励方式

根据无线小区内信号激励的方式不同,天线的类型选择和安装位置也有不同。

如图 8.6 所示,采用全向天线,安装在小区中央,适用于中心激励方式。如图 8.7 所示,采用定向天线,安装在小区顶点,适用于顶点激励方式。

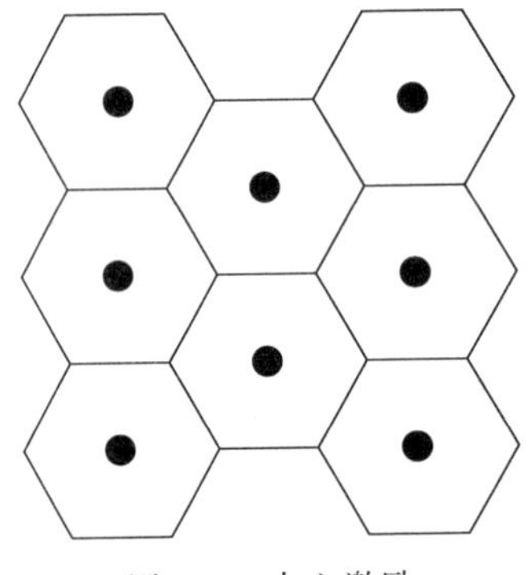

图 8.6 中心激励

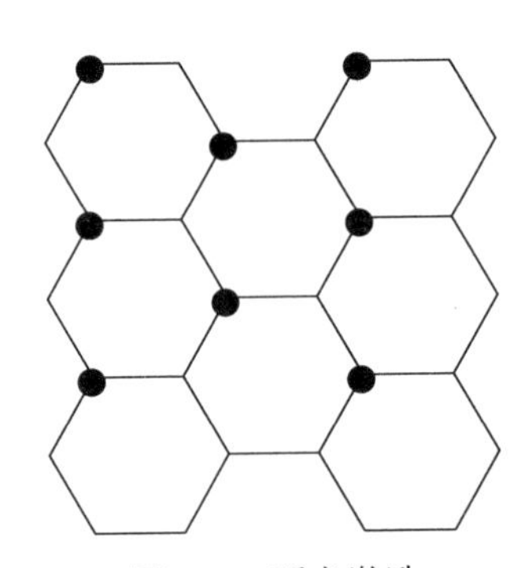

图 8.7 顶点激励

4. 无线小区的划分

如果服务区内用户的密度比较均匀,那么在划分小区时可以将小区划分成同样大小的小区,每个小区内分配同样的信道数量,这样的小区分配方案是理想的,负载相对均衡。

但是在实际应用中,这样的情况是不可能出现的。

同时,地形地貌、建筑环境、通信容量、频谱利用率等都是小区划分时所要考虑的因素,所以,在实际应用中,小区的划分是根据用户的密集程度再结合其他因素综合确定的。简单的划分方式可以按照用户密集程度来进行。

(1) 高密度用户区域采用较小面积的无线小区,或者增加小区内的信道分配数量。

(2) 低密度用户小区采用较大面积的无线小区,或者减少小区内的信道分配数量。

(3) 用户密度发生变化时,如果密度降低,小区内的信道不需要做调整;如果密度增加,可以考虑增加小区内的信道数量;如果密度增加到一定程度,简单地增加信道数量无法满足需求时,可以采用小区分裂的方式。小区分裂是在高用户密度地区,将小区面积划小,或将小区中的基站由全向覆盖改为定向覆盖,使每个小区分配的频道数增多,以满足话务量增大需求。

图 8.8 所示为不同用户密度大小下小区划分的示例。图中周边的是低密度区域,中央的是高密度区域。低密度区域的用户数量少,高密度区域的用户数量多。

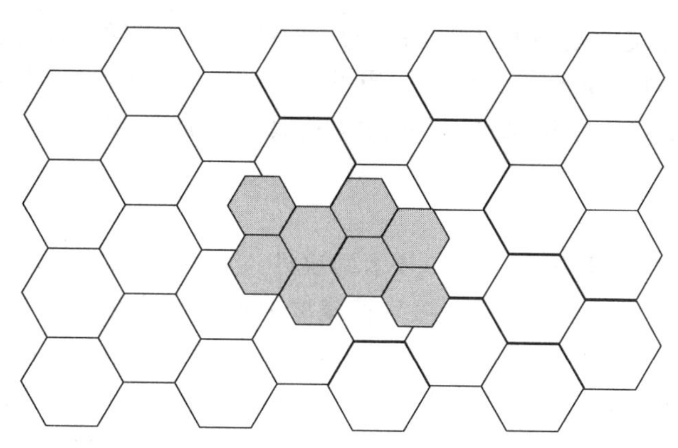

图 8.8 不同用户密度大小下小区划分的示例

8.1.4 多址方式和双工方式

在移动蜂窝移动通信系统中有 5 种多址技术，分别是频分多址(Frequency Division Multiple Access，FDMA)、时分多址(Time Division Multiple Access，TDMA)、码分多址(Code Division Multiple Access，CDMA)、空分多址(Space Division Multiple Access，SDMA)和正交频分多址(Orthogonal Frequency Division Multiple Access，OFDMA)。

1. FDMA

把信道频带分割为若干更窄的互不相交的频带(称为子频带)，并把每个子频带分给一个用户专用(称为地址)，多个用户可以共享一个物理通信信道，该过程即为 FDMA。FDMA 模拟传输是效率最低的网络，这主要体现在模拟信道每次只能供一个用户使用，导致带宽得不到充分的利用。

2. TDMA

把时间分割成互不重叠的时段(帧)，再将帧分割成互不重叠的时隙(信道)，依据时隙区分来自不同地址的用户信号，从而完成的多址连接为 TDMA。在第二代移动通信系统中多被采用。

3. CDMA

CDMA 技术的原理是基于扩频技术，即将需传送的具有一定信号带宽的信息数据用一个带宽远大于信号带宽的高速伪随机码进行调制，使原数据信号的带宽被扩展，再经载波调制并发送出去。接收端使用完全相同的伪随机码，与接收的带宽信号作相关处理，把宽带信号换成原信息数据的窄带信号，即解扩，以实现信息通信。CDMA 是一种多路方式，多路信号只占用一条信道，极大提高了带宽的使用率。

CDMA 是指一种扩频多址数字式通信技术，通过独特的代码序列建立信道，可用于第二代和第三代无线通信系统中的任何一种协议。

4. SDMA

SDMA 系统可使系统容量成倍增加，使系统在有限的频谱内可以支持更多的用户，从而成倍地提高频谱的使用效率。SDMA 在中国第三代无线通信系统 TD-SCDMA 中引入，是智能天线技术的集中体现。该方式是将空间进行划分，以取得更多的地址，在相同时间间隙、相同频率段、相同地址码的情况下，根据信号在一空间内传播路径的不同来区分不同的用户,故在有限的频率资源范围内可以更高效地传递信号,在相同的时间间隙内可以多路传输信号,也可以达到更高效率的传输。当然,引用这种方式传递信号,在同一时刻,由于接收的信号是从不同的路径来的,可以大大降低信号间的相互干扰,从而得到了高质量的信号。

5. OFDMA

OFDMA是正交频分复用(OFDM)技术的演进,将OFDM和FDMA技术结合。在利用OFDM对信道进行子载波化后,在部分子载波上加载传输数据的传输技术。OFDMA多址接入系统将传输带宽划分成正交的互不重叠的一系列子载波集,将不同的子载波集分配给不同的用户实现多址。OFDMA系统可动态地把可用带宽资源分配给需要的用户,很容易实现系统资源的优化利用。由于不同用户占用互不重叠的子载波集,在理想同步情况下,系统无多用户间干扰,即无多址干扰。

6. 双工方式

移动通信的全双工方式主要有如下两种。

1) FDD

频分双工(Frequency Division Duplexing,FDD)采用两个对称的频率信道来分别发射和接收信号,发射和接收信道之间存在着一定的频段保护间隔。特点是在分离(上下行频率间隔190MHz)的两个对称频率信道上,系统进行接收和传送,用保护频段来分离接收和传送信道。

2) TDD

时分双工(Time Division Duplexing,TDD)的发射和接收信号是在同一频率信道的不同时隙中进行的,彼此之间采用一定的保证时间予以分离。它不需要分配对称频段的频率,并可在每条信道内灵活控制、改变发送和接收时段的长短比例,在进行不对称的数据传输时,可充分利用有限的无线电频谱资源。

8.2 第二代移动通信技术

8.2.1 2G网络通信技术概述及发展历史

基于数字移动通信技术的第二代移动通信技术(2G),始建于20世纪80年代。第二代数字蜂窝移动通信系统的典型代表是欧洲的GSM和IS-95、美国的DAMPS(数字高级移动电话系统)。

(1) GSM系统发源于欧洲,使用900MHz频带,使用TDMA多址技术,支持64kb/s的数据传输速率。

(2) DAMPS也就是IS-54,北美数字蜂窝网络,使用800MHz频带,使用TDMA多址技术。

(3) IS-95是另一种北美数字蜂窝网络,使用800MHz或者1900MHz频带,使用CDMA多址技术。

从1996年开始,为了解决中速度数据传输问题,出现了2.5G移动通信系统,即GPRS和IS-95B。

8.2.2　GSM 系统网络结构及接口

GSM 系统的主要组成部分是移动台、基站子系统和网络子系统。图 8.9 所示为 GSM 系统的网络结构。公众网是指由国家电信部门统一规划建造的网络，用于提供公共的网络服务。如公共交换电话网络（PSTN）、综合业务数字网（Integrated Services Digital Network，ISDN）、公用数据网（Public Data Network，PDN）。

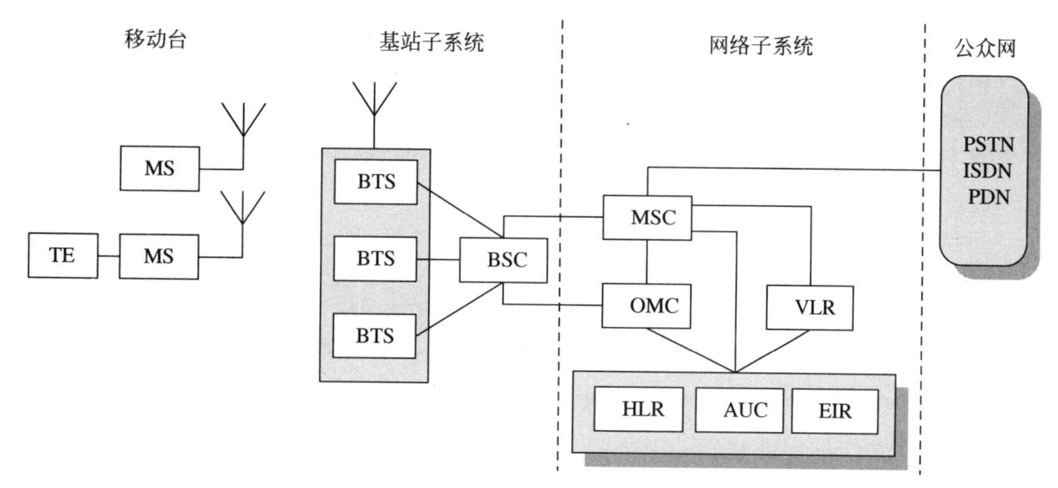

图 8.9　GSM 系统的网络结构

1. 移动台

移动台是 GSM 移动通信系统中用户使用的设备，也是用户能够直接接触的整个 GSM 系统中唯一的设备。根据应用与服务情况，移动台可以是单独的移动终端、手持机、车载机，或者由移动终端直接与终端设备（Terminal Equipment，TE）传真机相连接而构成，或者由移动终端通过相关终端适配器与终端设备相连接而构成。

移动台另外一个重要的组成部分是用户识别模块（Subscriber Identification Module，SIM），它基本上是一张符合 ISO 标准的"智慧"卡，它包含所有与用户有关的被存储在用户无线接口一边的信息，其中也包括鉴权和加密信息，使用 GSM 标准的移动台都需要插入 SIM 卡，只有当处理异常的紧急呼叫时才可以在不用 SIM 卡的情况下操作移动台。

2. 基站子系统

基站子系统由基站收发信台（Base Transceiver Station，BTS）和基站控制器（Base Station Controller，BSC）这两部分功能实体构成。

BSC 是基站的控制部分，承担着各种接口以及无线资源、无线参数管理的任务。基站控制器包括朝向与 MSC 相接的 A 接口或与码变换器相接的 Ater 接口的数字中继控制部分；朝向与基站收发信台相接的 Abis 接口或基站接口的基站收发信台控制部分；以及公共处理部分（包括与操作维护中心相接的接口控制）组成。

基站收发信台是基站的无线部分，受基站控制器的控制，完成基站控制器与无线信道之间的转换，实现基站收发信台与移动台之间通过空中接口的无线传输及相关的控制功能，基站收发信台主要分为基带单元、载频单元、控制单元三大部分。

3. 网络子系统

网络子系统主要包含 GSM 系统的交换功能和用户数据与移动性管理、安全性管理所需的数据库功能，它对 GSM 移动用户之间的通信和 GSM 移动用户与其他通信网用户之间的通信起着管理作用。

网络子系统包含以下几部分：移动业务交换中心、访问用户位置寄存器（Visitor Location Register，VLR）、归属用户位置寄存器（Home Location Register，HLR）、鉴权中心（AUthentication Center，AUC）、移动设备识别寄存器（Equipment Identity Register，EIR）。其中，移动业务交换中心经中继线与公众网相连，负责移动通信网络与公众网络的互联互通。

4. GSM 网络接口

1）主要接口

Um 接口：无线接口，即基站与基站收发信台之间的接口，用于基站与 GSM 固定部分的互通，传递无线资源管理、移动性管理和接续管理等方面的信息。

Abis 接口：基站收发信台与基站控制器之间的接口。该接口用于基站收发信台与基站控制器之间的远端互连，支持所有向用户提供的服务，并支持对基站收发信台无线设备的控制和无线频率的分配。

A 接口：移动业务交换中心和基站控制器之间的接口。该接口传送有关移动呼叫处理、基站管理、移动台管理、信道管理等信息。

2）网络子系统的内部接口

B 接口：移动业务交换中心和用户访问寄存器之间的接口。移动业务交换中心通过该接口向用户访问寄存器传送漫游用户位置信息。并在建立呼叫时，向用户访问寄存器查询漫游用户的有关用户数据。

C 接口：移动业务交换中心和归属用户位置寄存器之间的接口。移动业务交换中心通过该接口向归属用户位置寄存器查询被叫移动台的路由选择信息，以确定接续路由，并在呼叫结束时向归属用户位置寄存器发送计费信息。

D 接口：用户访问寄存器和归属用户位置寄存器之间的接口。该接口用于在两个登记器之间传送有关移动用户数据，以及更新移动台的位置信息和选路信息。

E 接口：移动业务交换中心与移动业务交换中心之间的接口。该接口主要用于频道转接。使用户在通话过程中，从一个移动业务交换中心的业务区进入另一个移动业务交换中心业务区时，通信不中断。另外该接口还传送局间信令。

F 接口：移动业务交换中心和移动设备识别寄存器之间的接口。移动业务交换中心通过该接口向移动设备识别寄存器查核发出呼叫的移动台设备的合法性。

G 接口：用户访问寄存器与用户访问寄存器之间的接口。当移动台从一个用户访问寄存器管辖区进入另一个用户访问寄存器区域时，新、老用户访问寄存器通过该接口交换必要的信息，仅用于数字移动通信系统。

H 接口：归属用户位置寄存器与鉴权中心之间的接口。归属用户位置寄存器通过该接口连接到鉴权中心完成用户身份认证和鉴权。

8.2.3 GSM 系统的号码

1. 区域定义

GSM 系统属于小区制移动通信网，服务区内有很多基站。在服务区内，移动通信网具有控制、交换功能，以实现位置更新、呼叫接续、过区切换及漫游服务等功能。

图 8.10 所示是 GSM 系统中所具有的区域包含关系。

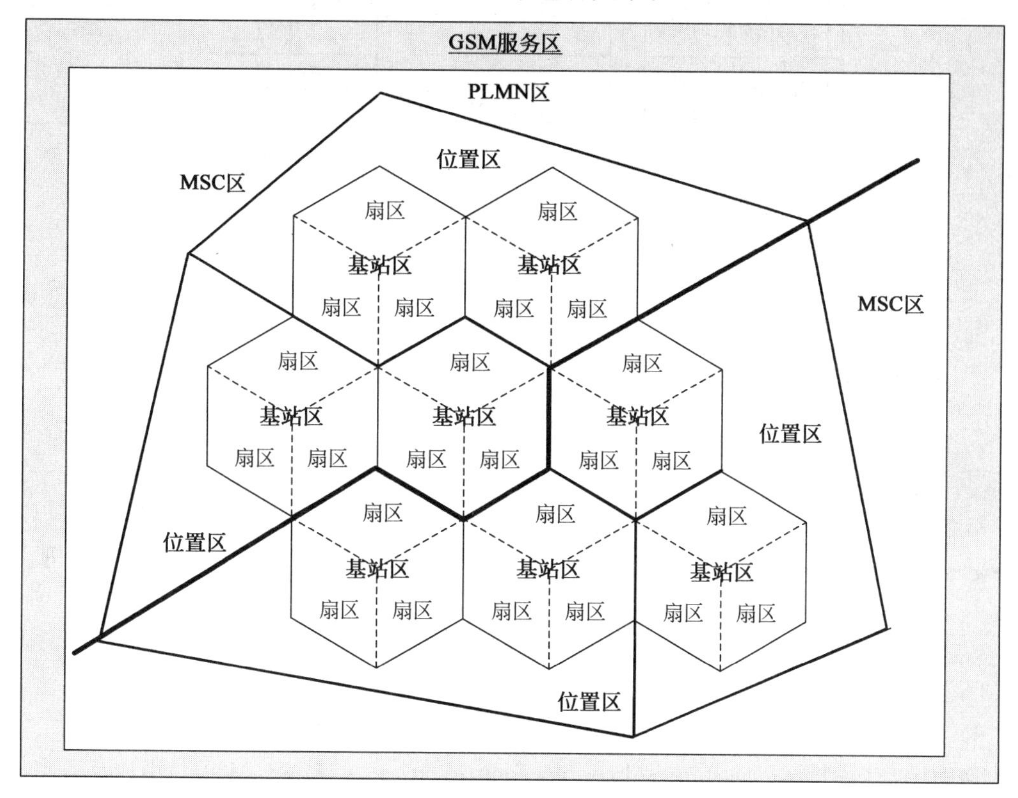

图 8.10　GSM 区域示意图

2. 移动设备识别

每个移动台设备均有一个唯一的移动台设备识别码（International Mobile Equipment Identity，IMEI）。

移动设备识别寄存器中使用如下三种设备清单：白名单，合法的移动设备识别号；黑名单，禁止使用的移动设备识别号；灰名单，是否允许使用由运营者决定，如有故障的或未经型号认证的移动设备识别号。

图 8.11 所示为移动设备识别程序。

3. 移动用户识别

国际移动用户识别码（International Mobile Subscriber Identification Number，IMSI）是区别移动用户的标志，存储在 SIM 卡中，可用于区别移动用户的有效信息。图 8.12 所示为 IMSI 的格式，共包含三部分。

1）移动国家码

移动国家码（Mobile Country Code，MCC）的资源由国际电信联盟（ITU）在全世界范围内统一分配和管理，唯一识别移动用户所属的国家，共有 3 位，中国为 460。

2）移动网络号码

移动网络号码（Mobile Network Code，MNC）用于识别移动用户所归属的移动通信网，共有 2～3 位。

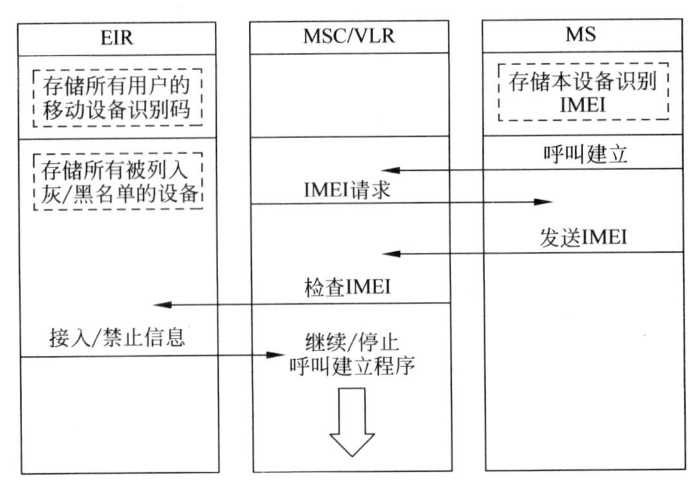

图8.11　移动设备识别程序

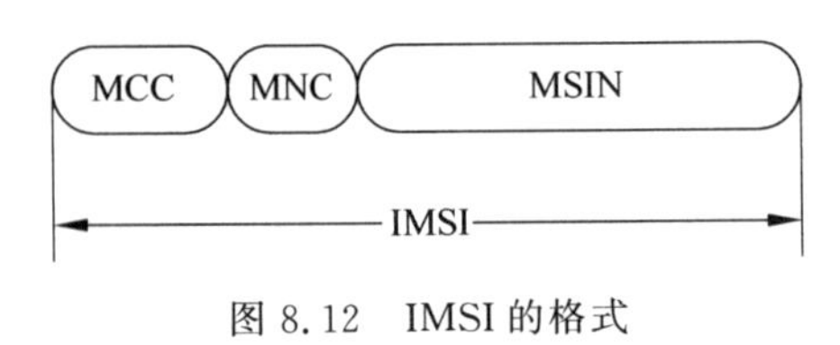

图8.12　IMSI的格式

在同一个国家内,如果有多个PLMN(一般某个国家的一个运营商对应一个PLMN),可以通过MNC来进行区别,即每个PLMN都要分配唯一的MNC。中国移动系统使用00、02、04、07,中国联通GSM系统使用01、06、09,中国电信CDMA系统使用03、05,中国电信4G系统使用11,中国铁通系统使用20。

3) 移动用户识别号码

移动用户识别号码(Mobile Subscriber Identification Number,MSIN)用以识别某一移动通信网中的移动用户。共有10位,其结构为

EF+M0M1M2M3+ABCD

其中,EF由运营商分配;M0M1M2M3和移动用户号码簿号码(Mobile Directory Number,MDN)中的M0M1M2M3可存在对应关系;ABCD共四位,可自由分配。

4. MSISDN

移动台国际ISDN号码(Mobile Subscriber International ISDN/PSTN Number,MSISDN)是指主叫用户为呼叫GSM网络中的一个移动用户所需拨的号码,作用等同于固定网PSTN号码,是在公共电话网交换网络编号计划中唯一能识别移动用户的号码。

根据CCITT(国际电报电话咨询委员会)的建议,MSISDN由三部分组成。

(1) 国家码(Country Code,CC)。因为陆地移动网络遍布全球各地,自然需要对不同国家的移动用户进行区分,中国的国家码为86。

(2) 国内目的地码(National Destination Code,NDC),也称网络接入号。为保障消费者的利益并允许合理的市场竞争,每个主权国家都可以授权一个或多个网络运营商组建并经营移动网络,例如,中国移动的网络接入号为134～139、150～152、188等,中国联通的网络接入号为130～132、185～186等,中国电信的网络接入号为133、153、180、189等。

(3) 客户号码(Subscriber Number,SN)就是用户的号码。

若在以上号码中将国家码CC去除,就成了移动台的国内身份号码,也就是“手机号码”。

每个 GSM 系统的网络均分配一个 NDC，也可以要求分配两个以上的 NDC。MSISDN 的号长是可变的（取决于网络结构与编号计划），不包括字冠，最长可以达到 15 位。目前，我国 GSM 系统的国内身份号码为 11 位。

NDC 包括接入号 N1N2N3 和归属用户位置寄存器的识别号 H1H2H3H4。接入号用于识别网络，目前采用 139、138 等，归属用户位置寄存器识别号表示用户归属的归属用户位置寄存器，也表示移动业务本地网号。

例如，手机号码 8613912345678 表示该号码的 CC 为 86（中国），NDC 接入号为 139（中国移动），NDC 的归属用户位置寄存器识别号为 1234，客户号码为 5678。

5. 移动台漫游号码

移动台漫游号码（Mobile Station Roaming Number，MSRN）是针对手机的移动特性所使用的网络号码，它是由用户访问寄存器分配的。在移动网络中，MSC Number 用于唯一标识一个 MSC。MSRN 号码通常是在 MSC Number 的后面增加几个字节来表示，如 8613900ABCDEF。MSRN 虽然看起来类似于一个手机号码，但实际上这个号码只在网络中使用，对用户而言是不可见的，用户也不会感觉到这个号码的存在。如果直接用手机拨打 MSRN 号码，会听到“空号”的提示音。

根据 GSM 的建议，MSRN 由以下三部分组成。

（1）CC：国家号（中国为 86）。

（2）NDC：国内目的地号。

（3）SN：用户号。在此情况下，SN 是 MSC 交换机的地址。

8.2.4　GSM 2.5G 数据传输技术

1. GPRS

由于 GSM 系统只能进行电路域的数据交换，且最高传输速率为 9.6kb/s，难以满足数据业务的需求。因此，欧洲电信标准委员会（ETSI）推出了通用分组无线服务技术（General Packet Radio Service，GPRS）。

GPRS 属于第二代移动通信中的数据传输技术，是 GSM 的延续。GPRS 和以往连续在频道中传输的方式不同，是以封包（Packet）的方式来传输的，因此使用者所负担的费用是以传输数据的数量作为计量单位来计算的，并非使用整个频道的费用，理论上较为便宜。GPRS 的传输速率可提升至 56kb/s，甚至 114kb/s。

2. EDGE

增强型数据速率 GSM 演进技术（Enhanced Data Rate for GSM Evolution，EDGE）是一种从 GSM 到 3G 的过渡技术，它主要是在 GSM 系统中采用了一种新的调制方法，即最先进的多时隙操作和 8PSK 调制技术。8PSK 可将现有 GSM 网络采用的 GMSK 调制技术的符号携带信息空间从 1 扩展到 3，从而使每个符号所包含的信息是原来的 3 倍。EDGE 技术有效地提高了 GPRS 信道编码效率及其高速移动数据标准，它的最高速率可达 384kb/s，在一定程度上节约了网络投资，可以充分满足未来无线多媒体应用的带宽需求。

由于 EDGE 是一种介于现有的第二代移动通信技术与第三代移动通信技术之间的过渡技术，比 GPRS 更加优良，因此也有人称它为 2.75G 技术。

8.3 第三代移动通信技术

8.3.1 3G网络技术概述

第三代移动通信技术(3G)从概念的提出、标准的制定、设备的研制到系统投入运营,都是在日益增长的应用需求的推动下完成的,人们对于移动通信越来越高的需求,是第三代移动通信技术发展的主要动力,虽然第二代移动通信技术拥有较高的技术和市场,但其传输速率和业务类型还是有限的。

第三代移动通信系统最早是由国际电信联盟于1985年提出的,当时称为未来公众陆地移动通信系统(FPLMTS),后改为IMT-2000,意指在2000年左右开始商用并工作在2000MHz频段上的国际移动通信系统。

IMT-2000的目标有以下四方面。

(1) 全球漫游,以低成本的多模手机来实现。

(2) 适应多种环境,采用多层小区结构,即微微蜂窝、微蜂窝、宏蜂窝,将地面移动通信系统和卫星移动通信系统结合在一起,与不同的网络互通,提供无缝漫游和业务一致性,网络终端具有多样性,并与第二代移动通信系统共存和互通,开放结构,易于引入新技术。

(3) 能提供高质量的多媒体业务,包括高质量的语音、可变速率的数据、高分辨率的图像等多种业务,实现多种信息一体化。

(4) 足够的系统容量、强大的多种用户管理能力、高保密性能和服务质量。

为实现上述目标,对无线传输技术提出了以下要求。

(1) 高速传输以支持多媒体业务:室内环境至少2Mb/s,室外步行环境至少384kb/s;室外车辆环境至少144kb/s。

(2) 传输速率按需分配。

(3) 上下行链路能适应不对称业务的需求。

(4) 简单的小区结构和易于管理的信道结构。

(5) 灵活的频率和无线资源的管理、系统配置和服务设施。

1997年4月,ITU向各成员国征集IMT-2000的无线接口候选传输技术。这引发了长达近四年的3G技术标准之争和技术融合的进程。最终在2001年确定了CDMA2000、WCDMA、TD-SCDMA这三种主流3G技术标准,如表8.1所示。

表8.1 主流3G技术标准的主要技术性能

技术性能	WCDMA	TD-SCDMA	CDMA2000
载频间隔/MHz	5	1.6	1.25
码片速率/(Mc/s)	3.84	1.28	1.2288
帧长/ms	10	10(分为两个子帧)	20
基站同步	不需要	需要	需要,典型方法是GPS
功率控制	快速功控:上、下行1500Hz	0～200Hz	反向:800Hz; 前向:慢速、快速功控
下行发射分集	支持	支持	支持

续表

技术性能	WCDMA	TD-SCDMA	CDMA2000
频率间切换	支持，可用压缩模式进行测量	支持，可用空闲时隙进行测量	支持
检测方式	相干解调	联合检测	相干解调
信道估计	公共导频	DwPCH、UpPCH、中间码	前向、反向导频
编码方式	卷积码；Turbo 码	卷积码；Turbo 码	卷积码；Turbo 码

8.3.2　3G 网络关键技术

第三代移动通信系统采用了多种新技术，关键技术主要有以下几种。

1. 初始同步技术

CDMA 系统接收机的初始同步包括 PN 码同步、码元同步、帧同步、扰码同步等。CAMD2000 采用与 IS-95 系统相类似的初始同步技术。WCDMA 系统的初始同步分三步进行。

2. 多径分集接收技术

CDMA 通信系统采用宽带信号进行无线传输，接收端可以分离出多径信号，因而可以采用多径分集接收技术，即 RAKE 接收机来完成接收过程，在很大程度上降低了多径衰落信道造成的不利影响。

3. 高效信道编译码技术

在第三代移动通信系统中都采用了卷积码和 Turbo 码两种纠错编码。

在高速率、对译码时延要求不高的数据链路中使用 Turbo 码以利于其优异的纠错性能；考虑到 Turbo 码译码的复杂度、时延的原因，在语音和低速率、对译码时延要求比较苛刻的数据链路中使用卷积码，在其他逻辑信道中也使用卷积码。

4. 智能天线阵技术

无线覆盖范围、系统容量、业务质量、阻塞和掉话等问题一直困扰着蜂窝移动通信系统。

采用智能天线阵(Adaptive Antenna Array)技术可以提高第三代移动通信系统的容量及服务质量。

智能天线阵技术是基于自适应天线阵列原理，利用天线阵列的波束合成和指向产生多个独立的波束，自适应地调整其方向图以跟踪信号变化；对干扰方向调零以减少甚至抵消干扰信号，提高接收信号的载干比(C/I)，以增加系统的容量和频谱效率。

智能天线阵技术的特点在于可以较低的代价换得无线覆盖范围、系统容量、业务质量、抗阻塞和掉话等性能的显著提高。

智能天线阵由 N 单元天线阵、A/D 转换器、波束形成器(Beam-former)、波束方向估计及跟踪器等部分组成。

5. 多用户检测和干扰消除技术

多用户检测的基本思想是把所有用户的信号都当作有用信号，而不是当作干扰信号。经过近 20 年的发展，CDMA 系统多址干扰抑制或多用户检测技术已慢慢走向成熟及实用。

考虑到复杂度及成本等的原因,目前的多用户检测实用化研究主要围绕基站进行。

6. 功率控制技术

功率控制技术是CDMA系统的重要核心技术之一,常用的CMDA可分为开环功率控制、闭环功率控制和外观工艺控制三种类型,在WCDMA和CDMA2000系统中,上行信道使用了开环、闭环和外环功率控制技术,下行信道采用了闭环和外环功率技术。

8.4 第四代移动通信技术

8.4.1 4G网络技术概述

第四代移动通信技术(4G)发展到今天,包括TD-LTE和FDD-LTE两种制式。

长期演进(Long Term Evolution,LTE)是由第三代合作伙伴计划(3GPP)组织制定的通用移动通信系统(Universal Mobile Telecommunications System, UMTS)技术标准的长期演进,于2004年12月在3GPP多伦多会议上正式立项并启动。图8.13所示为LTE的演进示意图。

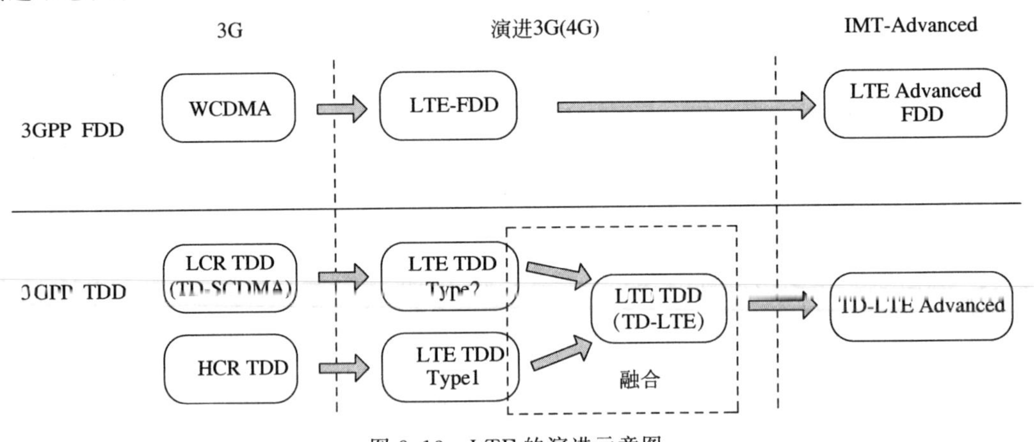

图8.13 LTE的演进示意图

严格意义上来讲,LTE只是3.9G,尽管被宣传为4G无线标准,但它其实并未被3GPP认可为国际电信联盟所描述的下一代无线通信标准IMT-Advanced,因此在严格意义上其还未达到4G的标准。只有升级版的LTE Advanced才满足国际电信联盟对4G的要求。

LTE系统引入了正交频分复用(OFDM)和多输入多输出(MIMO)等关键技术,显著增加了频谱效率和数据传输速率,并支持多种带宽分配,且支持全球主流2G/3G频段和一些新增频段,因而频谱分配更加灵活,系统容量和覆盖范围也显著提升。LTE系统网络架构更加扁平化、简单化,减少了网络节点和系统复杂度,从而减小了系统时延,也降低了网络部署和维护成本。LTE系统支持与其他3GPP系统互操作。根据双工方式的不同,LTE系统分为LTE-FDD(Frequency Division Duplexing,长期演进技术-频分双工)和LTE-TDD(Time Division Duplexing,长期演进技术-时分双工),二者技术的主要区别在于空口的物理层(如帧结构、时分设计、同步等)。FDD系统空口上下行采用成对的频段接收和发送数据,而TDD系统上下行则使用相同的频段在不同的时隙上传输,较FDD双工方式,TDD有着较高的频谱利用率。图8.14所示为FDD与TDD的双工模式对比。

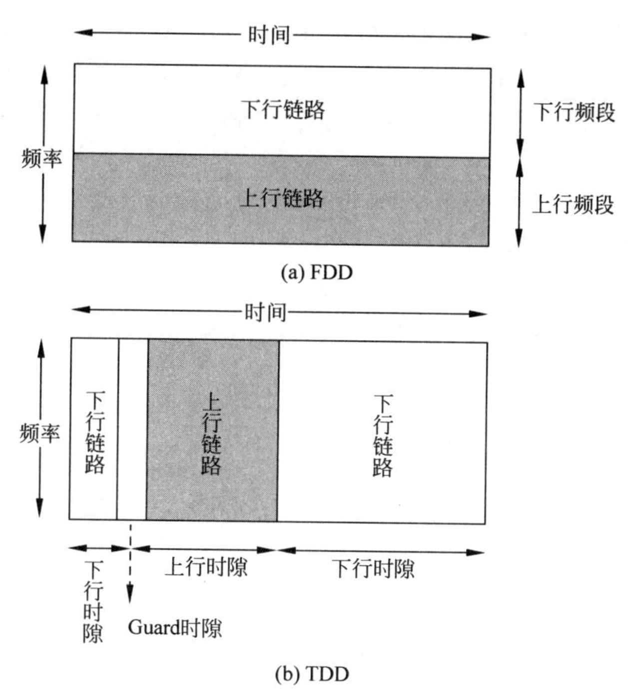

图 8.14　FDD 与 TDD 的双工模式对比

TD-LTE 与 FDD-LTE 系统的差异性表现在系统结构、设备形态、频谱资源、规划设计、业务支持等各方面。

（1）系统结构的差异表现在双工方式、帧结构、物理层等。

（2）设备形态的差异性主要表现在天馈系统上。类似于 TD-SCDMA，TD-LTE 采用了智能天线，能有效降低干扰，提高系统容量和频谱效率，而 LTE-FDD 则采用非智能天线来实现网络覆盖。其设计上的差异性不仅包括物理层，也包括对工程设计造成的影响，如天线负荷、塔桅承重的估算等。

（3）频率资源的分配：LTE-FDD 不能充分利用零散的频谱资源，导致一定的频谱浪费。

（4）两者的规划设计在总体流程上是大同小异的，区别在于智能天线带来的塔桅和天馈系统安装工艺的影响。

（5）数据和多媒体业务的特点在于上下行非对称性，TD-LTE 可以根据业务量的分析，对上下行帧进行灵活配置，以更好地满足数据业务的非对称性要求。此外，TD-LTE 还具备一个 LTE-FDD 无可比拟的优势，就是与 TD-SCDMA 网络共存，完全实现网络整合，最大限度地降低网络快速部署成本。

8.4.2　4G 网络的关键技术

1. 接入方式和多址方案

OFDMA 是一种无线环境下的高速传输技术，其主要思想就是在频域内将给定信道分成许多正交子信道，在每个子信道上使用一个子载波进行调制，各子载波并行传输。尽管总的信道是非平坦的，即具有频率选择性，但是每个子信道是相对平坦的，在每个子信道上进行的是窄带传输，信号带宽小于信道的相应带宽。OFDM技术的优点是可以消除或减小信号波形间的干扰，对多径衰落和多普勒频移不敏感，提高了频谱利用率，可实现低成本的单波段接收机。OFDM的主要缺点是功率不高。

2. 调制与编码技术

4G移动通信系统采用新的调制技术，如多载波正交频分复用调制技术以及单载波自适应均衡技术等调制方式，以保证频谱利用率和延长用户终端电池的寿命。4G移动通信系统采用更高级的信道编码方案(如Turbo码、级连码和LDPC等)、自动重发请求(ARQ)技术和分集接收技术等，从而在低Eb/N0条件下保证系统的性能。

3. 高性能的接收机

4G移动通信系统对接收机提出了很高的要求。香农定理给出了在带宽为BW的信道中实现容量为C的可靠传输所需要的最小SNR。按照香农定理可以计算出，对于3G系统如果信道带宽为5MHz，数据传输速率为2Mb/s，则所需的SNR为1.2dB；而对于4G系统，要在5MHz的带宽上传输20Mb/s的数据，则所需要的SNR为12dB。可见对于4G系统，由于速率很高，对接收机的性能要求也要高得多。

4. 智能天线技术

智能天线具有抑制信号干扰、自动跟踪以及数字波束调节等智能功能，被认为是未来移动通信的关键技术。智能天线应用数字信号处理技术，产生空间定向波束，使天线主波束对准用户信号到达方向，旁瓣或零陷对准干扰信号到达方向，达到充分利用移动用户信号并消除或抑制干扰信号的目的。这种技术既能改善信号质量又能增加传输容量。

5. MIMO技术

MIMO技术是指利用多发射、多接收天线进行空间分集的技术，它采用的是分立式多天线，能够有效地将通信链路分解成为许多并行的子信道，从而大大提高容量。信息论已经证明，当不同的接收天线和不同的发射天线之间互不相关时，MIMO系统能够很好地提高系统的抗衰落和噪声性能，从而获得巨大的容量。例如，当接收天线和发送天线数目都为8根，且平均信噪比为20dB时，链路容量可以高达42(b/s)/Hz，这是单天线系统所能达到容量的40多倍。因此，在功率带宽受限的无线信道中，MIMO技术是实现高数据速率，提高系统容量，提高传输质量的空间分集技术。在无线频谱资源相对匮乏的今天，MIMO系统已经体现出其优越性，也会在4G移动通信系统中继续应用。

6. 软件无线电技术

软件无线电是将标准化、模块化的硬件功能单元经过一个通用硬件平台，利用软件加载的方式来实现各种类型的无线电通信系统的一种具有开放式结构的新技术。软件无线电的核心思想是在尽可能靠近天线的地方使用宽带A/D和D/A变换器，并尽可能多地用软件来定义无线功能，各种功能和信号处理都尽可能用软件实现。其软件系统包括各类无线信令规则与处理软件、信号流变换软件、信源编码软件、信道纠错编码软件、调制解调算法软件等。软件无线电使系统具有灵活性和适应性，能够适应不同的网络和空中接口。软件无线电技术能支持采用不同空中接口的多模式手机和基站，能实现各种应用的可变QoS。

7. 基于IP的核心网

移动通信系统的核心网是一个基于全IP的网络，同已有的移动网络相比，具有根本性的优点，即可以实现不同网络间的无缝互联。核心网独立于各种具体的无线接入方案，能提供端到端的 IP 业务，能同已有的核心网和 PSTN 兼容。核心网具有开放的结构，能允许各种空中接口接入核心网；同时核心网能把业务、控制和传输等分开。采用 IP 后，所采用的无线接入方式和协议与核心网络(CN)协议、链路层是分离独立的。IP 与多种无线接入协议相兼容，因此在设计核心网络时具有很大的灵活性，不需要考虑无线接入究竟采用何种方式和协议。

8. 多用户检测技术

多用户检测是宽带通信系统中抗干扰的关键技术。在实际的 CDMA 通信系统中，各个用户信号之间存在一定的相关性，这就是多址干扰存在的根源。由个别用户产生的多址干扰固然很小，可是随着用户数的增加或信号功率的增大，多址干扰就成为宽带 CDMA 通信系统的一个主要干扰。传统的检测技术完全按照经典直接序列扩频理论对每个用户的信号分别进行扩频码匹配处理，因而抗多址干扰能力较差；多用户检测技术在传统检测技术的基础上，充分利用造成多址干扰的所有用户信号信息对单个用户的信号进行检测，从而具有优良的抗干扰性能，解决了远近效应问题，降低了系统对功率控制精度的要求，因此可以更加有效地利用链路频谱资源，显著提高系统容量。随着多用户检测技术的不断发展，各种高性能又不是特别复杂的多用户检测器算法不断提出，在 4G 实际系统中采用多用户检测技术将是切实可行的。

8.5 第五代移动通信技术

8.5.1 5G 网络技术概述

2015 年，国际电信联盟明确了 5G 标准化的时间表，同时，不少国家也提出了自己国家的 5G 商用路线图，从 2020 年起，全球主要国家陆续开始了 5G 网络的建设和商用。

1. 通信业务的演进

第五代移动通信技术(5G)是 4G 的延伸。

从第二代移动通信开始，设计者们要解决移动通信的主要问题就是让速度越来越快。速度快是让信息大量、高品质传输的根本保证。

近年来，互联网、物联网等产业以极快的速度发展，对网络速度的要求越来越高，移动网络作为越来越重要的数据业务承载平台，也面临着巨大的挑战。为了适应未来海量移动数据的爆炸式增长，加快新业务、新应用的开发，研发传输速度更快的移动通信网络就成为重要的目标。

然而，现代互联网对信息提出了更多的要求，移动互联、智能感应、大数据和智能学习正在构建形成一个新的体系，这个过程中，对于网络就提出了完全不同于过去的新要求。5G 所追求的不再仅仅是让速度更快，而是高速度、泛在网、低功耗、低时延、万物互联、重构安全。这意味着在 5G 的网络下，网络结构、终端、体验都会发生巨大的革命性变化，也意味着 5G 会带来巨大的产业机会。

如果说前四代移动通信技术的发展都是为了解决“人与人之间的连接”，那么，5G 就是为了解决“人与人、人与物、物与物之间的连接”，这正是万物互联的核心要义。

现代的人们对网络的需求早已经不满足于人与人之间的通信，4G V2X、NB-IoT 等技术标准,都是针对人与物/物与物的连接。人们需要一张能够满足多业务需求的网络,构建一张统一融合的适应各种行业、各种应用的通信网络。

2. 5G的愿景和典型性能

用户对5G时代的网络有很高的期望值,希望有光纤般的接入速率、"零"时延和高可靠性、拥有千亿设备的连接能力、多样化场景的一致体验和超百倍的能效提升。

在此愿景的推动下,5G网络拥有了下述的典型性能。

(1) 更快的体验速率,可达1Gb/s,是4G网络的100倍。

(2) 更大的连接数密度,每平方千米内可达100万连接数。

(3) 更大的流量密度,每平方千米内可达10～100Tb/s。

(4) 更低的空口时延,低至1ms,是4G的1/5。

(5) 更大的峰值速率,可以达到10～20Gb/s,是4G的20倍。

(6) 更快的移动性,可以达到500km/h以上的速度,是4G的4倍。

3. 5G的应用场景

1) 增强型移动宽带

增强型移动宽带(enhanced Mobile BroadBand,eMBB)的使用情境涵盖一系列使用案例,包括有着不同要求的热点高容量场景和广域覆盖场景。

热点高容量场景:用户密度大,但对移动性的要求低,热点的用户数据速率高。用户体验速率为1Gb/s、峰值速率为20Gb/s、流量密度为10(Tb/s)/km^2。

广域覆盖场景:移动性要求高,对数据速率的要求可能低于热点。用户体验速率约为100Mb/s,移动速率为500km/h以上。

2) 超可靠和低延迟通信

超可靠和低延迟通信(ultra Reliable Low Latency Communication,uRLLC)对吞吐量、延迟时间和可用性等性能的要求十分严格。所应用的领域有工业制造或生产流程的无线控制、远程手术、智能电网配电自动化以及运输安全等。

此场景下单向空口时延可达1ms,可靠性为99.999%。

3) 大规模机器类型通信

大规模机器类型通信(massive Machine Type Communication,mMTC)的连接设备数量庞大,连接数密度为100万/km^2,这些设备通常传输相对少量的非延迟敏感数据。设备成本需要降低,电池续航时间需要大幅延长。

4. 5G的应用

5G时代的应用,信息消费及行业升级并重,全面发挥了5G大带宽、低时延及多连接能力,不同创新应用将发挥5G的不同能力或多项组合能力:大带宽类(eMBB)、多连接类(mMTC)、低时延靠可靠类(uRLLC)。下面这些类型的应用可以与场景进行对应,从而确定应用选择的技术。

- 视频/VR/AR:eMBB、uRLLC。
- 车联网及自动驾驶:uRLLC。
- 网联无人机:eMBB、uRLLC。
- 云端服务机器人:eMBB、uRLLC。
- 智慧能源:uRLLC、mMTC。

- 智慧医疗：eMBB、uRLLC。
- 智能制造：uRLLC、mMTC。
- 智慧教育：eMBB。

8.5.2 5G 网络架构的变化

1. 总体架构的变化

与 4G 网络相比，5G 网络的架构有了明显的变化。随着总体功能的下沉，业务和控制功能更靠近边缘，方便大流量数据的分发和时延的降低。

EPC(Evolved Packet Core，演进分组核心网)被分为 New Core(5GC，5G 核心网)和 MEC(Mobile Edge Computing，移动边缘计算)两部分。MEC 移动到和 CU 一起，就是所谓的"下沉"(离基站更近)。

图 8.15 所示为 4G 和 5G 总体网络架构的对比。

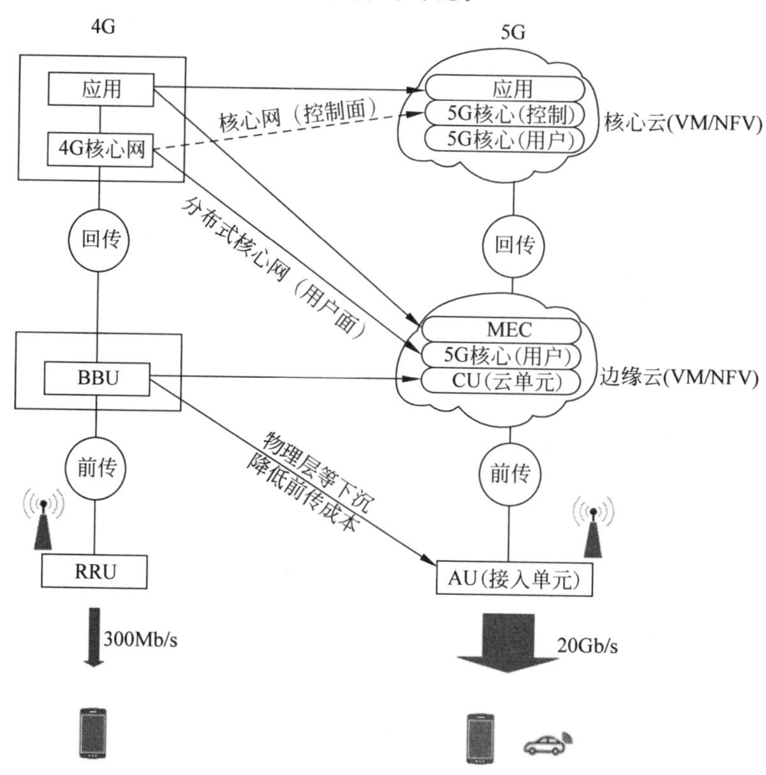

图 8.15 4G 和 5G 总体网络架构的对比

2. 接入网架构的变化

在 5G 网络中，接入网不再是由 BBU(室内基带处理单元)、RRU(射频拉远单元)、天线组成了，而是被重构为 3 个功能实体：CU、DU、AAU。

CU(Centralized Unit，集中单元)：原 BBU 的非实时部分将分割出来，重新定义为 CU，负责处理非实时协议和服务。

DU(Distribute Unit，分布单元)：BBU 的剩余功能重新定义为 DU，负责处理物理层协议和实时服务。

AAU(Active Antenna Unit,有源天线单元):BBU的部分物理层处理功能与原RRU及无源天线合并为AAU。

拆分重构后,CU、DU、AAU可以采取分离或合设的方式出现多种网络部署形态。这些部署方式的选择需要同时综合考虑多种因素,包括业务的传输需求(如带宽、时延等因素)、建设成本投入、维护难度等。

图8.16所示为4G与5G接入网架构的变化。

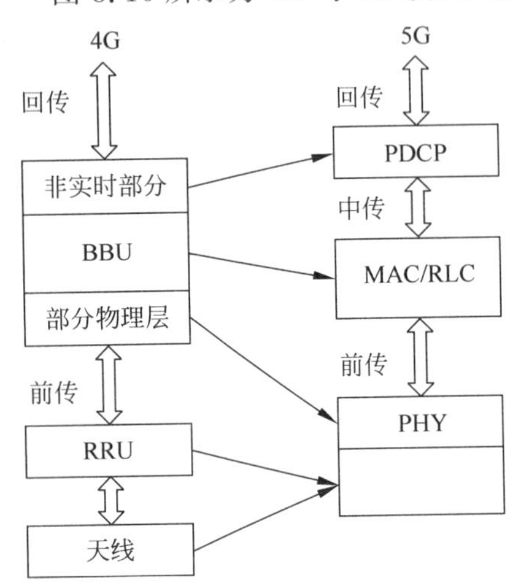

图8.16 4G与5G接入网架构的变化

CU对实时性的要求相对较低,可基于通用架构实现,使用CPU等通用芯片;DU对实时性的要求较高,需要高速的数据处理与交换。采用专用芯片,使用电信专用架构。

无线网CU-DU架构的好处在于能够获得小区间的协作增益,实现集中负载管理。高效实现密集组网下的集中控制,如多连接、密集切换,从而实现站点协同、基带资源统一调度、智能运维。

因为切片实现的基础是虚拟化,而专用硬件又难以实现虚拟化,所以把专用硬件的非实时部分组成CU,运行在通用服务器上,再经过虚拟化技术,就可以支持接入网云化与切片了。

因此,CU加上边缘计算及部分核心网用户面功能的下沉,就被称为接入云引擎。

3. 承载网的变化

承载网是基础资源,必须先于无线网部署到位。5G想要满足以上应用场景的要求,承载网是必须要进行升级改造的。

在5G网络中,之所以要进行功能划分、网元下沉,其根本原因就是为了满足不同场景的需要。因为承载网的作用就是把网元的数据传到另外一个网元上。

1) 前传(AAU-DU)

光纤资源比较丰富的区域可以采用光纤直连的方案。每个AAU与DU全部采用光纤点到点直连组网。实现起来很简单,但最大的问题是光纤资源占用很多。随着5G基站、载频数量的急剧增加,对光纤的使用量也激增。

无源WDM(波分复用)方式是将彩光模块安装到AAU和DU上,通过无源设备完成WDM功能,利用一对或者一根光纤提供多个AAU到DU的连接。采用无源WDM方式,虽然节约了光纤资源,但是也存在着运维困难、不易管理、故障定位较难等问题。

有源WDM/OTN(光传送网)(光传送网,Optical Transport Network)方式是在AAU站点和DU机房中配置相应的WDM/OTN设备,多个前传信号通过WDM技术共享光纤资源。相比无源WDM方案,组网更加灵活(支持点对点和组环网),且光纤资源消耗并没有增加。

2) 中传(DU-CU)和回传(CU-核心网)

由于中传与回传对承载网在带宽、组网灵活性、网络切片等方面的需求是基本一致的,所以可以使用统一的承载方案。

一种方案是利用分组增强型OTN设备组建中传网络,回传部分继续使用现有IPRAN架构。IPRAN是针对IP化基站回传应用场景进行优化定制的路由器/交换机整体解决方案。

另一种方案是中传与回传网络全部使用分组增强型OTN设备进行组网。

4. 核心网的变化

与4G相比,5G网络的逻辑结构彻底改变了。5G核心网采用的是SBA(Service Based Architecture,基于服务的架构)。SBA基于云原生构架设计,借鉴了IT领域的微服务理念,把原来具有多个功能的整体拆分为多个具有独立功能的个体。每个个体实现自己的微服务。

有个明显的外部表现就是网元大量增加了。除UPF(用户平面功能)之外都是控制面。

网元看上去很多,实际上,硬件都是在虚拟化平台里虚拟出来的。这样一来,就非常容易扩容、缩容,也非常容易升级、割接,相互之间不会造成太大的影响(核心网工程师的福音)。

简而言之,5G核心网就是模块化、软件化,就是为了"切片",为了满足不同场景的需求。

8.5.3 5G空口关键技术

对于移动通信技术来说,无线空口是制约网络性能的最关键的因素。

5G通过多样化部署、多样化频谱、多样化服务和终端等手段构成了更强大的统一空口技术,以实现高速率、低时延,从而灵活应对各种应用场景。

移动通信技术方面最复杂的是提升空口的性能。5G标准讨论之初,很多新技术都被提出来参与5G标准的讨论。包括了新型多载波技术、新型多址技术、先进的调制编码、全双工技术、大规模MIMO、超密集组网、毫米波等。

1. 多载波技术

R15标准确定采用由多载波(MCM)技术发展而来的正交频分复用(OFDM)技术。下行采用的是循环前缀正交频分复用(CP-OFDM)波形,上行采用CP-OFDM及傅里叶变换扩展OFDM(DFT-S-OFDM)或SC-FDMA,这样做可以有效降低发射波形的峰值平均功率比(PAPR)以减轻功放回退的要求,从而降低了终端发射机的功耗。

根据3GPP的规定,5G NR中的OFDM波形具有灵活可扩展的特点,在R15的定义中,其子载波间隔可表达为15×2^n kHz(其中,$n=0,1,2,3,4$),从15kHz到240kHz不等(适合不同的频率范围)。其基准参数集采用了和LTE一样的15kHz子载波间隔、符号以及循环前缀的长度。对于5G NR所有不同的参数集,每个时隙都采用相同的OFDM符号数,这样大大简化了调度等其他方面的设计。

可以看出,5G NR中没有像1G向2G、2G向3G以及3G向4G演进时那样出现一个革命性的新波形,而是基本沿用并优化了4G时代的OFDM波形。因此,5G的特色更多体现在它是无线通信生态系统的融合,而非信号波形设计本身的革命性突破。这其中的部分原因也是因通信基础理论发展到现在,许多物理层的知识已被挖掘,要取得革命性的进展越来越困难,通信系统的底层波形设计尤其如此。因此,在5G中更多的是通过采用Massive MIMO、毫米波、灵活的参数集、高密度组网等技术大大提高总的通信容量和质量。

2. 频段

5G 系统中定义了多种频段，FR1 和 FR2 分别对应不同的频段范围，2.6GHz、3.5GHz 和 4.9GHz 都属于 FR1，26GHz 和 39GHz 则属于 FR2。

2018 年 12 月 10 日，工业和信息化部正式向中国电信、中国移动、中国联通发放了 5G 系统中低频段试验频率的使用许可证。

中国移动获得了 2515～2675MHz、4800～4900MHz 频段的 5G 试验频率资源，中国联通获得了 3500～3600MHz 频段的 5G 试验频率资源，中国电信获得了 3400～3500MHz 频段的 5G 试验频率资源。

3. 超密集组网

超密集组网技术就是以宏基站为“面”，在其覆盖范围内，在室内外热点区域密集部署低功率的小基站，将这些小基站作为一个个“节点”，打破传统的扁平、单层宏网络覆盖模式，形成“宏-微”密集立体化组网方案，以消除信号盲点、改善网络覆盖环境。使用超密集组网技术可获得更高的频率复用效率，在局部热点区域还可实现百倍量级的系统容量提升，该技术能被广泛应用在办公室、住宅区、街区、学校、大型集会现场、体育场、地铁站等场景中。

5G 技术引入了体积小、耗能低的微基站，这种基站可以安装部署在城市的任何位置，可以安装到路灯、信号灯、商场、住房中等。每个基站可以从其他基站接收信号并向任何位置的用户发送数据。信号接收均匀，承载量大，形成的泛在网解决了高频段长距离传输差的缺点。

4. 大规模天线

大规模天线技术作为 5G 的核心关键技术，在满足 eMBB、uRLLC 和 mMTC 业务的技术需求中发挥着至关重要的作用。例如，针对 eMBB 场景，其主要技术指标为频谱效率、峰值速率、能量效率、用户体验速率等，高阶 MU-MIMO 传输可以获得极高的频谱效率，同时，随着天线规模的增加，用户间干扰和噪声的影响都趋于消失，达到相同的覆盖和吞吐量所需的发射功率也将降低，提升了能量效率。此外，高频段大带宽是达到峰值速率的关键，大规模天线技术提供的赋形增益可以补偿高频段的路径损耗，使高频段的移动通信应用部署成为可能。针对 uRLLC 场景，其主要技术指标为时延和可靠性，半开环 MIMO 传输方案通过分集增益的方式增强传输的可靠性。分布式的大规模天线或者多 TRP(传输点)传输技术，将数据分散到地理位置上分离的多个传输点上传输，可以进一步提升传输的可靠性。针对 mMTC 场景，其主要技术指标为连接数量和覆盖，大规模天线技术的波束赋形增益有助于满足 mMTC 场景的覆盖指标，同时，高阶 MU-MIMO 也有利于连接数量的大幅提升。

从天线数量看，以前的 4G 基站多采用 2 天线、4 天线、8 天线的方式，而 5G 的大规模 MIMO 通道数是 64/128/256。

从信号覆盖的维度看，传统的 MIMO 称为 2D-MIMO，以 8 天线为例，实际信号在做覆盖时，只能在水平方向移动，垂直方向是不动的，信号类似一个平面发射出去，而 Massive MIMO(大规模天线波束赋形技术)是信号水平维度空间基础上引入垂直维度的空域进行利用，信号的辐射状是个电磁波束。所以，Massive MIMO 也被称为 3D-MIMO。

5. 高性能编码

信道编码选择的基本原则是具有高编码性能(纠错能力以及编码冗余率好)、高编码效率(复杂度低及能效高)、高灵活性(编码的数据块大小、能否支持“增量冗余的混合自动重传”技术)。在此基础上,5G的编码分为以下几种。

1) Turbo码

Turbo码的编码相对简单,在码长、码率的灵活度和码率兼容自适应重传等方面有一些优势。但是其解码器由于需要迭代解码,相对比较复杂,需要较大的计算能力,并且解码时由于迭代的需要会产生时延。所以对于实时性要求很高的场合,Turbo码的直接应用会受到一定限制。此外,Turbo码采用次优的译码算法,有一定的错误平层。Turbo码比较适合码长较长的应用,但是码长越长,其解码的复杂度和时延也越大,这就限制了它的实用性。总的来说,Turbo码性能优异,编码构造比较简单,但是它的解码复杂度较高。该码是3G和4G商用的关键技术之一,它的研究和应用已经十分成熟。

Turbo码的特点是性能好,随着速率的增加,编码运算量会线性增加,缺点是能效较高。

2) LDPC码

LDPC码(Low Density Parity Check Code)是一种具有稀疏校验矩阵的线性分组纠错码,其特点是它的奇偶校验矩阵具有低密度。由于其具有稀疏性,因此产生了较大的最小距离($d_{\min}$),同时也降低了解码的复杂性。该码的性能同样可以非常逼近香农极限。已有研究结果表明,实验中已找到的最好LDPC码的性能距香农理论限仅相差0.0045dB。

LDPC码的特点是性能好,复杂度低,通过并行计算,对高速业务支持好,多用于业务信道。

3) Polar码

Polar码是基于信道极化理论提出的一种线性分组码,是针对二元对称信道(Binary Symmetric Channel,BSC)的严格构造码。理论上,它在较低的解码复杂度下能够达到理想的信道容量且无误码平层,而且码长越大,其优势就越明显。Polar码是目前唯一能够达到香农极限的编码方法。

Polar码的特点是对小包业务编码性能突出,多用于控制信道。

8.5.4 5G带来的机遇与挑战

随着5G网络架构的变化,网元设备IT化、与AI的融合及服务对象的变化,使产业链上的下游企业获得了巨大的机遇与挑战。

网络架构的变化使运营商的系统运维变得更加复杂,这也为运维服务商提供了更大的市场与机遇。

网元设备IT化则打破了主设备厂商的头部垄断地位,小基站厂商和集成商进入门槛变低,使市场内竞争变得更加激烈,这也使运营商降低了对厂家的依赖,有了更多的采购选择。

5G与AI的融合则有利于提升运营商的资源利用率,在为AI企业创造了市场的同时也冲击了主设备厂商和运维服务商的优化业务。

服务对象的变化使行业应用对网络的要求越来越高,同时也对全产业链企业带来了行业应用发展的机会。

从目前看,5G与AI、云计算和大数据及产业互联网相结合,对社会经济的影响已初步显现,未来将难以估量,这是3G/4G望尘莫及的。

未来,智能交通、智慧医疗、智能健康管理、智能家居、移动电子商务、智慧工业、智慧农业、智能物流都会在5G的基础上形成巨大发展机会。

本章小结

本章主要介绍了移动通信的基本概念、移动通信系统的发展、组网覆盖方式,介绍了以GSM为代表的第二代移动通信系统的网络结构、号码识别技术,介绍了3G、4G、5G的概念和关键技术。要求读者掌握通信的基本概念、关键技术;了解通信的发展演进过程。

习题

一、填空题

1. OFDM即________,是一种能够充分利用频谱资源的多载波传输方式。

2. ________是指移动用户的终端设备,可以分为车载型、便携型和手持型。其中手持型俗称"手机"。它由________控制,与基站间建立双向的无线电话电路并进行通话。

3. 小区制是将________划分为若干小无线区,每个小无线区域分别设置一个基站,负责本区的________的联络和控制。

4. 如果采用全向天线对平面服务区作覆盖,用________代替圆作为无线小区的形状,可以得到更好的无缝覆盖效果。

5. CDMA是指一种________数字式通信技术,通过独特的代码序列建立信道,可用于第二代和第三代移动通信技术中的任何一种协议。

6. 第四代移动通信技术发展到今天,包括________和________两种制式。

二、单项选择题

1. ________是无线电台站的一种形式,是指在一定的无线电覆盖区中,通过移动通信交换中心与移动电话终端之间进行信息传递的无线电收发电台。

A. 基站　　B. 移动台　　C. MSC　　D. 天馈系统

2. 大区制是指在一个服务区内________基站,负责移动通信的联络和控制。

A. 有多　　B. 只有两个　　C. 最多两个　　D. 只有一个

3. 这种组网方式的容量比较________,也被称为集群移动通信。

A. 大　　B. 小　　C. 固定　　D. 随机

4. ________是区别移动用户的标志,存储在SIM卡中,可用于区别移动用户的有效信息。

A. IMEI　　B. IMSI　　C. MSISDN　　D. MSRN

5. 采用________技术可以提高第三代移动通信系统的容量及服务质量。

A. 智能天线阵　　B. 小区制　　C. 初始同步　　D. 多用户检测

三、简答题

1. 大区制和小区制有什么区别?

2. 移动通信系统由哪几部分组成?

3. 小区内不同的天线激励方式有什么区别?

4. 什么是 IMEI？
5. 什么是 IMSI？
6. 移动通信设备的识别程序是什么？
7. EDGE 技术的特点是什么？
8. 3G 通信技术的主要标准是什么？
9. TDD 与 FDD 双工模式的区别在哪里？

四、分析题

1. 蜂窝移动通信组网为什么采用六边形小区形状？
2. 为什么不采用同等大小的方式进行无线小区划分？
3. TD-LTE 与 FDD-LTE 是真正的 4G 技术吗？

第9章 CHAPTER 9 物联网通信技术的综合应用

教学提示

物联网通信技术早已从方方面面影响着人们的生活和整个世界，给人们带来无法想象的便利和服务。本章围绕物联网通信技术的综合应用，对M2M、WSN、智能家居、智慧城市以及智慧农业等方面的物联网通信技术应用进行介绍。

学习目标

- 了解M2M技术的概念及发展特点。
- 了解WSN技术的概念。
- 了解智能家居的概念。
- 了解智慧城市的概念。
- 了解智慧农业的概念。

知识结构

本章的知识结构如图9.1所示。

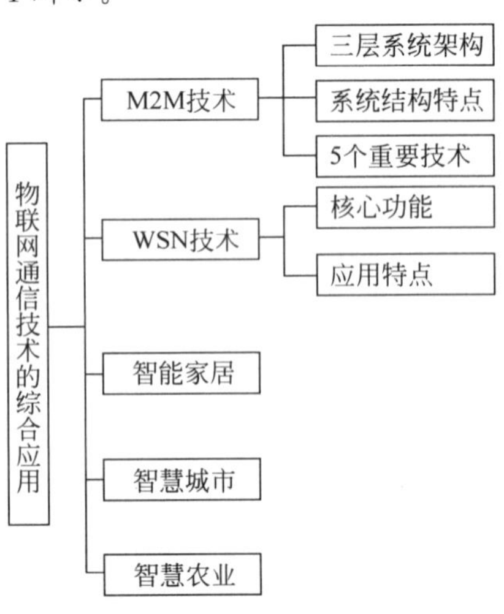

图9.1　本章知识结构图

9.1 M2M 技术

20 世纪 90 年代中后期，随着各种信息通信手段（如因特网、遥感勘测、远程信息处理、远程控制等）的发展，以及地球上各类设备的不断增加，人们开始越来越多地关注如何对设备和资产进行有效监视和控制，甚至如何用设备控制设备，M2M 理念由此起源。M2M 通信技术综合了通信和网络技术，将遍布在日常生产生活中的机器设备联接成网络，使这些设备变得更加“智能”，从而可以创造出丰富的应用，给人们的日常生活、工业生产等带来新一轮的变革。

M2M 是 Machine-to-Machine/Man 的简称，是一种以机器终端智能交互为核心的、网络化的应用与服务。M2M 是将数据从一台终端传送到另一台终端，也就是机器与机器的对话。M2M 的本质如图 9.2 所示。

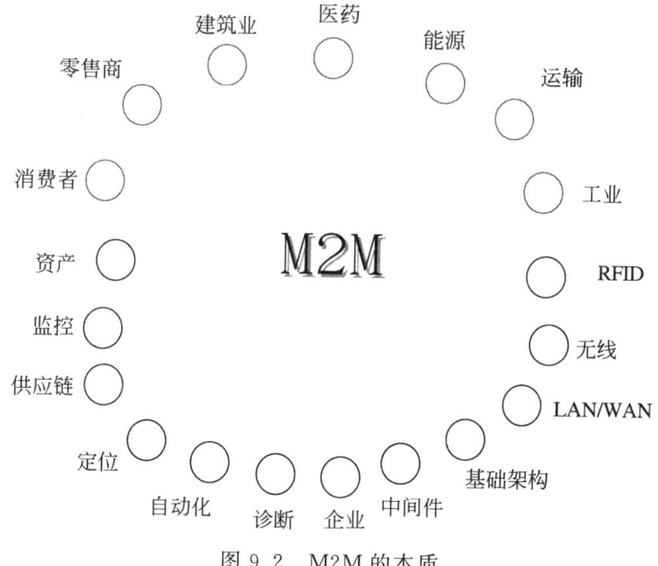

图 9.2　M2M 的本质

在生活中，M2M 的应用范围较为广泛，如门禁卡、条码扫描器、NFC 手机支付；在石油行业可以利用网络远程遥控油井设备，及时、准确地了解各个设备所处的工作状态；在电力行业可以远程对配电网参数进行设置，以及远程对配电系统进行一系列的现代化管理维护操作，即监测、保护、控制；在交通行业主要用于采集车辆信息（如车辆位置、行驶速度、行驶方向等），远程管理控制车辆。

M2M 是现阶段物联网最普遍的应用形式，是实现物联网的第一步。M2M 是一种嵌入无线通信模块的设备，利用现有的无线通信技术，为不同行业的客户提供全方位的信息化服务，从而使不同行业用户可以远程完成管理监控、指挥调度、数据采集和测量等方面的工作。M2M 根据其应用服务对象可以分为个人、家庭、行业三大类。M2M 技术的目标就是使所有机器设备都具备联网和通信能力，其核心理念就是网络连接一切设备（Network Everything）。如果在这一过程中引入无线连接，则物联网的应用空间是有无限可能的。试想，假如有一个“智能电网”，那么它将能够使大量设备（如仪表、家电、汽车、照明设备、医疗监视器、零售仓库等)实现联接和通信，它所带来的好处会非常多，例如，提高生产力、节约能源、远程访问、降低成本、改善医疗等。未来的物联网将由无数个 M2M 系统构成不同的 M2M 系统来负责不同的功能处理，通过中央处理单元协同运作，最终组成智能化的社会系统。

9.1.1 M2M系统架构

M2M 业务是一种以机器终端智能交互为核心的、网络化的应用与服务。它通过在机器内部嵌入无线通信模块，以无线通信等为接入手段为客户提供综合的信息化解决方案，以满足客户对监控、指挥调度、数据采集和测量等方面的信息化需求。M2M 业务流程涉及众多环节，其数据通信过程内部也涉及多个业务系统。其系统架构如图 9.3 所示。

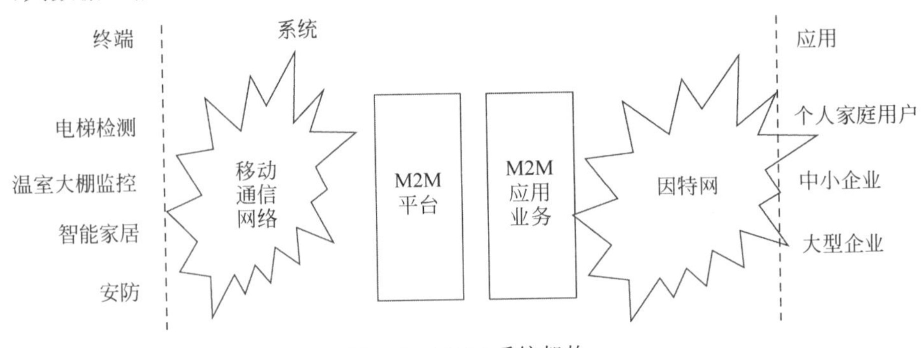

图 9.3 M2M系统架构

M2M 系统架构包括终端、系统和应用三层。

1. 第一层：终端层

第一层为 M2M 终端，可接收远程 M2M 平台激活指令、本地故障报警、数据通信、远程升级、使用短消息/彩信/GPRS 等几种接口通信协议与 M2M 平台进行通信。终端管理模块为软件模块，可以位于 TE(终端设备)或 MT(移动终端)设备中，主要负责维护和管理通信及应用功能，为应用层提供安全可靠和可管理的通信服务。根据数据终端的特性，通常把 M2M 业务应用简单地归结为两大类：第一类，“终端”是一种在某个地理位置上可以固定的应用，例如，远程监控电力设备的运行状况、远程获取用户的用电信息、远程控制路灯开关、记录交通岗及车道附近的机动车违章行驶、对气象/环境/水温进行监测、远程监控装置(如仓库、办公楼、街铺等)、城市交通智能管理、其他远程设备管理、其他远程数据采集；第二类，“终端”是一种在某个移动物体上的应用，例如，对公路上的货车/客车的地理位置进行定位并远程调度、不同列车的进出站的指挥调度、货轮和客轮在海洋上的定位跟踪、出勤交警执法行为的监控、病人身体状况的远程监控、重要物资的追踪。

M2M 终端有如下类型。

1) 行业专用终端

终端设备：主要完成行业数字模拟量的采集和转换。

无线模块(移动终端)：主要完成数据传输、终端状态检测、链路检测及系统通信功能。

2) 无线调制解调器

无线调制解调器又名无线模块，具有终端管理模块功能和无线接入能力。用于在行业监控终端与系统间无线收发数据。

3）手持设备

手持设备通常具有查询 M2M 终端设备状态、远程监控行业作业现场和处理办公文件等功能。

2. 第二层：系统层

第二层为 M2M 管理系统，它为客户提供统一的移动行业终端管理、终端设备鉴权，支持多种网络的接入方式，提供标准化的接口使数据传输简单直接，提供数据路由、监控、用户鉴权、内容计费等管理功能。主要由以下模块构成。

1）通信接入模块

行业网关接入模块：负责完成行业网关的接入，通过行业网关完成与短信网关、彩信网关的接入，最终完成与 M2M 终端的通信。

GPRS 接入模块：使用 GPRS 方式与 M2M 终端传送数据。

2）终端接入模块

终端接入模块负责 M2M 平台系统通过行业网关或 GGSN（GPRS 网关支持节点）与 M2M 终端收发协议消息的解析和处理。

3）应用接入模块

应用接入模块用于实现 M2M 应用系统到 M2M 平台的接入。

4）业务处理模块

业务处理模块是 M2M 平台的核心业务处理引擎，用于实现 M2M 平台系统业务消息的集中处理和控制。

5）数据库模块

数据库模块用于保存各类配置数据信息、终端信息、集团客户（EC）信息、签约信息和黑/白名单信息、业务数据信息、信息安全信息、业务故障信息等。

6）Web 模块

Web 模块用于提供 Web 方式操作的维护与配置功能。

3. 第三层：应用层

第三层为应用系统，该层是 M2M 终端获得了信息以后，本身并不处理这些信息，而是将这些信息集中到应用平台上，由应用系统来实现业务逻辑，把感知和传输来的信息进行分析和处理，做出正确的控制和决策，实现智能化的管理、应用和服务。

9.1.2　M2M 系统结构的特点

M2M 系统结构具有如下特点。

1）多数性

设备的数量在数量级上的增加将影响应用程序的结构和网络负载的压力，移动网络在设计时并没有考虑这些 M2M 设备。

2）多样性

M2M 应用程序的实现导致了大量有多种需求的设备的出现。大量设备的出现带来了异构性，使设备与设备之间的互操作能力变得很困难。

3）不可见性

设备必须很少或不需要人的控制，这就要求设备管理被无缝地集成到服务和网络管理中。

4) 临界性

一些应用(如智能电网上的电压、生命保障系统等)在延迟和可靠性上有严格要求,这将挑战和超越现代网络的能力。

5) 隐私问题

设备管理被集成到通信系统中,这就意味着设备上数据的隐私问题和安全问题成为人们关注的问题之一。

9.1.3 M2M技术的组成

M2M涉及5个重要的技术部分,包括智能化机器、M2M硬件、通信网络、中间件、应用。

1. 智能化机器

M2M的实现首先是从机器/设备中获取数据,然后把它们通过网络发送出去。使机器"开口说话",让机器具备信息感知能力、信息加工(计算)能力、无线通信能力。有两种基本方法可使机器具备"说话"的能力:一是当生产设备时嵌入M2M硬件;二是对已有机器或设备进行改装,使其具有通信能力。大多数M2M设备的计算、存储能力要比目前出现的笔记本电脑或手机低几个数量级。大多数M2M设备位于室外,不能轻易与电源相连,这将减少M2M程序之间的交互次数。

2. M2M硬件

M2M硬件是使机器获得远程通信和联网功能的部件。主要用于提取信息,从各种机器设备那里获取数据,并传到通信网络中。现在共有以下5种M2M硬件。

(1) 嵌入式硬件:嵌入机器中,使其具有网络通信功能。常见的产品是支持GSM/GPRS或CDMA无线移动通信网络的无线嵌入数据模块。

(2) 可组装硬件:在M2M的工业应用中,厂商拥有大量不具备M2M通信和联网能力的机器,可组装硬件就是为满足这些机器的网络通信能力而设计的。包括从传感器收集数据的I/O设备,将数据发送到通信网络的连接终端,有些M2M硬件还具备回控功能。

(3) 调制解调器:嵌入式模块要将数据传送到移动通信网络,起到的就是调制解调器的作用。如果要将数据通过公用电话网络或以太网送出,则需要相应的调制解调器。

(4) 智能传感器:具有感知能力、计算能力和通信能力的微型传感器。由智能传感器组成的传感网络是M2M技术的重要组成部分。一组具备通信能力的智能传感器以Ad-Hoc方式构成无线网络,协作感知、采集和处理网络覆盖地理区域中感知对象的信息并发布给观察者;也可以通过GSM网络或卫星通信网络将信息传给IT系统。

(5) 识别标识:如同每个机器、每个商品的"身份证",使机器之间可以相互识别和区分。常用的技术包括条形码技术、RFID技术等。

3. 通信网络

通信网络的作用是将信息传送到目的地。通信网络在M2M技术中处于核心地位。包括广域网(无线移动通信网络、卫星通信网络、因特网、公众电话网等)、局域网(以太网、无线局域网、Bluetooth)、个域网(ZigBee、传感器网络)。

4. 中间件

中间件包括两部分：M2M 网关、数据收集/集成部件。

M2M 网关是 M2M 系统中的翻译员，它将从通信网络获取的数据传输给信息处理系统。完成不同通信协议之间的转换是其主要功能。

数据收集/集成部件是为了将数据变成有价值的信息。对原始数据进行不同的加工和处理，并将结果呈现给这些信息的观察者和决策者。这些中间件包括：数据分析和商业智能部件、异常情况报告和工作流程部件、数据仓库和存储部件等。

5. 应用

数据收集/集成部件是为了将数据变成有价值的信息。对原始数据进行不同加工和处理，并将结果呈现给需要这些信息的观察者和决策者。这些中间件包括：数据分析和商业智能部件、异常情况报告和工作流程部件、数据仓库和存储部件等。

9.1.4　M2M 应用实例

1. 智能抄表系统

智能抄表系统将千家万户的用量与管理部门的计算机网络中心联成一体，从根本上解决了目前用水、用电、用气管理的自动化程度低，中间环节多，缴费不及时等问题。该系统具有多种通信方式，组网方式灵活，扩充方便，从不同角度满足了用户的多种需求，真正地实现了居民小区的科学化管理。系统采用集散性结构设计，大大提高了系统的可靠性和可扩容性。数据采集器与管理中心计算机的通信采用标准 RS485 接口实现远距离的数据传输，独特灵活的组网方式，适用于各种安装和使用环境。软件部分作为系统的最终实现，为用户提供了一个使用、管理本系统的重要工具，它具有以下特点：系统以数据库为核心，提供方便的数据处理、查询、统计、报表、备份等功能；采用面向对象和模块化相结合的设计方法，支持不同客户的独特要求(如报表打印格式、操作员权限控制等)；支持客户原有综合管理系统，可以和客户原有管理系统(如物业管理系统等)集成(可提供数据库接口或者通信接口)。智能抄表系统的基本组成原理如图 9.4 所示。

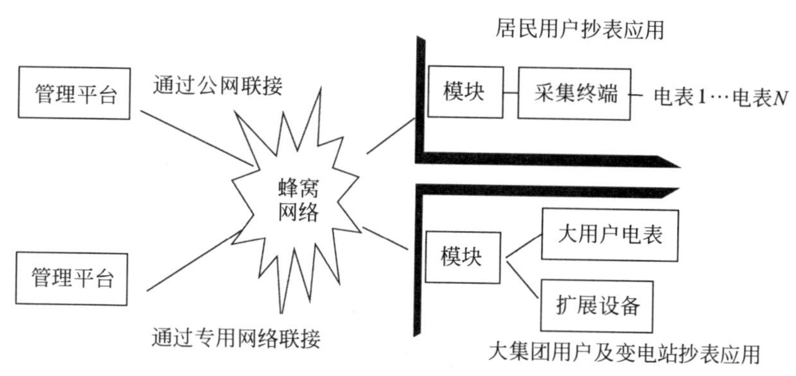

图 9.4　智能抄表系统的基本组成原理

2. 车载系统

车载系统由 GPS(全球定位系统)、移动车载终端、无线网络和管理系统、GPS 地图 Web 服务器、用户终端组成。车载终端由控制器模块、GPS、无线模块、视频图像处理设备及信息采集设备等组成。对于车载 GPS 而言，不仅可以利用 GPS 模块对导航信息进行在线获取，而且可以借助无线模块对地图进行及时更新。车载系统一般是首先获取车辆信息采集设备中的车辆使用状况信息,在此基础上利用无线通信模块将车辆信息上传远端的服务管理系统。值得说明的是,车辆防盗系统可以借助无线通信模块实现与用户终端进行实时的交互,从而获取车辆的准确信息。车载系统的基本组成原理如图9.5所示。

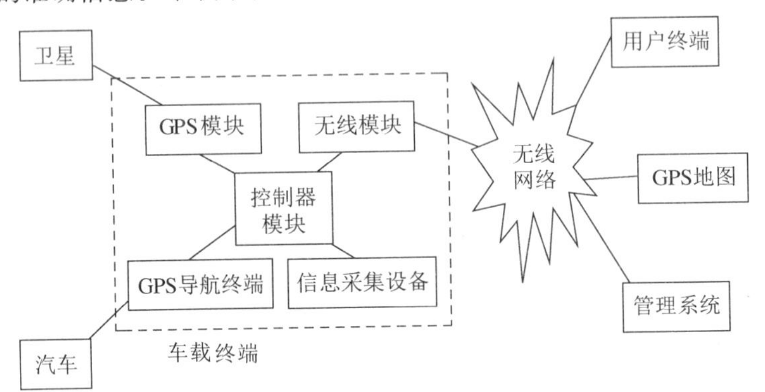

图9.5 车载系统的基本组成原理

3. 智能交通系统

智能交通系统由GPS(全球定位系统)、ITS控制中心、无线通信网络和移动车载终端等系统模块组成。其中,移动车载终端包括对各个部件进行操作的控制器模块、GPS定位模块、无线通信模块以及视频图像处理设备等。在移动车载终端上控制器模块借助RS232接口连接到GPS模块、无线通信模块、视频图像处理等相关设备。在实际系统中,移动车载终端模块通过GPS对车辆的经度、纬度、速度、时间等信息进行获取,并将这些信息传给控制器模块;此外,通过视频图像设备采集车辆状态信息。微控制器通过GPRS模块与监控中心进行双向的信息交互,完成相应的功能。车载终端通过无线模块还可以支持车载语音功能。智能交通系统的基本组成原理如图9.6所示。

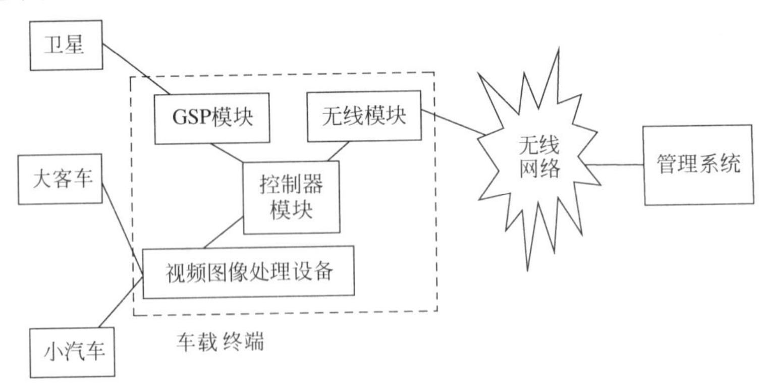

图9.6 智能交通系统的基本组成原理

4. 安防视频监控系统

安防视频监控系统由快照、视频信息采集终端、无线通信网络和远程信息管理系统、服务器、客户端等模块构成。其中,快照和视频信息采集终端可以由无线通信模块、照相机、摄像机等组成。快照信息、视频信息通过无线网络将信息传到用户终端,包括可视电话、Web服务器、传真机等。另外,快照、视频采集终端也可以先将现场的数据信息及时更新到远端的Web服务器,用户再通过Web浏览器对远程环境信息进行浏览。安防视频监控系统的基本组成原理如图 9.7 所示。

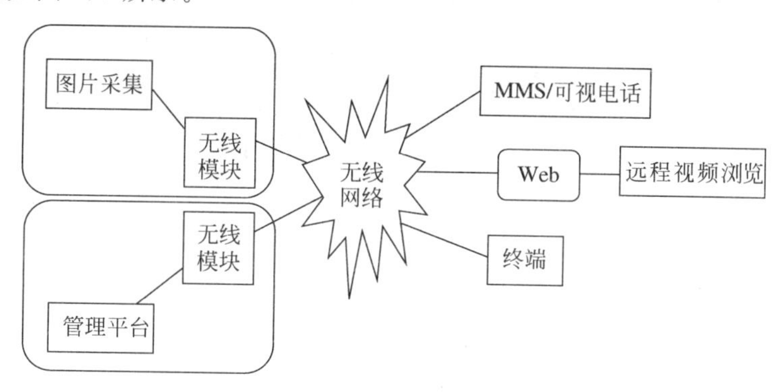

图 9.7　安防视频监控系统的基本组成原理

9.2　WSN 技术

20 世纪 90 年代以来，具有感知、计算和无线网络通信能力的传感器以及由其构成的无线传感器网络(Wireless Sensor Network，WSN)系统是当前在国际上备受关注的、涉及多学科高度交叉、知识高度集成的前沿热点研究领域。它综合了传感器技术、嵌入式计算技术、现代网络及无线通信技术、分布式信息处理技术等。

WSN 技术的原理是在某一特定区域内部署大量的传感器节点，并将传感器采集到的数据通过由无线通信方式形成的一个多跳的、自组织的网络系统进行传输，最终协作地感知、采集和处理网络覆盖区域中感知的对象信息，并发送给观察者。

20 世纪 90 年代初，美国在美国军方、美国国家自然科学基金和一些跨国企业的支持下，便对无线传感器网络进行了研究和开发，具有代表性的项目包括：由美国国防高级研究计划署资助的加州大学洛杉矶分校承担的项目；由美国国防高级研究计划署资助的加州大学伯克利分校承担的 Smart Dust 项目；美国国防高级研究计划署资助的加州大学伯克利分校等 25 个机构联合承担的 SensIT 计划；海军研究办公室的 SeaWeb 计划等。迄今为止，国内外开发了不同种类的无线传感器网络节点，这些节点都支持 TinyOS 操作系统，足以应对不同的应用场合，各个节点的硬件大小、成本、设计形式都不尽相同。与国外相比，国内的大多数研究机构是在国家自然科学基金的资助下开展了一系列的关于无线传感器网络在不同领域应用的研究。之所以国内外都投入巨资，研究机构纷纷开展无线传感器网络的研究，很大程度归功于其广阔的应用前景和对社会生活的巨大影响。

9.2.1　WSN 的核心功能

WSN 是由一组传感器节点以自组织的方式构成的无线网络，其目的是借助节点中内置的、形式多样的传感器，协作地实时感知和采集周边环境中众多的信息，并对这些信息进行处理，实现无论何时、何地和何种环境条件下都可以对大量信息进行获取。从 WSN 的硬件上分析，WSN 节点包括采集数据的模块、处理数据的模块、无线收发数据的模块，这些设备节点具有成本低、功耗低、种类丰富等特点。从软件设计上看，这些节点内置的传感器可以对所在区域的温度、湿度、光强度、压力等环境参数以及待测对象的电压、电流等物理参数进行探测,并通过无线网络将探测到的信息传送到数据汇聚中心进行处理、分析和转发。

WSN是由大量的具有静止或移动状态的传感器节点,按自组织和多跳的方式来构成的一个无线网络,其典型的应用如图9.8所示。

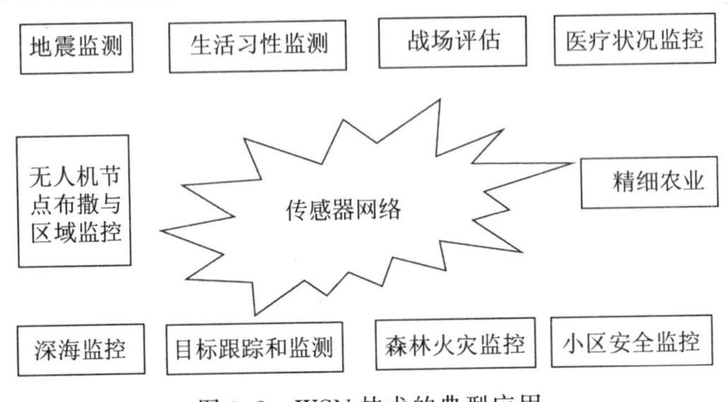

图9.8 WSN技术的典型应用

从图9.8可知,不同功能的无线传感器节点通过特定的网络协议组成了一个不同应用类型的无线传感器网络。根据实际应用,每个节点具有数据业务信息的感知、数据信息处理及无线传输等功能。网络中的节点具有生产业务信息数据的能力,同时具有传递业务信息数据报文的能力。在特定的区域内通过将这些节点安装到指定的监控区域,或者安装到被感知对象的附近来对这个环节的数据信息进行获取。这些节点之间可以借助特定的无线信道进行数据信息的通信,同时利用多跳路由的技术来自组织网络。在自组织网络的节点通过相互之间的信道来建立通信关系,并将节点生产的信息数据发送到附近的网关或汇聚节点上,使这些节点数据信息成功发送到最终的应用端,从而完成不同环境数据的实时监控任务。

按照无线传感器网络节点的功能,每个节点包括4个基本单元,具体包括获取数据信息的模块、处理数据信息的模块、传输数据信息的模块及管理电源的模块。

各基本组成单元功能如下。

获取数据信息的模块:在特定区域内,通过传感器节点感知环境内的数据信息,并借助模数转换器将采集到的模拟信号转换为数字信号,并将数字信号交给处理器运算处理。

处理数据信息的模块:在这个模块中,处理器可以进行数字信号的预处理、数据的运算、数据的管理等工作。

传输数据信息的模块:借助无线收发的协议,使当前节点与其他节点进行数据信息的交互,同时可以交换不同网络间的信令或收发节点获取到的数据信息。

管理电源的模块:该模块可以为网络中的节点提供电能的支持,考虑到传感器节点在不同环境下的体积大小限制,管理电源的模块可以由一些微型电池组成,这些电池的能力也限制了传感器节点的使用。另外,在特定的环境中,一些传感器节点可以集成如将太阳能转换为电能的模块,这可以解决在对传感器节点电量要求高的环境下能量的持续供应问题。

总而言之,无线传感器网络的数据收集是其核心功能,其核心目标是如何高速有效地、安全可靠地对周围环境数据进行采集和处理。

9.2.2 WSN的应用特点

与传统的通信网络不同,无线传感器网络在很多方面都有特殊性,包括网络核心功能、应用场景、涉及的硬件技术等。这些特殊性也决定了其独特的优势，如在数据收集能力、成本等方面的优势，同时也使无线传感器网络在安全性、可靠性等方面面临许多需要解决的问题和挑战。WSN的应用特点有以下几方面。

1. 网络节点的数量多

为了获取精确的信息，保证有效、可靠地完成对区域的监测任务，收集到更多环境数据，通常部署大量传感器节点，传感器节点的数量可能达到成千上万，甚至更多。并且传感器节点分布在很大的监控区域内，部署很密集，这会给网络的维护带来较大的麻烦。

2. 硬件能力严重受限

由于无线传感器网络中的节点密集、数量巨大、范围广，单个节点体积通常较小，成本问题要求单个节点的造价不可能过高，单个节点只能被赋予有限的资源。具体体现在三方面：第一，节点计算及存储能力受到限制。与普通处理器相比，采用微处理单元模块的处理器的处理能力和存储空间明显不足；第二，受到环境的限制，传感器节点附带的电池容量有限，节点能耗问题明显，在小体积的传感器节点上应用自我再生能源技术是很困难的；第三，节点之间的通信信号强度受到限制，信号越强能耗越大。考虑到让节点适应能耗要求就必须降低通信速率。

3. 网络动态性强

一般情况下，无线传感器网络的应用都部署在不同的外界环境中，在网络中的节点都是以无线方式进行数据信息的交换。当受到来自外界环境的变化和信道不稳定等因素的影响时，传感器的拓扑结构可能会发生改变。这将导致网络中节点间的通信断接频繁、时断时通，同时也会导致网络内的一些节点能量耗尽或其他故障而被迫退出当前网络环境。与其他传统网络相比，网络中新节点加入和旧节点的删除都比较频繁，这都会使网络的拓扑结构依据节点状态的不同而发生变化。在一些应用中，由于网络节点是可以移动的，这就导致网络拓扑结构变得不稳定。这就要求无线传感器网络系统能够适应各种变化，具有高度动态性。

4. 多跳路由和自组织性

在无线传感器网络应用中，一般情况下，无线传感器节点没有固定在网络基础设施上。考虑到不同节点的通信及计算能力的限制，网络中的单一节点不能对整个网络的拓扑结构进行获取，这就导致在传统网络中使用的路由交换及寻址方式不可用的问题，从而使网络内大量节点需要借助自组织的方式来形成新的通信网络，这也给其中的路由带来了很大的麻烦。

5. 以数据为中心

无线传感器网络与传统的互联网是有区别的，无线传感器网络是以采集数据信息为中心的网络，而不是如传统网络中以地址为中心的网络。在特定的监测区域，网络节点可以采集用户所关心的环境数据，且根据这些数据可以找到目标区域内发生的事件。其核心目标是数据的收集，不同应用根据数据收集的情况设定路由方式，从而构建以数据为中心的网络。

6. 安全性问题严重

开放性的无线信道、有限的能量、分布式控制都使无线传感器网络更容易受到攻击。攻击的常见方式有被他人窃听、主动入侵、拒绝服务等。存在安全隐患的原因是网络需要部署到一些特定的环境之内,容易受到很多方面的影响;且网络中的节点资源受到限制,不能将传统网络中的安全机制直接应用到现有的无线传感器网络之上,这就导致无线传感器网络非常容易遭受来自不同领域的攻击,安全的网络设计是至关重要的。

9.2.3 WSN的应用

无线传感器网络是当前信息领域中研究的热点之一,可用于特殊环境,实现信号的采集、处理和发送。无线传感器网络是一种全新的信息获取和处理技术,在现实生活中得到了越来越广泛的应用。

1. 军事领域

在军事领域,由于WSN具有密集型、随机分布的特点,使其非常适合应用于恶劣的战场环境。利用WSN能够实现监测敌军区域内的兵力和装备、实时监测战场状况、定位目标、监测核攻击或生物化学攻击等目标。

2. 辅助农业生产

WSN的通信便利、部署方便等优点,使其在农业生产方面得以应用。例如,它可以用于监测农作物灌溉情况、土壤/空气变更、农作物中的害虫等,有助于农业的发展及提高农民的收益。采用WSN建设农业环境自动监测系统,用一套网络设备可以对环境内的数据进行采集和环境控制,从而提高农业生产种植的科学性。

3. 生态监测与灾害预警

WSN可以应用的范围还包括生态环境监测、生物种群研究、气象和地理研究、洪水/火灾监测等方面。环境监测为环境保护提供科学的决策依据,是生态保护的基础。在野外地区或者不宜人工监测的区域布置WSN可以进行长期无人值守的不间断监测,为生态环境的保护和研究提供实时的数据资料。具体的应用包括:通过跟踪珍稀鸟类等动物的栖息、觅食习惯进行濒危种群的研究;在河流沿线区域布置传感器节点,随时监测水位及水资源被污染的情况;在泥石流、滑坡等自然灾害容易发生的地区布置节点,可提前发出灾害预警,及时采取相应抗灾措施;可在重点保护林区布置大量节点来随时监控内部火险情况,一旦发现火情,可立刻发出警报,并能给出具体的情况,如位置及当前火势的大小;在发生地震、水灾等灾害的地区、边远山区或偏僻野外地区部署节点,可起到用于临时应急通信的作用。

4. 基础设施状态监测系统

WSN技术对于大型工程的安全施工以及建筑物安全状况的监测有积极的作用。通过布置传感器节点,可以及时、准确地观察大楼、桥梁和其他建筑物的状况,及时发现险情,及时进行维修,避免造成严重后果。

5. 工业领域

在工业安全方面,传感器网络技术可用于危险的工作环境,例如,在煤矿、石油钻井、核电厂和组装线布置传感器节点,可以随时监测工作环境的安全状况,为工作人员的人身安全提供保障。另外,传感器节点还可以代替部分工作人员到危险的环境中执行任务,不仅降低了危险程度,还提高了对险情的反应精度和速度。由于WSN部署方便、组网灵活,其在仓储物流管理和智能家居方面也逐渐发挥作用。无线传感器网络使传感器形成局部物联网,实时地交换和获取信息,并最终汇聚到物联网,形成物联网重要的信息来源和基础应用。

6. 智能交通

智能交通系统(ITS)是在传统交通体系的基础上发展起来的新型交通系统，它将信息、通信、控制和计算机技术以及其他现代通信技术综合应用于交通领域，并将"人-车-路-环境"有机地结合在一起。将无线传感器网络技术应用在现有的交通设施中，能够从根本上缓解困扰现代交通的安全、通畅、节能和环保等问题，同时还可以提高交通的工作效率。因此，将无线传感器网络技术应用于智能交通系统已经成为近年来关注的焦点。

7. 医疗系统

近年来，无线传感器网络在医疗系统和健康护理方面已有很多应用，例如，监测人体的各种生理数据，跟踪和监控医院中医生和患者的行动，以及医院的药物管理等。如果在住院病人身上安装特殊用途的监测身体各个部分的传感器节点，如用于检测心率和血压的设备。医生根据传感器节点采集的数据可以及时掌握被监护病人的身体情况。一旦发现异常情况，病人就可以及时得到治疗。科学家使用无线传感器创建了一个"智能医疗之家"，即一个5间房的公寓住宅，在这里利用人类研究项目来测试概念和原型产品。"智能医疗之家"使用微尘来测量居住者的重要特征(血压、脉搏和呼吸)、睡觉姿势以及每天24小时的活动状况。所搜集的数据将被用于开展以后的医疗研究。通过在鞋、家具和家用电器等设备中嵌入网络传感器，可以帮助老年人、重病患者以及残疾人的家庭生活。利用传感器网络可高效传递必要的信息，从而便于接受护理，而且可以减轻护理人员的负担，提高护理质量。利用传感器网络长时间收集人的生理数据，可以加快研制新药品的过程，而安装在被监测对象身上的微型传感器也不会给人的正常生活带来太多的不便。此外，在药物管理等诸多方面也有其新颖而独特的应用。

8. 信息家电设备

无线传感器网络的不断推广和应用，使日常生活中的信息家电以及网络技术得到了迅速发展，家庭网络的主要设备不再仅仅是打印机，它已扩展到了多种家电设备。利用无线传感器网络的基础平台可以使网络控制节点实现家庭内、外部网络的连接并使内部网络之间信息家电和设备的信息得到有效共享。将传感器节点部署到生活中使用的家电中，借助无线传感网络、互联网、4G网络将不同网络联接在一起，更加舒适、方便和更人性化的智能家居环境将进入人们的生活。借助远程环境监控系统可以方便地远程控制家用电器，另外，借助摄像头节点可随时获取家庭的安全情况。具有无线传感器网络的住宅用户只要接入网络，就可以远程控制家中的煤气、温度、湿度、热水器、空调、窗帘及煤气泄漏报警系统等，而且可以远程对家电设备进行控制。无线传感器网络由多功能的无线传感器节点组成，可以使用一种基于星形结构的混合星形无线传感器网络结构系统模型，通过网关接入互联网系统。不同传感器节点在无线传感器网络中负责数据采集和数据中转节点的数据采集，这些传感器模块可以获取到屋内的环境数据，如湿度、光照强度等，再由特定的通信路由协议将数据传输给上层网络。

9.3 智能家居

智能家居(Smart Home，Home Automation)是一种通过建立在住宅基础上构建高效的住宅设施与家庭内电器设备的管理平台。该平台利用现有的近距离网络通信技术、安防技术、图像采集技术、控制系统技术等将家居生活的相关电器设备进行有效集成，提升家居的智能化、安全性、便利性、舒适性和艺术性。目前普遍的智能家居系统如图9.9所示。

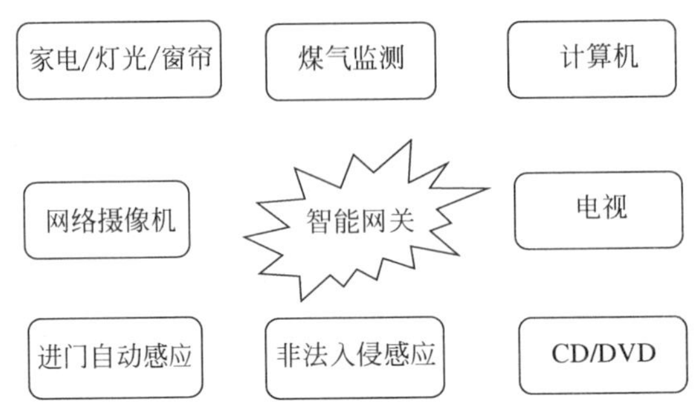

图9.9 现代智能家居系统的示意图

智能家居是在物联网发展的大背景下提出的家用电器相互之间联网的产物。智能家居通常是利用物联网技术将家中常用的电器设备网络化或连接到一起，如照明、热水器、监控装置、空调、热水器、门窗。在此基础上，提供远程对家用电器的控制、照明控制、防盗报警、环境监测、红外转发等功能。智能家居既具有传统的普通家居的居住功能，又提供近距离网络通信、远程家电控制、安防控制，提供全方位的信息交互功能，甚至为各种能源费用节约资金。

9.3.1 家庭自动化

家庭自动化是指借助现有的具有微处理功能的电子设备对家中使用的电子产品或系统进行集成或控制，如室内外照明、计算机设备、家庭安保系统、家庭环境控制系统等。家庭自动化系统主要是通过一个中央微处理器采集不同电子产品的信息，一旦发现外界环境因素发生变化，再执行写在中央微处理器的既定程序并发送适当的信息到有关电器设备的过程。控制家里的电器设备的方式是多种多样的，可以借助键盘，或者触摸式PAD、物理按钮、个人计算机、遥控器等装置。另外，用户也可以发送特定的指令到中央微处理器或接收来自中央微处理器的数据信号。家庭自动化系统作为智能家居的一个主要组成部分，在最初提及智能家居时，有人甚至认为家庭自动化与智能家居是等价的，他们认为家庭自动化是智能家居的重要系统。

9.3.2 家庭网络

首先要将家庭网络和纯粹的“家庭局域网”明确区分开，家庭网络涉及“家庭局域网/家庭内部网络”这个概念。家庭局域网是指融合家庭里的计算机、各种外设且与因特网互联于一体的网络系统。家庭网络是在家庭范围内将个人计算机、家用电器、安防系统、照明系统和广域网进行连接的一种新技术。“有线”和“无线”是当前在家庭网络所采用的主要连接技术。其中有线网络连接包括双绞线或同轴电缆连接、电话线连接、电力线连接等；无线网络连接包括红外线连接、无线电连接、基于RF技术的连接和基于PC的无线连接等。

与传统的办公网络相比，家庭网络加入了很多家庭应用产品和系统，如水/电/气/热/表设备、家庭求助报警等设备，因此相应技术标准也错综复杂。将智能家居中其他系统融合到家庭网络，这是家庭网络未来发展的必然趋势。

9.3.3 网络家电

网络家电是借助近距离通信技术将普通家用电器进行数字化设计改进的新型家电产品。网络家电可以利用近距离通信技术组成一个家庭内部网络，同时这个家庭网络又可以与外部网络进行连接，进行信息的交换。在网络家电技术方面涉及两个不同层面的网络，第一个层面是家用电器之间的连接问题，借助近距离通信技术可以将不同家电进行连接，从而使各个电器之间能够互相通信；第二个层面是家庭外的信息传递和交流网络问题，使家庭中的家电网络可以通过外部网络进行数据的交换。

要解决家电间互联和信息交换问题，需要通过描述家电工作特性的产品模型实现家电之间的数据交换。在解决网络媒介这一问题上，可根据具体情况选用电力线、无线射频、双绞线、同轴电缆、红外线、光纤。

9.3.4 信息家电

信息家电是将个人计算机、电信和电子技术结合起来的创新产品。它具有传统家电的特点，包括价格低廉、操作简单、实用性强、带有个人计算机的主要功能，如白色家电有电冰箱、洗衣机、微波炉等；黑色家电有电视机、录像机、音响、VCD、DVD等。它是借助数字化与网络技术为家庭生活带来更多便利而设计的新型家用电器，信息家电主要由个人计算机、机顶盒、手持计算机、DVD、超级VCD、无线数据通信设备、视频游戏设备、网络电视、互联网电话等组成，所有能够通过网络系统交互信息的家电产品都可以称为信息家电。其主要组成部分包括音频、视频和通信设备。此外，为了使传统家电的功能更加强大，使用更加简便，可将信息技术融入传统的家电中，从而打造出更高品质的家庭生活环境。如模拟电视发展成数字电视，VCD变成DVD，电冰箱、洗衣机、微波炉等也将会变成数字化、网络化、智能化的信息家电。

9.4 智慧城市

面对诸多挑战，智慧城市成为城市发展的一种新方式，借助物联网、云计算、移动互联网等信息化技术，实现政府管理、经济发展、民众生活模式的转变。作为城市发展的重要任务，智慧城市的建设正逐渐从宏观规划向微观应用落地发展。智慧城市的建设如图9.10所示。

智慧城市的建设是一个复杂的系统工程，产业链由政府、运营商及其他角色构成，形成了“政府主导＋运营商推进＋行业并举”的发展模式。

政府主导是指统一规划，统筹实施，积极扶持、引导和协调产业各方参与力量，形成智慧城市建设合力。

运营商是进行网络运营和提供服务的实体。运营商不仅需要从网络角度了解网络运行状况，还需要从服务角度了解网络运行状况。此外，需要在提供多媒体服务和应用时有效利用网络资源。运营商具有多种优势，如网络基础资源、运营保障能力、专业技术人才、产业链整合能力。另外，运营商需要承担一些责任，如承担智慧城市建设、运营工作；作为信息通

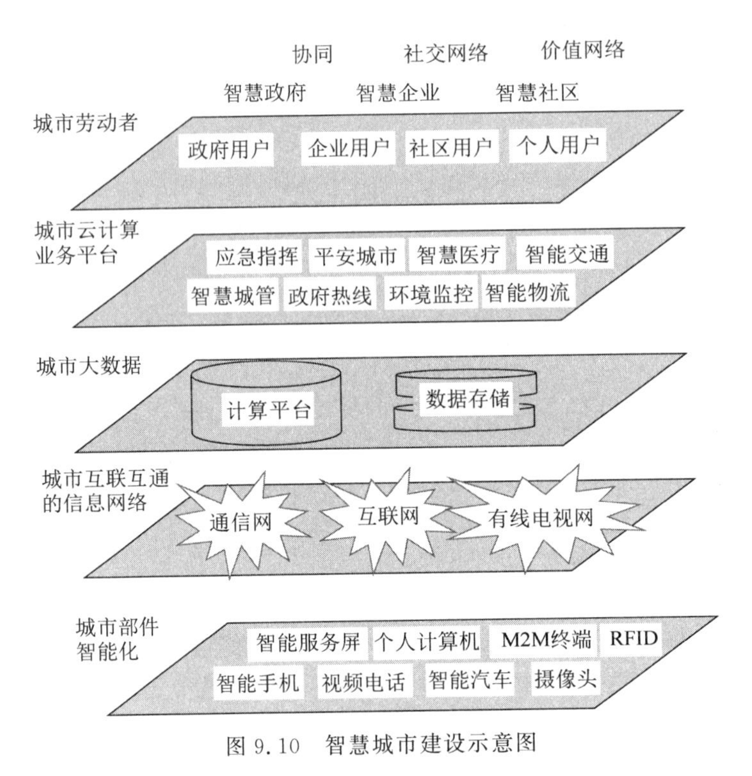

图 9.10 智慧城市建设示意图

信网络(有线、无线)的提供者,聚合产业资源、研发丰富的信息应用、承担信息化项目的统一建设及统一运营。

行业并举需要多角色积极参与,如应用内容提供商提供本地化/行业化内容信息和定制化应用,设备提供商提供智慧城市建设的硬件环境。

9.4.1 智慧城市的概念

智慧城市是通过对城市的数字网络化管理,将现有的信息技术与城市现有的先进经营服务理念进行有效融合,进而提供更加便捷有效的公共管理服务。伴随着城市化步伐的加快,越来越多的城市已经进入快速发展的阶段。但随之而来的"城市病"问题也越发凸显,针对这个问题,管理者们热切希望在保持城市高速发展的同时能有效缓解"城市病"的问题,并开始做了很多有益的积极尝试,其中,构建"智慧城市"便是主流思想。

智慧城市与数字城市、感知城市、无线城市、智能城市、生态城市、低碳城市等区域发展概念是不完全相同的,也常与电子政务、智能交通、智能电网等行业信息化概念发生混淆。对智慧城市概念理解也没有达到统一,有的观点侧重于技术应用,有的观点侧重于网络建设,有的观点侧重于人的参与,有的观点则侧重于智慧效果。以人为本和可持续创新则成为一些城市信息化建设的先行城市强调的重点。总之,智慧不等同于智能。智慧城市与智能城市并不是等价的,也不仅仅是信息技术的智能化应用,应将人的智慧参与、以人为本、可持续发展等考虑进来。

智慧城市通过物联网基础设施、云计算基础设施、地理空间基础设施等新一代信息技术,以及社交网络、FabLab、LivingLab、综合集成法、网动全媒体融合通信终端等工具和方法的应用,实现全面透彻的感知、宽带泛在的互联、智能融合的应用以及以用户创新、开放创新、大众创新、协同创新为特征的可持续创新。伴随网络技术的不断发展、移动技术的融合发展以及创新的民主化进程，知识社会环境下的智慧城市是继数字城市之后信息化城市发展的高级形态。

从技术发展角度看，智慧城市建设实现全面感知、泛在互联、普适计算与融合应用是借助以移动技术为代表的物联网、云计算等新一代信息技术应用。从社会发展角度看，智慧城市实现以用户创新、开放创新、大众创新、协同创新为特征的知识社会环境下的可持续创新是借助于社交网络、FabLab、LivingLab、综合集成法等工具和方法的应用，并且强调通过价值创造，以人为本地实现经济、社会、环境的全面可持续发展。

2010 年，IBM 公司正式提出了“智慧的城市”愿景，希望为世界和中国的城市发展贡献自己的力量。IBM 公司经过研究认为，城市由关系到城市主要功能的不同类型的网络、基础设施和环境 6 个核心系统组成：组织(人)、业务/政务、交通、通信、水和能源。这些系统是以一种协作的方式相互衔接，并不是零散的，而城市自身就是由这些系统所组成的宏观系统。

9.4.2 智慧城市设计的重点应用

1. 光网城市

光网城市是利用现代光纤通信技术实现城镇地区光纤互联网络的全面覆盖。发展公司宽带业务，光纤最终接入到户(FTTH)，并可以提供百兆到户的接入能力，城市家庭平均带宽将达到 20Mb/s 左右，轻松实现高速下载、交互式网络电视(IPTV)、语音通话技术(VoIP)、电视会议、网络视频监控等大数据流业务的同步承载。光网城市的重点工作在于城镇光纤资源的建设，实现公司互联网用户的跨越性增长。

2. 无线城市

无线城市是指使用高速宽带无线技术实现无线网络的全面覆盖，向公众提供随时随地接入高速无线网络的服务，支持如手机、电视、手机视频聊天、手机视频会议、无线传输文稿照片、无线网络硬盘、移动电子邮件等服务。无线城市是城市信息化和现代化的基本要求，也是衡量城市运行效率、信息化程度和竞争水平的重要标志。

3. 政府互联网安全接入

政府互联网安全接入业务采取“统一接入、整体设防”的设计理念，解决政府工作人员安全、快速接入互联网的需求。相关人员上网时，实际是通过登录一套预先搭建好的统一安全保护平台(以实现身份认证、内容审查、入侵防范等功能)间接接入互联网，从而提高了政府信息系统防病毒、防攻击、防泄密和反窃密的能力。

4. 电子政务统一平台

电子政务统一平台是我国为了适应市场经济社会快速发展构建的一整套电子政务协同办公系统。它从根本意义上实现了政府办公的“一点式受理，跨部门和跨地区协同处理”，为各级政府实现“政务便民、加快执行”提供有效手段。

5. 人口基础信息管理系统

人口基础信息管理系统是指由人口信息数据库服务器、相关应用统计检索服务器及相关配套设施组成的人口基础信息电子化管理平台。它可以实现人社、民政、公安、计生、统计等部门基于人口信息的业务应用目标和规则对人口信息进行采集、加工、存储、检索、维护和使用等目的。

6. 法人基础信息管理系统

法人基础信息管理系统是指由法人信息数据库服务器、相关应用统计检索服务器及相关的配套设备/设施组成的,为了实现根据质监、工商、人社、民政、国税、地税等部门基于法人信息的业务应用目标和规则对法人信息进行采集、加工、存储、检索、维护和使用等目标而开发的一套应用管理平台。

7. 智慧公共服务

智慧公共服务承载于无处不在的4G无线或有线互联网络基础。是集现代云计算、物联网、传感技术于一体,通过对相关平台数据的整合,向民众提供基于公共服务亭、互联网计算机或智能手机终端上的政务信息公开、水/电/煤/气费缴纳、远程医疗、小额支付、出行定位等便民功能,真正实现各类公共服务业务的联网整合。

8. 智慧社会管理

智慧社会管理是一套整合了"平安城市"视频监控系统和"治安卡口管理"系统等治安类管理平台资源的统一管理平台,可以实现社会治安数据联网、报警联动、实时调度等相关应用的整合,为相关执法部门高效执法、有效执法提供依据。

9. 智慧财税

智慧财税是整合先进的商业智能、地理信息、数据汇集等技术手段,建设形成的具有智能档案、智能视窗、智能决策等功能的财税应用管理系统。它可以在不改变财税部门工作人员职能分工的前提下,实现财税信息的智能化综合管控功能,以及纳税人远程报税、缴税、查询打印各种缴纳记录和信息,有效解决以往在财税管理各环节存在的瓶颈问题,从而提高政府财税工作的效率和透明度。

10. 智慧水利

智慧水利是现代物联网传感技术与4G无线宽带技术的整合,通过实时监测和管理,实现大坝安全监测、饮水安全监测、水质监测、水位水量监测等多项应用功能。它是水务部门提高水务信息化水平和水资源管理效能,实现水资源的合理开发、优化配置、全面节约、有效保护和高效利用的工具。

11. 智慧环保

智慧环保是在原有"数字环保"的基础上,把环境感应器和无线传输设备嵌入各种环境监控对象(物体)中,再通过云计算模块将环保的各领域应用平台整合起来,实现人类社会对环境系统的感知和响应,以更加精细和动态的方式实现环境管理和决策。

12. 智慧交通

智慧交通是一个基于现代电子信息技术面向交通运输的服务系统。它以各类交通管理平台相融合为前提,以交通信息的收集、处理、发布、交换、分析、利用为主线,为交通参与者提供多样性的服务,以更加精细和动态的方式实现交通管理、智能疏导、定位监控、路桥计费等服务,有效提升交通运输系统的通行效率、运行质量、安全性能和服务水平。

13. 智慧教育

智慧教育是指学校有效整合教学资源,建设教育公共服务管理平台,实现教学资源的共享,采用多媒体方式推进学校教学、管理的智能化。

14. 智慧房管

智慧房管是指以房屋整个生命周期为主线，围绕房管业务所关注的“人、权、房”三大类数据，通过“产权发证库”“基础房屋GIS图形库”“房产档案影像库”“统计分析发布库”四大房产基础数据库工程的建设，实现房产“图、属、档”数据的全面一体化管理与互联互查。

15. 智慧国土

为加快实现国土资源“一张图”核心数据库建设目标，构建覆盖全国的集数字化、网络化、智能化为一体的“智慧国土”系统，全面实现网上办公、网上审批、网上监管、网上交易和网上服务。为国土资源规划、管理、保护、合理利用和对外服务提供信息保障，加快国土资源综合监管平台建设，为综合执法监管体系提供技术支撑的新要求。

16. 智慧社保

智慧社保即人社信息化，计划深入挖掘社保信息，建设关于养老、医疗、失业、工伤、生育、低保、优抚安置等信息资源共享和网上服务平台。

同时，结合4G技术打造基于手机终端的智慧社保软件，提供个人社保查询服务、劳动力市场就业信息及社保时政要闻信息。其中个人社保查询服务包括个人基本信息查询、缴费历史查询、养老账户总额查询、失业待遇发放查询、工伤待遇发放查询、退休待遇发放查询、生育待遇发放查询、转入/转出基金查询、一次性缴费查询。

17. 智慧健康保障

智慧健康保障是指利用电子健康档案和地区医疗信息平台，借助现有的物联网通信技术，使患者与医务人员、医疗机构及医疗设备之间实现互动，并逐渐达到信息化，建设统一的区域医疗卫生信息平台。

18. 智慧食品药品监管

智慧食品药品监管包涵了食品监管和药品监管两部分内容。智慧食品监管是指采用信息化手段来实现食品生产加工、流通环节食品安全的日常监管。智慧药品监管是采用物联网、信息化手段实现对药品的研制、生产、流通和使用环节的管理的过程。

19. 智慧旅游

智慧旅游是将物联网、云计算、通信网络、高性能信息处理、智能数据挖掘等技术进行整合，并应用在旅游体验、产业发展、行政管理等方面，也是面向未来的服务于公众、企业、政府等的全新旅游形态，也使旅游物理资源和信息资源得到了高度系统化结合和深度开发激活。

20. 智慧文化服务

智慧文化服务领域的重点是数字图书馆的建设。数字图书馆是一种基于网络环境搭建的共享、可扩展的知识网络系统，该系统是一种虚拟的、没有围墙的图书馆，是超大规模的、分布式的、便于使用的、没有时空限制的、可以实现跨库无缝链接与智能检索的知识中心。

21. 智慧社区

智慧社区是指充分借助互联网、传感器网络，涉及智能楼宇、智能家居、路网监控、智能医院、城市生命线管理、食品药品管理、票证管理、家庭护理、个人健康与数字生活等诸多领域。其出发点是提高社区群众的幸福感，通过建设智慧社区，有望给社区居民的生活带来更多便捷，从而加快和谐社区建设，推动区域社会进步。

22. 智慧工业

两化融合是信息化和工业化的高层次深度结合，是指以信息化带动工业化、以工业化促进信息化，走新型工业化道路；"两化"融合的核心就是信息化支撑，追求可持续发展模式。

23. 智慧农业

智慧农业是将互联网、移动互联网、大数据、云计算和物联网技术相结合，借助在农业生产现场布置的各种传感节点(如环境温湿度传感器、土壤水分传感器、二氧化碳传感器、图像传感器等)和无线通信网络，实现农业生产环境的智能感知、智能预警、智能决策、智能分析、专家在线指导，为农业生产提供精准化种植、可视化管理、智能化决策服务。

24. 智慧产业

智慧产业作为教育、培训、咨询、策划、广告、设计、软件、动漫、影视、艺术、科学、法律、会计、新闻、出版等智慧行业的集合，其定义为直接运用人的智慧进行研发、创造、生产、管理等活动，形成有形或无形的智慧产品以满足社会需要的产业。

9.5 智慧农业

农业是国家发展的基础，随着物联网技术和大数据技术的发展，正在加速推进智慧农业建设。党的十九大报告中明确指出，解决好"三农"问题是全党未来工作的重中之重，在政策上扩展了农业技术进一步为农业服务的基础。中央每年发布的一号文件都是关于农业的相关问题，2019年发布的一号文件中明确指出，利用"互联网+农业"等高新技术手段推动智慧农业的发展及应用；2020年发布的一号文件中再次指出，更快地发展现代化的农业设施，利用物联网、大数据等先进技术在农业领域进行应用；2021年发布的一号文件《中共中央 国务院关于全面推进乡村振兴加快农业农村现代化的意见》中明确指出，实施数字乡村建设发展工程。2020年，我国脱贫攻坚战取得了全面胜利，"民族要复兴，乡村必振兴"，全面建设社会主义现代化国家新征程上，冲锋号角再次吹响。中国正朝着现代化农业的方向不断发展，乡村振兴是实现中华民族伟大复兴的一项重大任务。举国上下正以更有力的举措全面推进乡村振兴，未来几年，物联网智慧农业将迎来飞速发展的新时期。

智能温室大棚已经成为现代化农业助力乡村振兴、美丽乡村建设、智慧农业的一个重要组成部分。下面介绍一种基于物联网和ZigBee无线传感器网络技术的智能温室大棚测控系统。根据系统对大棚内各传感器节点采集到的数据和预设的作物最佳生长环境的范围进行分析，通过控制策略，给执行机构发送控制指令，控制温室大棚中的滴灌、放风、补光灯等的状态，自动调节温室环境。该系统不仅可以准确地监测作物生长环境等性能指标，还可以实现参数的动态调整，可降低生产人员的劳动强度，实现精细化管理。

9.5.1 智能温室大棚测控系统总体方案设计

1. 系统技术架构

依据温室大棚环境控制目标及参数特点，以物联网技术为支撑设计智能温室大棚测控系统，实现温室大棚环境参数的全面感知、可靠传输与智能处理，达到温室大棚自动化、智能化、网络化和科学化生产的目标。该系统由主控系统和数据采集、传输相结合设计，系统可在两种模式下运行，在没有网络的条件下，可以通过人工按键模式操作系统；在有网络的条件下，可以通过手机端App或PC端进行操作。基于互联网技术，智能温室大棚测控系统主要实现对农作物的环境生长参数指标的监测，并通过控制策略来命令执行机构执行相应的动作，从而实时改善农作物的最佳生长环境。

智能温室大棚测控系统整体架构如图9.11所示。系统基于物联网体系架构，采用4层结构进行设计，分为感知层、控制层、网络层、应用层四个层次。

感知层由各类传感器和摄像头组成，用于采集光照强度、土壤温湿度、二氧化碳浓度、空气温湿度以及大棚内的图像。

控制层由水帘、风扇、补光灯、散热器、滴灌系统、放风设备、遮阳设备组成，满足对智能温室大棚的温湿度、光照强度等生长条件进行调控的需求。

网络层由ZigBee收发设备、联网设备、工业平板电脑、云平台等组成，通过ZigBee无线传输技术把传感器数据每20s发送一次给接收器，在本地平台和手机端App可实时更新；然后通过本地工业平板电脑把信息每10min发送一次到云平台上，保存至云端。摄像头图像通过联网设备实时传输到云平台。

应用层包括PC端平台、手机端App和主控制平台，主控制平台可以直接对控制层的设备进行控制，PC端和手机端App发送指令通过云平台传输给主控平台，完成对控制层设备的控制。

2. 传感器节点设计

传感器节点是无线传感器网络的基本功能单元，传感器节点由传感器单元、处理器单元、无线通信单元和电源管理单元组成。传感器单元负责区域内的信息采集和数据转换；处理器负责控制整个传感器节点的操作，存储和处理本身采集的数据和其他节点发来的数据；无线通信单元负责与其他传感器节点进行通信，交换控制信息和收发采集上来的数据；电源模块为传感器节点提供运行所需的能量。传感器节点的总体设计如图9.12所示。

3. 智能温室大棚的功能

1）种植环境数据监测

高精度、实时测量温室大棚生产过程中温室内空气温湿度、土壤温湿度、光照强度、CO_2浓度、土壤pH值等数据，通过无线传感器网络将数据实时显示在控制箱和移动终端App及PC端界面，使用户可以随时随地观察大棚的内部环境。

2）种植环境视频监控

通过大棚内高清摄像头实时传输的画面，用户可以在手机端App上查看大棚内的视频监控图像，可通过手机端App对摄像头进行不同方向的转动和放大、缩小画面的操作。

3）自动分析预警

事先通过控制箱或手机端App为大棚内作物设置种植策略，当采集到的实时数据超过或低于报警值时，系统将自动报警，并自动开启或关闭指定设备，以调节大棚内部环境。

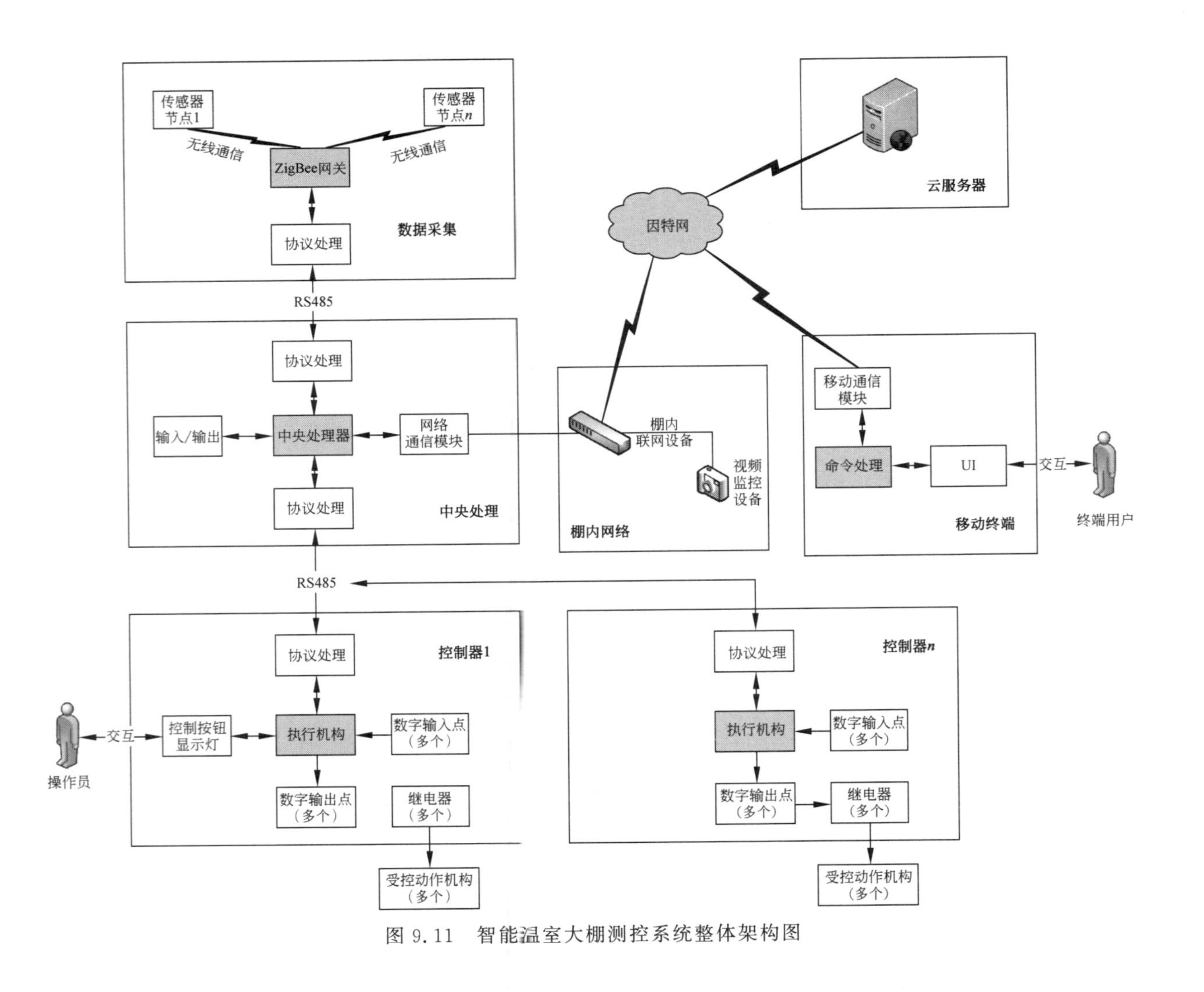

图 9.11　智能温室大棚测控系统整体架构图

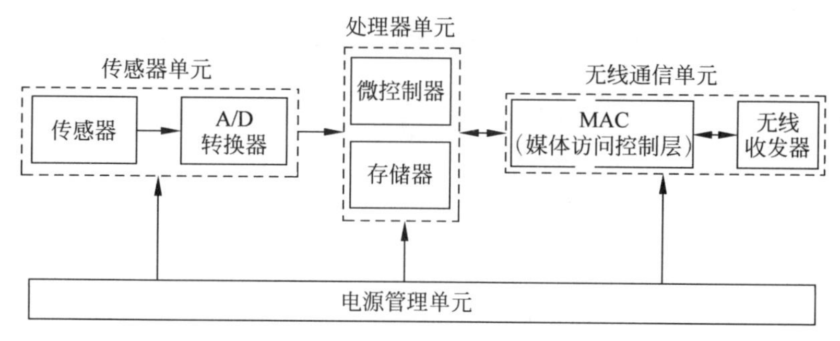

图 9.12　传感器节点的总体设计框图

4）远程自动控制

用户可以通过手机端 App 和 PC 端界面随时随地查看大棚内的生长数据和设备运行状态，并可以远程自动控制大棚内的控制层设备，实现自动滴灌、自动控温、自动补光、自动放风等功能，达到智能控制种植需求的条件。

5）数据分析和统计汇总

系统自动保存采集到的数据，用户可在操作界面查看历史数据折线图，通过比较同一作物在不同种植环境及不同季节中的生长情况，分析种植环境因素对作物生长和产量的影响，实现科学低成本种植，从而提高作物的产量和品质。

6）专家数据库

专家数据库为用户提供作物品种选择诊断、生长状况诊断、病虫害诊断和专家知识查询。方便用户实时查询作物种植技术，实时诊断各种作物状况及各阶段相应的控制方案，实时解决作物种植生长问题，提高作物产量。

9.5.2　智能温室大棚测控系统软件设计

智能温室大棚测控系统软件部分主要包括主控系统和节点两部分的程序设计。节点的程序是在 Keil 4.0 集成开发环境下设计和编译的，通过 ST-LINK 系列烧录软件、USB 转 TTL 下载器将编译好的程序烧录到单片机的 Flash 中，采用 C 语言进行编程设计。主控系统主要使用 Android Studio 进行编程设计。

主控系统主要负责接收节点数据并对其进行数据处理，将处理的数据通过串口与安卓平板连接，接收数据，并通过安卓平板将数据传输到互联网云端，最后通过控制策略、控制风机等开关状态来调节环境参数。主控系统上电后首先对 MCU 控制器初始化，然后创建 ZigBee 无线传感器网络，接着接收器开始接收节点传输的数据并对数据进行处理，接收器通过串口连接安卓平板，接收数据，然后将数据上传至互联网云端，系统通过接收手机、PC 终端发出的控制指令或者人工设置的种植策略来启动控制策略。

主控系统的软件设计流程如图 9.13 所示。在具体的软件设计过程中，节点主要通过传感器采集环境数据，并将这些数据发送给主控系统。节点上电后，首先初始化 MCU 控制器，然后建立 ZigBee 无线传感器网络，接着启动传感器模块采集数据，并通过无线传感器网络将采集的数据发送给主控系统。

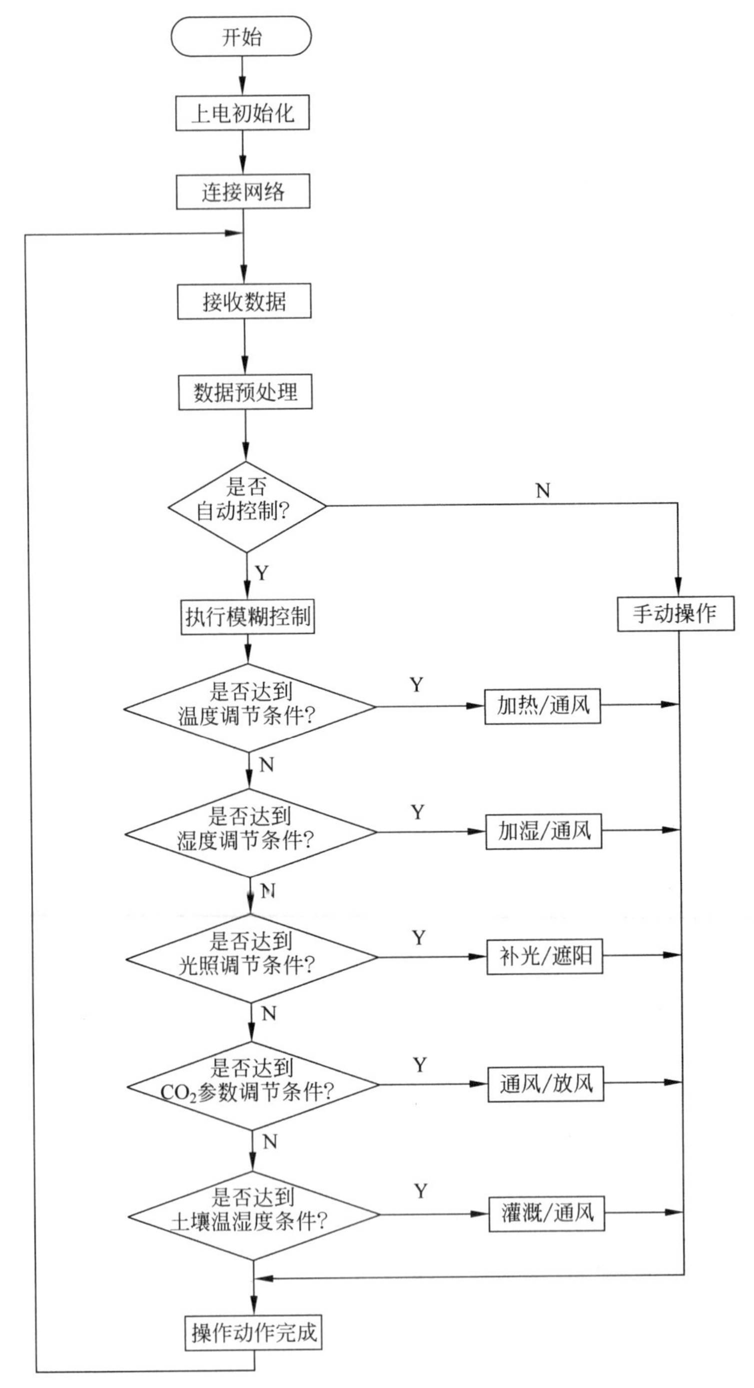

图 9.13 主控系统的软件设计流程

9.5.3 智能温室大棚测控系统界面设计

1. 主控平板电脑端

主控平板电脑端的界面如图 9.14 所示。左侧为传感器信息列表,传感器信息包括上传时间、数值、单位、所在分区、传感器编号等。右侧为控制信息及报警信息列表,右侧下部为控制器开关列表。“远程控制”状态下，主机端虚拟按钮有效；“本地控制”状态下，控制箱机械按钮有效。控制箱上的“就地/远程”旋钮，可切换“远程”和“本地”控制状态。

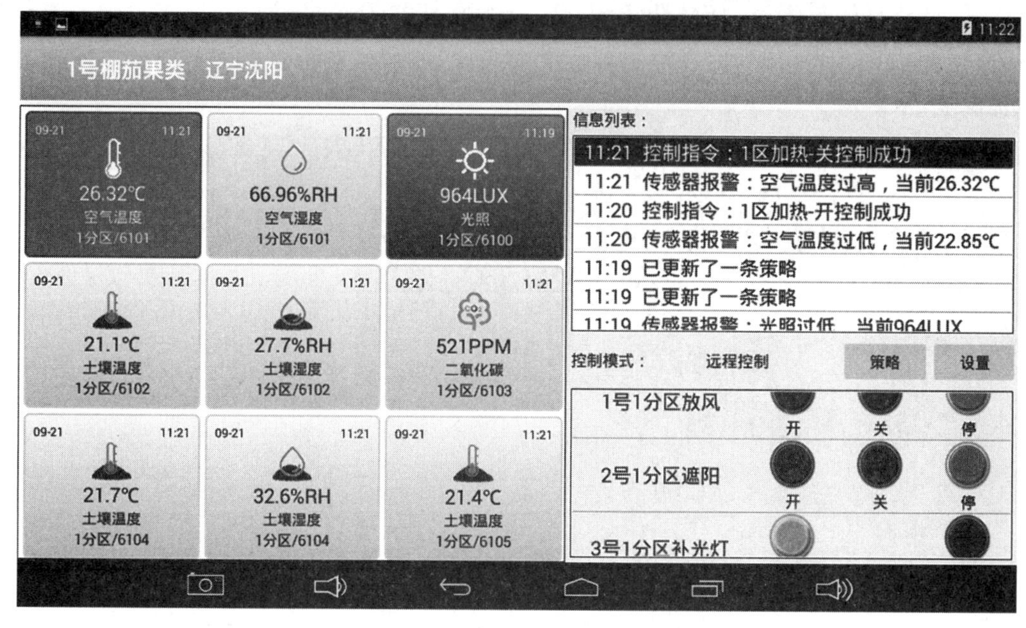

图 9.14　主控平板电脑端的界面

可以设置控制层设备开关，根据绑定的传感器数值和时间范围做出相应的动作，使控制更加精确、简便。使用时，可通过查询相关作物的最佳生长环境进行设置，生成种植策略，系统通过对比传感器上传的数据通过控制策略对相应执行机构进行控制，使作物保持最佳生长环境，实现精细化管理。控制策略的设置界面如图 9.15 所示。

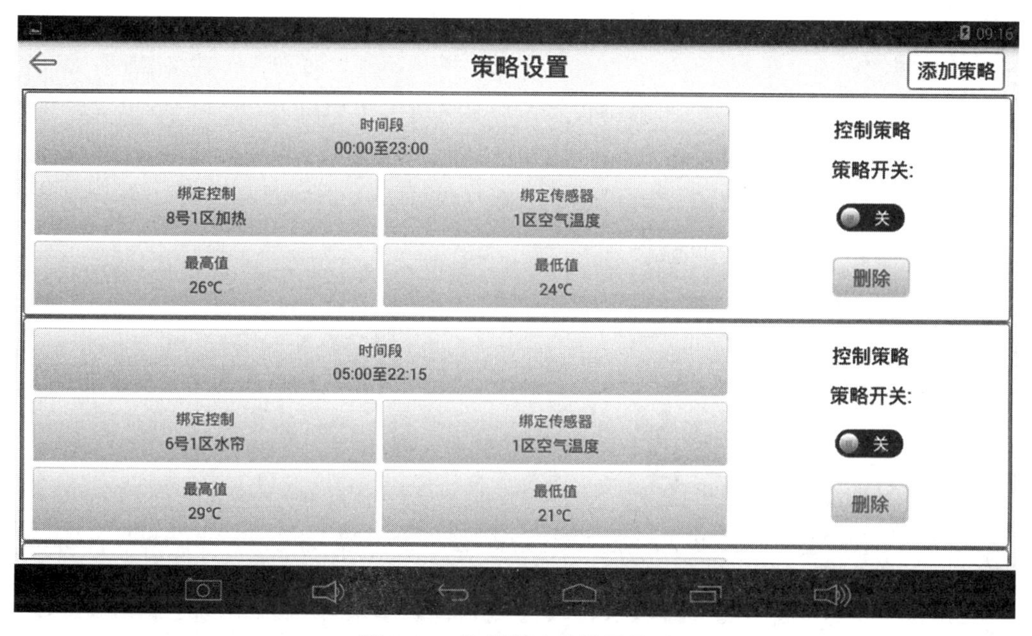

图 9.15　控制策略的设置界面

2. 手机端 App

手机端功能与主控平板电脑端的功能相近,增加了历史数据查询和视频监控功能。单击相应的传感器信息区域可查看该传感器历史数据曲线。在监控界面,单击视频下方控制方向的按钮后,可通过滑动屏幕控制摄像头的角度,或通过双指捏合屏幕调整摄像头的焦距,如图 9.16 所示。

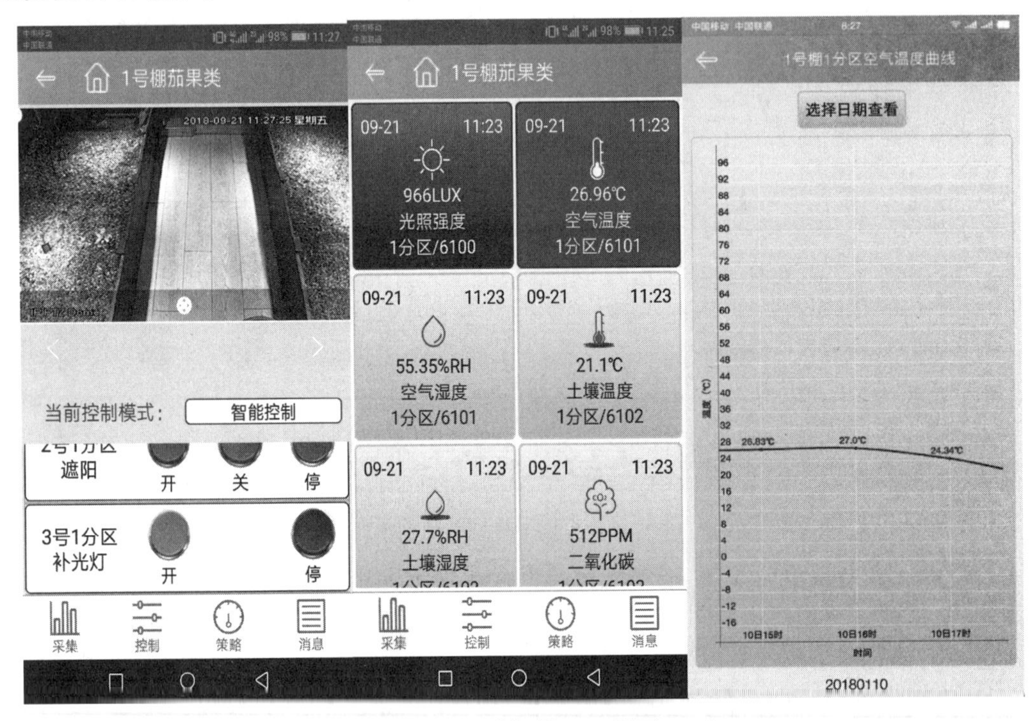

图 9.16 手机端 App 界面

3. PC 端

PC 端界面如图 9.17 所示,可显示传感器信息及查看历史数据,底部的区域是大棚控制按钮,可控制该大棚设备的开关。

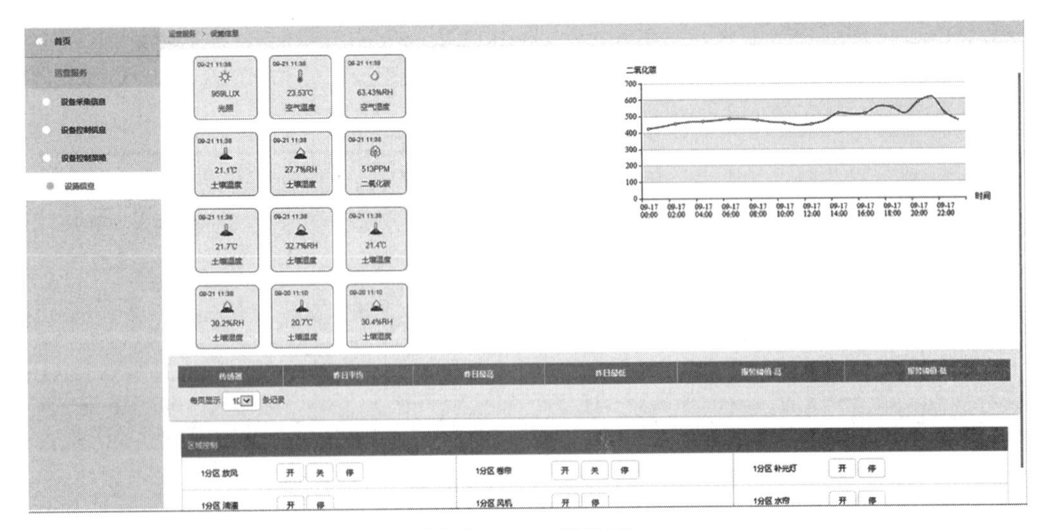

图 9.17 PC 端界面

4. 云端

云端平台研发总体采用前后端分离的系统模型,前端技术采用 Vue 框架、可视化插件 Echarts,后端技术采用 SpringBoot 框架。平台构建模式和设计思想遵循高内聚低耦合原则,提升了开发效率,增强了代码的可维护性。

云端平台的功能包括系统管理、运营监控、数据管理等模块,如图 9.18 和图 9.19 所示。按照农业生产技术管理标准、农产品质量标准和数据安全标准进行数据采集和加工,改变了传统的农业大棚数据管理模式,实现了智慧农业大棚各类数据融合集成、共享、统计分析和可视化,完成人、机、物的智能协作,使操作者做出更加科学、合理和正确的决策。与传统的农业生产模式相比,该云端系统的优点是系统操作简单,通过浏览器就可以访问,通过云端报表模块可以生成各类温度、湿度和光照度的趋势图,通过查询服务可方便用户观察一段时间内大棚监测数据的实时情况,并可以通过历史数据查询服务提供各农业温室大棚的历史数据,为研究温室大棚作物生长规律提供科学依据。

图 9.18　云端系统管理界面

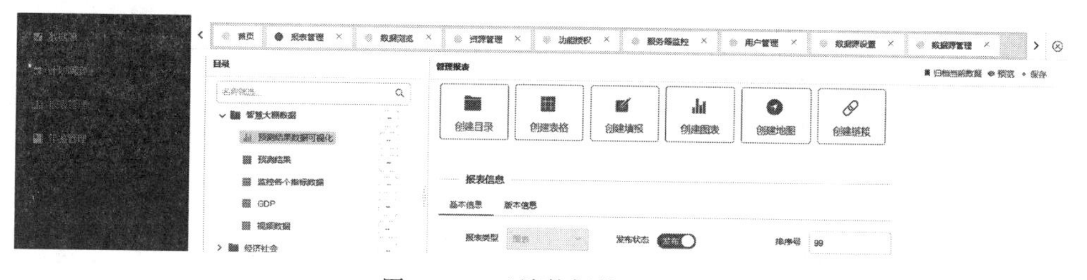

图 9.19　云端数据管理界面

基于物联网和 ZigBee 无线传感器网络技术的智能温室大棚测控系统,能够实时进行数据采集,便于用户在大棚内直接查看实时数据,还可以查询历史数据,查询到的数据以曲线的形式表现出来,并且系统具有远程查看和调整农业大棚内的环境参数的功能,实现了智能化远程监控农业大棚作物生长,对于实现农作物高产、优质、安全等目标具有重要的现实意义。为满足不同用户的需求,可以选用相应的配置,既可以配置为适于小规模生产、具有基本测控功能、低成本、操作简便的简易版系统,又可以配置为适于设施农业、具有云端数据分析与管理等功能的多功能版系统。

本章小结

本章主要介绍了物联网通信技术的综合应用,包括 M2M、WSN、智能家居、智慧城市以及智慧农业等。通过本章的学习,要求读者了解物联网通信技术的综合应用的有关概念、

M2M 和 WSN 技术的特点，了解智能家居、智慧城市以及智慧农业的应用领域，为具备初步的物联网通信系统设计能力打下基础。

习题

一、填空题

1. M2M 技术是________的缩写，是________，提供以________为核心的、网络化的应用与服务，是________的基础。

2. M2M 由________组成。其中：________指所有增强了通信和网络技术的机器设备，如智能手机、智能传感器、智能机器等。________，如 M2M 网关、M2M 应用服务器。________，如 LAN、WLAN、GSM(2G)、GPRS、3G、4G 等。

3. M2M 市场应用分为________个阶段，分别为________、________、________。

4. 无线传感器节点硬件的基本组成：________、________、________、________、________。

5. 无线传感器网络覆盖技术按覆盖目标分类，分为________、________、________。

二、单项选择题

1. 无线传感器网络的节点在________状态耗能最多。

A. 睡眠　　B. 计算　　C. 发送　　D. 检测

2. 在无线传感器网络的拓扑控制技术中，适当调节节点发射功率能有效地控制整个网络的延迟，当负载较低时，要想网络延迟小，发射功率应________。

A. 低　　B. 中　　C. 高　　D. 不变

3. 无线传感器网络中________需要时间同步。

A. 标记时间戳的报文　　B. MAC 协议

C. 测距定位　　D. 移动目标的跟踪

4. 以下________是无线传感网的关键技术。

A. 网络拓扑控制　　B. 网络路由技术

C. 时间同步技术　　D. 定位技术

5. 无线传感器网络的传输媒体有________。

A. 红外　　B. 无线电波　　C. 光　　D. 双绞线

三、简答题

1. 什么是 M2M?
2. M2M 系统架构是怎样的?
3. M2M 技术包括哪些技术?
4. 什么是 WSN 技术?
5. 简述 WSN 技术的核心功能。
6. 简述 WSN 网络中固定监测节点的结构及功能。
7. WSN 技术的应用有何特点?
8. 试述对智能家居的理解。
9. 试述对智慧城市的理解。

10. 简述M2M与物联网的差别。

11. 简述M2M关键技术及发展策略。

四、设计题

1. 以图9.20所示的M2M的拓扑结构为例，结合M2M关键技术和所学知识，给出工业物联网的解决方案。

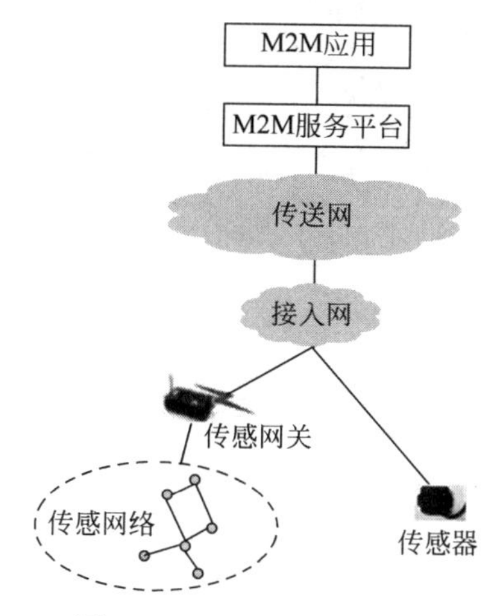

图9.20　M2M的拓扑结构

要求：

（1）设计工业物联网系统的功能。

（2）画出系统的总体框图。

（3）对功能进行详细设计。

2. 以图9.21所示的无线传感网络的拓扑结构为例，结合所学知识，给出WSN的设计方案。

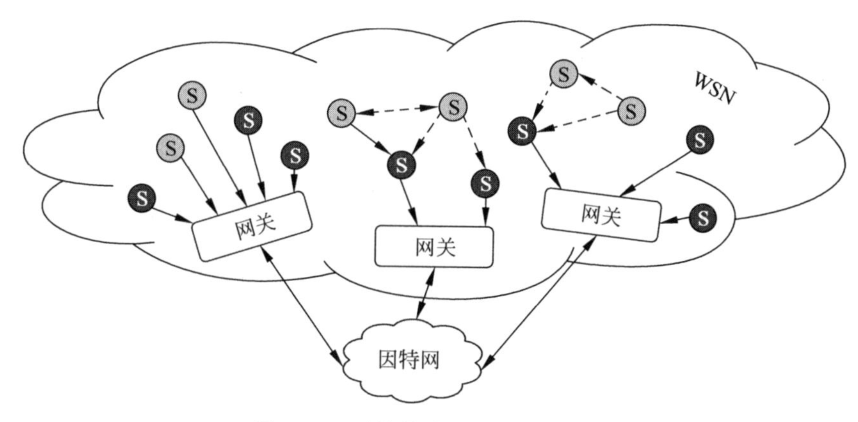

图9.21　无线传感网络的拓扑结构

要求：

（1）描述系统的组成单元。

（2）对物联网网络控制技术原理、控制方法进行说明。

（3）对功能进行详细设计。

3. 以图9.22所示的智能家居系统的拓扑结构为例,结合所学知识,给出智能家居的设计方案。

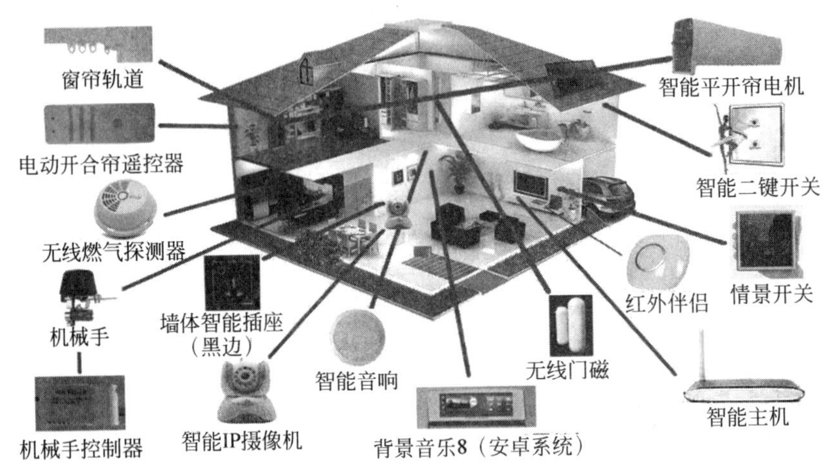

图9.22 智能家居系统

要求:

(1) 描述智能家居系统的组成单元。

(2) 对物联网网络控制技术原理、控制方法进行说明。

(3) 对功能进行详细设计。

参考文献

[1] 曾宪武.物联网通信技术[M].西安：西安电子科技大学出版社,2014.

[2] 朱晓荣.物联网与泛在通信技术[M].北京：人民邮电出版社,2010.

[3] 屈军锁.物联网通信技术[M].北京：中国铁道出版社,2011.

[4] 李旭,刘颖.物联网通信技术[M].北京：北京交通大学出版社,2014.

[5] 樊昌信,曹丽娜.通信原理[M].6版.北京：国防工业出版社,2006.

[6] 解相吾.通信原理[M].北京：电子工业出版社,2012.

[7] 周炯槃,庞沁华,续大我,等.通信原理[M].北京：北京邮电大学出版社,2005.

[8] 瞿雷,刘盛德,胡咸斌,等.ZigBee技术及应用[M].北京：北京航空航天大学出版社,2007.

[9] 王娟.基于ZigBee无线传感网络的智能家居系统设计与实现[D].南昌：东华理工大学,2013.

[10] 姜浩.基于ZigBee无线网状网络在智能家居领域的实现[D].大连：大连理工大学,2010.

[11] 徐振福.ZigBee技术在智能家居系统中的应用研究[D].北京：中国科学院大学,2014.

[12] 罗凯.基于ZigBee的智能家居控制节点设计与实现[D].成都：电子科技大学,2013.

[13] 祝章伟.基于ZigBee网络的智能家居网关及终端节点设计与实现[D].长春：吉林大学,2013.

[14] 罗华.基于ZigBee的无线传感器网络路由算法研究[D].长沙：中南大学,2010.

[15] 熊钟虎.基于ZigBee的智能电源监控系统的设计[D].合肥：中国科学技术大学,2014.

[16] 瞿文娟.基于ZigBee技术的粮仓温湿度测控系统的设计与实现[D].杭州：中国计量学院,2014.

[17] 王琛.ZigBee路由算法研究及应用[D].济南：山东大学,2009.

[18] 李涛.基于能量优化的ZigBee网络树路由算法研究[D].济南：山东大学,2010.

[19] 黄利军.基于ZigBee技术的远程抄表系统的设计与实现[D].长沙：湖南大学,2011.

[20] 丁雪莲.ZigBee协议栈浅析[J].电脑与信息技术,2013(5)：18-21.

[21] 潘明,刘海峰.基于ZigBee技术的精准农业的应用与研究[J].现代农业装备,2011,21(5)：53-55.

[22] 王凤芹.远程医疗监护系统中ZigBee技术的应用[J].吉林工商学院学报,2011,27(2)：94-96.

[23] 张敏,海博奇,邹鹏.基于ZigBee无线网络的电源电压监控系统[J].通信技术,2012,45(2)：10-12,28.

[24] 宋冬,廖杰,陈星,等.基于ZigBee和GPRS的智能家居系统设计[J].计算机工程,2012,28(23)：243-246.

[25] 马建仓,罗亚军,赵玉亭.蓝牙核心技术及应用[M].北京：科学出版社,2003.

[26] 禹帆.蓝牙技术[M].北京：清华大学出版社,2002.

[27] 刘书生,赵海.蓝牙技术应用[M].沈阳：东北大学出版社,2001.

[28] 李香.蓝牙应用分析设计与组网通信技术[M].哈尔滨：哈尔滨工业大学出版社,2009.

[29] 张禄林.蓝牙协议及其实现[M].北京：人民邮电出版社,2001.

[30] 毛剑飞,周雷.物联网技术实践教程[M].北京：清华大学出版社,2015.

[31] 夏玮玮,刘云,沈连.短距离无线通信技术及其实验[M].北京：科学出版社,2014.

[32] 喻宗泉.蓝牙技术基础[M].北京：机械工业出版社,2006.

[33] 詹国华,陈翔,董文,等.物联网概论[M].北京：清华大学出版社,2016.

[34] 李联宁.物联网技术基础教程[M].2版.北京：清华大学出版社,2016.

[35] 王志良,陈工孟,王新平,等.物联网技术教程[M].北京：清华大学出版社,2015.

[36] 鄂旭,王欣铨,张野,等.物联网概论[M].北京：清华大学出版社,2015.

[37] 唐志凌.射频识别(RFID)应用技术[M].北京：机械工业出版社,2014.

[38] 吴功宜.物联网工程导论[M].北京：机械工业出版社,2016.

[39] 王佳斌,张维纬,黄诚惕.RFID技术及应用[M].北京：清华大学出版社,2016.

[40] CHABANNE H,URIEN P,SUSINI J F.RFID与物联网[M].宋延强,译.北京：清华大学出版

社,2016.

[41] 单承赣,单玉峰,姚磊,等.射频识别(RFID)原理与应用[M].2版.北京:电子工业出版社,2015.

[42] 董健.物联网与短距离无线通信技术[M].北京:电子工业出版社,2012.

[43] 李旭,刘颖.物联网通信技术[M].北京:清华大学出版社,2014.

[44] 刘乃安.无线局域网:WLAN原理技术与应用[M].西安:西安电子科技大学出版社,2004.

[45] 张振川.无线局域网技术与协议[M].沈阳:东北大学出版社,2003.

[46] 杨家玮,盛敏,刘勤.移动通信基础[M].北京:电子工业出版社,2005.

[47] 郭梯云,杨家玮,李建东.数字移动通信(修订本)[M].北京:人民邮电出版社,2001.

[48] 李世鹤.TD-SCDMA第三代移动通信系统标准[M].北京:人民邮电出版社,2003.

[49] 丘玲,朱近康,孙葆根,等.第三代移动通信技术[M].北京:人民邮电出版社,2001.

[50] RAPPAPORT T S.无线通信原理与应用[M].蔡涛,李旭,杜振民,译.北京:电子工业出版社,1999.

[51] DAHLMAN E,PARKVALL S,SKÖLD J.4G移动通信技术权威指南LTE与LTE-Advanced[M].朱敏,堵久辉,缪庆育,等译.2版.北京:人民邮电出版社,2015.

[52] 张茹芳.浅析4G移动通信技术的要点和发展趋势[J].信息通信,2013(1):247.

[53] BAKER M,SESIAS,TOUFIK I.LTE-UMTS长期演进理论与实践[M].马霓,邬钢,张晓博,等译.北京:人民邮电出版社,2009.

[54] 赵国锋,陈婧,韩远兵,等.5G移动通信网络关键技术综述[J].重庆邮电大学学报(自然科学版),2015,27(4):441-452.

[55] 吴强.5G移动通信发展趋势与若干关键技术分析[J].教育教学论坛,2016(22):82-83.

[56] 蒋智鸿,庄敏.试论5G移动通信发展趋势与若干关键技术[J].电脑迷,2016(4):85.

[57] 小火车.大话5G[M].北京:电子工业出版社,2016.

[58] BOSWARTHICK,ELLOUMI O,HERSENT O.M2M通信[M].薛建彬,等译.北京:机械工业出版社,2013.

[59] GLANI A,JUNG O.机器对机器(M2M)通信技术与应用[M].翁卫兵,译.北京:国防工业出版社,2011.

[60] 朱雪田.物联网关键技术与标准:应对M2M业务挑战的4G网络增强技术[M].北京:电子工业出版社,2014.

[61] 潘浩,董齐芬,张贵军,等.无线传感器网络操作系统TinyOS[M].北京:清华大学出版社,2011.

[62] 叶磊.物联网与无线传感器网络[M].北京:电子工业出版社,2013.

[63] 陈国嘉.智能家居[M].北京:人民邮电出版社,2016.

[64] 陈重义,丁毅.智能家居[M].上海:上海交通大学出版社,2014.

[65] 周洪.智能家居控制系统[M].北京:中国电力出版社,2006.

[66] 朱桂龙.樊霞.智慧城市建设理论与实践[M].北京:科学出版社,2015.

[67] 金江军.迈向智慧城市:中国城市转型发展之路[M].北京:电子工业出版社,2013.

[68] 吉冬菁.面向地铁隧道监测网络的LoRa组网研究[D].南京:南京邮电大学,2020.

[69] 周成状,王琪.基于LoRa技术的室内环境监测及智能调节系统设计[J].传感器与微系统,2021,40(4):96-98,102.

[70] 房华,彭力.NB-IoT/LoRa窄带物联网技术[M].北京:机械工业出版社,2019.

[71] 王映民,孙韶辉,康绍莉,等.面向5G增强的大规模天线技术[J].移动通信,2019,43(4):15-20.

[72] 高建良,贺建飚.物联网RFID原理与技术[M].2版.北京:电子工业出版社,2017.

[73] 陈晓凌,黄凤英,吴天宝,等.RFID原理与应用[M].北京:人民邮电出版社,2020.

[74] 许毅,陈建军,徐东平,等.RFID原理与应用[M].2版.北京:清华大学出版社,2020.

[75] 王爱英.智能卡技术:IC卡、RFID标签与物联网[M].4版.北京:清华大学出版社,2015.

[76] 史治国,潘俊,陈积明.NB-IoT实战指南[M].北京:科学出版社,2018.

[77] 解运州. NB-IoT 技术详解与行业应用[M]. 北京：科学出版社,2017.
[78] 黄宇红,杨光. NB-IoT 物联网技术解析与案例详解[M]. 北京：机械工业出版社,2018.
[79] 范立南,刘洲,武刚,等. 智能物联网温室自动监控系统设计与实现[J]. 仪器仪表用户,2019,26(1): 6-9.
[80] 卞和营,薛亚许,王军敏,等. 温室大棚温湿度模糊控制系统及 PLC 程序设计[J]. 农机化研究, 2014(9): 147-151.

图书资源支持

感谢您一直以来对清华版图书的支持和爱护。为了配合本书的使用，本书提供配套的资源，有需求的读者请扫描下方的“书圈”微信公众号二维码，在图书专区下载，也可以拨打电话或发送电子邮件咨询。

如果您在使用本书的过程中遇到了什么问题，或者有相关图书出版计划，也请您发邮件告诉我们，以便我们更好地为您服务。

我们的联系方式：

地　　址：北京市海淀区双清路学研大厦A座714

邮　　编：100084

电　　话：010-83470236　010-83470237

客服邮箱：2301891038@qq.com

QQ：2301891038（请写明您的单位和姓名）

资源下载：关注公众号“书圈”下载配套资源。

资源下载、样书申请

书圈

图书案例

清华计算机学堂

观看课程直播